高职高专计算机实用规划教材——案例驱动与项目实践

SQL Server 数据库及应用

(SQL Server 2008 版)

邵鹏鸣　张　立　编　著

清华大学出版社
北　京

内 容 简 介

本书使用了三个数据库，第一个数据库贯穿于书始末的任务问题系统。第二个数据库贯穿于书始末的独立实践。第三个数据库贯穿于书始末的项目实践。本书以这三个数据库作为框架，以 SQL Server 2008 作为工具和开发平台，全面阐述了数据库技术原理及应用，包括 SQL Server 2008 的使用。全书共分为 6 个课题：课题一是认识和使用数据库，包括认识数据库、数据库功能及定义，使用最基本的 SQL 查询语言和 SQL 中的 DLL 数据定义语言；课题二是设计数据库，包括创建实体-联系模型、实体-联系模型到数据库设计的转换和表的规范化；课题三是实现数据库，包括创建数据库和表，创建表的关系及参照完整性，使用 SQL 查询数据库；课题四是为数据库创建对象和程序，包括创建视图、存储过程、触发器和用户定义函数，游标、控制结构和事务；课题五是运行与管理数据库，包括安全管理和数据库维护；课题六是操作 SSMS 实现数据库和维护数据库。

本书可作为高职高专院校计算机专业学生和应用型高等院校计算机专业学生的教材和教学参考书，也适合所有希望学习数据库技术和 SQL Server 2008 的读者使用。

图书在版编目(CIP)数据

SQL Server 数据库及应用(SQL Server 2008 版)/邵鹏鸣，张立编著. —北京：清华大学出版社，2012
（2019. 2重印）
(高职高专计算机实用规划教材——案例驱动与项目实践)
ISBN 978-7-302-28577-9

Ⅰ. ①S…　Ⅱ. ①邵…　②张…　Ⅲ. ①关系数据库—数据库管理系统，SQL Server 2008—高等职业教育—教材　Ⅳ. ①TP311.138

中国版本图书馆 CIP 数据核字(2012)第 071264 号

责任编辑：汤涌涛
封面设计：杨玉兰
责任校对：李玉萍
责任印制：杨　艳

出版发行：清华大学出版社
　　网　　址：http://www.tup.com.cn, http://www.wqbook.com
　　地　　址：北京清华大学学研大厦 A 座　　**邮　　编**：100084
　　社 总 机：010-62770175　　**邮　　购**：010-62786544
　　投稿与读者服务：010-62776969, c-service@tup.tsinghua.edu.cn
　　质量反馈：010-62772015, zhiliang@tup.tsinghua.edu.cn
　　课件下载：http://www.tup.com.cn, 010-62791865
印 装 者：北京富博印刷有限公司
经　　销：全国新华书店
开　　本：185mm×260mm　　**印　张**：25.5　　**字　数**：617 千字
版　　次：2012 年 8 月第 1 版　　**印　次**：2019 年 2 月第 3 次印刷
定　　价：49.80 元

产品编号：040817-02

前　言

高等职业教育的教育内涵、教育模式和教学思想，课程体系及内容的设计一直是高等职业教育改革发展中的重点、难点、热点问题之一。在研究过程中，相继提出了各种教学理念、模式和方法，如案例教学、项目教学、典型产品组织教学等。纵观已提出的教学理念、模式和方法及其应用实践，作者认为以下几个方面没有取得突破性的进展。

(1) 教学内容的真实性和学习性环境的统一。要么教学内容缺乏真实性，要么教学内容具有真实性但不具有学习性的环境，存在不一致、相互脱节、孤立的现象。

(2) 理论和实践的有机融合，并符合高职学生的认知规律，符合教学规律。

作者力图在高职教育模式上有所创新，并避免概念化，力图在实践上有所作为。

20 世纪 90 年代末期作者在教学实践中就提出和应用了“在实践中学习、在学习中实践”，“实践、学习、再实践、再学习”的教学思想，经过多年工程实践和教学实践，逐步形成了如下高职教育模式：

- 感知、认识、使用
- 分析与设计
- 解决方案(实现和运行)
- 分析与讨论(反思、归纳与总结)
- 独立实践
- 项目实践

这种教育模式是一种基于“任务问题系统”的高职教育模式。该教育模式以真实的“任务问题系统”作为教学的框架或环境，将知识和能力的教学及实践融入其中，将知识的学习和职业训练融合在一起。让学生以主动的、实践的、课程之间和知识点之间有机联系的方式学习。学生在完成真实的“任务问题系统”的过程中学会相应的知识、技术，训练职业能力，掌握相应的理论知识，培养职业素养，学会学习，学会思考。通过这种教育模式达到理论与实践一体化。

该教育模式应用于以下三个层面。

第一个层面，专业层面。在专业知识与能力的基本架构下，按此模式组织各课程。

第二个层面，课程层面。在课程知识与能力的基本架构下，按此模式组织课程内容。

第三个层面，课程中主题或知识点层面。课程中各主题按此模式组织内容。

该教育模式在这三个层面上，通过真实的“任务问题系统”将新旧知识有机联系起来，将学生需要的理论知识串起来，将学科学习和工程职业训练融合在一起，将技术知识和能力的教学实践融入其中。

该教育模式注重了以下几方面。

(1) 该教育模式从具体到抽象，再从抽象到具体；从感性到理性，再从理性到感性。在实践中学习，在学习中实践，实践、学习、再实践、再学习，循环往复，螺旋上升。

(2) 该教育模式是阶梯式的，是一个螺旋上升的过程，是一个逐步求精的过程。

(3) 该教育模式关注的不仅仅是做事，也就是关注的不仅仅是解决某个问题，完成某个任务或项目或产品，而是通过做事让学生学会思考，学会分析问题、解决问题。学生通过在做事和反思的过程中学习。学生在完成任务时，不仅要明白做什么、怎么做，而且要明白为什么这样做。该教育模式注重反思。

(4) 该教育模式倡导学生学习方式的转变，让学生学会学习、学会思考。同时，该教育模式倡导教学方式的转变。

(5) 该教育模式既让学生从一般概念中看到它的具体背景，不使概念“空洞”，又让学生在具体的事物中想到它蕴含的一般概念，使事物有“灵魂”，以达到让学生学会应用知识，将知识转化为能力。

(6) 该教育模式让学生知道任何概念、方法和思想都是为了解决问题的、是水到渠成的产物。如果感到某个概念不自然，是强加于人的，那么只要想一想它的背景、它的应用，以及它与其他概念的联系，就会发现它实际上是水到渠成、浑然天成的产物，不仅合情合理，甚至很有人情味。通过这种方式达到学生对概念、方法和思想的掌握和应用。

《SQL Server 数据库及应用(SQL Server 2008 版)》是以上教育模式在课程层面和课程中主题或知识点层面的具体实践和应用。

运用以上教育模式，本书由图 0.1 所示的一系列任务问题组成，每个教学模块都有一个任务问题，通过这一系列任务问题将学生需要的理论知识串起来。

课题 N：×××

场景引入

任务 N：×××

问题描述：×××

问题分析

解决方案

分析与讨论

独立实践

项目实践

图 0.1　本书结构

本书的主要特点

(1) 理念的创新。教材颠覆了以往教材的写作模式和理念。教材的体系结构、设计编排和内容组织模式有重要创新。

贯穿于教材始末的任务问题系统具有真实性、实用性、教学性，将学生需要的理论知识用一系列任务串起来，保证学习过程有序、连贯，以符合学生的认知规律，且符合教学规律。教材独特的体系结构、设计编排和内容组织模式将复杂的技术体系以简洁易懂的方式呈现给学生。

教材按“现代简约”设计，做到“简约但不简单”。

(2) 本书使用了三个数据库内容，第一个是贯穿于教材始末的任务问题系统。第二个是贯穿于教材始末的独立实践。第三个是贯穿于教材始末的项目实践。

本书遵循“在实践中学习，在学习中实践”的原则，以数据库的生产周期作为教学和实践的框架，学生通过在完成数据库任务的过程中学会相应的知识、技术、方法，掌握相应的理论知识，让学生学会学习，学会思考。

(3) 从应用与实用的角度出发，阐述数据库应用设计与实现。本书将集中重要的主题并进行充分论述，而不是肤浅地涉及许多问题，或者罗列许多概念、术语。

(4) 将理论与实践有机地融合。例如，在学习数据库建模、关系模型和规范化时，不是抽象地讨论概念和原理，而是和应用实例融合在一起，用实例说明抽象的概念和原理。这样有助于学生对概念和知识点的理解和应用，同时也可激发学生的学习热情。

(5) 学生对教材中某个关键技术的掌握是阶梯式的，即先体验、认识、感知或使用，然后随着学生对软件和解决问题方法的熟悉以及所学知识的增加逐步掌握。教材中所涉及的关键技术都采用了这种自然推进阶梯式的教学方式。

教材采用了“实践、学习、再实践、再学习”的教学思想，这种教学思想也是阶梯式的。

(6) 以技术较全面、应用很广的 SQL Server 的最新版本 SQL Server 2008 作为工具来阐述数据库技术，而不仅仅是讲解 SQL Server 2008，注重数据库的共同要素，做到举一反三，触类旁通。

(7) 注重 SQL，同时对数据库创建和管理维护部分提供了对应的可视化操作部分，以便查阅和学习。

教学方法建议

以下教学方法是作者在采用本教材授课时采用的主要教学方法，仅供参考。

(1) 在介绍某个主题时，如果可以的话，通过解释为什么需要它，来引入该主题。然后可以对该主题进行最简要的解释。这对应于图 0.1 中“场景引入”。

(2) 提出要完成的任务，描述要解决的问题。在该步骤中，教师可以演示解决该问题的程序让学生了解其工作过程，或让学生自己“尝试”解决该问题的程序了解其工作过程。

(3) 分析问题。

(4) 提出解决方案。在解决方案中，实现解决问题的程序，并运行程序。

(5) 分析与讨论。重点分析与讨论完成任务中包含的新的知识点、技术、方法和思想。“分析与讨论”还包括反思、归纳和总结。重点归纳总结出通过完成该任务学生应该掌握什么技术、方法、思想，以及应该掌握哪些知识点。

(6) 让学生按照解决方案完成该任务，并让学生进行反思。

(7) 提出新任务和新的实际问题，让学生独立实践。新任务和新的实际问题在教材的独立实践部分。

通过这种方式，完成教材中某个主题或知识点的教学及实践。教材中所有的主题或知识点都可按照这种方式进行。

学习方法建议

“从实践中学习，在学习中实践”，“实践”是学习数据库技术最稳妥、最有效、最快捷的途径。

书中针对每一个新概念、知识点的提出，都伴随着一个任务，任务是构成本书的主要部分。建议读者仔细地研究这些任务。认真体会解决任务的方法及思路，按照书中提出的解决方案创建完成任务的程序。然后，仔细研读“分析与讨论”部分，弄懂程序中的每行代码。读者在完成任务时，不仅要明白做什么、怎么做，而且要明白为什么这样做。要弄清楚整个的编程思想。然后对程序进行修改或扩展。通过这些方式以掌握程序背后所包含的概念、原理、知识点和方法等。

接着，应用完成任务时所学的方法、技术，独立完成独立实践中的各项任务。

书中的代码及“分析与讨论”部分是本书的精华，建议读者认真研究。

尽管作者以严谨的工作作风来完善本书，但受水平的限制，加上时间的关系，书中可能会出现错误和不足，希望读者能够指正和谅解(pmshao@163.com)。

邵鹏鸣

目　录

课题一　认识和使用数据库

课题二 设计数据库

课题三　实现数据库

课题四 为数据库创建对象和程序

课题五 运行与管理数据库

课题六 操作 SSMS 实现数据库和维护数据库

课题一　认识和使用数据库

- 认识数据库及其应用
- 认识 SQL
- 使用关系(表)存储用户数据
- 设置列的属性和约束

任务 1　认识数据库及其应用

1.1　场 景 引 入

问题：什么是数据库？数据库用来做什么？生活中哪些地方使用了数据库？什么是数据库管理系统？数据库管理系统和数据库是什么关系？应用程序和数据库管理系统是什么关系？

完成了任务 1 就可以简单回答以上问题。

数据库技术一直是热门技术之一，它被广泛应用于许多领域，从桌面上的数据库到大型相互关联组织的分布式数据库，数据库成为越来越重要的商业资产。市场、销售、生产、操作、财会、管理和所有的商业规则都在各自的活动中利用数据库技术来提高生产率。近年来，数据库技术的应用对于 Internet 应用的迅猛增长和 Internet 新技术日新月异的发展起到了重要的推动作用。毕竟 Internet 只是一个通信系统，它的真正价值是从数据库中读取或存入数据和信息。由于对数据库技术专业人才的需求量非常大，因此，使得学习和掌握数据库相关知识和应用技能成为许多大学生追求的目标之一。

1.2　了解数据库的一些应用

数据库能够帮助人们跟踪事物。经典数据库应用涉及对诸如订单、客户和雇员之类的项或其他商人感兴趣的项的跟踪。目前数据库技术已被应用到了更多领域，诸如用于 Internet 的数据库和用于公司内联网的数据库。下面列举几个例子。

1. 从超市购物

在超市购买货物时，收银员会使用条形码阅读器来扫描每种货物。这其实就是使用条形码链接一个从产品数据库中查询该货物价格的应用程序，然后通过该程序产生这些库存货物的数量，并在收银机上显示价格。如果记录产品的数量低于指定的最低极限值，数据库系统可能会自动设置一个订单来获得更多的产品库存。

2. 使用信用卡购物

当顾客使用信用卡购物时，服务人员要检查顾客是否有足够的剩余金额可以购买该商品。这种检查可以用电话来进行，也可以用连接到计算机系统的磁卡阅读器自动完成。无论是哪种情况，都是在某个地方有一个数据库，此数据库中包含了顾客使用信用卡进行购物的信息。为了检查顾客的信用卡，存在一个数据库应用程序，此程序使用顾客的信用卡号码来检查顾客想购买的商品价格，以及顾客这个月已经购买的商品总额是否在信用限度内。当购买被确认有效后，则这次的购买详细信息又被添加到了这个数据库中。在确认此次购买生效之前，这个应用程序也会访问数据库，检查该信用卡是否在丢失列表中。

3. 在旅行社预定假期

当顾客咨询某次假期的安排时，旅行社可能访问几个包含假期和飞机的详细信息的数据库。当顾客预订假期时，数据库系统必须进行所有必要的预订安排。在这种情况下，该系统必须要确保不同的代理没有预订相同的假期或飞机上相同的座位。例如，如果从广州到北京的飞机上只剩下一个座位，两个代理在同一时间预订这最后一个座位，系统不得不处理这种情况，只允许一个预订有效，并通知另一个代理没有位置了。

4. 图书馆管理图书

图书馆一般会有一个包含所有图书详细信息的数据库，其中含有读者信息、预订信息等。读者可以根据书名、作者或其他数据查找所需书籍。数据库系统一般允许读者预订书籍，并在可以借阅该书籍时发邮件通知读者，也会给没有按期还书的借阅者发提醒通知。一般情况下，系统都有一个条形码阅读器，用来记录归还和借出图书馆的书籍。

5. 出租录像

录像租赁公司维护着一个数据库，这个数据库中包括每个录像的片名、复制的份数、是可租还是已租、租借者、导演和演员等详细信息。租赁公司可以利用租赁信息来监视录像带的库存，并根据租借的历史数据预测公司将来的购买倾向。

6. 使用 Internet

Internet 上的很多站点是由数据库应用程序驱动的。例如，访问一个在线书店，这个书店允许借书和买书，如 Amazon.com。这个书店允许顾客按不同种类借书，比如计算机或经管，也允许按作者名借书。不管是哪种情况，在这个机构的 Web 服务器上都有一个数据库，数据库中包含图书的详细信息、获得方式、邮寄信息、库存级别及排列信息。

图书信息包括书名、ISBN、作者、价格、销售历史、出版社、评论以及详细的描述。数据库允许图书被交叉检索。例如，一本图书可以列在几个种类中，如算法、编程语言、畅销书及推荐图书等。交叉检索可以提供一些相关图书的信息，这些图书一般是与顾客所感兴趣的图书有关的。

以上只是几种数据库系统应用，毫无疑问，读者也会知道其他更多的应用情况。尽管我们熟知并常用这些应用，但在它们的背后却隐藏着复杂的高级技术。这种技术的核心就是数据库本身。对于尽可能有效地支持最终用户需求的系统来说，需要合适的结构化数据库。构建这种结构就是所说的数据库设计。无论要构建的是小型数据库，还是前面所说的大型数据库，数据库设计和 SQL 语言都是基础。

1.3　了解数据库管理系统的概念

数据库管理系统(DBMS)是一个能够让用户定义、创建和维护数据库以及控制对数据库访问的软件系统。它是与用户、应用程序和数据库进行相互作用的软件。DBMS 允许用户定义数据结构，以及从数据库中插入、更新、删除和检索数据。常用的数据库管理系统有 MySQL、SQL Server 和 Oracle 等。

1.4　认识应用程序与数据库管理系统之间的关系

数据库应用程序是通过向 DBMS 发出合适的请求(一般是一个 SQL 语句)与数据库进行交互的计算机应用程序。用户与数据库应用程序交互，数据库应用程序和 DBMS 接口交互，DBMS 访问数据库中的数据。图 1.1 说明了数据库的访问形式，它显示了销售部门和库存控制部门使用其应用程序通过 DBMS 对数据库进行访问的过程。每个部门的应用程序处理它们的数据项、维护数据和生成报表。数据的物理结构和存储由 DBMS 管理。

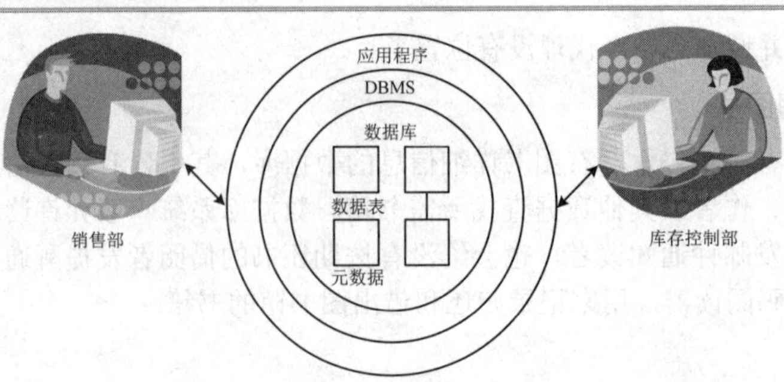

图 1.1　销售部和库存控制部通过应用程序和 DBMS 访问数据库的情形

1.5　认识一个真实的数据库

数据库是通过将事物的数据保存在表中实现的。这些表具有类似于电子表格的行和列。一个数据库通常具有多个表，每一个表中包含关于不同类型事物的数据。例如，图 1.2 是 Northwind 数据库中的几个表，雇员表 Employees 包含关于雇员的数据，产品表 Products 包含关于产品的数据，供应商表 Suppliers 包含关于供应商的数据，类别表 Categories 包含关于产品类别的数据。

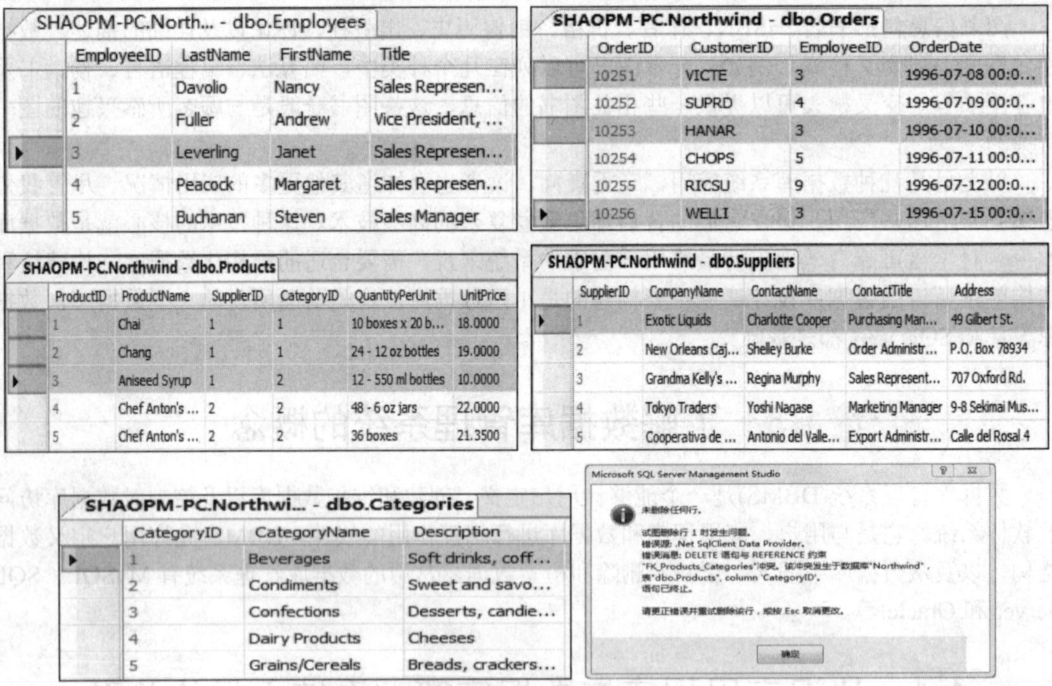
SHAOPM-PC.North... - dbo.Employees

EmployeeID	LastName	FirstName	Title
1	Davolio	Nancy	Sales Represen...
2	Fuller	Andrew	Vice President, ...
3	Leverling	Janet	Sales Represen...
4	Peacock	Margaret	Sales Represen...
5	Buchanan	Steven	Sales Manager

SHAOPM-PC.Northwind - dbo.Orders

OrderID	CustomerID	EmployeeID	OrderDate
10251	VICTE	3	1996-07-08 00:0...
10252	SUPRD	4	1996-07-09 00:0...
10253	HANAR	3	1996-07-10 00:0...
10254	CHOPS	5	1996-07-11 00:0...
10255	RICSU	9	1996-07-12 00:0...
10256	WELLI	3	1996-07-15 00:0...

SHAOPM-PC.Northwind - dbo.Products

ProductID	ProductName	SupplierID	CategoryID	QuantityPerUnit	UnitPrice
1	Chai	1	1	10 boxes x 20 b...	18.0000
2	Chang	1	1	24 - 12 oz bottles	19.0000
3	Aniseed Syrup	1	2	12 - 550 ml bottles	10.0000
4	Chef Anton's ...	2	2	48 - 6 oz jars	22.0000
5	Chef Anton's ...	2	2	36 boxes	21.3500

SHAOPM-PC.Northwind - dbo.Suppliers

SupplierID	CompanyName	ContactName	ContactTitle	Address
1	Exotic Liquids	Charlotte Cooper	Purchasing Man...	49 Gilbert St.
2	New Orleans Caj...	Shelley Burke	Order Administr...	P.O. Box 78934
3	Grandma Kelly's ...	Regina Murphy	Sales Represent...	707 Oxford Rd.
4	Tokyo Traders	Yoshi Nagase	Marketing Manager	9-8 Sekimai Mus...
5	Cooperativa de ...	Antonio del Valle...	Export Administr...	Calle del Rosal 4

SHAOPM-PC.Northwi... - dbo.Categories

CategoryID	CategoryName	Description
1	Beverages	Soft drinks, coff...
2	Condiments	Sweet and savo...
3	Confections	Desserts, candie...
4	Dairy Products	Cheeses
5	Grains/Cereals	Breads, crackers...

Microsoft SQL Server Management Studio

未删除任何行。

试图删除行 1 时发生问题。
错误源: .Net SqlClient Data Provider。
错误消息: DELETE 语句与 REFERENCE 约束 "FK_Products_Categories"冲突。该冲突发生于数据库"Northwind"，表"dbo.Products", column 'CategoryID'。
语句已终止。

请更正错误并重试删除该行，或按 Esc 取消更改。

确定

图 1.2　数据库的关键特性：相关的表

表中的每一行包含一个特定实例的数据。例如，在 Employees 表中，每一行代表一名雇员，各列分别代表该雇员的属性信息，如雇员编号、姓名、职位、地址及家庭电话号码等。

表中的每一行代表一条唯一的记录，每一列代表记录中的一个字段，因此，行也称为记录，列也称为字段，列名也称为字段名。例如，Employees 表中的雇员编号、姓名、职位是字段名。在表中，每一列的数据必须是同一数据类型的数据。

数据库不但包含表中的数据，而且还表明表之间的关系，如图 1.2 所示。

Suppliers 表和 Products 表的数据表明 SupplierID 值为 1 的供应商供应了三个产品(产品的名

称分别为 Chai、Chang 和 Aniseed Syrup)。

Categories 表和 Products 表的数据表明 Beverages 类别(CategoryID 值为 1)的产品有两个(产品名称分别为 Chai 和 Chang)。

Employees 表和 Orders 表的数据表明 EmployeeID 值为 3 的雇员接受并处理了 3 笔订单(订单号分别为 10251、10253 和 10256)。

当在 Categories 表中删除 CategoryID 值为 1 的行时，由于该行与 Products 表有关系(在 Products 表中存在该类别的产品)，系统不允许删除该行，删除该行失败。这也说明了数据库中表之间的关系。也就是说数据库不但存储用户的数据，而且还存储表之间的关系。

图 1.3 是 Northwind 数据库中的订单明细表 Order Details，该表包含订单中每个项的数据。对于订单中的每一项该表中都有相应的一行，也就是说，对于订单中订购的每种产品，Order Details 表中都有相应的一行。要理解这个表，可以考虑一下买商品时从零售商店中收到的销售回执或发票。回执或发票中包含每个订单的数据(如日期)，并且每一行对应所购买的一种商品。Order Details 表中的一行就对应于类似回执或发票中的一个条目。

具体地说，Order Details 表中的每行表示某个订单(OrderID)订购了哪种产品(ProductID)，订购的数量(Quantity)是多少，零售单价(UnitPrice)是多少，折扣(Discount)是多少。

由图 1.2 中的 Orders 表和图 1.3 的 Order Details 表可知，订单号为 10251 的订单订购的日期为 1996-07-08，该订单订购了产品 ID 值分别为 22、57 和 65 的三种产品，订购的数量分别为 6、15 和 20。

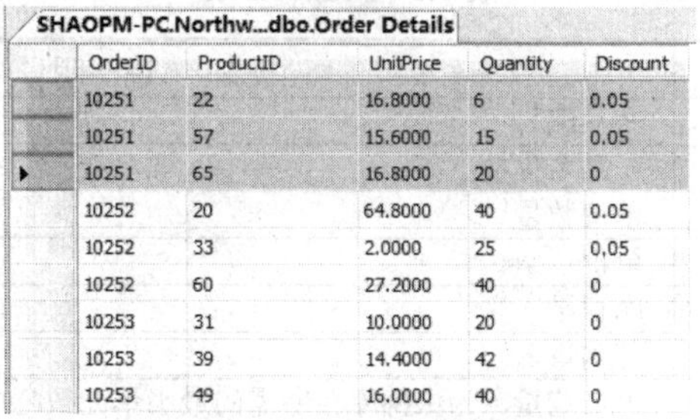
SHAOPM-PC.Northw...dbo.Order Details

OrderID	ProductID	UnitPrice	Quantity	Discount
10251	22	16.8000	6	0.05
10251	57	15.6000	15	0.05
10251	65	16.8000	20	0
10252	20	64.8000	40	0.05
10252	33	2.0000	25	0.05
10252	60	27.2000	40	0
10253	31	10.0000	20	0
10253	39	14.4000	42	0
10253	49	16.0000	40	0

图 1.3　订单明细表

Northwind 数据库中的每一个表的每一列的含义如表 1.1～表 1.7 所示。

表 1.1　Employees 表

列	说　明
EmployeeID	雇员 ID。自动赋予新雇员的编号。主关键字
LastName	雇员的姓氏
FirstName	雇员的名字
Title	雇员的职务。例如，销售代表
TitleOfCourtesy	尊称。礼貌的称呼。例如，先生或小姐
BirthDate	雇员的出生日期
HireDate	雇佣雇员的日期
Address	地址。街道或邮政信箱
City	城市。市/县的名称
Region	地区。自治区或省
PostalCode	邮政编码
Country	国家
HomePhone	家庭电话。电话号码包括国家代号或区号
Extension	分机。内部电话分机号码
Photo	照片。雇员照片

续表

列	说　明
Notes	备注。有关雇员背景的一般信息
PhotoPath	照片存放的位置(包括盘符和路径)

表 1.2　Orders

列	说　明
OrderID	订单编号。自动编号。主关键字
OrderDate	订购日期，即创建销售订单的日期
RequiredDate	到货日期
ShippedDate	预计的发货日期
ShipVia	运货商。与运货商表中的运货商 ID 相同
Freight	运货费
ShipName	货主名称，即接收货物的公司或人的名称
ShipAddress	货主地址。仅为街道地址，不允许为邮政信箱
ShipCity	货主城市。市/县的名称
ShipRegion	货主地区。自治区或省
ShipPostalCode	货主邮政编码
ShipCountry	货主国家

表 1.3　Products 表

列	说　明
ProductID	产品编号
ProductName	产品名称
QuantityPerUnit	单位数量
UnitPrice	单价
UnitsInStock	库存量
UnitsOnOrder	订购量
ReorderLevel	再订购量。为保持库存所需的最小单元数(当库存量和该值相同时，需要再订购产品，再订购产品的数量为 UnitsOnOrder 列的值)
Discontinued	中止。“是”表示条目不可用

表 1.4　Shippers 表

列	说　明
ShipperID	运货商 ID
CompanyName	运货公司名称
Phone	电话

表 1.5　Categories 表

列	说　明
CategoryID	类别 ID
CategoryName	类别名称
Description	类别的说明

表 1.6　Suppliers 表

列	说　明
SupplierID	供应商 ID
CompanyName	供应商的公司名称

续表

列	说　明
ContactName	联系人姓名
ContactTitle	联系人职务
Address	街道或邮政信箱
City	城市。市/县的名称
Region	地区。自治区或省
PostalCode	通信地址的邮政编码
Country	国家
Phone	电话号码，包括国家代号或区号
Fax	传真，包括国家代号或区号
HomePage	主页。供应商在网站上的主页

表 1.7　Customers 表

列	说　明
CustomerID	客户编号。主关键字
CompanyName	公司名称
ContactName	联系人姓名
ContactTitle	联系人职务
Address	地址
City	城市
Region	地区
PostalCode	邮政编码
Country	国家
Phone	与联系人关联的电话号码
Fax	传真

1.6　了解数据库定义

数据库是自描述的集成的表的集合。

集成的表是指既存储数据又存储表间关系的表。

“数据库是自描述的”是指，数据库除了包含用户的源数据外，还包含关于它本身结构的描述。也就是说，数据库不仅包括用户数据表，还包括用来描述用户数据的数据表。这些描述性的数据称为元数据，因为它们是关于数据的数据。元数据也以表的形式存储，称为系统表。

除了用户表和元数据外，数据库还包括其他元素，如索引、存储过程、触发器、安全数据和备份/恢复数据等，这些组成部分将在后面的任务中陆续进行详细介绍。

1.7　独 立 实 践

1.7.1　任务

(1)　列举一些生活中使用到数据库的例子。

(2)　再打开一个数据库中的几个表，说出数据库表中每行每列的含义。

(3)　请简单回答什么是数据库管理系统？数据库管理系统和数据库是什么关系？数据库应用程序、数据库管理系统和数据库三者之间是什么关系？

(4)　请简单回答数据库是做什么用的？什么是数据库？

1.7.2 安装 SQL Server 2008

解决方案

(1) 插入自动运行的 SQL Server 2008 安装光盘或将 SQL Server 2008 安装程序复制到计算机，然后双击根文件夹中的 setup.exe。

如果出现 Microsoft .NET Framework 3.5 版安装对话框，单击“确定”按钮，等待一段时间后进入如图 1.4 所示的.NET Framework 3.5 许可协议窗口，同意许可条款并单击“安装”按钮开始安装，安装完成后单击“安装完成”窗口中的“退出”按钮即可。

(2) 安装完.NET Framework 3.5 后可能会弹出需要安装 Windows XP 补丁的对话框，这是安装 SQL Server 2008 必须要安装的补丁。安装完该补丁后，如果系统提示重新启动计算机，则重新启动计算机，然后重新启动 SQL Server 2008 setup.exe。

(3) 重启计算机后重新启动安装程序，进入“SQL Server 安装中心”窗口，单击左边列表项中的“安装”选项，在窗口右边将列出可以进行的安装方式，如图 1.5 所示。若要创建 SQL Server 2008 的全新安装，则单击“全新 SQL Server 独立安装或向现有安装添加功能”选项。

图 1.4 .NET Framework 3.5 许可协议窗口

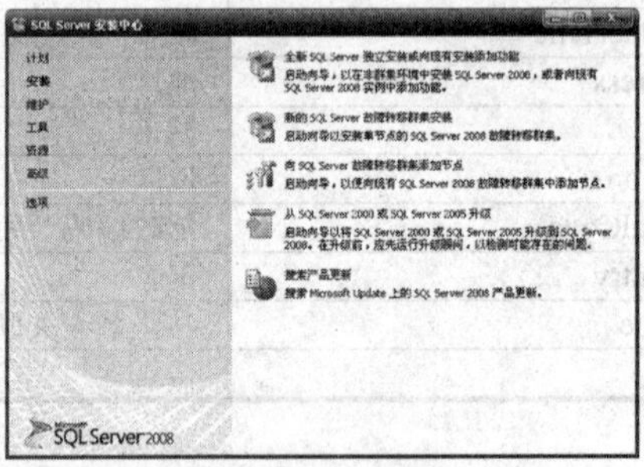

图 1.5 “SQL Server 安装中心”窗口

(4) 安装程序将检查 SQL Server 安装程序支持文件时可能发生的问题，并将检查信息显示在“安装程序支持规则”界面中，如图 1.6 所示。如果有检查未通过的规则，则必须进行更正，否则安装将无法继续。

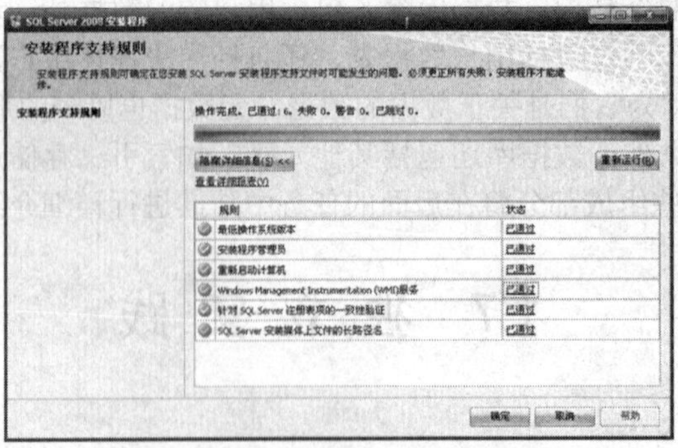

图 1.6 “安装程序支持规则”界面

(5) 安装程序支持规则全部通过后单击“确定”按钮进入“产品密钥”界面，如图 1.7 所示。选中“指定可用版本”单选按钮并在其下拉列表中选择 Enterprise Evaluation 选项，或者选中“输入产品密钥”单选按钮并在其文本框中输入企业评估版的 25 位产品密钥，完成后单击“下一步”按钮。

(6) 进入“许可条款”界面，如图 1.8 所示，阅读并接受许可条款，单击“下一步”按钮，进入“安装程序支持文件”界面。

(7) 在“安装程序支持文件”界面，如图 1.9 所示，单击“安装”按钮安装 SQL Server 必备组件。

(8) 完成安装 SQL Server 必备组件后重新进入“安装程序支持规则”界面，如图 1.10 所示。如果通过，则单击“下一步”按钮，进入“功能选择”界面。

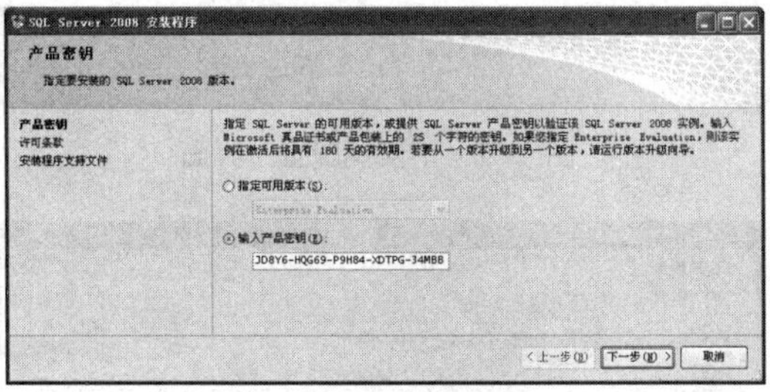

图 1.7 “产品密钥”界面

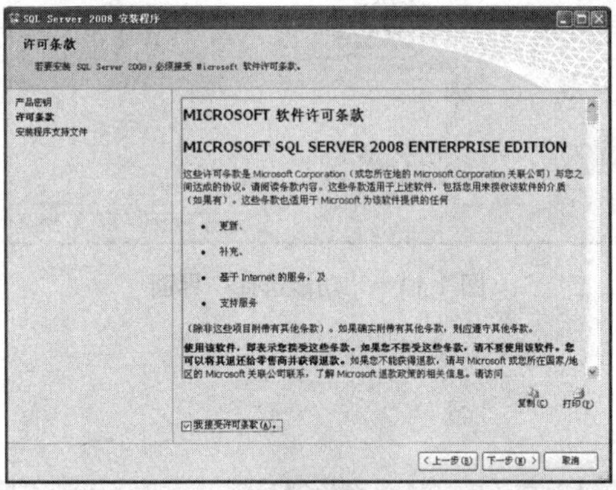

图 1.8 “许可条款”界面

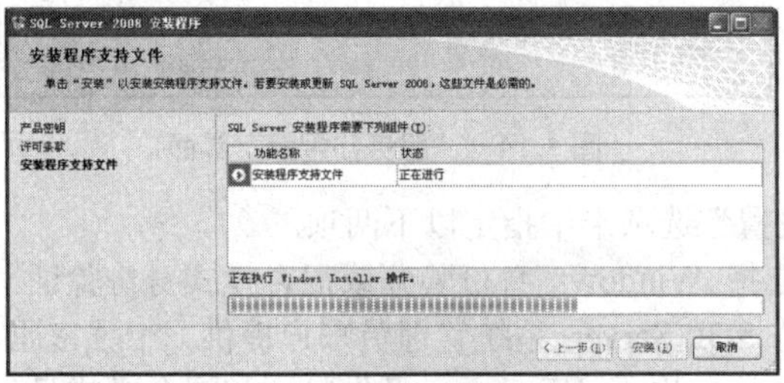

图 1.9 “安装程序支持文件”界面

图 1.10 “安装程序支持规则”界面

(9) 在“功能选择”界面的“功能”区域中选择要安装的功能组件，用户可以根据自身需求来安装组件，这里单击“全选”按钮安装全部组件，如图 1.11 所示。单击“下一步”按钮进入“实例配置”界面。

(10) 在“实例配置”界面中进行实例配置，如果是第一次安装，则既可以使用默认实例，也可以自行指定实例名称。如果当前服务器上已经安装了一个默认的实例，则再次安装时必须指定一个实例名称。自定义实例名称的方法为，选择“命名实例”单选按钮，在后面的文本框中输入用户自定义的实例名称。如果选择“默认实例”，则实例名称默认为 MSSQLSERVER。这里选择“默认实例”，如图 1.12 所示。

(11) 实例配置完后单击“下一步”按钮进入“磁盘空间要求”界面，该界面中显示安装 SQL Server 2008 所需要的磁盘容量，如图 1.13 所示。单击“下一步”按钮进入“服务器配置”界面。

(12) 在“服务器配置”界面的“服务帐户”选项卡中为每个 SQL Server 服务单独配置用户名、密码及启动类型。“帐户名”可以在下拉列表框中进行选择，也可以单击“对所有 SQL Server 服务使用相同的帐户”按钮，为所有的服务分配一个相同的登录账号。配置完成后的界面如

图 1.14 所示。单击“下一步”按钮，进入“数据库引擎配置”界面。

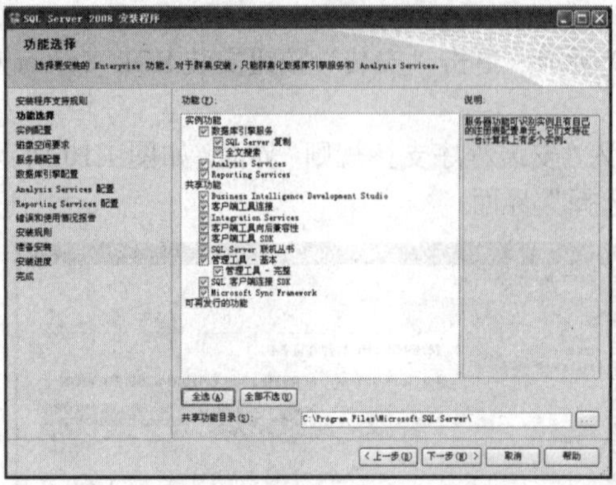

图 1.11　“功能选择”界面

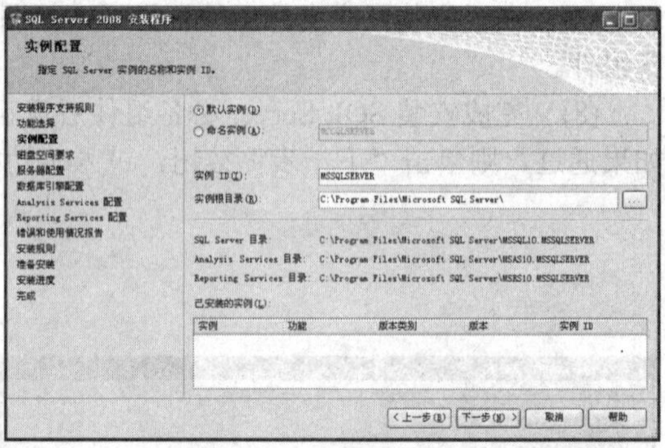

图 1.12　“实例配置”界面

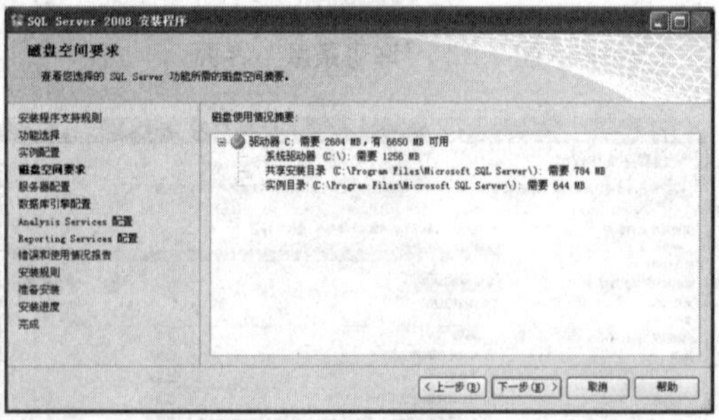

图 1.13　“磁盘空间要求”界面

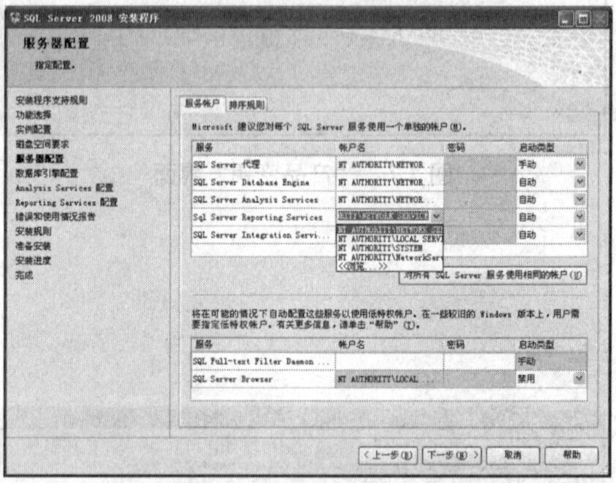

图 1.14　“服务器配置”界面

(13) 在“数据库引擎配置”界面的“账户设置”选项卡中指定以下两项。

- 身份验证模式：为 SQL Server 实例选择 Windows 身份验证或混合模式身份验证。如果选择“混合模式”，则必须为内置 SQL Server 系统管理员账户提供一个强密码。在设备与 SQL Server 成功建立连接之后，用于 Windows 身份验证和混合模式身份验证的安全机制是相同的。这里选择“混合模式”为身份验证模式，并为内置的系统管理员账户“sa”设置密码。为了便于介绍，这里密码设为“123456”，如图 1.15 所示。在实际操作过程中，密码要尽量复杂以提高安全性。
- 指定 SQL Server 管理员：必须至少为 SQL Server 实例指定一个系统管理员。若要添加用以运行 SQL Server 安装程序的用户，则单击“添加当前用户”按钮。这里单击“添加当前用户”按钮，最后，单击“下一步”按钮。

(14) 在“Analysis Services 配置”界面的“帐户设置”选项卡指定将拥有 Analysis Services 的管理员权限的用户或账户。必须为 Analysis Services 至少指定一个系统管理员。若要添加用以运行 SQL Server 安装程序的账户，则单击“添加当前用户”按钮。这里单击“添加当前用户”按钮，如图 1.16 所示。最后，单击“下一步”按钮。

(15) 在“Reporting Services 配置”界面，选择“安装本机模式默认配置”单选按钮，如图 1.17 所示。

(16) 单击“下一步”按钮，进入“错误和使用情况报告”界面，这里用户可以根据需求选择相应的复选框，如图 1.18 所示。

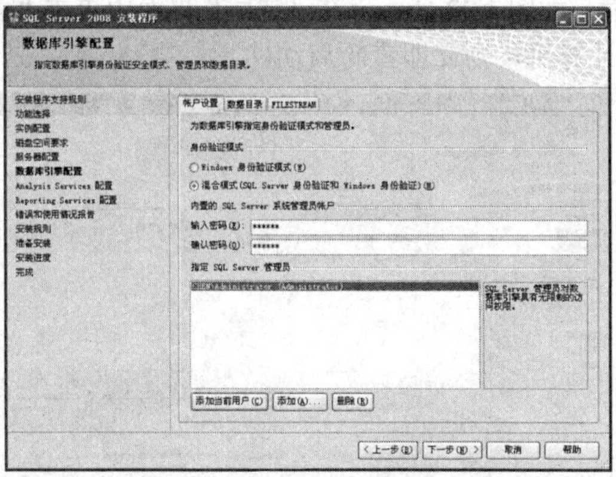

图 1.15　“数据库引擎配置”界面

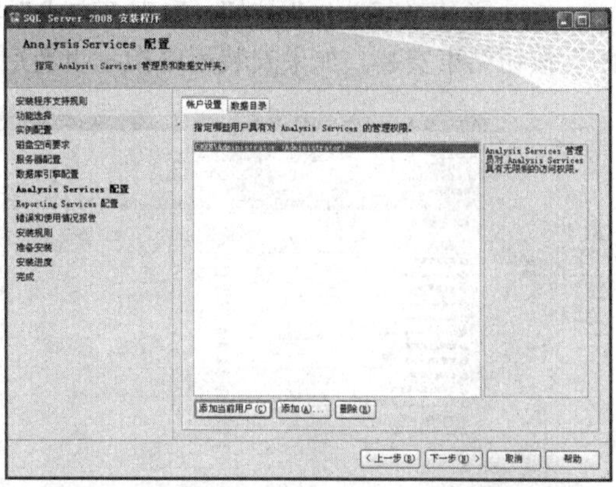

图 1.16　“Analysis Services 配置”界面

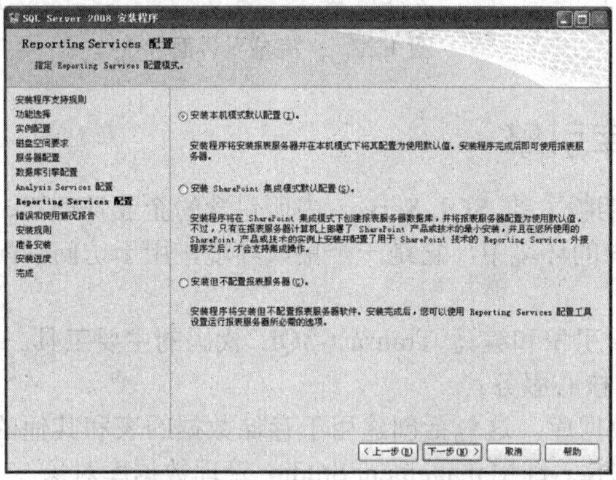

图 1.17　“Reporting Services 配置”界面

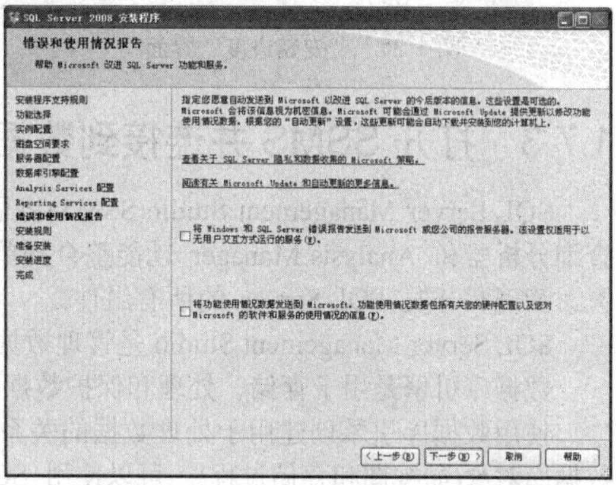

图 1.18　“错误和使用情况报告”界面

(17) 单击“下一步”按钮，进入“安装规则”界面。“安装规则”界面中将显示安装规则的通过情况，如图 1.19 所示，如果全部通过，则可以单击“下一步”按钮，进入“准备安装”界面。

(18) 在“准备安装”界面中单击“安装”按钮开始安装，如图 1.20 所示。

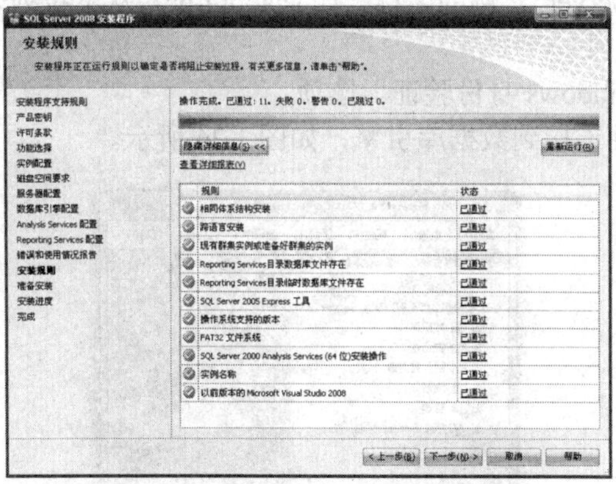

图 1.19　“安装规则”界面

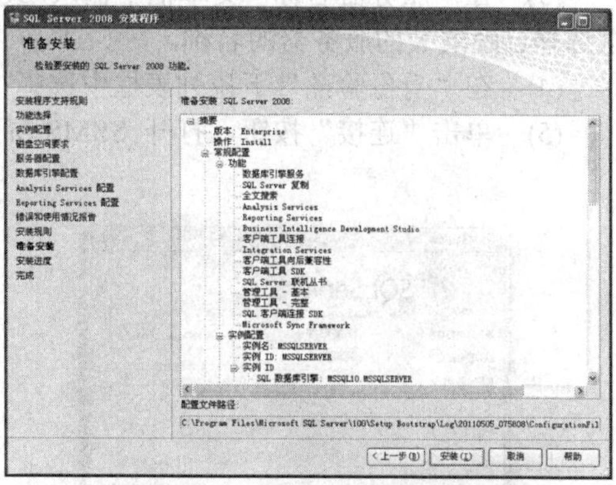

图 1.20　“准备安装”界面

(19) 在安装过程中，“安装进度”界面会提供相应的状态，因此可以在安装过程中监视安装进度。等待一段时间后安装完成，窗口中将显示已经成功安装的功能组件，如图 1.21 所示。

(20) 单击“下一步”按钮，出现“完成”界面，如图 1.22 所示。在“完成”界面中单击“关闭”按钮结束安装。如果安装程序指示重新启动计算机，则立即重新启动。

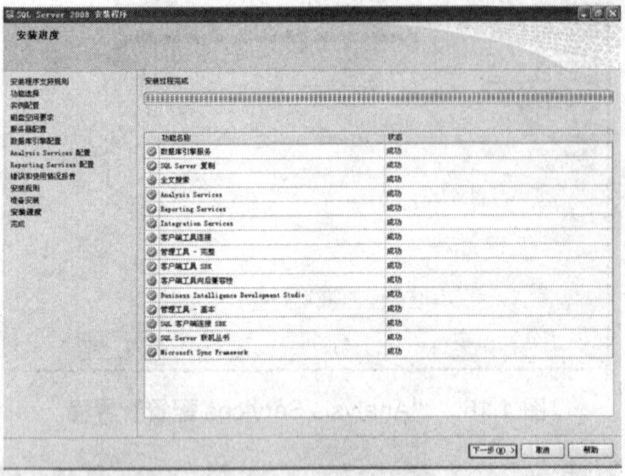

图 1.21 “安装进度”界面

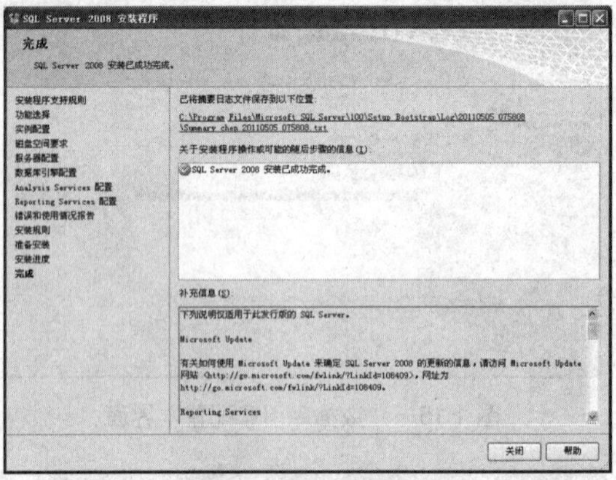

图 1.22 “完成”界面

1.7.3 打开 SSMS 并连接到数据库引擎

SQL Server Management Studio(SSMS)将早期版本的 SQL Server 中所包含的企业管理器、查询分析器和 Analysis Manager 功能整合到单一的环境中。它是一个集成环境，用于访问、配置、管理和开发 SQL Server 的所有组件。

SQL Server Management Studio 是管理数据库引擎和编写 Transact-SQL 代码的主要工具。

数据库引擎是用于存储、处理和保护数据的核心服务。

使用数据库引擎创建用于处理数据的关系数据库。这包括创建用于存储数据的表和其他的数据库对象(如视图和存储过程)。可以使用 SQL Server Management Studio 管理数据库对象。

解决方案

(1) 依次选择“开始”→“所有程序”→Microsoft SQL Server 2008→SQL Server Management Studio 命令。

(2) 打开“连接到服务器”对话框，在“服务器类型”下拉列表框中选择“数据库引擎”选项，如图 1.23 所示。

(3) 在“服务器名称”文本框中输入 SQL Server 实例的名称，如 shaopm-pc；从下拉列表框选择已经安装的服务器的名称。

(4) 在“身份验证”下拉列表框中选择“Windows 身份验证”选项。

(5) 单击“连接”按钮，打开 SSMS 窗口并连接到数据库引擎，如图 1.24 所示。

图 1.23 “连接到服务器”对话框

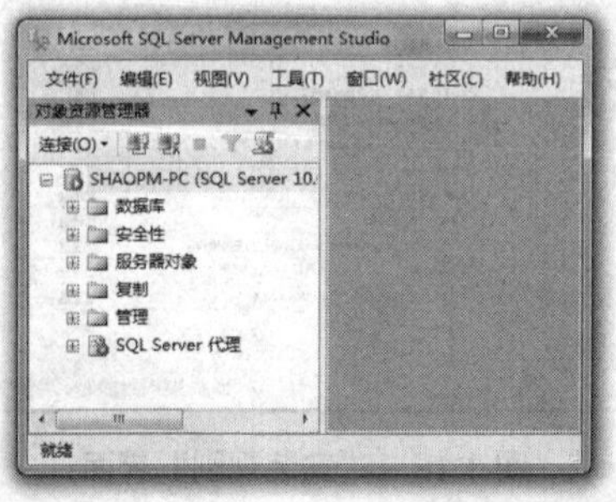

图 1.24 SSMS 窗口

1.7.4　显示“已注册的服务器”

解决方案

(1)　打开 SQL Server Management Studio。

(2)　在“视图”菜单中选择“已注册的服务器”命令，如图 1.25 所示，“已注册的服务器”窗格将显示在对象资源管理器的上面，如图 1.26 所示，“已注册的服务器”窗格列出的是经常管理的服务器，可以在此添加和删除服务器。右击 shaopm-pc\sh 服务器，然后在弹出的快捷菜单中选择“删除”命令，如图 1.27 所示。

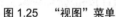

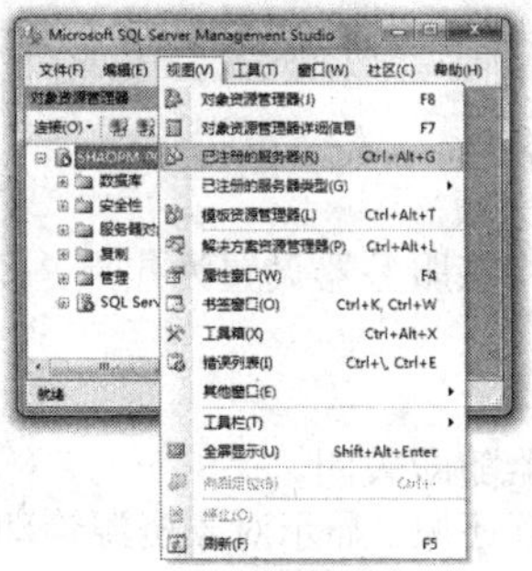

图 1.25　“视图”菜单

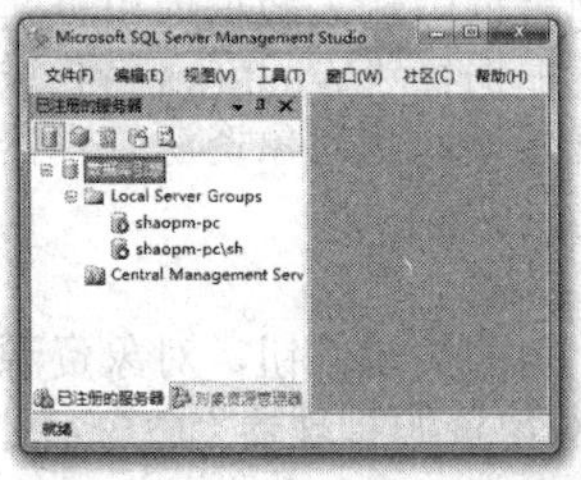

图 1.26　“已注册的服务器”窗格

图 1.27　删除服务器

1.7.5　注册本地服务器

解决方案

(1)　以 Administrators 组成员身份登录到 Windows，并打开 SQL Server Management Studio。

(2)　在“连接到服务器”对话框中单击“取消”按钮。

(3)　如果未显示“已注册的服务器”，就在“视图”菜单中选择“已注册的服务器”命令。

(4)　在“已注册的服务器”树形列表中选择“数据库引擎”选项后，展开“数据库引擎”，右击“本地服务器组”，在快捷菜单中选择“任务”命令，再在级联菜单中选择“注册本地服务器”命令，如图 1.28 所示。然后显示计算机上安装的所有数据库引擎实例，包括 SQL Server 2000 和 SQL Server 2005 实例。默认实例未命名，显示为计算机名称。命名实例显示为计算机名称后跟反斜杠 (\) 和实例名。

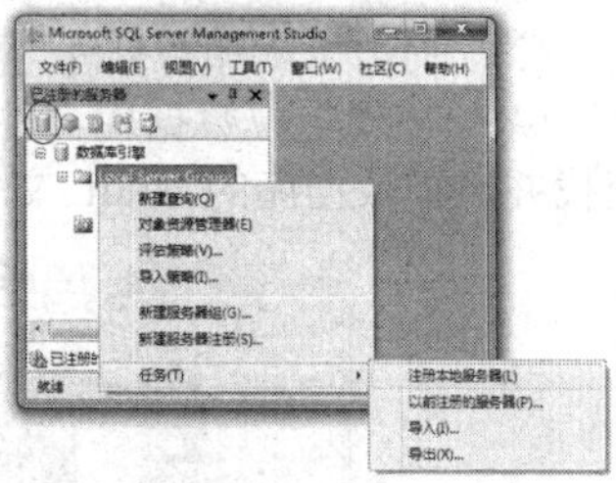

图 1.28　注册本地服务器

1.7.6　启动数据库引擎

解决方案

(1)　按照 1.7.4 的解决方案，显示“已注册的服务器”窗格。

(2)　在“已注册的服务器”窗格中，如果 SQL Server 实例的名称中有绿色的点并在名称旁边有白色箭头，则表示数据库引擎正在运行，无须执行其他操作。

(3)　如果 SQL Server 实例的名称中有红色的点并在名称旁边有白色正方形，则表示数据库引擎已停止。右击数据库引擎的名称，依次选择“服务控制”→“启动”命令，如图 1.29 所示。出现确认对话框之后，数据库引擎会启动，圆圈应变为绿色。

1.7.7 连接对象资源管理器

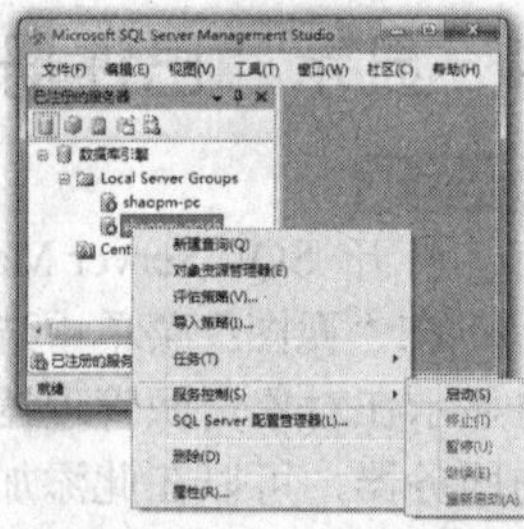

图 1.29 启动数据库引擎

解决方案

(1) 以 Administrators 组成员身份登录到 Windows，并打开 SQL Server Management Studio。

(2) 在“连接到服务器”对话框中，单击“取消”按钮。

(3) 在“文件”菜单中选择“连接对象资源管理器”选项。系统将打开“连接到服务器”对话框。“服务器类型”下拉列表框中将显示上次使用的类型。

(4) 在“服务器类型”下拉列表框中选择“数据库引擎”选项。

(5) 在“服务器名称”下拉列表框中输入数据库引擎实例的名称。

(6) 在“身份验证”下拉列表框选择“Windows 身份验证”选项。

(7) 单击“连接”按钮，则直接返回到对象资源管理器，并将该服务器设置为焦点。

分析与讨论

关闭、隐藏和重新打开组件窗口：

(1) 单击对象资源管理器右上角的关闭按钮，对象资源管理器随即关闭。

(2) 在“视图”菜单中选择“对象资源管理器”命令，对其进行还原，显示对象资源管理器。

(3) 在对象资源管理器中，单击带有“自动隐藏”工具提示的图钉按钮，对象资源管理器将被最小化到屏幕的左侧。

(4) 在对象资源管理器标题栏上移动鼠标，对象资源管理器将被重新打开。

(5) 再次单击图钉按钮，使对象资源管理器驻留在打开的位置。

1.7.8 附加数据库

解决方案

(1) 在对象资源管理器中，连接到 Microsoft SQL Server 数据库引擎实例，然后展开该实例。

(2) 右击“数据库”，在快捷菜单中选择“附加”命令，如图 1.30 所示。

(3) 打开“附加数据库”对话框，指定要附加的数据库，单击“添加”按钮，如图 1.31 所示。

(4) 在“定位数据库文件”对话框中，选择数据库所在的磁盘驱动器 C 并展开目录树，以查找并选择数据库的 .mdf 文件。然后单击“确定”按钮，如图 1.32 所示。

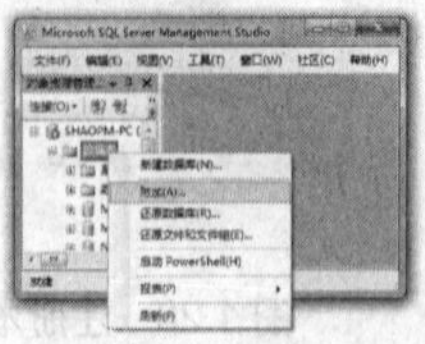

图 1.30 选择“附加”命令

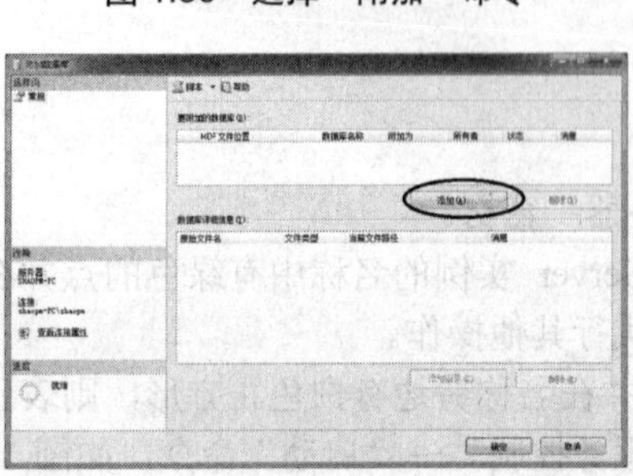

图 1.31 “附加数据库”对话框

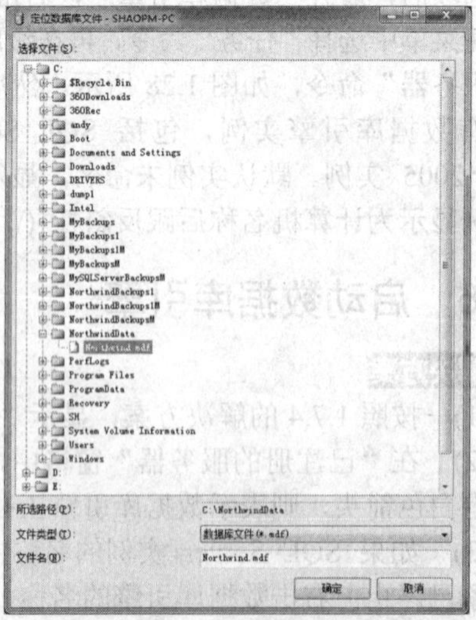

图 1.32 “定位数据库文件”对话框

(5) 在“附加数据库”对话框中，若要为附加的数据库指定不同的名称，则在“附加数据库”对话框的“附加为”列中输入名称；也可以通过在“所有者”列中选择其他项来更改数据库的所有者，如图 1.33 所示。

(6) 单击“确定”按钮。

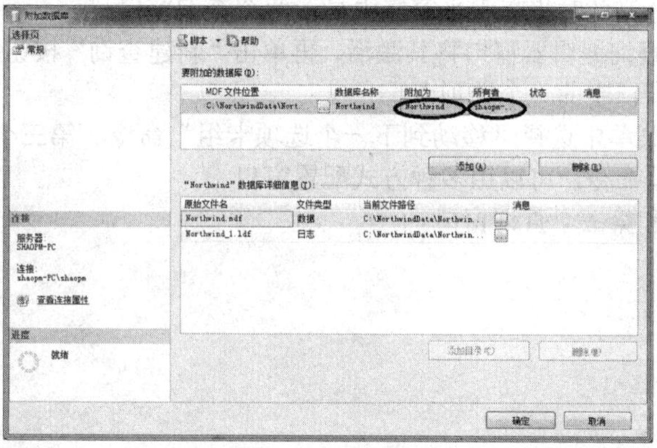

图 1.33　附加数据库

1.7.9　使用 SSMS 编写代码

解决方案

(1) 按照 1.7.7 的解决方案，连接到对象资源管理器。

(2) 展开服务器对象，再展开“数据库”，然后选择 Northwind。

(3) 在工具栏上，单击“新建查询”按钮，打开查询编辑器，如图 1.34 所示。

(4) 在查询编辑器窗口中，输入如图 1.35 所示的代码。

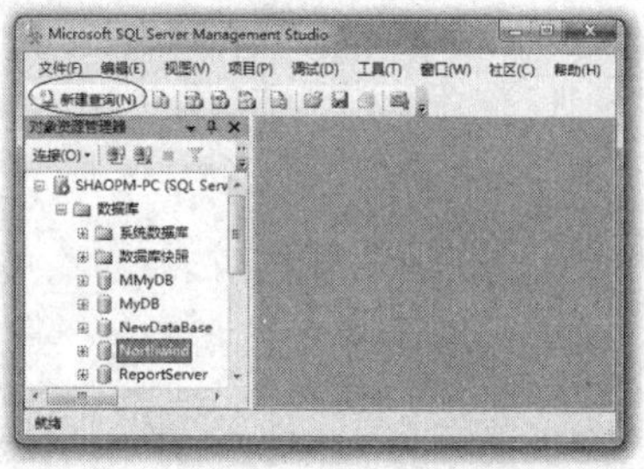

图 1.34　SSMS 窗口

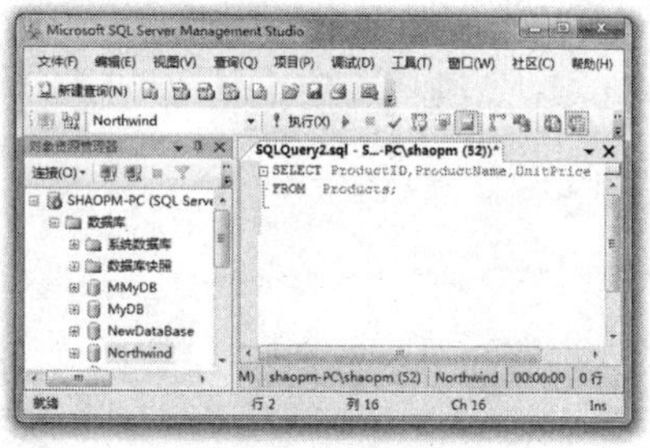

图 1.35　查询编辑器窗口

(5) 在查询编辑器工具栏上，单击“执行”按钮，得到如图 1.36 所示的结果。

分析与讨论

(1) 若要使用同一个连接打开另一个查询编辑器窗口，则在工具栏上单击“新建查询”按钮。

(2) 若要更改连接，则在查询编辑器窗口中右击，在快捷菜单中依次选择“连接”→“更改连接”命令。

(3) 在“连接到 SQL Server”对话框中，选择 SQL Server 的另一个实例(如果有)，再

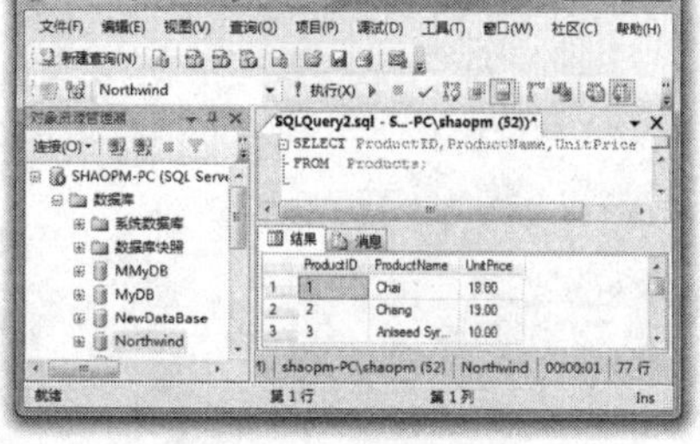

图 1.36　运行查询

单击“连接”按钮。

(4) 同时查看和操作多个代码窗口。

① 在“SQL 编辑器”工具栏中，单击“新建查询”按钮，打开第二个查询编辑器窗口。

② 若要同时查看两个代码窗口，则右击查询编辑器的标题栏，然后在快捷菜单中选择“新建水平选项卡组”命令。此时将在水平窗格中显示两个查询窗口。

③ 单击上面的查询编辑器窗口将其激活，再单击“新建查询”按钮打开第三个查询窗口。该窗口将显示为上面窗口中的一个选项卡。

④ 在“窗口”菜单中选择“移动到下一个选项卡组”命令。第三个窗口将移动到下面的选项卡组中。使用这些命令，可以用多种方式配置窗口。

⑤ 关闭第二个和第三个查询窗口。

任务2　认识SQL

2.1 场 景 引 入

问题：不直接打开表，怎样查询产品表中 ProductID、ProductName、UnitPrice 列的值。请提出解决此问题的解决方案。

在前面的任务中我们是直接打开表来查看表中的数据，如果不直接打开表，那如何查看表中的数据呢？可使用结构化查询语言 SQL。任务 2 通过完成一系列的子任务，来了解、认识如何使用 SQL 解决简单的问题。

2.2 了解 SQL 的作用

结构化查询语言(SQL)是最重要的关系数据操纵语言。所有的关系数据库管理系统都支持 SQL 语言，使它成为计算机间信息交换的标准语言。由于有一种可以运行于几乎所有计算机和操作系统上的 SQL 版本，计算机系统彼此间能通过传递 SQL 请求和响应来交换数据。因此，学好 SQL 语言是非常重要的。

2.3 查询单一表中的数据

要查询表中的数据，必须使用 SELECT 进行选择，使用 SELECT 进行选择是从数据表中选择指定列的操作，它的结果是一个所选列的新表。换句话说，使用 SELECT 进行选择是从数据表中选择列。

2.3.1 从单一的表中选择特定列

若要选择表中的特定列，则需在选择列名列表中明确地列出每一列名称。其一般格式为：

```
SELECT 列名列表
FROM 表名
```

任务 2.1　查询单个表中指定列的值

问题描述 显示产品表中 ProductID、ProductName、UnitPrice 列的值。

解决方案

(1)　编写查询，代码如下：

```
SELECT ProductID,ProductName,UnitPrice
FROM  Products;
```

(2)　执行查询，结果如图 2.1 所示。

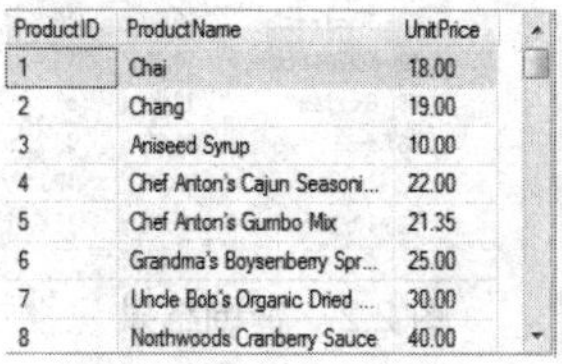

ProductID	ProductName	UnitPrice
1	Chai	18.00
2	Chang	19.00
3	Aniseed Syrup	10.00
4	Chef Anton's Cajun Seasoni...	22.00
5	Chef Anton's Gumbo Mix	21.35
6	Grandma's Boysenberry Spr...	25.00
7	Uncle Bob's Organic Dried ...	30.00
8	Northwoods Cranberry Sauce	40.00

图 2.1　查询结果

分析与讨论

(1) 查询指定表中指定列的数据。SELECT 标识用来选择哪些列，FROM 标识用来从哪个表中选择。也就是说使用 SELECT 选择要显示其值的列的名称，列的名称之间用逗号(,)分隔，FROM 后指定要操作的表。以上代码中，ProductID、ProductName、UnitPrice 是要显示其值的列的名称，Products 是查询的表的名称。查询的结果只有指定的 3 列的值，如图 2.1 所示。

(2) SQL 关键字。SQL 使用保留关键字定义、操作和访问数据库，例如，上例中的 SELECT 和 FROM 都是 SQL 保留关键字。保留关键字是 SQL 语法的一部分，用于分析和理解 SQL 语句。

标识符不能是 Transact-SQL 的保留字。SQL Server 保留其关键字的大写和小写形式。不要使用 SQL-92 保留关键字作为对象名和标识符。例如，表名就不要使用 SQL 保留关键字，列名也不要使用 SQL 保留关键字。

尽管在 Transact-SQL 中，使用 SQL Server 保留关键字作为标识符和对象名在语法上是可行的，但规定只能使用分隔标识符。分隔标识符包含在双引号 (") 或者方括号 ([ ]) 内。符合标识符格式规则的标识符可以分隔，也可以不分隔。

(3) SQL 语句。SQL 语句是对数据执行某操作的 SQL 或 Transact-SQL 命令(如 SELECT 或 DELETE)。例如，上例中的代码就是一条 SQL 语句。

(4) SQL 子句。SQL 语句和句子一样有子句，每个子句完成一个 SQL 语句中的一个任务。例如，上例中的 SQL 语句中，SELECT 是一个子句，该子句的任务是列出表的列。FROM 也是一个子句，该子句的任务是指定表的名称。

(5) 对 SQL 语言，SQL 的编译器并不区分大小写，也不要求一个语句分成一行或几行来写。但习惯上，SQL 的关键字如 SELECT 和 FROM 使用大写，子句被分成几行书写，这样主要是为了阅读方便。

(6) 关键字不能分行。

(7) 注意 SQL 语句以分号结尾，这是 SQL-92 标准要求的，虽然有些 DBMS 产品允许忽略这个分号，但另外一些有这个要求。因此要养成以分号结束 SQL 语句的习惯。

2.3.2 从单一的表中选择所有列

若要查询表中所有列的值，则其格式为：

```
SELECT *
FROM 表名
```

任务 2.2 查询单个表中有的列的值

问题描述 显示产品表中所有列的值。

解决方案

(1) 编写查询，代码如下：

```
SELECT *
FROM  Products;
```

(2) 执行查询，结果如图 2.2 所示。

ProductID	ProductName	SupplierID	CategoryID	QuantityPerUnit	UnitPrice	UnitsInStock	UnitsOnOrder	ReorderLevel	Discontinued
1	Chai	1	1	10 boxes x 20 bags	18.00	37	0	10	0
2	Chang	1	1	24 - 12 oz bottles	19.00	16	40	25	0
3	Aniseed Syrup	1	2	12 - 550 ml bottles	10.00	13	70	25	0
4	Chef Anton's Cajun Season...	2	2	48 - 6 oz jars	22.00	53	0	0	0
5	Chef Anton's Gumbo Mix	2	2	36 boxes	21.35	0	0	0	1
6	Grandma's Boysenberry Spr...	3	2	12 - 8 oz jars	25.00	120	0	25	0
7	Uncle Bob's Organic Dried ...	3	7	12 - 1 lb pkgs.	30.00	15	0	10	0

图 2.2 查询结果

分析与讨论

(1)　查询表中的全部信息，需要在SELECT后使用“*”，当需要查询表中的全部列信息，且列非常多时，用“*”效率高。

(2)　由于 SELECT * 会查找指定表中所有的列，因此每次执行 SELECT * 语句时，表结构的更改(添加、删除或重命名列)都会自动反映出来。

2.3.3　使用 DISTINCT 消除重复项

如果要在查询结果中除去重复的行，则在 SELECT 语句中所显示列的列表前面插入 DISTINCT 关键字。

任务 2.3　从查询结果中除去重复的行

问题描述查询产品表中类别 ID 的值(不能列出重复值)。

解决方案

(1)　编写查询，代码如下：

```
SELECT DISTINCT CategoryID
FROM products ;
```

(2)　执行查询，结果如图 2.3(a)所示。

分析与讨论

(1)　在 SELECT 子句中使用关键字 DISTINCT 删除重复行。如果没有指定 DISTINCT，将返回所有行，包括重复的行，如图 2.3(b)所示。如果使用了 DISTINCT，就可以消除重复的行，只查看唯一的 CategoryID，如图 2.3(a)所示。

(2)　关键字 DISTINCT 必须紧跟在 SELECT 后，在列名列表的前面。

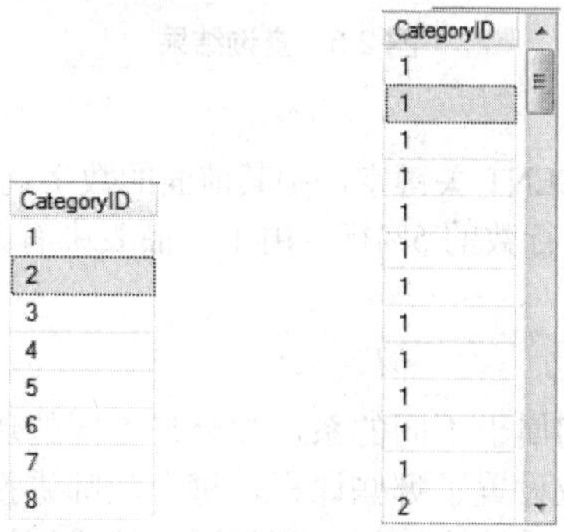

(a)　(b)

图 2.3　查询结果

2.3.4　使用 TOP 和 PERCENT 限制结果集

TOP 子句可以限制返回到结果集中的行数。其一般格式为：

```
TOP (n) [PERCENT]
```

如果未指定 PERCENT，n 就是返回的行数。如果指定了 PERCENT，n 就是返回的结果集行的百分比。

任务 2.4　指定查询结果集的行数

问题描述查询产品表中前 5 行的数据。

解决方案

(1)　编写查询，代码如下：

```
SELECT Top (5) *
FROM Products ;
```

(2) 执行查询，结果如图 2.4 所示。

ProductID	ProductName	SupplierID	CategoryID	QuantityPerUnit	UnitPrice	UnitsInStock	UnitsOnOrder	ReorderLevel	Discontinued
1	Chai	1	1	10 boxes x 20 bags	18.00	37	0	10	0
2	Chang	1	1	24 - 12 oz bottles	19.00	16	40	25	0
3	Aniseed Syrup	1	2	12 - 550 ml bottles	10.00	13	70	25	0
4	Chef Anton's Cajun Seasoning	2	2	48 - 6 oz jars	22.00	53	0	0	0
5	Chef Anton's Gumbo Mix	2	2	36 boxes	21.35	0	0	0	1

图 2.4 查询结果

分析与讨论

使用 TOP 子句限制结果集中返回的行数。TOP 子句紧跟在 SELECT 之后，TOP 后的数字是返回结果集的行数。例如，以上查询返回查询结果集中的前 5 行。

任务 2.5 指定返回的结果集行的百分比

问题描述 查询产品表中总行数的 5%行的数据。

解决方案

(1) 编写查询，代码如下：

```
SELECT Top (5) PERCENT *
FROM Products ;
```

(2) 执行查询，结果如图 2.5 所示。

ProductID	ProductName	SupplierID	CategoryID	QuantityPerUnit	UnitPrice	UnitsInStock	UnitsOnOrder	ReorderLevel	Discontinued
1	Chai	1	1	10 boxes x 20 bags	18.00	37	0	10	0
2	Chang	1	1	24 - 12 oz bottles	19.00	16	40	25	0
3	Aniseed Syrup	1	2	12 - 550 ml bottles	10.00	13	70	25	0
4	Chef Anton's Cajun Seasoning	2	2	48 - 6 oz jars	22.00	53	0	0	0

图 2.5 查询结果

分析与讨论

如果 TOP 子句最后有 PERCENT 关键字，则其前面的数字就是返回的结果集行的百分比。例如，以上查询返回查询结果集中行数的 5%行。由于产品表中有 77 行，因此以上查询返回 4 行。

2.3.5 独立实践

某一院校有很多学生，他们属于不同的系，被分在不同的班，每个专业有一个或多个班。学校和系的领导要了解每个专业设置了哪些课程，每个教师讲授了哪些课，学生学习的每门课程的成绩如何，哪个班的学生的成绩比较好，哪门课程的成绩比较好，该课程是由哪个教师讲授。此外，每学期末，要将哪些课程未及格的学生的成绩单寄到学生的家里，让学生的家长可以了解到学生学习的情况等等。教务处为了完成这些任务决定创建“教务管理”数据库。

最初开发的“教务管理”数据库，有如下的几张表：

学生(学号，姓名、性别、出生日期、入学时间、省、市、地址、家庭电话)

教师(教师编号，姓名，性别，职称，学历，出生日期，参加工作时间，住址、电话，Email)

课程(课程编号，课程名称，课程类别，开课学期，学分)

学生选课(学号，课程编号，成绩)

工资(工资编号，财政工资，岗位工资，校内工资，水电费，物业管理费)

专业(专业编号，专业名称，系部编号，必修课学分，选修课学分)

对教务管理数据库，完成以下任务。

(1) 查询“学生”表中全体学生的记录。

(2) 查询全体教师的教师编号和姓名。

(3) 查询“学生”表中全体学生的姓名及性别。
(4) 查询选修了课程的学生的学号(不能包括重复值)。
(5) 查询“学生选课”表中的 3 条记录的信息。

2.4 简单条件查询

以“SELECT … FROM 表名”所选取的记录是涵盖整个数据表的，但如果只想查询出符合某种条件的数据记录，则可以使用 WHERE 子句筛选行。其一般格式为：

```
SELECT 列名列表 FROM 表名 WHERE 条件表达式
```

在条件表达式中，使用的比较运算符如表 2.1 所示。

表 2.1 比较运算符

运算符	含 义	示 例	SQL 示例
=	等于	= 'Smith'	SELECT fname, lname FROM employees WHERE lname = 'Smith'
<> !=	不等于	<> 'Active'	SELECT fname, lname FROM employees WHERE status <> 'Active'
>	大于	> '90-12-31'	SELECT fname, lname FROM employees WHERE hire_date > '90-12-31'
<	小于	< 100	SELECT fname, lname FROM employees WHERE job_lvl < 100
>= !<	大于或等于	>= 'T'	SELECT au_lname FROM authors WHERE au_lname >= 'T'
<= !>	小于或等于	<= '95-01-12'	SELECT fname, lname FROM employees WHERE hire_date <= '95-01-12'

2.4.1 实例研究

任务 2.6 使用数字常量进行查询

问题描述从产品表中查询单价大于 20 的所有产品。

解决方案

(1) 编写查询，代码如下：

```
SELECT *
FROM  Products
WHERE UnitPrice>20;
```

(2) 执行查询，结果如图 2.6 所示。

ProductID	ProductName	SupplierID	CategoryID	QuantityPerUnit	UnitPrice	UnitsInStock	UnitsOnOrder	ReorderLevel	Discontinued
4	Chef Anton's Cajun Seasoning	2	2	48 - 6 oz jars	22.00	53	0	0	0
5	Chef Anton's Gumbo Mix	2	2	36 boxes	21.35	0	0	0	1
6	Grandma's Boysenberry Spread	3	2	12 - 8 oz jars	25.00	120	0	25	0
7	Uncle Bob's Organic Dried Pears	3	7	12 - 1 lb pkgs.	30.00	15	0	10	0
8	Northwoods Cranberry Sauce	3	2	12 - 12 oz jars	40.00	6	0	0	0
9	Mishi Kobe Niku	4	6	18 - 500 g pkgs.	97.00	29	0	0	1
10	Ikura	4	8	12 - 200 ml jars	31.00	31	0	0	0
11	Queso Cabrales	5	4	1 kg pkg.	21.00	22	30	30	0

图 2.6 查询结果

分析与讨论

(1) 以上查询结果集中只包含 Products 表中 UnitPrice 列的值大于 20 的行，UnitPrice 列的值等于或小于 20 的行不包含在查询结果集。也就是说，只有满足条件 UnitPrice>20 的行，才包含在查询结果集中。

(2) 搜索数字值输入准则。

当在搜索条件中输入数字值时，应用下列准则：

- 引号。不能将数字放在引号中。
- 非数字字符。除小数分隔符(小数分隔符在 Windows“控制面板”的“区域设置”对话框中定义)和负号 (-) 外，不能包含非数字字符，如数字分组符号(如千位间的逗号)或货币符号。
- 科学记数法。可以使用科学记数法输入非常大或非常小的数字，如：

```
> 1.23456e-9
```

任务 2.7 使用字符串常量进行查询

问题描述从雇员中查询职务为销售代表的雇员信息。

解决方案

(1) 编写查询，代码如下：

```
SELECT *
FROM employees
WHERE Title = 'Sales Representative' ;
```

(2) 执行查询，结果如图 2.7 所示。

EmployeeID	LastName	FirstName	Title	TitleOfCourtesy	BirthDate	HireDate	Address	City
1	Davolio	Nancy	Sales Representative	Ms.	1948-12-08 ...	1992-05-01...	507 - 20th Ave. E. Apt. 2A	Seattle
3	Leverling	Janet	Sales Representative	Ms.	1963-08-30 ...	1992-04-01...	722 Moss Bay Blvd.	Kirkland
4	Peacock	Margaret	Sales Representative	Mrs.	1937-09-19 ...	1993-05-03...	4110 Old Redmond Rd.	Redmond
6	Suyama	Michael	Sales Representative	Mr.	1963-07-02 ...	1993-10-17...	Coventry House Miner Rd.	London
7	King	Robert	Sales Representative	Mr.	1960-05-29 ...	1994-01-02...	Edgeham Hollow Winchester Way	London
9	Dodsworth	Anne	Sales Representative	Ms.	1966-01-27 ...	1994-11-15...	7 Houndstooth Rd.	London

图 2.7 查询结果

分析与讨论

(1) 以上查询结果集中只包含以职务(Title)为销售代表(Sales Representative)的雇员，其他雇员的信息不包含在查询结果集中。

(2) 搜索文本值输入准则。

下列准则适用于在搜索条件中输入文本值的情况：

- 引号。将文本值放到单引号内，如' Sales Representative '。
- 嵌入的撇号。如果搜索的数据包含一个单引号(撇号)，可以输入两个单引号，以表示该单引号是字面值而非分隔符。例如，下面的条件搜索 Swann's Way 的值：='Swann''s Way'。
- 区分大小写。遵循所使用的数据库的大小写区分规则。所使用的数据库决定文本的搜索是否区分大小写。如果不能确定数据库是否使用区分大小写的搜索，可以在搜索条件中使用 UPPER 或 LOWER 函数来转换搜索数据的大小写，如：

```
WHERE UPPER(lname) = 'SMITH'
```

任务 2.8 使用逻辑值常量进行查询

问题描述查询未被终止的产品信息。

解决方案

(1) 编写查询，代码如下：

```
SELECT * FROM Products
WHERE Discontinued= 0 ;
```

(2)　执行查询，结果如图 2.8 所示。

ProductID	ProductName	SupplierID	CategoryID	QuantityPerUnit	UnitPrice	UnitsInStock	UnitsOnOrder	ReorderLevel	Discontinued
1	Chai	1	1	10 boxes x 20 bags	18.00	37	0	10	0
2	Chang	1	1	24 - 12 oz bottles	19.00	16	40	25	0
3	Aniseed Syrup	1	2	12 - 550 ml bottles	10.00	13	70	25	0
4	Chef Anton's Cajun Seasoning	2	2	48 - 6 oz jars	22.00	53	0	0	0
6	Grandma's Boysenberry Spread	3	2	12 - 8 oz jars	25.00	120	0	25	0
7	Uncle Bob's Organic Dried Pears	3	7	12 - 1 lb pkgs.	30.00	15	0	10	0
8	Northwoods Cranberry Sauce	3	2	12 - 12 oz jars	40.00	6	0	0	0

图 2.8　查询结果

分析与讨论

(1)　解决方案的查询结果集中只包含 Products 表中 Discontinued 列的值等于 0 的行，Discontinued 列的值不为 0 的行不包含在查询结果集中。

(2)　搜索逻辑值输入准则。

逻辑数据的格式因数据库的不同而不同。False 值通常作为 0 存储，True 值通常作为 1 存储，偶尔作为-1 存储。当在搜索条件中输入逻辑值时，应用下列准则：

- 若要搜索 False 值，应使用 0，如上面查询语句。
- 若在搜索 True 值时，不能确定使用的是什么格式，可使用 1，如下例所示：

```
SELECT * FROM Products
WHERE Discontinued= 1
```

或者，也可以通过搜索任何非零值以扩大搜索范围，如下例所示：

```
SELECT * FROM Products
WHERE Discontinued <> 0
```

任务 2.9　使用日期时间常量进行查询

问题描述查询 1997 年 7 月前发货的所有产品的订单号。

解决方案

(1)　编写查询，代码如下：

```
SELECT OrderID
FROM Orders
WHERE ShippedDate <'97-07-01';
```

(2)　执行查询，结果如图 2.9 所示。

OrderID
10249
10252
10250
10251

图 2.9　查询结果

分析与讨论

(1)　解决方案的查询结果集中只包含 Orders 表中 ShippedDate 列的值(发货日期)小于 96-07-01 的行，ShippedDate 列的值大于或等于 96-07-01 的行不包含在查询结果集中。

(2)　搜索日期值输入准则。

日期要包含在单引号中或者使用 ANSI 标准日期。单引号中输入的日期可使用下列日期格式：

- 区域设置特有的。在 Windows“区域设置属性”对话框中指定的日期格式。
- 数据库特有的。数据库可以理解的任何格式。

ANSI 标准日期格式如下。

- ANSI 标准日期，使用花括号、指明日期的标记 d 和日期字符串的格式，如：

  ```
  { d '1990-12-31' }
  ```

- ANSI 标准日期时间，与 ANSI 标准日期相似，但用 ts 代替 d，并在日期中添加小时、分钟和秒(使用 24 小时制)，如下例中对 1990 年 12 月 31 日的表示：

  ```
  { ts '1990-12-31 00:00:00' }
  ```

一般情况下，ANSI 标准日期格式用于那些使用真实日期数据类型表示日期的数据库。相反，日期时间格式用于支持日期时间数据类型的数据库。

(3) 常量是表示特定数据值的符号。常量的格式取决于它所表示的值的数据类型。常量还称为字面量。表 2.2 介绍了一些如何使用常量的示例。

表 2.2 使用常量的示例

使用的常量	示 例
字符串	'O''Brien' 'Smith'
Unicode 字符串	N'Michl'
二进制常量	0x12Ef 0x69048AEFDD010E
bit 常量	0 或 1
datetime1 日期时间常量	'April 15, 1998' '04/15/98' '14:30:24' '04:24 PM'
int 整型常量	1894 2
decimal 精确数据类型常量	1894.1204 2.0
float 和 real 浮点数常量	101.5E5 0.5E-2
money 货币类型常量	$12 $542023.14

2.4.2 独立实践

对“教务管理”数据库完成以下任务。

(1) 查询“学生选课”表中成绩大于 50 分的记录。

(2) 查询出生日期在 1982 年后的学生姓名、学号和出生日期。

(3) 有一门课程的名称是“C#面向对象程序设计”，查询它的课程号。

2.5 复杂条件查询

2.5.1 使用 AND 和 OR 逻辑运算符

在查询时，有时候可能不只需要设定一个条件表达式，如果有两个以上的条件表达式，此时每个条件表达式之间就有不同的关系了，如 AND、OR 等关系。若两个条件要同时成立才算符合，则必须使用 AND 建立两个条件表达式之间的关系；若仅需其中之一条件成立就算符合，则应使用 OR 来连接。

任务 2.10 使用 AND 进行查询

问题描述 从产品表中查询单价大于 20 且库存量大于 10 的所有产品。

解决方案

(1) 编写查询，代码如下：

```
SELECT *
FROM Products
WHERE UnitPrice>20 AND UnitsInStock>10;
```

(2) 执行查询，结果如图 2.10 所示。

ProductID	ProductName	SupplierID	CategoryID	QuantityPerUnit	UnitPrice	UnitsInStock	UnitsOnOrder	ReorderLevel	Discontinued
4	Chef Anton's Cajun Seasoning	2	2	48 - 6 oz jars	22.00	53	0	0	0
6	Grandma's Boysenberry Spread	3	2	12 - 8 oz jars	25.00	120	0	25	0
7	Uncle Bob's Organic Dried Pears	3	7	12 - 1 lb pkgs.	30.00	15	0	10	0
9	Mishi Kobe Niku	4	6	18 - 500 g pkgs.	97.00	29	0	0	1

图 2.10 查询结果

分析与讨论

(1) 当两个条件表达式同时为真时，用 AND 建立的条件表达式才为真，否则为假。

(2) 解决方案的查询结果集中只包含 Products 表中 UnitPrice 列的值大于 20 且 UnitsInStock 的值大于 10 的行，UnitPrice 列的值小于 20 的行或者 UnitsInStock 的值小于 10 的行都不包含在查询结果集中。

任务 2.11 使用 OR 进行查询

问题描述从产品表中查询单价大于 20 或库存量大于 10 的所有产品。

解决方案

(1) 编写查询，代码如下：

```
SELECT *
FROM  Products
WHERE UnitPrice>20 OR UnitsInStock>10 ;
```

(2) 执行查询，结果如图 2.11 所示。

ProductID	ProductName	SupplierID	CategoryID	QuantityPerUnit	UnitPrice	UnitsInStock	UnitsOnOrder	ReorderLevel	Discontinued
1	Chai	1	1	10 boxes x 20 bags	18.00	37	0	10	0
2	Chang	1	1	24 - 12 oz bottles	19.00	16	40	25	0
3	Aniseed Syrup	1	2	12 - 550 ml bottles	10.00	13	70	25	0
4	Chef Anton's Cajun Seasoning	2	2	48 - 6 oz jars	22.00	53	0	0	0
5	Chef Anton's Gumbo Mix	2	2	36 boxes	21.35	0	0	0	1
6	Grandma's Boysenberry Spr...	3	2	12 - 8 oz jars	25.00	120	0	25	0
7	Uncle Bob's Organic Dried P...	3	7	12 - 1 lb pkgs.	30.00	15	0	10	0
8	Northwoods Cranberry Sauce	3	2	12 - 12 oz jars	40.00	6	0	0	0

图 2.11 查询结果

分析与讨论

(1) 如果两个条件表达式有一个为真，则用 OR 建立的条件表达式为真，否则为假。

(2) 解决方案的查询结果集中只包含 Products 表中 UnitPrice 列的值大于 20 的行，或者 UnitsInStock 的值大于 10 的行。UnitPrice 列的值小于 20 的行或者 UnitsInStock 的值小于 10 的行都不包含在查询结果集中。

在查询中可以使用表 2.3 列出的标准逻辑运算符对搜索条件进行组合或修改。表 2.3 中的运算符顺序按优先级排列。

表 2.3 优先级运算符列表

运 算 符	含 义	示 例
NOT	逻辑上相反的条件	SELECT * FROM Employee WHERE NOT (FirstName = 'Ann')
AND	两个条件必须同时成立	SELECT * FROM Employee WHERE LastName = 'Smith' AND FirstName = 'Ann'
OR	两个条件之一成立	SELECT * FROM Employee WHERE Region = 'UK' OR Region = 'FRA'

2.5.2 AND 和 OR 的优先级

当执行查询时，首先计算用 AND 运算符连接的子句，然后计算用 OR 运算符连接的子句(NOT 运算符优先于 AND 和 OR 运算符)。

任务 2.12 使用 AND、OR 和 DATEDIFF 函数进行查询

问题描述查询职务为销售经理的员工，或在公司工作五年以上且职务为销售代表的员工。

解决方案

(1) 编写查询，代码如下：

```
SELECT *
FROM Employees
WHERE
  DATEDIFF(year, HireDate, getdate()) > 5 AND
   Title = 'Sales Representative' OR
   Title = 'Sales Manager' ;
```

(2) 执行查询，结果如图 2.12 所示。

EmployeeID	LastName	FirstName	Title	TitleOfCourtesy	BirthDate	HireDate	Address	City
1	Davolio	Nancy	Sales Representative	Ms.	1948-12-08 ...	1992-05-01 ...	507 - 20th Ave. E. Apt. 2A	Seattle
3	Leverling	Janet	Sales Representative	Ms.	1963-08-30 ...	1992-04-01 ...	722 Moss Bay Blvd.	Kirkland
4	Peacock	Margaret	Sales Representative	Mrs.	1937-09-19 ...	1993-05-03 ...	4110 Old Redmond Rd.	Redmond
5	Buchanan	Steven	Sales Manager	Mr.	1955-03-04 ...	1993-10-17 ...	14 Garrett Hill	London
6	Suyama	Michael	Sales Representative	Mr.	1963-07-02 ...	1993-10-17 ...	Coventry House Miner Rd.	London
7	King	Robert	Sales Representative	Mr.	1960-05-29 ...	1994-01-02 ...	Edgeham Hollow Winchester Way	London
9	Dodsworth	Anne	Sales Representative	Ms.	1966-01-27 ...	1994-11-15 ...	7 Houndstooth Rd.	London

图 2.12 查询结果

分析与讨论

(1) DATEDIFF (datepart , startdate , enddate)函数用于计算两个日期间的间隔。其中，参数 datepart 指定应在日期的哪一部分计算差额，其值可为 year、month、day、hour 等；startdate 是计算的开始日期；enddate 是计算的终止日期。函数返回值为 enddate 减去 startdate 的值，如果 startdate 比 enddate 晚，返回负整数值。

(2) 当执行查询时，首先计算用 AND 运算符连接的子句，然后计算用 OR 运算符连接的子句。因此，解决方案的查询与以下查询等效：

```
SELECT *
FROM Employees
WHERE
  (DATEDIFF(year, hiredate, getdate()) > 5 AND
   Title = 'Sales Representative')OR
   Title = 'Sales Manager' ;
```

只有满足 DATEDIFF(year, hiredate, getdate()) > 5 AND Title = 'Sales Representative'条件或者满足 Title = 'Sales Manager'条件的行，才包含在查询结果集中。

(3) 若要替代 AND 和 OR 的默认优先级，可将指定的条件用括号括起来，这样就会始终先对括号里的条件进行取值。例如，要查询在公司工作 5 年以上，且职务为销售代表或销售经理的员工，可使用如下代码：

```
SELECT *
FROM Employees
WHERE
  DATEDIFF(year, hiredate, getdate()) > 5 AND
   (Title = 'Sales Representative' OR Title = 'Sales Manager')
```

为清晰起见，建议在组合 AND 和 OR 子句时始终使用括号，而不依赖默认的优先级。

任务 2.13 使用 AND 、OR 和()进行查询

问题描述 查找在公司工作 5 年以上或年龄大于 60 岁，且职务为销售代表或销售经理的员工。

解决方案

(1) 编写查询，代码如下：

```
SELECT *
FROM Employees
WHERE
 (DATEDIFF(year, HireDate, getdate()) > 5 OR DATEDIFF(year, BirthDate, getdate()) >
60)AND
(Title = 'Sales Representative' OR Title = 'Sales Manager');
```

(2) 执行查询，结果如图 2.13 所示。

EmployeeID	LastName	FirstName	Title	TitleOfCourtesy	BirthDate	HireDate	Address	City
1	Davolio	Nancy	Sales Representative	Ms.	1948-12-08 ...	1992-05-01 ...	507 - 20th Ave. E. Apt. 2A	Seattle
3	Leverling	Janet	Sales Representative	Ms.	1963-08-30 ...	1992-04-01 ...	722 Moss Bay Blvd.	Kirkland
4	Peacock	Margaret	Sales Representative	Mrs.	1937-09-19 ...	1993-05-03 ...	4110 Old Redmond Rd.	Redmond
6	Suyama	Michael	Sales Representative	Mr.	1963-07-02 ...	1993-10-17 ...	Coventry House Miner Rd.	London
7	King	Robert	Sales Representative	Mr.	1960-05-29 ...	1994-01-02 ...	Edgeham Hollow Winchester Way	London
9	Dodsworth	Anne	Sales Representative	Ms.	1966-01-27 ...	1994-11-15 ...	7 Houndstooth Rd.	London

图 2.13 查询结果

分析与讨论

(1) 可以使用括号控制优先级，如果有括号，先计算括号里面的表达式。

(2) 解决方案的查询中用 AND 连接的第一个条件是工龄大于 5 年或年龄大于 60 岁，第二个条件是职务为销售代表或销售经理。因此只有同时满足这两个条件的行才包含在查询结果集中。

2.5.3 独立实践

对“教务管理”数据库，完成以下实践。

(1) 查找年龄小于 18 岁，来自广州的学生的姓名、性别、出生日期、入学时间、省(市)地址、家庭电话。

(2) 查找所有来自深圳或广州或佛山的学生。

2.6 创建查询列的别名

一般查询结果集列的名称与所引用的表的列的名称相同，如果要使询结果集列的名称与所引用的表的列的名称不同，可以使用 AS 子句为查询结果集列指定不同的名称(即别名)，这样可以增加可读性。

任务 2.14 指定查询结果集列的别名

问题描述 查询产品表 ProductID，ProductName 和 UnitPrice 列的值，并为 ProductID 列指定别名“产品 ID”，为 ProductName 列指定别名“产品名称”，为 UnitPrice 列指定别名“单价”。

解决方案

(1) 编写查询，代码如下：

```
SELECT ProductID AS 产品 ID,ProductName AS 产品名称 ,UnitPrice AS 单价
FROM  Products ;
```

(2) 执行查询，结果如图 2.14 所示。

产品ID	产品名称	单价
1	Chai	18.00
2	Chang	19.00
3	Aniseed Syrup	10.00
4	Chef Anton's Cajun Seasoning	22.00
5	Chef Anton's Gumbo Mix	21.35
6	Grandma's Boysenberry Spread	25.00
7	Uncle Bob's Organic Dried Pears	30.00

图 2.14 查询结果

分析与讨论

列的别名是在列名和别名之间加入关键字“AS”，重命名查询结果集的一个列，以便于使用。

例如，上面的查询代码将查询结果集的 ProductID 列重命名为产品 ID，ProductName 列重命名为“产品名称”，UnitPrice 列重命名为“单价”。

2.7 创建计算列的查询

在查询中除了数据表本身的列可以当做输出列外，还可以自行建立计算列，也就是将原来的列经过运算处理以产生新的列，这种计算列既可当做输出使用，也可用于排序、条件列等。

2.7.1 创建计算列的查询

可以使用数学运算符创建计算列，并用 AS 子句为计算列指定名称。

任务 2.15 创建计算列的查询

问题描述 从订单明细表中查询订单订购的产品 ID、数量、单价和总计。

解决方案

(1) 编写查询，代码如下：

```
SELECT OrderID ,ProductID ,UnitPrice ,
Quantity , ((1-Discount) *UnitPrice *Quantity) AS Total
FROM [Order Details] ;
```

(2) 执行查询，结果如图 2.15 所示。

OrderID	ProductID	UnitPrice	Quantity	Total
10248	11	14.00	12	168
10248	42	9.80	10	98
10248	72	34.80	5	174
10249	14	18.60	9	167.4
10249	51	42.40	40	1696

图 2.15 查询结果

分析与讨论

(1) 创建计算列。以上查询代码中，第 4 列是计算列。其中，Total 是创建的计算列的别名，该新列的值是由[Order Details]表本身的列 UnitPrice、Quantity 和 Discount 计算得到的。

(2) 乘法运算符。*为 SQL Server 乘法运算符。

任务 2.16 在计算列中使用 ROUND 函数。

问题描述 在 Products 表中查询零售价格降低 10% 后的打折价格。

解决方案

(1) 编写查询，代码如下：

```
SELECT ProductName,ROUND((UnitPrice * 0.9), 2) AS DiscountPrice
FROM Products ;
```

(2) 执行查询，结果如图 2.16 所示。

ProductName	DiscountPrice
Chai	16.20000
Chang	17.10000
Aniseed Syrup	9.00000
Chef Anton's Cajun Seasoning	19.80000
Chef Anton's Gumbo Mix	19.22000

图 2.16 查询结果

分析与讨论

(1) 上面查询中第 2 列是计算列，它使用 ROUND 函数将 UnitPrice * 0.9 的值四舍五入舍入到 2 位有效小数位数。计算列的别名是 DiscountPrice。

(2) ROUND 函数的一般格式为：

```
ROUND (numeric_expression , length)
```

其中，numeric_expression 为一数值表达式，该表达式的值为一数值数据类型(bit 数据类型除外)。length 必须是整数或整数类型的表达式。如果 length 为正数，则将 numeric_expression 舍入到 length 指定的小数位数。如果 length 为负数，则将 numeric_expression 小数点左边部分舍入到 length 指定的长度，如表 2.4 所示。

表 2.4　ROUND 函数示例

示　例	结　果
ROUND(216.9994, 3)	216.9990
ROUND(216.9995, 3)	217.0000
ROUND(666.58, −1)	670.00
ROUND(666.58, −2)	700.00
ROUND(666.58, −3)	1000.00

任务 2.17　连接字符串

问题描述 创建查询，以 LastName, FirstName 的格式显示员工姓名，也就是显示用逗号将姓氏列与名字列串联后的值。

解决方案

(1)　编写查询，代码如下：

```
SELECT (LastName + ', ' + FirstName) AS FullName
FROM Employee ;
```

(2)　执行查询，结果如图 2.17 所示。

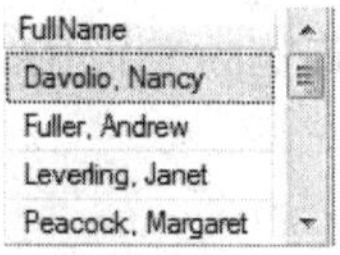

图 2.17　查询结果

分析与讨论

(1)　以上查询的列是计算列，计算列的别名为 FullName，该计算列的值是用逗号将 LastName 与 FirstName 串联后的值。

(2)　若要串联字符串，可使用“+”运算符。

2.7.2　数学运算符和文本运算符

在查询中，可以使用多种运算符，包括数学运算符和文本运算符。

1. 数学运算符

表 2.5 列出了在构造表达式时可以使用的数学运算符。

表 2.5　数学运算符

运 算 符	含　义
+, −	一元正、负号
+	加
−	减
*	乘
/	除

如果表达式中用到不止一个数学运算符，将根据“一元正、负号，乘、除，加、减”的优先级顺序处理表达式。若要替代默认优先级，可用括号将表达式中先取值的部分括起来。如果

包含一个以上的同级运算符，则按从左到右的顺序对运算符取值。

2. 文本运算符

对文本可执行一种操作：串联或连接字符串。若要串联字符串，可使用“+”运算符。例如：

```
SELECT (LastName + ', ' + FirstName) AS  FullName FROM Employee
```

2.7.3 独立实践

对“教务管理”系统，完成以下实践。

(1) 查询学生的姓名、性别和年龄。

(2) 查询工资编号和实发工资。

(3) 查询每个专业的名称、必修课学分、选修课学分和总学分。

2.8 排 序

当希望查询的结果是按照一个或多个列的值进行排序时，只要把这些列按顺序放在 ORDER BY 关键字的后面，然后写在 SELECT…FROM…后面即可。

2.8.1 单列排序

任务 2.18 将查询结果排序

问题描述 从订单明细表中查询订单订购的产品 ID、数量、单价和小计，并按单价排序。

解决方案

(1) 编写查询，代码如下：

```
SELECT OrderID ,ProductID ,UnitPrice ,
Quantity , ((1-Discount) *UnitPrice *Quantity)  AS SubTotal
FROM [Order Details] Order By UnitPrice ;
```

(2) 执行查询，结果如图 2.18 所示。

OrderID	ProductID	UnitPrice	Quantity	SubTotal
10252	33	2.00	25	47.5
10269	33	2.00	60	114
10271	33	2.00	24	48
10273	33	2.00	20	40
10341	33	2.00	8	16
10382	33	2.00	60	120
10410	33	2.00	49	98
10414	33	2.00	50	100
10415	33	2.00	20	40
10454	33	2.00	20	32
10473	33	2.00	12	24
10515	33	2.50	16	34
10528	33	2.50	8	16
10536	33	2.50	30	75
10539	33	2.50	15	37.5
10562	33	2.50	20	45
10574	33	2.50	14	35
10607	33	2.50	14	35

图 2.18 查询结果

分析与讨论

(1) ((1-Discount) *UnitPrice *Quantity)列为计算列，其别名为 SubTotal。

(2) 如果表名或列名不符合 SQL 的命名规范，则表名或列名必须用[ ]或双引号括起来。例如 Order Details 表名中间有空格，不符合 SQL 的命名规范，因此用[ ]括起来。

(3) ORDER BY 子句可以按指定的列对查询结果进行排序。以上查询代码对查询结果集按照 UnitPrice 列的值由小到大排序行。

(4) ORDER BY 子句中引用的列名必须明确地对应于 SELECT 列表中的列或 FROM 子句的表中的列。如果列名已在 SELECT 列表中有了别名，则 ORDER BY 子句中只能使用别名。

2.8.2 多列排序

ORDER BY 子句可以按一列对查询结果进行排序，也可以按多列对查询结果进行排序。

任务 2.19 按多列对查询结果进行排序

问题描述 从订单明细表中查询订单订购的产品 ID、数量、单价和小计，并先按单价排序，若单价相同，再按数量高低排序，若还相同，则按折扣排序。

解决方案

(1) 编写查询，代码如下：

```
SELECT OrderID ,ProductID , UnitPrice ,Quantity ,
Discount, ((1-Discount) *UnitPrice *Quantity) AS Total
 FROM [Order Details] Order By UnitPrice,Quantity,Discount ;
```

(2) 执行查询，结果如图 2.19 所示。

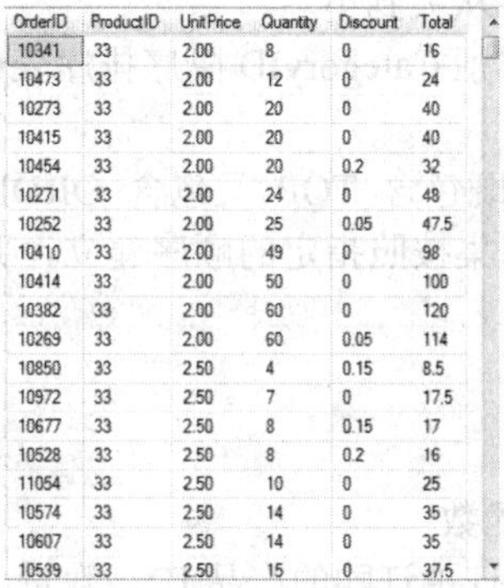

OrderID	ProductID	UnitPrice	Quantity	Discount	Total
10341	33	2.00	8	0	16
10473	33	2.00	12	0	24
10273	33	2.00	20	0	40
10415	33	2.00	20	0	40
10454	33	2.00	20	0.2	32
10271	33	2.00	24	0	48
10252	33	2.00	25	0.05	47.5
10410	33	2.00	49	0	98
10414	33	2.00	50	0	100
10382	33	2.00	60	0	120
10269	33	2.00	60	0.05	114
10850	33	2.50	4	0.15	8.5
10972	33	2.50	7	0	17.5
10677	33	2.50	8	0.15	17
10528	33	2.50	8	0.2	16
11054	33	2.50	10	0	25
10574	33	2.50	14	0	35
10607	33	2.50	14	0	35
10539	33	2.50	15	0	37.5

图 2.19 查询结果

分析与讨论

(1) ORDER BY 子句中可以指定多列，列名和列名之间用逗号分隔。

(2) 如果 ORDER BY 子句中指定了多个列，则排序是嵌套的。以上查询结果集中，先按 UnitPrice 列的值由小到大排序，如果有两行或两行以上 UnitPrice 列的值相同，则按 Quantity 列值的大小排序，Quantity 列值小的行排在前面，如果 Quantity 列值也相同，则 Discount 列值小的行排在前面。

2.8.3 降序排序

任务 2.20 对查询结果降序排序

问题描述 查询产品表，对查询结果先按产品 CategoryID 降序排序行，若 CategoryID 相同，再按 UnitPrice 升序排序这些行，返回排序后的结果集中的 19 行。

解决方案

(1) 编写查询，代码如下：

```
SELECT TOP(19)ProductName ,CategoryID ,UnitPrice
FROM Products
ORDER By CategoryID DESC, UnitPrice ;
```

(2) 执行查询，结果如图 2.20 所示。

ProductName	CategoryID	UnitPrice
Konbu	8	6.00
Rogede sild	8	9.50
Jack's New England Clam Chowder	8	9.65
Spegesild	8	12.00
Escargots de Bourgogne	8	13.25
Röd Kaviar	8	15.00
Boston Crab Meat	8	18.40
Inlagd Sill	8	19.00
Nord-Ost Matjeshering	8	25.89
Gravad lax	8	26.00
Ikura	8	31.00
Carnarvon Tigers	8	62.50
Longlife Tofu	7	10.00
Tofu	7	23.25
Uncle Bob's Organic Dried Pears	7	30.00
Rössle Sauerkraut	7	45.60
Manjimup Dried Apples	7	53.00
Tourtière	6	7.45
Pâté chinois	6	24.00

图 2.20　查询结果

分析与讨论

(1)　ORDER BY 默认的排序方式是“从小到大”(升序 ASC)，但可在列名称后面加上 DESC(降序)关键字，将排序改成“从大到小”。

(2)　以上查询代码先按产品类别 CategoryID 降序排序表中的行，然后在每个产品类别中按 UnitPrice 升序排序这些行。

(3)　如果一个 SELECT 语句既包含 TOP 又包含 ORDER BY 子句，那么返回的行将会从排序后的结果集中选择。整个结果集按照指定的顺序建立，并且返回排序后的结果集中的前 *n* 行。上面代码中的 *n* 为 19。

2.8.4　使用计算列排序

任务 2.21　使用 CONVERT 函数

问题描述 从订单明细表中查询订单订购的产品 ID、数量、单价和小计，并按小计排序。

解决方案

(1)　编写查询，代码如下：

```
SELECT OrderID ,ProductID ,UnitPrice  , Quantity ,
CONVERT(decimal(14,2), Quantity * (1-Discount) * UnitPrice)AS SubTotal
FROM  [Order Details] ORDER BY SubTotal ;
```

(2)　执行查询，结果如图 2.21 所示。

OrderID	ProductID	UnitPrice	Quantity	SubTotal
10462	13	4.80	1	4.80
10281	19	7.30	1	7.30
10850	33	2.50	4	8.50
10420	13	4.80	2	8.64
10782	31	12.50	1	12.50
10623	24	4.50	3	13.50
11038	52	7.00	2	14.00
11077	52	7.00	2	14.00
10832	13	6.00	3	14.40
10417	46	9.60	2	14.40
10634	75	7.75	2	15.50
10528	33	2.50	8	16.00
10341	33	2.00	8	16.00
10677	33	2.50	8	17.00
11077	66	17.00	1	17.00
10972	33	2.50	7	17.50

图 2.21　查询结果

分析与讨论

(1)　计算列的别名可以用作排序列，以上查询代码中用来排序的列 SubTotal 是计算列的别名。

注意：　如果列名已在 SELECT 列表中有了别名，则 ORDER BY 子句中只能使用别名。

(2) CONVERT 函数将一种数据类型的表达式转换为另一种数据类型的表达式。如上面代码中使用 CONVERT 函数，将 Quantity * (1-Discount) * UnitPrice 的值转换为 decimal(14,2)数据类型。再例如下例将 UnitPrice 转换为 int 类型：

```
CONVERT(int,UnitPrice)
```

(3) decimal(14,2)数据类型最多可以存储 14 位数(包括小数的位数)，小数的位数最多为 2 位的实数。

int 数据类型存储整数。

任务 2.22　使用 CAST 函数

问题描述 从订单明细表中查询订单订购的产品 ID、数量、单价和小计，并按小计“从大到小”的顺序排序。

解决方案

(1) 编写查询，代码如下：

```
SELECT TOP(10)OrderID ,ProductID ,UnitPrice , Quantity ,
CAST(Quantity * (1-Discount) * UnitPrice AS decimal(14,2))AS SubTotal
FROM [Order Details] ORDER BY SubTotal DESC
```

(2) 执行查询，结果如图 2.22 所示。

OrderID	ProductID	UnitPrice	Quantity	SubTotal
10981	38	263.50	60	15810.00
10865	38	263.50	60	15019.50
10417	38	210.80	50	10540.00
10889	38	263.50	40	10540.00
10897	29	123.79	80	9903.20
10353	38	210.80	50	8432.00
10424	38	210.80	49	8263.36
10540	38	263.50	30	7905.00
10817	38	263.50	30	7905.00
10816	38	263.50	30	7509.75

图 2.22　查询结果

分析与讨论

(1) CAST 函数可将数据(局部变量、列或其他表达式)从一个数据类型转换成另一个数据类型。例如，下面的 CAST 函数将数值 $157.27 转换成字符串 '$157.27'：

```
CAST ($157.27 AS VARCHAR(10))
```

注：VARCHAR(10)数据类型最多可以存储 10 个字符。

CAST 函数基于 SQL-92 标准并且优先于 CONVERT 函数。例如下例将 UnitPrice 转换为 int：

```
CAST(UnitPrice AS int)
```

(2) 如果要按列的值从“从大到小” 排序，则用 ORDER BY 子句时列名后必须要加关键字 DESC。

任务 2.23　使用计算列排序

问题描述 从订单明细表中查询订单订购的产品中小计大于 2000 的产品的产品 ID、数量、单价和小计，并按小计“从大到小”的顺序排序。

解决方案

(1) 编写查询，代码如下：

```
SELECT OrderID ,ProductID ,UnitPrice , Quantity ,
CONVERT(decimal(14,2), Quantity * (1-Discount) * UnitPrice)AS SubTotal
FROM [Order Details] WHERE Quantity * (1-Discount) * UnitPrice>2000
ORDER BY SubTotal DESC
```

(2) 执行查询，结果如图 2.23 所示。

OrderID	ProductID	UnitPrice	Quantity	SubTotal
10981	38	263.50	60	15810.00
10865	38	263.50	60	15019.50
10889	38	263.50	40	10540.00
10417	38	210.80	50	10540.00
10897	29	123.79	80	9903.20
10353	38	210.80	50	8432.00
10424	38	210.80	49	8263.36
10540	38	263.50	30	7905.00
10817	38	263.50	30	7905.00
10816	38	263.50	30	7509.75
11032	38	263.50	25	6587.50
10479	38	210.80	30	6324.00
10372	38	210.80	40	6324.00
11017	59	55.00	110	6050.00
10776	51	53.00	120	6042.00
11030	29	123.79	60	5570.55

图 2.23　查询结果

分析与讨论

(1)　ORDER BY 子句若与 WHERE 条件相结合，必须放在 WHERE 条件的后面。

(2)　计算列可用作排序列、条件列，但计算列用作条件列时不能用计算列的别名。

注意：以下代码是错误的：

```
SELECT OrderID ,ProductID ,UnitPrice , Quantity ,
CONVERT(decimal(14,2), Quantity * (1-Discount) * UnitPrice)AS SubTotal
FROM  [Order Details] WHERE SubTotal>2000 ORDER BY SubTotal  DESC
```

2.8.5　独立实践

对“教务管理”系统，完成以下实践。

(1)　查询选修了课程的每个学生的学号、课程编号和课程的成绩，并按成绩由大到小排序。

(2)　查询选修了课程的每个学生的学号、课程编号和课程的成绩，先按学号排序，若学号相同，再按成绩排序。

(3)　查询学生的姓名、性别和年龄，并按年龄排序。

任务 3　使用关系(表)存储用户数据

3.1　场 景 引 入

问题：创建表 Employees，将公司中所有雇员的信息存储于该表中。

在前面的任务中，都是使用已有的数据库中已有的表，那么，如何创建数据库中的表，将数据存储于表中呢？这就是任务 3 要解决的问题。要解决任务 3 的问题，需要理解关系模型的概念，关系模型是数据库管理系统产品的基础。在任务 3 中，首先理解关系模型的概念，然后实现关系，最后使用实现的关系存储数据，修改关系中的数据。

3.2　理解关系模型

3.2.1　理解关系模型的概念

一个关系是一个二维表，如图 3.1 所示，表中的每一行保存属于某些事物(如雇员)或某些事物的一部分的数据，表中的每一列包含关于事物属性的数据。有时行称作元组，列称作属性。关系、元组和属性这些术语来自关系数学。但程序员用文件、记录和字段表达同样的概念，用户则用表、行和列来表达同样的含义。表 3.1 总结了这些关系模型的术语及含义。

EmployeeID	LastName	FirstName	Title	BirthDate	HireDate	Address
1	张	颖	销售代表	1968-12-8	1992-5-1	复兴门 245 号
2	王	伟	副总裁(销售)	1962-2-19	1992-8-14	罗马花园 890 号
3	李	芳	销售代表	1973-8-30	1992-4-1	芍药园小区 78 号
4	郑	建杰	销售代表	1968-9-19	1993-5-3	前门大街 789 号
5	赵	军	销售经理	1965-3-4	1993-10-17	学院路 78 号
6	孙	林	销售代表	1967-7-2	1993-10-17	阜外大街 110 号
7	金	士鹏	销售代表	1960-5-29	1994-1-2	成府路 119 号
8	刘	英玫	内部销售协调员	1969-1-9	1994-3-5	建国门 76 号
9	张	雪眉	销售代表	1969-7-2	1994-11-15	永安路 678 号

图 3.1　Employees 的关系

表 3.1　关系术语及其含义

术　语	含　义
关系(或表、文件)	二维窗体
属性(或列)	一个关系的列
元组(或行、记录)	一个关系中的行

图 3.1 是 Employees 关系，它有 9 行(元组)，也称为 9 条记录。每一行由 7 列(属性)组成，其中 EmployeeID、LastName、FirstName、Title 等为属性名或列名。1 为列 EmployeeID 的值。“张”为 LastName 列的值。一个表要想成为关系，它必须满足以下条件。

- 表中的每一格必须是单值的，不允许是多值的。这样可使每行和每列的交叉点仅包含单个值。
- 每一列的所有条目都必须是同一类型。例如，一列包含雇员的名字，另一列包含雇员的出生日期。每一列都有唯一的名称(列名)，列在表中的顺序不重要。每一列都有一个域，是指该列中允许取值的描述。它不仅包括数据类型的概念，也包括列中所允许的值(如数据长度和其他约束)。

- 表中任意两行不能相同，只是行的顺序无关紧要。

后面要讨论的所有的表都满足关系的条件，我们就使用表这个术语。

3.2.2 理解关键字

关键字是由一个或多个属性组成的可唯一标识一行的属性或属性的组合。考虑图 3.1 所示的关系 Employees，其属性为 EmployeeID、LastName、FirstName、Title、BirthDate、HireDate 和 Address。其中 EmployeeID 的值决定唯一的一行，因此，它是一个关键字。

关键字也可由一组属性合起来组成。图 3.2 所示的关系 Order Details(订单关系表)，每一行的意思是一个订单、订购的产品及该产品的单价。如果允许一个订单可订购多种产品，那么同一个 OrderID 的值就可能出现在表中的两行或多行。因此 OrderID 的值不能唯一地标识一行，这时就需要某些属性的组合，如(OrderID, ProductID)。

OrderID	ProductID	UnitPrice
10248	17	14
10248	42	9.8
10248	72	34.8
10249	14	18.6
10249	51	42.4
10250	41	7.7

图 3.2 Order Details 关系

应该注意的是，属性是否为关键字并非由一个抽象的规则集决定，而是由用户意识中的模型决定的。在访问用户之后，假定发现一个订单只能订购一种产品，在这种情况下，OrderID 的值决定唯一的一行，因此，OrderID 是一个关键字。在访问用户之后，假定发现允许一个订单订购多种产品，该情形如图 3.2 所示，如前所述 OrderID 不是 Order Details 关系的关键字。例如，订单 10248 同时订购了产品 ID 值分别为 17、42 和 72 的三种产品。OrderID 的值 10248 在三个不同的行出现。事实上，对于这种关系，没有一个单独的属性是关键字，因此该表中的关键字一定是两个或多个属性的组合。

该表中两个属性的组合有三种可能：(OrderID, ProductID)、(OrderID, UnitPrice)和(ProductID, UnitPrice)。这些组合中的任意一个都是关键字吗？要想成为关键字，它必须唯一地标识一行。同样，要回答这样的问题，我们必须咨询用户，不能简单地依靠图 3.2 所示的样本数据或凭自己的假设做出决定。

与用户交谈之后，假定发现几种不同的产品价格可以相同。考虑这种情况，所以(OrderID, UnitPrice)不能唯一地决定一行。例如，订单 10248 订购 4 种不同的产品，两种产品的价格都为 34.8，这就意味着(10248，34.8)组合在表中出现两次，因此，这种组合不能成为关键字。

(ProductID, UnitPrice)组合是否可以成为关键字呢？组合(17, 14)唯一地决定一行吗？不行，它不能唯一决定一行，因为许多订单可能订购 17 号产品。只有(OrderID, ProductID)组合可以决定唯一的一行，因此(OrderID, ProductID)是该关系的关键字。

提示：每个关系都至少有一个关键字。

3.2.3 理解域

关系的属性都有一个域。域是属性可能取值的集合，域的特征依赖于属性的类型。域包括物理描述和语义描述，物理描述是指属性的数据类型(例如数值类型和字符串类型)、数据长度和其他约束(如该属性的值不能为空)，语义描述是对属性的文本描述，用于说明属性的功能和目的。例如，Title 属性可定义为“最长为 25 个字符的字符串，表示雇员的职务”。“最长为 25 个字符的字符串”表示该属性的数据类型为字符串，能够表示的字符串的最大长度为 25，它是 Title

属性域的物理描述。“表示雇员的职务”是 Title 属性域的语义描述，它说明 Title 属性是用来表示雇员职务的。

3.3　使用数据类型

表中的每一列(字段)都有特定的数据类型。数据类型定义了各列(字段)所允许的数据值。SQL Server 中的列可使用如下数据类型。

1. 使用整数数据类型

整数数据类型有 bigint、int、smallint、tinyint，它们表示的数的范围大小不一样，其表示的数据范围如表 3.2 所示。

表 3.2　整数数据类型

整数数据类型	范　围	存　储
bigint	-2^{63}(−9 223 372 036 854 775 808)～2^{63}−1 (9 223 372 036 854 775 807)	8 字节
int	-2^{31} (−2 147 483 648) ～ 2^{31}−1 (2 147 483 647)	4 字节
smallint	-2^{15} (−32 768) ～ 2^{15}−1 (32 767)	2 字节
tinyint	0 ～ 255	1 字节

int 数据类型是 SQL Server 中的主要整数数据类型。bigint 数据类型用于整数值可能超过 int 数据类型支持范围的情况。

2. 使用带固定精度和小数位数的精确数值数据类型

带固定精度和小数位数的精确数值数据类型有 decimal (p, s) 和 numeric (p, s)。

使用最大精度时，有效值为 $-10^{38}+1$ ～ $10^{38}-1$。numeric 在功能上等价于 decimal。

精度是数字中的数字个数。小数位数是数中小数点右边的数字个数。例如，数 8638.168 的精度是 7，小数位数是 3。

p(精度)：指定最多可以存储的十进制数字的总位数，包括小数点左边和右边的位数。该精度必须是从 1 到最大精度 38 之间的值，默认精度为 18。

s (小数位数)：指定小数点右边可以存储的十进制数字的最大位数。小数位数必须是从 0 到 p 之间的值。仅在指定精度后才可以指定小数位数。默认的小数位数为 0。因此，$0 \leqslant s \leqslant p$。

3. 使用浮点数值数据类型

浮点数值数据类型有 float 和 real，它们使用科学计数法表示数据。科学记数法是采用指数形式的表示方法，如 1.25×10^5 可表示成 1.25E5。在科学计数法中，字母“E”表示 10 这个“底数”，而 E 之前为一个十进制表示的小数，称为“尾数”，E 之后必须为一个整数，称为“指数”。如，1.234 567 8 E10，1.234 567 8 E-8，1.234 567 8 E9。

float 和 real 表示的数据范围如表 3.3 所示。

表 3.3　float 和 real 数据类型

数据类型	范　围	存储大小
float	−1.79E + 308 ～ −2.23E − 308、0 以及 2.23E − 308 ～ 1.79E + 308	取决于 n 的值
real	−3.40E + 38 ～ −1.18E − 38、0 以及 1.18E − 38 ～ 3.40E + 38	4 字节

float (n)：其中 n 为用于存储 float 数值尾数的位数(以科学记数法表示)，因此可以确定精度和存储大小。如果指定了 n，则它必须是介于 1 ～ 53 之间的某个值。n 的默认值为 53，如表 3.4 所示。

表 3.4 float (n)的精度和存储大小

n	精　度	存储大小
1～24	7 位数	4 字节
25～53	15 位数	8 字节

SQL Server 将 n 视为下列两个可能值之一。如果 1≤n≤24，则将 n 视为 24。如果 25≤n≤53，则将 n 视为 53。

real 的同义词为 float(24)。因此，float 叫双精度数据类型，real 叫单精度数据类型。

由表 3.4 可知，这种数据类型不能够提供精确表示数据的精度，因此浮点数数据类型也称近似数据类型。real 类型的数只有 7 位是有效的，float 类型的数只有 15 位是有效的。因此，并非数据类型范围内的所有值都能精确地表示。这种数据类型可用于取值范围非常大且对精度要求不是非常高的数值量，如一些统计量。

4．使用固定长度或可变长度的字符串数据类型

char 和 varchar 数据类型存储由 ASCII 字符组成的字符串。

(1) char (n)：固定长度，ASCII 字符数据，长度为 n 个字符的字符串数据类型。n 的取值范围为 1 ～ 8 000，n 是包含字符的个数，也就是说 char 数据是最多可以包含 8 000 个字符的字符串。

如果 char 数据类型列的值的长度比指定的 n 的值小，则将在值的右边填补空格直到达到列的长度 n。例如，如果某列定义为 char(10)，而要存储的数据是“music”，则 SQL Server 将数据存储为“music_”字符串，该字符串有 10 个字符，这里“_”表示空格。

(2) varchar (n)，varchar(max)：可变长度，ASCII 字符数据。n 的取值范围为 1 ～ 8 000，n 是最多可以包含的字符个数。也就是说 varchar (n) 数据是最多可以包含 8 000 个字符的字符串，varchar(6) 表示此数据类型最多存储 6 个字符。varchar(max) 中的 max 表示 varchar 数据是最多可以包含 2^{31} 个字符的字符串。

varchar 数据类型是一种长度可变的数据类型。比列的长度小的值，不会在值的右边填补来达到列的长度。

注意： 如果在数据类型定义中未指定 n，则默认长度为 1。如果在使用 CAST 和 CONVERT 函数实现数据类型转换时未指定 n，则默认长度为 30。

使用 char 或 varchar 数据类型的一般原则如下。

① 如果列数据项的大小一致，则使用 char。

② 如果列数据项的大小差异相当大，则使用 varchar。

③ 如果列数据项大小相差很大，而且大小可能超过 8 000 个字符，则使用 varchar(max)。

5．使用 Unicode 字符串数据类型

(1) nchar (n)：n 个字符的固定长度的 Unicode 字符数据。n 值必须在 1 ～ 4 000 之间(含)。

(2) nvarchar (n)，nvarchar (max)：nvarchar (n)表示可变长度 Unicode 字符数据。n 值在 1 ～ 4 000 之间(含)。nvarchar(max) 中的 max 指示 varchar 数据是最多可以包含 2^{31} 个字符的字符串。

除下列情况之外，nchar、nvarchar 和 ntext 的使用与 char、varchar 的使用相同：

① Unicode 支持更大范围的字符。

② 存储 Unicode 字符需要更大的空间。

③ nchar 列的最大大小为 4 000 个字符，而 char 和 varchar 列的最大大小为 8 000 个

字符。

④　使用最大说明符，nvarchar 列的最大大小为 $2^{31}-1$ 字节。

⑤　Unicode 常量以 N 开头指定，如 N'A Unicode string'。

⑥　所有 Unicode 数据使用由 Unicode 标准定义的字符集。用于 Unicode 列的 Unicode 排序规则以下列属性为基础：区分大小写、区分重音、区分假名、区分全半角和二进制。

6．使用货币数据类型

使用以下两种数据类型存储货币数据或货币值：money 和 smallmoney。这些数据类型可以使用表中任意一种货币符号。money 和 smallmoney 表示的数据范围如表 3.5 所示。

表 3.5　money 和 smallmoney 数据类型

数据类型	范　围	存储大小
money	−922 337 203 685 477.580 8 ～ 922 337 203 685 477 580 7	8 字节
smallmoney	−214 748.364 8 ～ 214 748.364 7	4 字节

货币数据不需要用单引号 (') 引起来。注意虽然可以指定前面带有货币符号的货币值，但 SQL Server 不存储任何与符号关联的货币信息，它只存储数值。

如果一个对象被定义为 money，则它最多可以包含 19 位数字，其中小数点后可以有 4 位数字。因此，money 数据类型的精度是 19，小数位数是 4。

money 和 smallmoney 限制为小数点后有 4 位。如果需要小数点后有更多位，则使用 decimal 数据类型。

用句点分隔局部货币单位(如分)和总体货币单位。例如，￥2.15 表示 2 元 15 分。

7．位数据类型(布尔数据类型)

位数据类型(布尔数据类型)为 bit 类型，它可以取值为 1、0 或 NULL 的整数数据类型。

字符串值 TRUE 和 FALSE 可以转换为以下 bit 值：TRUE 转换为 1，FALSE 转换为 0。

bit 数据类型只能包括 0 或 1。可以用 bit 数据类型代表 TRUE 或 FALSE、YES 或 NO。

当给 bit 类型数据赋 0 时，其值为 0，而非 0(如 28 或−5)时，其值为 1。

8．二进制数据类型

二进制数据类型有 binary 和 varbinary，它们用来存储位串。

binary 数据最多可以存储 8 000 字节。varbinary 使用最大说明符，最多可以存储 2^{31} 个字节。

二进制常量以 0x(一个零和小写字母 x)开始，后跟十六进制表示形式。例如，0x2A 表示十六进制值 2A，它等于十进制值 42。

存储十六进制值或可以用十六进制方式存储的复杂数字时，使用二进制数据。

(1)　binary (n)：长度为 n 字节的固定长度二进制数据，其中 n 是 1 ～ 8 000 的值。存储大小为 n 字节。

(2)　varbinary (n)，varbinary (max)：可变长度二进制数据。n 可以是从 1 ～ 8 000 之间的值。varbinary (max) 中的 max 表示最大存储大小为 $2^{31}-1$ 字节。

如果没有在数据定义或变量声明语句中指定 n，则默认长度为 1。如果没有使用 CAST 函数指定 n，则默认长度为 30。

如果列数据项的大小一致，则使用 binary。

如果列数据项的大小差异相当大，则使用 varbinary。

当列数据条目超出 8 000 字节时，则使用 varbinary(max)。

9．使用日期和时间数据类型

表 3.6 列出了日期和时间数据类型。

表 3.6　日期和时间数据类型

数据类型	格　式	范　围	精 确 度
time	hh:mm:ss[.nnnnnnn]	00:00:00.0000000 ～ 23:59:59.9999999	100 纳秒
date	YYYY-MM-DD	0001-01-01 ～ 9999-12-31	1 天
smalldatetime	YYYY-MM-DD hh:mm:ss	1900-01-01 ～ 2079-06-06	1 分钟
datetime	YYYY-MM-DD hh:mm:ss[.nnn]	1753-01-01 ～ 9999-12-31	0.00333 秒
datetime2	YYYY-MM-DD hh:mm:ss[.nnnnnnn]	0001-01-01 00:00:00.0000000 ～ 9999-12-31 23:59:59.9999999	100 纳秒
datetimeoffset	YYYY-MM-DD hh:mm:ss[.nnnnnnn] [+|-hh:mm]	0001-01-01 00:00:00.0000000 ～ 9999-12-31 23:59:59.9999999 (以 UTC 时间表示)	100 纳秒

其中：

- YYYY 是一个四位数，表示年份；
- MM 是一个两位数，表示指定年份中的月份；
- DD 是一个两位数，范围为 01 ～ 31(具体取决于月份)，表示指定月份中的某一天；
- hh 是一个两位数，范围为 00 ～ 23，表示小时；
- mm 是一个两位数，范围为 00 ～ 59，表示分钟；
- ss 是一个两位数，范围为 00 ～ 59，表示秒钟；
- nnnnnnn 代表 0 ～ 7 位数字，范围为 0 ～ 9999999，表示秒的小数部分，即微秒数；
- nnn 代表 0 ～ 3 位的数字，范围为 0 ～ 999，表示秒的小数部分。

注意：方括号表示秒，小数部分是可选的。

这里要特别说明的是 datetimeoffset 日期时间类型。

datetimeoffset 类型具有时区偏移量，此偏移量指定某个 time 或 datetime 值相对于 UTC(协调世界时)偏移的小时和分钟数。时区偏移量可以表示为 [+|-] hh:mm。

- hh 是两位数，范围为 00 ～ 14，表示时区偏移量中的小时数。
- mm 是两位数，范围为 00 ～ 59，表示时区偏移量中的额外分钟数。

时区偏移量中必须包含 +(加)或 –(减)号。这两个符号表示是在 UTC 时间的基础上加上还是从中减去时区偏移量，以得出本地时间。时区偏移量的有效范围为 -14:00 ～ +14:00。

另外，time、datetime2 和 datetimeoffset 数据类型还可以自定义秒的小数精度，即自定义微秒数的位数。如 time(2)表示小数的位数为 2，datetime2(3) 表示小数的位数为 3。

time、datetime2 和 datetimeoffset 数据类型秒的小数精度即微秒数的位数默认值为 7。

time、date、datetime2 和 datetimeoffset 数据类型是新增加的日期时间数据类型。这些类型符合 SQL 标准。它们更易于移植。time、datetime2 和 datetimeoffset 提供更高精度的秒数。datetimeoffset 为全局部署的应用程序提供时区支持。

10. 其他数据类型

(1) uniqueidentifier：以一个 16 位的十六进制数表示全局唯一标识符 (GUID)。当需要在多行中唯一标识某一行时可使用 GUID。例如，可使用 unique identifier 数据类型定义一个客户标识代码列，以编辑公司来自多个国家/地区的总的客户名录。

uniqueidentifier 数据类型的列或局部变量可通过使用 NEWID 函数初始化为一个值。

通过从 ××××××××-××××-××××-××××-×××××××××××× 形式的字符串常量进行转换，其中，每个 × 都是 0～9 或 a～f 范围内的十六进制数字。例如，6F9619FF-8B86-D011-B42D-00C04FC964FF 为有效的 uniqueidentifier 值。

(2) table：一种特殊的数据类型，存储供以后处理的结果集。table 数据类型只能用于定义 table 类型的局部变量或用户定义函数的返回值。

(3) rowversion 是二进制数字的数据类型，该数据类型列的值是数据库自动生成并且是唯一的。

每个数据库都有一个计数器，当对数据库中包含 rowversion 列的表执行插入或更新操作时，该计数器值就会增加。此计数器值是数据库行版本。每次修改或插入包含 rowversion 列的行时，就会在 rowversion 列中插入经过增量的数据库行版本值，即将原来的值加上一个增量。这可以跟踪数据库内的相对时间，而不是时钟相关联的实际时间。一个表只能有一个 rowversion 列。rowversion 列的值实际上反映了对该行修改的相对(相对于其他行)顺序。

(4) xml：存储 XML 数据的数据类型。XML 数据包括格式正确的 XML 片段或 XML 文档。但存储的 XML 数据的大小不能超过 2 GB。

(5) sql_variant: 一种存储 SQL Server 所支持的各种数据类型(text、ntext、timestamp 和 sql_variant 除外)值的数据类型。

3.4 实 现 关 系

完成表(关系)的设计之后，就可以创建表了。由于表包含在数据库中，数据库是存放表的逻辑实体，因此在创建表时，必须先创建数据库。

3.4.1 创建数据库

任务 3.1　创建简单数据库

问题描述 用 SQL 命令分别创建名为 mydatabase、temp 和 test 的三个数据库。

解决方案

```
CREATE DATABASE mydatabase ;
CREATE DATABASE test ;
CREATE DATABASE temp ;
```

分析与讨论

(1) CREATE DATABASE 命令创建一个新的数据库。紧跟 CREATE DATABASE 后是数据库的名称，数据库名称可以包含任何符合标识符规则的字符。

采用这种方式创建的数据库，除了数据库名称是用户指定的外，数据库的其他信息都使用默认值。

(2) 标识符。mydatabase 是数据库的名称，为数据库的标识符。标识符是用来标识如数据库、表等对象的名称。标识符必须符合如下规则：

① 第一个字符必须是字母或下划线 (_)、@或#。后续字符可以包括：字母、数字、下划线 (_)、@、#或$。

② 不允许有空格或其他特殊字符。

③ 标识符一定不能是关键字，如：int、CREATE DATABASE 等。

(3) 在 SQL 语句中使用标识符时，不符合以上这些规则的标识符必须包含在双引号(")或者方括号([ ])内，这些标识符称为分隔标识符。把符合标识符规则的标识符称为常规标识符。

3.4.2 删除数据库

当不再需要数据库，或如果它被移到另一数据库或服务器时，即可删除该数据库。数据库删除之后，文件及其数据都将从服务器的磁盘中删除。一旦删除数据库，它即被永久删除。

任务 3.2　删除数据库

问题描述 用 SQL 命令删除 test 数据库。

解决方案

```
DROP DATABASE test
```

分析与讨论

(1) DROP DATABASE 命令用来删除一个指定的数据库。紧跟 DROP DATABASE 后是要删除的数据库的名称。

(2) 不能删除当前正在使用(正打开供用户读写)的数据库。

任务 3.3 一次删除多个数据库

问题描述用 SQL 命令删除 mydatabase 和 temp 数据库。

解决方案

```
DROP DATABASE mydatabase, temp
```

分析与讨论

可使用 DROP DATABASE 命令删除每个列出的数据库，每个列出的数据库名之间用逗号分隔。

3.4.3 重命名数据库

在 SQL Server 中，可以更改数据库的名称。在重命名数据库之前，应该确保没有人使用该数据库。

任务 3.4 修改数据库名称

问题描述将创建的 mydatabase 数据库的名称更改为 testdatabase。

解决方案

```
ALTER DATABASE mydatabase
Modify Name =testdatabase ;
```

分析与讨论

可使用 ALTER DATABASE 命令重命名数据库，其一般格式如下：

```
ALTER DATABASE database_name
MODIFY NAME = new_database_name
```

其中 database_name 为要修改的数据库的名称，如示例中的 mydatabase。

使用指定的名称 new_database_name 重命名数据库，如示例中的 testdatabase。

3.4.4 创建表

SQL 语言提供了 CREATE TABLE 命令来创建表，其基本语法如下：

```
CREATE TABLE 表名
(
列名 1 数据类型 (数据长度)NULL 或 NOT NULL,
列名 2 数据类型 (数据长度)NULL 或 NOT NULL,
......
列名 n 数据类型 (数据长度)NULL 或 NOT NULL
)
```

任务 3.5 创建表

问题描述使用 SQL 命令在 mydatabase 数据库中创建表 Employees，该表记录公司中所有雇员的信息。

解决方案

```
USE mydatabase;
GO
CREATE TABLE Employees
(
EmployeeID INT NOT NULL,
```

```
EmployeeName varchar (20) NULL,
Title nvarchar (30),
BirthDate datetime,
HireDate datetime,
Address nvarchar (60)
) ;
```

分析与讨论

(1)　USE 语句。USE 语句用于将指定的数据库指定为当前数据库。以上代码将 mydatabase 数据库指定为当前数据库。这样，此后使用 CREATE TABLE 创建的表就在 mydatabase 数据库中了。

(2)　GO 命令。GO 不是 SQL 语句，它是可由 SQL Server 实用工具和 SQL Server Management Studio 代码编辑器识别的命令。GO 向 SQL Server 实用工具发出一批 SQL 语句结束的信号。当前语句由上一 GO 命令后输入的所有语句组成，如果是第一条 GO 命令，则由代码开始后输入的所有语句组成。

GO 命令和 SQL 语句不能在同一行中，否则运行时会发生错误。

(3)　创建表。CREATE TABLE 语句创建表，其中 Employees 为表名，表名后的括号定义表的列。

EmployeeID 为定义的列名，INT 为 EmployeeID 列的数据类型。NOT NULL 表示该列的值不能空着，必须输入值。

EmployeeName 为第 2 列的名称，varchar (20)为该列的数据类型，20 表示该列最多可以包含的字符的个数。NULL 表示该列可以为空值，也就是可以不给该列输入任何值。

表中其他列的定义与以上两列相似，各个列定义之间用逗号分隔。

可以将列定义为允许或不允许为空值。默认情况下，列允许为空值。

每个表至多可定义 1 024 列。表和列的名称必须遵守标识符的规定，在特定表中必须是唯一的，但同一数据库的不同表中可使用相同的列名。

注意： 对于 binary、char、nchar、varbinary、varchar 或 nvarchar 数据类型的列可以设置数据长度属性。对于其他数据类型的列，其长度由数据类型确定，不可更改。

3.4.5　修改表

可以使用 SQL 命令修改表，包括增加列、删除列、修改列和重命名表。

1. 增加列

基本语法如下：

```
ALTER TABLE 表名
  ADD 列名 数据类型 NULL 或 NOT NULL
```

任务 3.6　添加列

问题描述修改 Employees 表，添加一个允许空值的列 Phone。各行的 Phone 列的值将为 NULL。

解决方案

```
ALTER TABLE Employees
  ADD Phone NVARCHAR(20) NULL
GO
```

分析与讨论

(1)　增加列要修改表，ALTER TABLE 是修改表命令的关键字。其后的 Employees 是指定修改的表的名称。ADD 是关键字，表示添加，ADD 后是对添加列的定义，包括列名、数据类型等。

(2) 向一个表添加新列时，系统会在该列中为表中的每个现有数据行插入一个值。如果新列没有指定默认值，则必须指定该列允许 NULL 值。系统将 NULL 值插入该列，如果新列不允许 NULL 值，则返回错误。因此，不能添加不允许为空的列。

2. 删除列

删除列的基本语法如下：

```
ALTER TABLE 表名
  DROP COLUMN 列名
```

任务 3.7　删除列

问题描述修改 Employees 表，删除列 Phone。

解决方案

```
ALTER TABLE Employees
  DROP COLUMN Phone
```

分析与讨论

删除列要修改表，ALTER TABLE 是修改表命令的关键字，Employees 是修改的表的名称。DROP COLUMN 是删除列的关键字。DROP COLUMN 后紧跟要删除列的名称。以上代码指定删除列的列名为 Phone。

3. 修改列的属性

修改列的属性的基本语法如下：

```
ALTER TABLE 表名
   ALTER COLUMN 列名 数据类型 NULL 或 NOT NULL
```

任务 3.8　修改列的数据类型

问题描述修改 Employees 表的 EmployeeName 列，将其数据类型改为 NVARCHAR，长度为 30。

解决方案

```
ALTER TABLE Employees
   ALTER COLUMN EmployeeName NVARCHAR(30) NULL
```

分析与讨论

(1) 以上代码修改的是 Employees 表的 EmployeeName 列。

(2) 表中每一列都有一组属性，例如名称、数据类型、为空性和数据长度。列的所有属性构成表中列的定义。但使用 ALTER TABLE 命令不可以修改列的名称，其他列出的属性可以使用 ALTER TABLE 命令修改。

(3) ALTER COLUMN 是修改列的关键字，紧跟其后的是要修改列的名称。

① 修改列的数据类型。如果可以将现有列中的现有数据隐式转换为新的数据类型，则可以更改该列的数据类型。

由于原来的 EmployeeName 列的 varchar 类型的数据可以隐式转换为新的 NVARCHAR 数据类型，因此以上代码修改了 EmployeeName 列的数据类型。

② 修改列的数据长度。选择数据类型时，将自动定义长度。只能增加或减少具有 binary、char、nchar、varbinary、varchar 或 nvarchar 数据类型的列的长度属性。对于其他数据类型的列，其长度由数据类型确定，无法更改。如果新指定的长度小于原列长度，则列中超过新列长度的所有值将被截断，而无任何警告。

③ 修改列的精度。数值列的精度是选定数据类型所使用的最大位数。非数值列的精度是指最大长度或定义的列长度。

除 decimal 和 numeric 外，所有数值列数据类型的精度都是自动定义的。如果要重新定义那些具有 decimal 和 numeric 数据类型的列所使用的最大位数，则可以更改这些列的精度。系统不允许更改除 decimal 和 numeric 之外的数值列的精度。

④　修改列的小数位数。numeric 或 decimal 列的小数位数是指小数点右侧的最大位数。选择数据类型时，列的小数位数默认设置为 0。对于含有近似浮点数的列，因为小数点右侧的位数不固定，所以不定义小数位数。如果要重新定义小数点右侧有效的位数，则可以更改 numeric 或 decimal 列的小数位数。

⑤　修改列的为空性。可以将列定义为允许或不允许为空值。默认情况下，列允许为空值。仅当现有列中不存在空值时，才有可能将该列更改为不允许为空值。也就是说只有列中不包含空值时，才有可能在 ALTER COLUMN 中指定 NOT NULL。否则必须先将空值更新为某个值后，才允许执行 ALTER COLUMN NOT NULL 语句。

可以将不允许为空值的现有列更改为允许为空值，除非为该列定义了 PRIMARY KEY 约束。PRIMARY KEY 约束将在任务 4 中讨论。

任务 3.9　修改列的数据长度

问题描述修改 Employees 表的 EmployeeID 列，将其数据类型改为 CHAR，宽度为 20。然后，将 EmployeeID 列的长度改为 30。

解决方案

```
ALTER TABLE Employees
  ALTER COLUMN  EmployeeID  CHAR(20)
GO
ALTER TABLE Employees
  ALTER COLUMN  EmployeeID  CHAR(30)
```

分析与讨论

(1)　由于原来的 EmployeeID 列的 INT 类型的数据可以隐式转换为新的 CHAR 数据类型，所以以上第一个 ALTER TABLE 命令修改了 EmployeeID 列的数据类型。

(2)　第二个 ALTER TABLE 命令将 EmployeeID 列的数据长度修改为 30。

4. 重命名表

任务 3.10　修改表名

问题描述将表 Employees 重命名为 empls。

解决方案

```
EXEC sp_rename 'Employees', 'empls', 'TABLE'
```

分析与讨论

sp_rename 是系统存储过程，通过使用 EXEC 命令执行该存储过程，以在当前数据库中更改用户创建对象的名称。EXEC sp_rename 中有三个字符串值，每个字符串值之间用逗号分隔，第一个字符串值指定要修改的对象的名称，第二个字符串值指定修改后新的名称，最后一个字符串值指定要修改的对象的类型。此示例中，三个字符串值分别为'Employees'、'empls'和 'TABLE'。此示例指定修改的对象的类型为 TABLE(即表)，将名 Employees 修改为 empls。

5. 重命名列

任务 3.11　修改列名

问题描述将表 empls 中的列 EmployeeName 重命名为 FullName。

解决方案

```
EXEC sp_rename ' empls.EmployeeName', ' FullName', 'COLUMN'
```

分析与讨论

通过使用 EXEC 执行 sp_rename 系统存储过程，将 empls 表的名为 EmployeeName 的列重命名为 FullName。此示例指定修改的对象的类型为 COLUMN(即列)。

6. 删除表

有些情况下必须删除表。例如，要在数据库中实现一个新的设计或释放空间。删除表后，该表的结构定义、数据等都从数据库中永久删除。

任务 3.12　删除表

问题描述 将表 empls 从数据库中删除。

解决方案

```
DROP TABLE empls
```

分析与讨论

DROP TABLE 是删除表的命令，其后紧跟要删除的表的名称。使用 DROP TABLE 命令删除表后，与该表相关的一切内容将永久删除，不可恢复。

3.4.6 独立实践

(1) 创建数据库。

创建“教务管理”数据库。

(2) 创建表。

根据以下指定的表的结构，在“教务管理”数据库中创建“学生”表、“专业”表、“课程”表和“选课”表，如表 3.7～表 3.10。

表 3.7 “学生”表结构

列 名	列的数据类型	长 度	是否为空
学号	char	12	否
姓名	char	8	是
性别	bit	默认值	是
出生日期	datetime	默认值	是
入学时间	datetime1	默认值	是
家庭地址	varchar	50	是
已修学分	tinyint	默认值	是

表 3.8 “专业”表结构

列 名	列的数据类型	长 度	是否为空
专业编号	char	9	否
专业名称	varchar	20	否
系部编号	char	9	否
必修课学分	tinyint	默认值	是
选修课学分	tinyint	默认值	是

表 3.9 “课程”表结构

列 名	列的数据类型	长 度	是否为空
课程编号	char	9	否
课程名称	varchar	20	否
课程类别	char	9	否
开课学期	tinyint	默认值	是
学分	tinyint	默认值	是

表 3.10　“选课”表结构

列　名	列的数据类型	长　度	是否为空
学号	char	9	否
课程编号	varchar	20	否
成绩	tinyint	默认值	是

(3)　修改表。

①　给学生表添加“电话”列，给课程表添加“系部编号”列。

②　删除课程表中的“系部编号”列。

③　将学生表中的“姓名”列的数据类型修改为 varchar 类型。

④　将专业表中“专业编号”列的长度修改为 20。

⑤　在什么情况下可以将学生表中的“学号”列的数据类型修改为 INT 类型？在什么情况下不可以将学生表中的“学号”列的数据类型修改为 INT 类型？如果可以修改，则将“学号”列的数据类型修改为 INT 类型。

⑥　在什么情况下可以将课程表中的“课程类别”列修改为不允许为空值？在什么情况下不可以将课程表中的“课程类别”列修改为不允许为空值？如果可以修改，则修改。

⑦　将学生表的“电话”列的名称修改为“家庭电话”。

⑧　将选课表的名称修改为“学生_课程”。

⑨　创建一个表，然后将它删除。

3.5　操作表的数据

可使用关系数据库表中数据的操作技术向表中添加新数据行、更改现有行中的数据和删除行。

3.5.1　添加数据

可以使用 INSERT...VALUES 命令将一行或多行数据插入到表中，其基本语法为：

```
INSERT INTO 表名 (列名列表) VALUES(列值列表)
```

列名列表是要在其中插入数据的一列或多列的列名的列表，列名以逗号分隔，用于指定为其提供数据的列，并且必须用括号将列名列表括起来。

VALUES 子句引入要插入的数据值的列值列表。对于列名列表(如果已指定)或表中的每个列，都必须有一个数据值。必须用圆括号将列值列表括起来。

1．插入与列顺序相同的数据且插入值的数目和列的数目相同

任务 3.13　按表的列的个数和顺序插入数据

问题描述公司新到了一名雇员，请将该雇员的信息添加到 Employees 表中。

解决方案

(1)　向 Employees 表中插入一行。

```
INSERT INTO Employees
  VALUES(12345,'王飞','经理', '1980/10/2', '2000-1-6','广州');
```

(2)　查看 Employees 表数据。

```
SELECT *
FROM Employees
```

分析与讨论

(1) 以上代码中，INSERT 命令向表中插入一行，Employees 是要插入数据的表的名称，VALUES 子句引入要插入的数据值列表。对于表中的每个列，都必须有一个数据值，各数据值之间用逗号分隔。同时必须用圆括号将值列表括起来。

如果 VALUES 子句中的数据值列表给表中每列都提供值，且插入值的顺序与表中列的顺序相同，这时，INSERT 语句中可以省略列名列表。

(2) VALUES 关键字可为表的某一行指定数据值。数据值被指定为逗号分隔的标量表达式列表，表达式的数据类型、精度和小数位数必须与表中对应列一致，或者可以隐性地转换为表中的对应列。上例中赋给插入行的第 1 列的值为 12345，第 2 列的值为'王飞'，第 3 列的值为'经理'，第 4 列的值为'1980/10/2'，第 5 列的值为'2000-1-6'，第 6 列的值为'广州'。

注意： *在省略列名列表的 INSERT 语句中，VALUES 子句的数据值列表的顺序必须与表中各列的顺序相同，且此数据值列表必须包含与表中各列对应的值，以便显式指定存储每个传入值的列。*

(3) 常量。插入数据值列表可以是表达式，也可以是常量。常量也称为文字值或标量值，是表示一个特定数据值的符号。常量的格式取决于它所表示的值的数据类型。在使用 INSERT 语句时插入的常量的格式必须与对应表的列的数据类型相匹配。以下是常用的几种常量：

① 字符串常量。字符串常量括在单引号内，并包含字母数字字符(a～z、A～Z 和 0～9)和特殊字符(如感叹号 !、at 符 @ 和数字号 #)。以下是字符串的示例：

'王飞'
'经理'
'广州'

如果单引号中的字符串包含一个嵌入的引号，则使用两个单引号表示嵌入的单引号。例如：

'O''Brien'

② Unicode 字符串。Unicode 字符串的格式与普通字符串相似，但它前面有一个 N 标识符(N 代表 SQL-92 标准中的区域语言)。N 前缀必须是大写字母。例如，'王飞'是字符串常量，而 N'王飞'则是 Unicode 常量。Unicode 常量被解释为 Unicode 数据。

③ bit 常量。bit 常量使用数字 0 或 1 表示，并且不括在引号中。如果使用一个大于 1 的数字，则该数字将转换为 1。

④ datetime 常量。datetime 常量使用特定格式的字符日期值来表示，并被单引号括起来。以下是日期的示例：

'02/21/2011'
'2011-02-21'
'21 February 2011'

下面是时间的示例：

'14:30:24'
'04:24 PM'

⑤ 数值常量。数值常量不用引号括起来，且可以包含正(+)或负(−)号。例如：

123
8
156.368
6.0
+123
−137.8238

⑥ float 和 real 常量。float 和 real 常量使用科学记数法来表示，且可以包含正(+)或负(-)号。例如：

101.5E5

0.5E-2

+108E5

-28E-2

⑦ money 常量。money 常量以前缀为可选的小数点和可选的货币符号的数字来表示。money 常量不使用引号括起，且可以包含正(+)或负(-)号。例如：

$12

$542023.14

+$18

-$268.186

2. 插入与列顺序不同的数据

任务 3.14　插入与列顺序不同的数据

问题描述公司新报到了另一名雇员，请将该雇员的信息添加到 Employees 表中。

解决方案

(1) 向 Employees 表中插入一行。

```
INSERT Employees (EmployeeName, EmployeeID, Address, Title, BirthDate, HireDate)
   VALUES('张思思',268912,'广州', '销售代表', '1982/11/22', '2009-03-18')
```

(2) 查看 Employees 表数据。

```
SELECT *
FROM Employees
```

分析与讨论

(1) 如果 VALUES 子句的数据值列表的顺序与表中列的顺序不同，则 INSERT 语句中必须使用列名列表，且此数据值列表必须包含列名列表中各列对应的值，以显式地指定将数据列表中的数据插入到表的那个列。这种情况，列名列表不可以省略，列名列表中的列与数据列表中的数据相对应。

上例中，插入行的 EmployeeName 列的值为'张思思'，EmployeeID 列的值为 268912，Address 列的值为'广州'，Title 列的值为'销售代表'，BirthDate 列的值为'1982/11/22'，HireDate 列的值为'2009-03-18'。

(2) 在 INSERT 语句中，INTO 关键字是可选的，可有可无。

3. 插入值少于列个数的数据。

任务 3.15　插入少于列个数的数据

问题描述公司新报到了另一名雇员，职务和地址未知，请将该雇员的信息添加到 Employees 表中。

解决方案

(1) 向 Employees 表中插入一行。

```
INSERT INTO Employees (EmployeeID, EmployeeName, BirthDate, HireDate)
    VALUES(67893,'李立','1985-03-12', '2001-10-06')
```

(2) 查看 Employees 表数据。

```
SELECT *
FROM Employees
```

分析与讨论

如果 VALUES 子句中指定插入到表中数据的个数少于表中列的个数，则 INSERT 语句中必须使用列名列表，以显式地指定将数据列表中的数据插入到表的那个列。所提供的数据值必须与列名列表匹配。数据值的数目必须与列数相同，每个数据值的数据类型、精度和小数位数也必须与相应的列的这些属性匹配。

那些未在列名列表中出现的列，系统会将 NULL 或默认值(如果为列定义了默认值)插入到该列。

未在列名列表中指定的所有列必须允许空值或分配了默认值，否则，在这种情况下执行 INSERT 语句时会发生错误。

如上例中插入一行，EmployeeID 列的值为 67893，EmployeeName 列的值为'李立'，BirthDate 列的值为'1985-03-12'，HireDate 列的值为'2001-10-06'。Title 列的值为 NULL，Address 列的值为 NULL。

4. 使用单个 INSERT 语句插入多行

任务 3.16　插入多行数据

问题描述 公司新报到了三名雇员，请将这三个雇员的信息添加到 Employees 表中。

解决方案

(1)　向 Employees 表中插入三行。

```
INSERT INTO Employees
   VALUES(16389,'王浩','销售代表', '1982/11/20', '2003-1-6','广州') ,
         (11100,'张鹏','销售代表', '1979/08/12', '2003-1-6','广州') ,
         (12000,'杜强','销售经理', '1983/10/08', '2003-1-6','广州');
```

(2)　查看 Employees 表数据。

```
SELECT *
FROM Employees
```

分析与讨论

(1)　INSERT 语句的 VALUES 子句可引入多个列表，各列表之间用逗号分隔。

以上示例 VALUES 子句引入三个数据值列表，将三行插入 Employees 表中，每个数据值列表分别为每行提供值。由于提供了所有列的值并按表中各列的顺序列出这些值，因此不必在列名列表中指定列名。

(2)　若要插入多行值，VALUES 数据值列表必须包含与表中各列或列名列表中各列对应的值，以便显式指定存储每个传入值的列。

以下示例将两行插入 Employees 表中，由于未提供所有列的值，因此必须在列名列表中指定列名，以便显式指定数据传入的列。

```
INSERT INTO Employees (EmployeeID, EmployeeName, BirthDate, HireDate)
    VALUES(11111,'史可','1988-08-26', '2003-10-16'),
          (21000,'孙力','1979-11-12', '2003-10-16') ;
```

(3)　可以在单个 INSERT 语句中插入的最大行数为 1 000。若要插入超过 1 000 行的数据，可创建多个 INSERT 语句。

3.5.2　修改数据

创建表并添加数据之后，更改或更新表中的数据就成为维护数据库的日常操作之一。可使用 UPDATE 语句更改数据。

UPDATE 语句可以更改表中单行、多行或所有行的数据值。其基本语法为：

```
UPDATE 表名
SET 列名 1 = 表达式 1, 列名 2 = 表达式 2, ……, 列名 n = 表达式 n
```

```
WHERE 条件表达式
```

UPDATE 语句包括以下主要子句。

(1)　SET：指定要更改的列和这些列的新值。它包含要更新的列和每个列的新值的列表(用逗号分隔)，格式为：列名=表达式。表达式提供的值包含多个项目，如常量或使用复杂的表达式计算出来的值。

(2)　WHERE：指定搜索条件，指定要更新的行。对所有符合 WHERE 子句搜索条件的行，将使用 SET 子句中指定的值更新指定列中的值。

1．使用简单的 UPDATE 语句

任务 3.17　将列的所有值修改为同一值

问题描述将公司中所有雇员的职务设置为“销售代表”，将所有雇员的地址信息设置为 NULL。

解决方案

(1)　修改 Employees 表的 Title 列和 Address 列。

```
UPDATE Employees
  SET Title ='销售顾问', Address = NULL;
```

(2)　查看 Employees 表数据。

```
SELECT *
FROM Employees;
```

分析与讨论

(1)　UPDATE 语句中，Employees 指定要更新的表的名称。SET 子句指定要更新的列和这些列的新值，多个赋值之间用逗号分隔。

等号 (=) 是唯一的 Transact-SQL 赋值运算符。在以上示例中，使用赋值运算符将 Title 列设置为'销售顾问'，将 Address 列设置为 NULL。

结果，所有行 Title 列的值为'销售顾问'，所有行 Address 列的值为 NULL。

(2)　以上示例说明如果 UPDATE 语句中没有 WHERE 子句，所有的行会受到什么影响，查看 Employees 表数据就可知道。

任务 3.18　使用列的原始值修改列的值

问题描述公司决定将所有产品的单价提高 10%，根据该要求，更新 Northwind 数据库，以记录这一变化。

解决方案

(1)　将 Products 表 UnitPrice 列的值修改为原来值的 1.1 倍。

```
USE Northwind;
GO
UPDATE Products
  SET UnitPrice = UnitPrice * 1.1;
GO
```

(2)　查看 Products 表数据。

```
SELECT *
 FROM Products
```

分析与讨论

(1)　UPDATE 语句中，指定列的值可在更新操作中计算和使用。

以上示例中使用 SET 子句将 Products 表中所有行的 UnitPrice 列的值设置为原来值的 1.1 倍。

赋值运算符(=)右边的 UnitPrice 的值是 UnitPrice 列原来的值，先读取 UnitPrice 列的值，将该值与 1.1 的乘积赋给 UnitPrice 列。

(2)　UPDATE 语句中，如果没有指定 WHERE 子句，则更新所有行指定的列。

2. 把 WHERE 子句和 UPDATE 语句一起使用

任务 3.19　修改满足条件行的列的值

问题描述公司决定将类别 (CategoryID) 为 2 的所有产品的价格修改为原来值的 2 倍。根据该要求，更新 Northwind 数据库，以记录这一变化。

解决方案

(1) 将 Products 表的 UnitPrice 列的值修改为原来值的 2 倍。

```
USE Northwind;
GO
UPDATE Products
  SET UnitPrice = UnitPrice * 2
  WHERE CategoryID = 2;
GO
```

(2) 查看 Products 表数据。

```
SELECT *
 FROM Products;
```

分析与讨论

(1) UPDATE 使用 WHERE 子句在 Products 表中搜索 CategoryID 值为 2 的行，将 CategoryID 值为 2 的行的 UnitPrice 列设置为原来值与 2 的乘积。

(2) 若 UPDATE 语句中使用了 WHERE 子句，则更新满足条件的行，而不是所有行。

任务 3.20　修改满足多个条件的行的列的值

问题描述公司决定停止销售供应商 ID(SupplierID)为 1 的供应商供应的类别 ID(CategoryID)为 2 所有产品，并将该产品的订购量(UnitsOnOrder) 和再订购量(ReorderLevel)设置为 0。

解决方案

(1) 停止销售 Supplier ID 为 1 的供应商供应的 CategoryID 为 2 的所有产品。

```
USE Northwind;
GO
UPDATE Products
  SET Discontinued =1, UnitsOnOrder=0, ReorderLevel=0
  WHERE SupplierID=1 AND CategoryID =2;
GO
```

(2) 查看 Products 表数据。

```
SELECT *
 FROM Products;
```

分析与讨论

(1) UPDATE 使用 WHERE 子句的条件 SupplierID=1 AND CategoryID =2 确定要更新的行。

以上示例在 Products 表中搜索 SupplierID 值为 1 并且 CategoryID 值为 2 的行，将满足这些条件的行的 Discontinued 列的值设置为 1，将 UnitsOnOrder 列的值设置为 0，将 ReorderLevel 列的值设置为 0。

(2) Products 表中 Discontinued 列的数据类型为 bit，该类型的数据只有两个：1(1 表示 true) 和 0(0 表示 false)。ReorderLevel 列是再订购量，该列的值为保持库存所需的最小单元数，也就是当库存量和该值相同时，需要再订购产品，再订购产品的数量为 UnitsOnOrder 列的值。

3.5.3　删除数据

DELETE 语句可删除表或视图中的一行或多行。DELETE 命令的基本语法为：

```
DELETE 表名 WHERE 条件表达式
```

或者

```
DELETE FROM 表名 WHERE 条件表达式
```

表名指定要从中删除行的表。表名指定的表中所有符合 WHERE 搜索条件的行都将被删除。如果没有指定 WHERE 子句，将删除表名指定的表中的所有行。WHERE 子句以条件表达式限定要从指定的表中删除的行。

1. 删除表中的所有行

任务 3.21　删除表中的所有行

问题描述 删除 mydatabase 数据库 Employees 表中的所有数据。

解决方案

(1)　删除 Employees 表中的所有行。

```
USE mydatabase;
GO
DELETE Employees;
GO
```

(2)　查看 Products 表数据。

```
SELECT *
 FROM Employees;
```

分析与讨论

(1)　在 DELETE 语句中，Employees 是要删除行的表的名称。因为没有使用 WHERE 子句限制删除的行数，所以从 Employees 表中删除所有行。

(2)　任何已删除所有行的表仍会保留在数据库中。DELETE 语句只从表中删除行，要从数据库中删除表，必须使用 DROP TABLE 语句。

(3)　DELETE 和要删除行的表名 Employees 之间的关键字 FROM 是可选的，可有可无。

2. 删除表中指定的行

任务 3.22　删除表中满足条件的行

问题描述 在 Northwind 数据库中，删除产品名称为 Chai 的产品信息。

解决方案

(1)　删除 Employees 表中产品名称为 Chai 的行。

```
USE Northwind;
GO
DELETE FROM Products
  WHERE ProductName='Chai';
GO
```

(2)　查看 Products 表数据。

```
SELECT *
 FROM Products;
```

分析与讨论

(1)　DELETE 语句中的 WHERE 子句指定表中要删除的行。以上示例删除 Products 表中 ProductName 值为 Chai 的行。

(2)　以上示例选择了 DELETE 和要删除行的表名 Employees 之间的可选关键字 FROM。

3.5.4　独立实践

(1)　添加数据。

运用你学过的每种方法，向“教务管理”数据库中的每个表添加 5 条记录。

(2)　修改数据。

①　将学生_课程表中的“成绩”列的值修改为原来值的 20%和 18 的和。

② 将学生_课程表中的“成绩”大于 85 的学生的成绩增加 5 分。

(3) 删除数据。

① 删除专业表中的所有数据。

② 删除学生_课程表中的“成绩”小于 40 的行。

任务 4　设置列的属性和约束

4.1　场 景 引 入

问题：创建如图 4.1 所示的 Products 表，将公司中所有产品的信息存储于该表中。要求保证实体完整性，所谓实体完整性就是将行定义为特定的唯一实体，也就是每一行表示一个特定的产品，ProductID 的值不允许有重复值。如果输入了 ProductID 值为 1 的产品，则数据库不允许其他产品拥有同值的 ID。同时还要求域完整性，所谓域完整性是指特定列的项的有效性。要求 UnitPrice 列的值大于或等于 0，数据库不接受此范围以外的值。ProductName 列必须输入值，不允许有空值。如果向 Products 表中添加一行数据，但没有给该行的 UnitPrice 列指定值，则数据库引擎自动将 0 插入到没有指定值的 UnitPrice 列中。

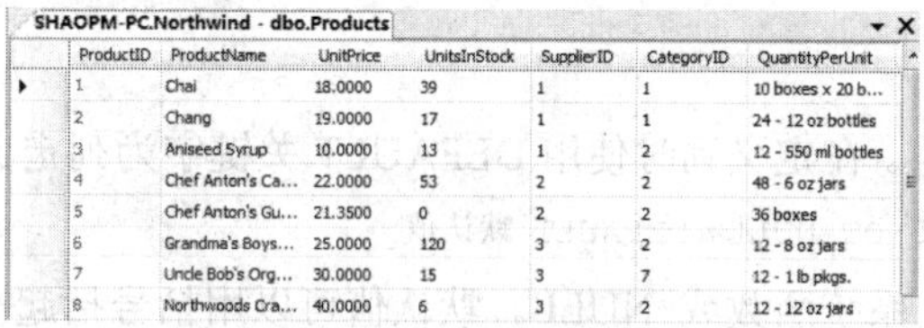

SHAOPM-PC.Northwind - dbo.Products

ProductID	ProductName	UnitPrice	UnitsInStock	SupplierID	CategoryID	QuantityPerUnit
1	Chai	18.0000	39	1	1	10 boxes x 20 b...
2	Chang	19.0000	17	1	1	24 - 12 oz bottles
3	Aniseed Syrup	10.0000	13	1	2	12 - 550 ml bottles
4	Chef Anton's Ca...	22.0000	53	2	2	48 - 6 oz jars
5	Chef Anton's Gu...	21.3500	0	2	2	36 boxes
6	Grandma's Boys...	25.0000	120	3	2	12 - 8 oz jars
7	Uncle Bob's Org...	30.0000	15	3	7	12 - 1 lb pkgs.
8	Northwoods Cra...	40.0000	6	3	2	12 - 12 oz jars

图 4.1　Products 表

以上问题中涉及数据完整性，数据完整性可保证数据库中数据的正确性和一致性。数据完整性包括实体完整性和域完整性。实体完整性可通过创建 UNIQUE 约束或 PRIMARY KEY 约束实现，这样强制确保表的关键字值是唯一的。域完整性可通过限制类型(通过使用数据类型)、限制格式(通过使用 CHECK 约束)或限制可能值的范围(通过使用 CHECK 约束、DEFAULT 定义、NOT NULL 定义)来实现。

任务 4 中要完成的主要任务是创建 DEFAULT 定义，创建标识符列，创建 UNIQUE 约束、PRIMARY KEY 约束和 CHECK 约束。

4.2　设置列的属性

列除了前面已讨论的属性(如名称、数据类型、为空性和数据长度)之外，还具有默认值、精度、小数位数、描述等属性。

4.2.1　设置默认值

记录中的每一列均必须有值，即使它是 NULL。可能会有这种情况，当向表中装载新行时可能不知道某一列的值，或该值尚不存在。如果该列的值允许空值，就可以将该列赋予空值。由于有时不希望有可为空的列值，因此如果合适，更好的解决办法是为该列设置默认值。例如，通常将数字型的列的默认值指定为零，将字符串列的默认值指定为暂缺。

由于在添加记录的过程中，未输入某列值时可以使用列默认值把一个值自动加入到表列中，因此也可以为列中出现频率最高的值定义默认值(即 DEFAULT)，这样新行被加入到该表中时，用户就不必输入定义为 DEFAULT 列的值了。例如，如果大部分供应商都在北京，则可以为“供应商”表的“城市”列设置一个默认值“北京”。添加新记录时可以接受该默认值，也可以输入新值覆盖它。

在创建表时，可以创建 DEFAULT 定义作为表定义的一部分。如果某个表已经存在，则可以为其添加 DEFAULT 定义。表中的每一列都可以包含一个 DEFAULT 定义。

1. 在创建表时为列定义默认值

任务 4.1　在创建表时为列定义默认值

问题描述 创建订单明细表 Order Details，将数量(Quantity)列的默认值设置为 1，将折扣率(Discount)的默认值设置为 0。

解决方案

```
USE NewDataBase;
GO
CREATE TABLE [Order Details] (
  OrderID  int NOT NULL ,
  ProductID  int NOT NULL ,
  UnitPrice  money,
  Quantity  smallint  DEFAULT (1),
  Discount  real DEFAULT (0)
)
GO
```

分析与讨论

(1)　为列定义默认值。在定义列时使用 DEFAULT 关键字为列定义默认值。其一般格式为：

列名　数据类型 NULL 或 NOT NULL　DEFAULT 默认值

默认值可以为常量、系统函数或 NULL。默认值可以用括号括起来。DEFAULT 在 NULL 或 NOT NULL 之后。

字符和日期常量要放在单引号 (') 内，货币、整数和浮点常量不需要引号。二进制数据必须以 0x 开头，货币数据可以以货币符号 (如$) 开头。

上例创建一新表[Order Details]，为 Quantity 列定义的默认值为 1，为 Discount 列定义的默认值为 0。

(2)　默认值的数据类型。列的 DEFAULT 定义在列的数据类型定义之后，为列定义的默认值必须与列的数据类型相匹配。例如，int 列的默认值必须是整数，而不能是字符串。

(3)　timestamp 数据类型的列不能定义默认值。

(4)　每列只能有一个 DEFAULT 定义。列的默认值只有一个，不可能有多个默认值。

(5)　列的 DEFAULT 定义中的默认值不能引用表中的其他列，也不能引用其他表的列。

2. 在现有表中添加新的列并为其定义默认值

任务 4.2　添加新的列并为其定义默认值

问题描述 公司的员工可以受雇于子公司或母公司。为此，修改 Employees 表，为其添加 CompanyName 列，在 Employees 表中，如果没有显式提供员工的公司信息，则默认输入母公司名“金鹰”。

解决方案

```
USE NewDataBase;
GO
CREATE TABLE Employees
(
     EmployeeID INT NULL,
     FullName nvarchar (20),
     Title nvarchar (30) ,
     BirthDate datetime NULL,
     HireDate datetime NULL,
     Phone nvarchar (24) NULL,
     Address nvarchar (60) NULL
)
GO
```

```
ALTER TABLE Employees
ADD CompanyName nvarchar (30) DEFAULT ('金鹰')
GO
```

分析与讨论

(1) 可以在添加列时为该列定义默认值。例如，上例中给表 Employees 添加一列 CompanyName，该列的默认值为'金鹰'。

(2) 在使用 ALTER TABLE 的 ADD 子句添加列时为该列定义默认值与在创建表时为列定义默认值的格式是一样的。

(3) 可以向现有表添加列，前提是相应列允许使用 NULL 值或者对该列创建了默认值。向一个表添加新列时，系统会在该列中为表中的每个现有数据行插入一个值。因此，在向表中添加列时给列添加 DEFAULT 定义会很有用。如果新列没有 DEFAULT 定义，则必须指定该列允许 NULL 值。系统将 NULL 值插入该列，如果新列不允许 NULL 值，则返回错误。

3. 为已有的列定义默认值

任务 4.3　为已有的列定义默认值

问题描述给 Employees 表的 HireDate 列定义 DEFAULT，默认值为当前日期。

解决方案

```
USE NewDataBase;
GO
ALTER TABLE Employees
ADD DEFAULT(getdate())FOR HireDate
GO
```

分析与讨论

(1) 为已有的列定义默认值。为表已有的列定义默认值必须在修改表的命令中使用 ADD DEFAULT 子句，其一般格式为：

```
ALTER TABLE 表名
ADD DEFAULT(默认值)FOR 列名
```

解决方案中的代码给 Employees 表的 HireDate 列定义默认值为当前日期。

(2) 默认值除了常量之外，还可以是系统函数。例如使用下例获取输入项的当前日期：

```
DEFAULT (getdate())
```

getdate()系统函数返回当前日期。

(3) 为列定义默认值也称为列创建默认值约束，可以在创建默认值约束时，为该默认值约束取一个名称。在创建默认值约束时，如果没有显示为它指定一个名称，则系统自动给它提供一个默认名称。

下面是为已有列创建默认值约束时，为默认值约束取一个名称的一般格式：

```
ALTER TABLE 表名
ADD CONSTRAINT 默认值约束的名称 DEFAULT(默认值)FOR 列名
```

注意：这里必须有 CONSTRAINT 关键字。

以下代码给 Employees 表的 Title 列创建默认值约束，约束名称为 DF-Title。

```
ALTER TABLE Employees
ADD CONSTRAINT DF_Title DEFAULT ('销售代表')FOR Title
```

(4) 查看默认值约束。默认值约束信息存储在系统虚拟表[sys].[default_constraints]中。Name 列存储默认值约束的名称，definition 列存储默认值。is_system_named 列存储该默认值约束名称是否默认的名称。如果默认值约束名称是系统给它提供的默认名称，则 is_system_named 的值为 0(true)；如果是用户指定的名称，则 is_system_named 的值为 1(false)。

以下代码查询 NewDataBase 数据库中所有默认值约束的名称、定义和是否是系统默认的名称：

```
USE NewDataBase;
GO
SELECT [name], [definition] ,[is_system_named]
FROM [sys].[default_constraints];
GO
```

运行结果如图 4.2 所示。

结果 | 消息

	name	definition	is_system_named
1	DF__Order Det__Quant__24927208	((1))	1
2	DF__Order Det__Disco__25869641	((0))	1
3	DF__Employees__Compa__276EDEB3	('金鹰')	1
4	DF__Employees__HireD__286302EC	(getdate())	1
5	DF_Title	('销售代表')	0

图 4.2　查询结果

(5)　将 DEFAULT 定义添加到表中的现有列后，默认情况下，系统仅将新的默认值应用于添加到该表的新数据行，以前的数据不受影响。

(6)　如果已有的列已经定义了默认值，则不能再为该列定义默认值。如果要为有默认值的列定义新默认值，则必须先删除旧默认值。

4. 删除默认值

使用 ALTER TABLE 命令删除约束的 DROP CONSTRAINT 子句来删除默认值定义。删除默认值定义的一般格式为：

```
ALTER TABLE 表名
DROP CONSTRAINT 约束名
```

任务 4.4　删除默认值

问题描述 删除为 Employees 表的 HireDate 列定义默认值。

问题分析 要删除默认值，必须知道默认值约束的名称，由查询[sys].[default_constraints]的结果图可知，为 Employees 表的 HireDate 列定义默认值约束的名称是 DF_Employees_HireD_286302EC。

解决方案

```
USE NewDataBase;
GO
ALTER TABLE Employees
DROP CONSTRAINT DF__Employees__HireD__286302EC;
GO
```

分析与讨论

(1)　删除默认值。要删除默认值约束，必须先使用 ALTER TABLE 修改指定的表，然后使用 DROP CONSTRAINT 子句删除指定的约束。

解决方案中的代码修改 Employees 表，删除其名为 DF__Employees__HireD__286302EC 的默认值约束。

(2)　不可以使用 ALTER TABLE 命令的 ALTER COLUMN 子句修改列来删除默认值定义。ALTER COLUMN 子句只能够修改列的如下属性。

①　列的数据类型。

②　列的数据长度。

③　列的精度。

④　列的小数位数。

⑤　列的为空性。

(3)　若要删除具有默认值的列，必须首先删除该列的默认值定义，然后才能够删除该列。

5. 修改列的默认值

若要修改列的默认值，必须首先删除现有的列的默认值定义，然后用新定义重新创建它。

任务 4.5　修改列的默认值

问题描述修改 Employees 表的 Title 列定义的默认值，将默认值设置为'未知'。

问题分析要修改 Title 列定义的默认值，必须先删除 Title 列定义的原默认值。由任务 4.3 的分析与讨论(3)可知，为 Employees 表的 Title 列定义的默认值约束的名称为 DF_Title DEFAULT。因此，必须先使用 ALTER TABLE 的 ALTER COLUMN 子句删除名为 DF_Title DEFAULT 的默认值，然后为 Title 列重新定义一个默认值'未知'。

解决方案

```
USE NewDataBase;
GO
ALTER TABLE Employees
DROP CONSTRAINT DF_Title;
GO
ALTER TABLE Employees
ADD DEFAULT ('未知')FOR Title;
GO
```

分析与讨论

(1)　修改列的默认值。修改列的默认值必须按如下步骤进行。

①　删除为列定义的原默认值。使用 ALTER TABLE 的 DROP CONSTRAINT 子句。

②　为列重新定义默认值。使用 ALTER TABLE 的 ADD DEFAULT 子句。

解决方案中，使用 ALTER TABLE 的 DROP CONSTRAINT 子句删除为 Title 列定义的名称为 DF_Title 的原默认值；使用 ALTER TABLE 的 ADD DEFAULT 子句为 Title 列重新定义默认值'未知'。

(2)　不可以使用 ALTER TABLE 命令的 ALTER COLUMN 子句修改列的默认值。

以下代码是错误的：

```
ALTER TABLE Employees
ALTER COLUMN Title nvarchar (30) DEFAULT ('未知');
```

4.2.2　设置精度和小数位数

精度是数值中的数字个数。小数位数是数值中小数点右边的数字个数。例如，数 8 638.168 的精度是 7，小数位数是 3。

数值列的精度是指选定数据类型最多可以存储的十进制数字的总位数，包括小数点左边和右边的位数。非数值列的精度是指最大列宽或定义的列宽。除 decimal 和 numeric 外，其他数值数据类型的精度自动定义。如果要重新定义数值列的最大位数，可以更改 decimal 和 numeric 数据类型的精度。不允许更改不是这两种指定数值数据类型的列的精度。

numeric 或 decimal 列的小数位数是指该列值小数点右边能出现的最大位数。在选定数值数据类型时，列的小数位数默认设置为 0。对于包含近似浮点数的列，由于小数点右边的位数不固定，故其小数位数并未定义。如果要重新定义小数点右边的位数，可以更改 numeric 或 decimal 列的小数位数。

1. 在创建表时设置列精度和小数位数

任务 4.6　设置列精度和小数位数

问题描述创建雇员工资表 Emp_pay，将 commission(销售额)列精度设置为 8，将小数位数设置为 2。

问题分析由问题描述可知，要为 commission(销售额)列自定义列的精度和小数位数，因此，commission 列的数据类型只能选择 decimal 和 numeric 之一。

解决方案

```
USE NewDataBase;
GO
CREATE TABLE Emp_pay
(
     base_payID int,
     base_pay money NOT NULL,
     commission decimal(8, 2) NOT NULL
)
GO
```

分析与讨论

(1) 以上代码中，8 表示 commission 列可以存储的数最多 8 位数(包括小数点左边和右边的位数)。2 表示 commission 列可以存储的数的最多的小数位数，最多两位小数。

(2) 列选择 decimal 数据类型时，可以自定义列的精度和小数位数。其一般格式为：

```
列名 decimal(p,s)
```

① p 定义该列的精度。它表示该列最多可以存储的十进制数字的总位数，包括小数点左边和右边的位数。p 必须是从 1 到最大精度 38 之间的值。默认精度为 18。

② s 定义该列的小数位数。它表示小数点右边最多的小数位数。小数位数必须是从 0 到 p 之间的值。仅在指定精度后才可以指定小数位数。默认的小数位数为 0。

(3) 对于数值数据类型，只能自定义 decimal 和 numeric 数据类型的精度和小数位数。

2. 在现有表中设置列的精度和小数位数

任务 4.7 修改列的精度和小数位数

问题描述 修改 Emp_pay 表的 commission 列，将精度设置为 10，小数位数设置为 3。

问题分析 由问题描述可知，必须使用修改表的命令修改 Emp_pay 表的 commission 列，更改其精度和小数位数。

解决方案

```
USE NewDataBase;
GO
ALTER TABLE Emp_pay
ALTER COLUMN
Commission decimal (10,3) NOT NULL
GO
```

分析与讨论

(1) 对于数值数据类型，只能修改 decimal 和 numeric 数据类型列的精度和小数位数。

(2) 上面的示例增加了 decimal 列的精度和小数位数。如果列包含数据，则只能增加列数据类型的大小。

可以通过在 ALTER COLUMN 子句中指定列数据类型的新值来更改列的长度、精度或小数位数。如果列中存在数据，则数据类型的新值不能小于列中存在数据的最大值。

注意： 降低列的精度或减少小数位数可能导致数据截断。

4.2.3 创建标识符列

如果表列的值唯一标识表中的一行，则该列为标识符列。标识符列为表的关键字。

1. 创建自动编号标识符列

标识符列可实现自动编号。对任何表都可创建包含系统自动生成序号值的一个标识符列，该序号值唯一标识表中的一行。例如，当在客户表中插入行时，标识符列可自动产生唯一的客户 ID 值。标识符列在其所定义的表中包含的数值是唯一的。

在创建表时可通过提供列的 IDENTITY 属性创建自动编号标识符列。

1)　在创建表时创建标识符列

任务 4.8　创建标识符列

问题描述 在 NewDataBase 数据库中，创建送货商 Shippers 表，将送货商 ID(ShipperID)列创建为标识符列。

解决方案

```
USE NewDataBase;
GO
CREATE TABLE  Shippers  (
  ShipperID    int  IDENTITY  (10, 1),
  CompanyName    nvarchar  (40)  NOT NULL ,
  Phone    nvarchar  (24)  NULL
)
GO
```

分析与讨论

(1)　IDENTITY 指示列是标识符列。解决方案中 IDENTITY 后括号中的 10 表示 Shippers 表中第 1 行标识符列的值，也称种子值。1 是增量值，它表示向表中添加新行时，该新行标识符列的值与前 1 行标识符列的值的递增量。例如，上面创建的 Shippers 表，第 1 行 ShipperID 列的值为 10，第 2 行 ShipperID 列的值为 11，第 3 行 ShipperID 列的值为 12，依此类推，如图 4.3 所示。

SHAOPM-PC.NewDat...e - dbo.Shippers

ShipperID	CompanyName	Phone
10	申通	02161959999
11	圆通	02169777888
12	顺丰	4008111111

图 4.3　Shippers 表

如果 IDENTITY (10, 1) 属性改为 IDENTITY (1, 2)，则第 1 行 ShipperID 列的值为 1，第 2 行 ShipperID 列的值为 3，第 3 行 ShipperID 列的值为 5，依此类推。

(2)　创建标识符列的三要素：

```
IDENTITY(seed ,increment)
```

其中：关键字 IDENTITY 指定列为标识符列；seed 是种子，是表中第 1 行的标识符列的值。increment 是增量，表示新行与紧邻的上一行标识符列的值的递增量。

通过使用 IDENTITY 创建标识符列使开发人员得以对表中所插入的第 1 行指定标识种子(seed)，并确定要添加到种子上的增量(increment)以决定后面的标识符列的值。在向具有标识符列的表中插入值时，系统通过递增种子值的方法自动生成下一个标识符列的值。

(3)　在用 IDENTITY 属性创建标识符列时应注意以下几点：

①　一个表只能有一列定义为 IDENTITY 属性，而且该列必须以 decimal、int、numeric、smallint、bigint 或 tinyint 数据类型定义。

②　必须同时指定种子和增量，或者两者都不指定。如果二者都未指定，则取默认值(1,1)。

③　标识符列不允许空值，也不能包含 DEFAULT 定义。

(4)　标识符列的值是自动生成的，不可以为标识符列指定值，也不可以修改标识符列的值。

(5)　如果在经常进行删除操作的表中存在标识符列，那么标识符列值之间可能会出现断缺。已删除的标识符列的值不再重新使用。要避免出现这类断缺，请勿使用 IDENTITY 属性。

2)　在现有表中创建新的标识符列

可以为现有的表添加一列，并使用 IDENTITY 指定该列为标识符列。

任务 4.9　添加新列并使之为标识符列

问题描述在 NewDataBase 数据库中，向 Employees 表添加一个标识符列 ID，种子值为 100，递增量为 1。

解决方案

```
USE NewDataBase;
GO
ALTER TABLE Employees
ADD ID INT  identity(100,1)
GO
```

分析与讨论

(1)　在现有表中创建新的标识符列必须使用 ALTER TABLE 命令的 ADD 子句添加新列，并使用 identity 属性指示该列为标识符列。

(2)　不能修改现有表的列来添加 IDENTITY 属性。也就是说，不可以将现有表的现有列创建为标识符列。

(3)　一个表只能有一个标识符列，因此，不能够为已有标识符列的表中创建新的标识符列。

3)　删除标识符列

删除标识符列的命令与删除列的命令是一样的，只需指定表名和列名，就可以删除指定的列。

任务 4.10　删除标识符列

问题描述删除 NewDataBase 数据库中 Employees 表的标识符列 ID。

解决方案

```
USE NewDataBase;
GO
ALTER TABLE Employees
DROP COLUMN ID
GO
```

分析与讨论

(1)　删除标识符列就是从表中删除列，其命令格式和从表中删除列的命令格式一样。

(2)　要创建表的新的标识符列必须删除表的已有的标识符列。

2．创建全局唯一标识符列

IDENTITY 属性自动为表的标识符列产生值，同一个表中标识符列的值是不同的。但不同的表，使用 IDENTITY 属性自动为表的标识符列产生值可以是相同的。如果应用程序生成一个标识符列，并且该列的值在整个数据库或全球联网的所有计算机上的所有数据库中必须是唯一的，则应使用 uniqueidentifier 数据类型和 NEWID() 或 NEWSEQUENTIALID() 函数。

1)　在创建表时创建全局唯一标识符列

任务 4.11　创建全局唯一标识符列

问题描述在 NewDataBase 数据库中创建客户表，将 CustomerID 创建为全局唯一标识符列。

解决方案

```
USE NewDataBase;
GO
CREATE TABLE  Customers  (
  CustomerID  uniqueidentifier  DEFAULT NEWID(),
  ContactName    nvarchar  (30) NULL ,
  Phone   nvarchar  (24) NULL
)
GO
```

分析与讨论

(1)　创建全局唯一标识符列的二要素。

①　列的数据类型为 uniqueidentifier。

② 使用 NEWID()或 NEWSEQUENTIALID()函数为该列生成一个默认值。

例如，解决方案中 CustomerID 列的数据类型为 uniqueidentifier，默认值为 NEWID()函数产生的值，因此创建的 CustomerID 列为全局唯一标识符列。

(2) 与使用 IDENTITY 属性定义的列不同，系统不会为 uniqueidentifier 类型的列自动生成值。若要使 uniqueidentifier 类型的列自动生成全局唯一值，则要为该列创建 DEFAULT 定义，从而使用 NEWID() 或 NEWSEQUENTIALID() 函数生成全局唯一值。

(3) NEWID()函数和 NEWSEQUENTIALID()函数。

NEWID()函数返回 uniqueidentifier 类型的唯一值。NEWID() 对每台计算机返回的值各不相同。

使用 NEWSEQUENTIALID() 生成的每个 uniqueidentifier 类型的值在该计算机上都是唯一的。仅当源计算机具有网卡时，使用 NEWSEQUENTIALID() 生成的 uniqueidentifier 类型的值在多台计算机上才是唯一的。

NEWSEQUENTIALID() 只能与 uniqueidentifier 类型表列上的 DEFAULT 约束一起使用。

(4) 与使用 IDENTITY 属性定义的列不同，全局唯一标识符列的值可以使用 NEWID 函数的值进行修改，也可以使用 INSERT 语句给全局唯一标识符列插入一个 NEWID 函数的值，也就是说修改全局唯一标识符列的值和给全局唯一标识符列插入一个值，必须使用 NEWID 函数。

2) 使用 ROWGUIDCOL 属性

可以给 uniqueidentifier 列指定 ROWGUIDCOL 属性。

任务 4.12 给列指定 ROWGUIDCOL 属性

问题描述 在 NewDataBase 数据库中，创建订单表，将 OrderID 创建为全局唯一标识符列。

解决方案

```
USE NewDataBase;
GO
CREATE TABLE  Orders  (
     OrderID  uniqueidentifier  DEFAULT NEWID() ROWGUIDCOL,
      CustomerID  uniqueidentifier  ,
      OrderDate   datetime NULL ,
      ShipAddress  nvarchar  (60) NULL
)
GO
```

分析与讨论

(1) 可以应用 ROWGUIDCOL 属性以指示列是全局唯一标识符列。一个表只能有一个 ROWGUIDCOL 列，且必须通过使用 uniqueidentifier 数据类型定义该列。

注意： ROWGUIDCOL 属性指明此列的 uniqueidentifier 值可唯一地标识表中的行。但是，属性不会执行任何强制实现唯一性的操作。必须使用其他机制强制实现唯一性，例如指定列的 PRIMARY KEY 约束(见 4.2 节)。

(2) 一个表可以有多个 uniqueidentifier 数据类型的列，uniqueidentifier 数据类型的列中可以多次出现某个 uniqueidentifier 数据类型的值。例如，Orders 表中 CustomerID 的值就可能有重复值。如图 4.4 所示，CustomerID 为 1ea09d10-e958-4bb3-ba5a-d151f81d5c50 的客户有 3 份订单记录在 Orders 表中。

SHAOPM-PC.NewDa... - dbo.Customers

	CustomerID	ContactName	Phone
	df0a0f77-ca30-4981-9389-7df06ccb5e10	张东升	13523484288
▶	1ea09d10-e958-4bb3-ba5a-d151f81d5c50	王群	13940823766
	b9c38da9-ce6a-4034-805c-790c30daf525	谢俊	13646783217

SHAOPM-PC.NewDataBase - dbo.Orders

	OrderID	CustomerID	OrderDate	ShipAddress
	d760178c-b92...	1ea09d10-e958-4bb3-ba5a-d151f81d5c50	2000-03-2...	广东广州南方...
	a3e57080-ea4...	1ea09d10-e958-4bb3-ba5a-d151f81d5c50	2001-04-2...	广东广州南方...
▶	dcb5394f-385...	1ea09d10-e958-4bb3-ba5a-d151f81d5c50	2010-10-1...	广东广州南方...

图 4.4 Customers 表和 Orders 表

3) 在现有表中创建新的全局唯一标识符列

任务 4.13 添加新列并使之为全局唯一标识符列

问题描述 在 NewDataBase 数据库的 Customers 表中添加一列 ID，使 ID 列可以作为全局唯一标识符列。

解决方案

```
USE NewDataBase;
GO
ALTER TABLE Customers
ADD ID uniqueidentifier DEFAULT NEWID()

GO
```

分析与讨论

以上代码给 Customers 表添加了一列 ID，该列的数据类型为 uniqueidentifier，默认值为 NEWID()函数的值。因此，ID 列可以作为全局唯一标识符列。

4) 删除全局唯一标识符列

任务 4.14 删除全局唯一标识符列

问题描述 在 NewDataBase 数据库中，删除 Customers 表中的 ID 全局唯一标识符列。

问题分析 由于 ID 列具有默认约束，因此，先要找出该默认约束的名称，然后删除该默认约束，再删除该列。

解决方案

```
USE NewDataBase;
GO
ALTER TABLE Customers
DROP CONSTRAINT DF__Customers__ID__32E0915F;
GO
ALTER TABLE Customers
DROP COLUMN ID ;
GO
```

分析与讨论

由于全局唯一标识符列有默认值定义，因此要删除全局唯一标识符列，必须先删除默认值定义，然后再删除该列。

4.2.4 使用空值

空值(NULL)通常表示未知、不可用或将在以后添加的数据。空值或 NULL 并不等于零 (0)、空白或零长度的字符串(如"")，NULL 意味着没有输入。NULL 的存在通常表明值未知或未定义。例如，pubs 数据库的 titles 表中 price 列的空值并不表示该书没有价格，而是指其价格未知或尚未设定。

没有两个相等的空值。比较两个空值或将空值与任何其他数值相比较均返回未知，这是因为每个空值均为未知。

如果插入某行但没有为允许空值的列提供值，则 SQL Server 为该列提供 NULL 值(除非存在 DEFAULT 定义)。用关键字 NULL 定义的列也接受用户的 NULL 显式输入，不论它是何种数据类型或是否有默认值与之关联。NULL 值不应放在引号内，否则会被解释为字符串 NULL 而不是空值。

指定一列不允许空值而确保行中一列永远包含数据可以保持数据的完整性。因为如果不允许空值，则用户在向表中写数据时必须在列中输入一个值，否则该行不会被数据库接收。

4.2.5　独立实践

1. 创建默认值

(1)　创建“教师”表，“教师”表的列有教师编号、姓名、性别、职称，学历、出生日期，参加工作时间、住址、电话、E-mail。将教师编号列创建为全局唯一标识符列。将学历列的默认值设置为“硕士”，将性别列的默认值设置为“男”。

(2)　修改“课程”表，将学分列的默认值设置为 3。修改“学生表”，将入学时间列的默认值设置为当前时间。

(3)　为“教师”表创建一新列“学位”，将学位列的默认值设置为“硕士”。

(4)　删除“教师”表中性别的默认值。

2. 创建工资表

(1)　创建雇员的“工资”表。“工资”表的结构如表 4.1 所示。

表 4.1　“工资”表结构

列　名	列的数据类型	长　度	是否为空
工资编号	char	12	否
财政工资	money	8	是
岗位工资	decimal(4, 1)	默认值	是
校内工资	money	默认值	是
水电费	smallmoney	默认值	是
物业管理费	smallmoney	50	是
公积金	smallmoney	默认值	是

(2)　修改“工资”表，将岗位工资列的精度设置为 10，小数位数设置为 2。

3. 创建标识符列

创建“班级”表，“班级”表的列有班级编号、班级名称和备注。将班级编号列创建为自动编号标识符列。

4.3　创 建 约 束

约束是自动强制数据库完整性的方式。它通过定义列中允许值的规则，来维护数据的完整性。在 SQL Server 中常用的约束有：

- PRIMARY KEY(主键)约束
- UNIQUE(唯一)约束
- CHECK(检查)约束
- DEFAULT(默认)约束
- NOT NULL(非空)约束
- FOREIGN KEY(外键)约束

4.3.1　创建 PRIMARY KEY 约束

表中经常有一个列或列的组合，其值能唯一地标识表中的每一行。这样的一列或多列称为表的主键，通过它可强制表的实体完整性。当创建或更改表时可通过定义 PRIMARY KEY 约束来创建主键。

一个表只能有一个 PRIMARY KEY 约束，而且 PRIMARY KEY 约束中的列不能接受空值。由于 PRIMARY KEY 约束确保唯一数据，所以经常用来定义标识符列。

1. 在创建表时创建 PRIMARY KEY 约束

任务 4.15　创建 PRIMARY KEY 约束

问题描述 在 NewDataBase 数据库中创建 Categories 表，使 CategoryID 具有 PRIMARY KEY 约束。

解决方案 1

```
USE NewDataBase;
GO
CREATE TABLE  Categories  (
  CategoryID   int  PRIMARY KEY ,
  CategoryName   nvarchar  (15) ,
  Description   ntext
)
GO
```

解决方案 2

```
CREATE TABLE  Categories  (
  CategoryID int  CONSTRAINT column_CategoryID_pk PRIMARY KEY ,
  CategoryName   nvarchar (15) ,
  Description   ntext
)
```

分析与讨论

(1)　通过在创建表时给列提供关键字 PRIMARY KEY，为该列创建 PRIMARY KEY 约束。如果不指定约束名，则系统自动指定约束名，如解决方案 1，也可以用户自己指定约束名，如解决方案 2。

(2)　解决方案 2 中，CONSTRAINT 为关键字，column_CategoryID_pk 为给该约束取的名称(即约束名为 column_CategoryID_pk)。自己指定约束名时，必须有关键字 CONSTRAINT。

(3)　创建表时指定的 PRIMARY KEY 约束列隐式转换为 NOT NULL。

2. 为现有表添加具有 PRIMARY KEY 约束的新列

任务 4.16　添加新列并为其创建 PRIMARY KEY 约束

问题描述 在 NewDataBase 数据库中，向送货商 Shippers 表中添加具有 PRIMARY KEY 约束的新列 ShipperID。

解决方案

```
USE NewDataBase;
GO
CREATE TABLE  Shippers  (
  CompanyName   nvarchar  (40)  NOT NULL ,
  Phone   nvarchar  (24) NULL
)
GO
ALTER TABLE Shippers
ADD ShipperID INT
CONSTRAINT ShipperID_pk PRIMARY KEY
GO
```

分析与讨论

(1)　由于有关键字 PRIMARY KEY，向 Shippers 表中添加的新列 ShipperID 具有 PRIMARY KEY 约束，其约束名为 ShipperID_pk。注意，CONSTRAINT 和 PRIMARY KEY 关键字在 ALTER TABLE 命令中的位置。

(2)　PRIMARY KEY 约束的列不能有空值，因此，如果表中已有数据，则不能为该表添加具有 PRIMARY KEY 约束的新列。

3. 为已有的列定义 PRIMARY KEY 约束

任务 **4.17**　为已有的列创建 **PRIMARY KEY** 约束

问题描述在 NewDataBase 数据库中为 Employees 表的 EmployeeID 列定义 PRIMARY KEY 约束，使 EmployeeID 成为 Employees 表的主键。

解决方案

```
USE NewDataBase;
GO
ALTER TABLE Employees
ADD CONSTRAINT pk_empid
PRIMARY KEY(EmployeeID)
GO
```

分析与讨论

(1)　以上代码添加一个约束，CONSTRAINT 关键字后为约束名，PRIMARY KEY 后的括号中为创建约束的列。

(2)　为表中的现有列添加 PRIMARY KEY 约束时，系统将检查现有列的数据以确保列值符合以下规则。

①　列不允许有空值。

②　不能有重复的值。

如果为具有重复值或允许有空值的列添加 PRIMARY KEY 约束，则数据库引擎将返回一个错误并且不添加约束。

4. 删除约束

可使用修改表的 DROP CONSTRAINT 子句删除约束。

任务 **4.18**　删除约束

问题描述在 NewDataBase 数据库中，删除 Shippers 表中名为 ShipperID_pk 的约束。

解决方案

```
USE NewDataBase;
GO
ALTER TABLE Shippers
DROP CONSTRAINT ShipperID_pk
GO
```

分析与讨论

(1)　可使用 ALTER TABLE 命令的 DROP CONSTRAINT 子句删除约束，删除约束时需要知道约束名。删除约束同样是对表结构的修改。

(2)　若要修改 PRIMARY KEY 约束，必须先删除现有的 PRIMARY KEY 约束，然后再用新定义重新创建该约束。

如果已存在 PRIMARY KEY 约束，则可以修改或删除它。例如，可以让表的 PRIMARY KEY 约束引用其他列。但是，不能更改使用 PRIMARY KEY 约束定义的列长度。

4.3.2　创建 UNIQUE 约束

可使用 UNIQUE 约束确保在非主键列中不输入重复值。尽管 UNIQUE 约束和 PRIMARY KEY 约束都强制唯一性，但想要强制一列或多列组合(不是主键)的唯一性应使用 UNIQUE 约束，而不是 PRIMARY KEY 约束。UNIQUE 约束可用于以下列。

(1) 非主键的一列或列组合。

注意：一个表可以定义多个 UNIQUE 约束，但只能定义一个 PRIMARY KEY 约束。

(2) 允许空值的列。允许空值的列可以定义 UNIQUE 约束，但不能定义 PRIMARY KEY 约束。不过，参与 UNIQUE 约束的列，每列只允许一个空值。

1. 在创建表时创建 UNIQUE 约束

任务 4.19 创建 UNIQUE 约束

问题描述 创建的 Customers 表中，使 E-mail 列是具有 UNIQUE 约束的列定义。

解决方案 1

```
USE NewDataBase;
GO
DROP TABLE Customers
GO
CREATE TABLE Customers (
  CustomerID   nchar (5) PRIMARY KEY NOT NULL ,
  ContactName  nvarchar (30) NULL ,
  Address   nvarchar (60) NULL ,
  Email   nvarchar (25) UNIQUE
)
GO
```

解决方案 2

```
CREATE TABLE Customers (
  CustomerID   nchar (5) PRIMARY KEY NOT NULL ,
  ContactName  nvarchar (30) NULL ,
  Address   nvarchar (60) NULL ,
  Email   nvarchar (25) CONSTRAINT column_email_uk UNIQUE
)
```

分析与讨论

(1) 通过在创建表时给列提供关键字 UNIQUE，为该列创建 UNIQUE 约束。如果不指定约束名，则系统自动指定约束名，如解决方案 1，也可以用户自己指定约束名，如解决方案 2。

(2) 解决方案 2 中，CONSTRAINT 为关键字，column_email_uk 是为该约束取的名称(即约束名为 column_email_uk)。自己指定约束名时，必须有关键字 CONSTRAINT。

2. 为现有表添加具有 UNIQUE 约束的新列

任务 4.20 添加新列并为其创建 UNIQUE 约束

问题描述 向 Shippers 表中添加具有 UNIQUE 约束的新列 E-mail。

解决方案

```
USE NewDataBase;
GO
ALTER TABLE Shippers
ADD Email nvarchar (25)
CONSTRAINT column_email_uk UNIQUE
GO
```

分析与讨论

(1) 向 Shippers 表中添加新列 E-mail 时，由于有 UNIQUE 关键字，因此该列具有 UNIQUE 约束，CONSTRAINT 后是为该约束指定的名称 column_email_uk。

(2) UNIQUE 约束的列允许空值，但是，UNIQUE 约束的列，每列只允许一个空值。因此，如果一个表有两行或两行以上的数据，则不能为该表添加具有 UNIQUE 约束的新列。

3. 为已有的列定义 UNIQUE 约束

任务 4.21　给已有的列创建 UNIQUE 约束

问题描述 为 Employees 表的 FullName 列定义 UNIQUE 约束。

解决方案

```
USE NewDataBase;
GO
ALTER TABLE Employees
ADD CONSTRAINT Fullname_uk
UNIQUE(FullName)
GO
```

分析与讨论

(1) CONSTRAINT 后 fullname_uk 为约束名，PRIMARY KEY 后的括号中 FullName 为创建约束的列。

(2) 如果向含有重复值的列(包括有两个或两个以上 NULL)添加 UNIQUE 约束，数据库引擎将返回错误消息，并且不添加约束。

4. 删除约束

任务 4.22　删除约束

问题描述 删除 Employees 表中名为 fullname_uk 的约束。

解决方案

```
USE NewDataBase;
GO
ALTER TABLE Employees
DROP CONSTRAINT fullname_uk
GO
```

分析与讨论

(1) 可使用 DROP 命令删除指定的约束。

(2) 若要修改 UNIQUE 约束，必须首先删除现有的 UNIQUE 约束，然后用新定义重新创建。

4.3.3　创建 CHECK 约束

CHECK 约束通过限制输入到列中的值来强制域的完整性。CHECK 约束有列 CHECK 约束和表 CHECK 约束。在创建基于列的 CHECK 约束时，CHECK 约束判断哪些值有效是从逻辑表达式判断，而非基于其他列的数据。例如，通过创建 CHECK 约束可将 salary 列的取值范围限制在 \$15 000 ～ \$100 000 之间，从而防止输入的薪金值超出正常的薪金范围。

可以通过任何基于逻辑运算符返回结果 TRUE 或 FALSE 的逻辑(布尔)表达式来创建 CHECK 约束。对上例，逻辑表达式为：

```
salary >= 15000 AND salary <= 100000
```

对单独一列可使用多个 CHECK 约束，并按约束创建的顺序对其取值。通过在表一级上创建 CHECK 约束，可以将该约束应用到多列上，这样就允许在一处同时检查多个条件，而且在判断哪些值有效时也可以根据其他列的数据进行判断。

1. 在创建表时创建 CHECK 约束

任务 4.23　创建 CHECK 约束

问题描述 创建订单明细表，为 UnitPrice(单价)、Quantity(数量)和 Discount(折扣率)列创建 CHECK 约束。

解决方案 1

```
CREATE TABLE  [Order Details]  (
  OrderID   int NOT NULL ,
  ProductID   int  NOT NULL ,
  UnitPrice   money DEFAULT (0) CHECK(UnitPrice>= 0),
  Quantity   smallint   DEFAULT (1)  CHECK(Quantity>0),
  Discount  real DEFAULT (0)  CHECK(Discount>=0 and Discount<=1)
)
```

解决方案 2

```
CREATE TABLE  [Order Details]  (
  OrderID   int NOT NULL ,
  ProductID   int  NOT NULL ,
  UnitPrice   money DEFAULT (0)
        CONSTRAINT ck_UnitPrice CHECK(UnitPrice>= 0),
  Quantity   smallint    DEFAULT (1)
        CONSTRAINT ck _Quantity CHECK(Quantity>0),
  Discount  real DEFAULT (0)
        CONSTRAINT ck_Discount CHECK(Discount>=0 and Discount<=1)
)
```

分析与讨论

(1)　通过在创建表时给列提供关键字 CHECK 后跟一逻辑表达式，为该列创建 CHECK 约束，逻辑表达式是 CHECK 约束的条件，只有满足条件的列值才能被输入到列中。如果不指定约束名，则系统自动指定约束名，如解决方案 1，也可以用户自己指定约束名，如解决方案 2。

(2)　解决方案 2 中，CONSTRAINT 为关键字，后跟约束名，如 ck_UnitPrice、ck _Quantity 和 ck_Discount 分别为三个 CHECK 约束的名称。自己指定约束名时，必须有关键字 CONSTRAINT。

2. 在现有表中添加 CHECK 约束

任务 4.24　添加新列并为其创建 CHECK 约束

问题描述 向表中添加具有 CHECK 约束的新列 salary。

解决方案

```
ALTER TABLE Employees
ADD salary  Decimal(6,2)
CONSTRAINT ck_salary CHECK  (salary >= 1500 AND salary <= 100000)
```

分析与讨论

可以通过任何基于逻辑运算符返回结果 TRUE 或 FALSE 的逻辑(布尔)表达式来创建 CHECK 约束。ck_salary 为 CHECK 约束的名称，salary >= 1500 AND salary <= 100000 为 CHECK 约束逻辑表达式，只有使该逻辑表达式为 TRUE 的数据才能被添加到表中。

3. 为已有的列定义 CHECK 约束

任务 4.25　给已有的列创建 CHECK 约束

问题描述 为 Employees 表的 BirthDate 列定义 CHECK 约束。

解决方案

```
ALTER TABLE Employees
ADD CONSTRAINT ck_BirthDate
CHECK (BirthDate  < getdate())
```

分析与讨论

为已有的列定义 CHECK 约束是修改表的结构，ck_BirthDate 是指定的约束名称，BirthDate < getdate()是约束条件，只有满足该约束条件的数据才能够输入到 BirthDate 列。

4. 删除约束

任务 4.26 删除约束

问题描述删除 Employees 表的名为 ck_ Date 的约束。

解决方案

```
ALTER TABLE Employees
DROP CONSTRAINT ck_Date
```

分析与讨论

删除约束是修改表的结构，删除约束时要指定约束的名称。

4.3.4 比较列约束和表约束

约束可以是列约束或表约束。

列约束被指定为列定义的一部分，并且仅适用于那个列(前面示例中的约束就是列约束)。

表约束的声明与列的定义无关，可以适用于表中一个以上的列。

当一个约束中必须包含一个以上的列时，必须使用表约束。

例如，如果一个表的主键内有两个或两个以上的列，则必须使用表约束将这两列加入主键内。

任务 4.27 创建表约束

问题描述创建 Order_Details 表，并为该表创建 PRIMARY KEY 约束。

解决方案

```
CREATE TABLE Order_Details (
  OrderID   int NOT NULL ,
  ProductID   int  NOT NULL ,
  UnitPrice   money DEFAULT (0) NOT NULL CHECK(UnitPrice>= 0),
  Quantity   smallint  NOT DEFAULT (1) NULL CHECK(Quantity>0),
  Discount  real DEFAULT (0) NOT NULL CHECK(Discount>=0 and Discount<=1) ,
CONSTRAINT   PK_Order_Details  PRIMARY KEY (OrderID,ProductID)
)
```

分析与讨论

由于一个订单可以订购多种产品，因此 OrderID 列可以有重复值，由于一种产品可以被多个订单订购，因此 ProductID 列也可以有重复值，对 OrderID 列或 ProductID 列都不可以创建 PRIMARY KEY 约束。但(OrderID, ProductID)不能有重复值，这一点可以通过将 OrderID 列和 ProductID 列加入双列主键内来强制执行。

任务 4.28 创建引用多个列的约束

问题描述为 Employees 表定义 CHECK 约束，强制输入到 HireDate 列的日期必须大于 BirthDate 列的日期。

解决方案

```
ALTER TABLE Employees
ADD CONSTRAINT ck_Date
CHECK (BirthDate  < HireDate)
```

分析与讨论

由于要创建的 CHECK 约束涉及两列，因此必须使用表约束。

DEFAULT 约束和 NULL 约束在 4.1 节已经讲过了， FOREIGN KEY(外键) 约束将在第 6 章讨论。

4.3.5 独立实践

1. 创建主键约束

为“教务管理”数据库中的每个表创建一个主键约束，并添加或修改数据验证创建主键约束和未创建主键约束有什么么不同。

2. 创建唯一约束

(1) 给“教师”表添加 E-mail 和电话列，并分别为这两列创建唯一约束。

(2) 创建“系”表。“系”表的列有系编号、系名称和备注，并为系编号列创建名称为“系编号_PK”的主键约束，为系名称创建唯一约束。并添加或修改数据验证创建唯一约束和未创建唯一约束有什么不同，同时验证主键约束和唯一约束的不同。

3. 创建检查约束

(1) “教师”表中性别列的值要么为“男”，要么为“女”，据此，为“教师”表中性别列创建检查约束。

(2) “学生”表中，已修学分列的值不能小于 0，也不能大于 160。据此，为“学生”表中已修学分列创建检查约束。

4. 创建表的约束

(1) 为“学生_课程”表的课程编号和学号列的组合创建主键约束。

(2) 学生的入学时间肯定大于出生日期，据此，为“学生”表创建表的约束。

课题二　设计数据库

- 使用实体-联系模型进行数据建模
- 将实体-联系模型转变成数据库设计

任务 5　使用实体-联系模型进行数据建模

5.1　场 景 引 入

问题：某公司 Rock 要创建一个数据库，使用该数据库存储及处理公司的数据。图 5.1～图 5.8 所示是以前管理公司数据的一些窗体。公司经理希望知道每个月中，各类产品的销售量是多少，经常光顾的客户住在何处，谁是最畅销产品的供应商，哪位雇员的销售业绩最好。此外还想知道某位客户订购了哪些类型的产品，订购数量是多少，某笔订单是由哪位雇员完成的等。

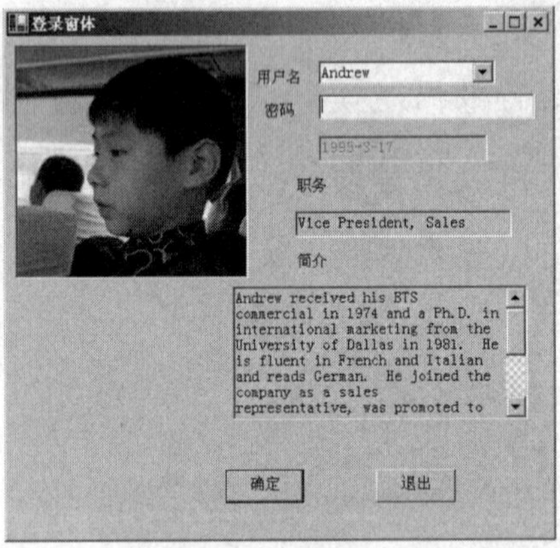

图 5.1　雇员登录窗体

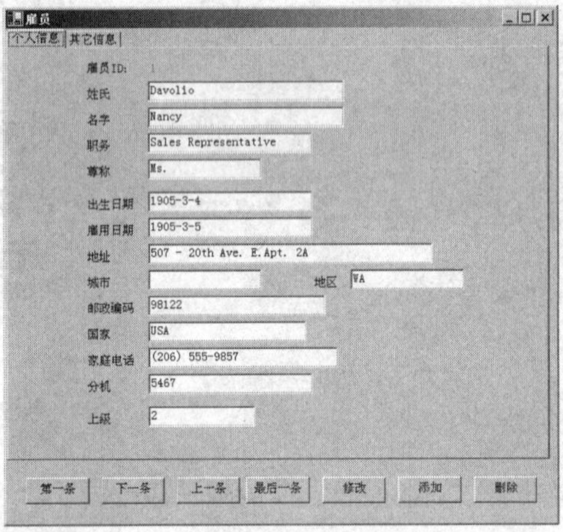

图 5.2　雇员窗体

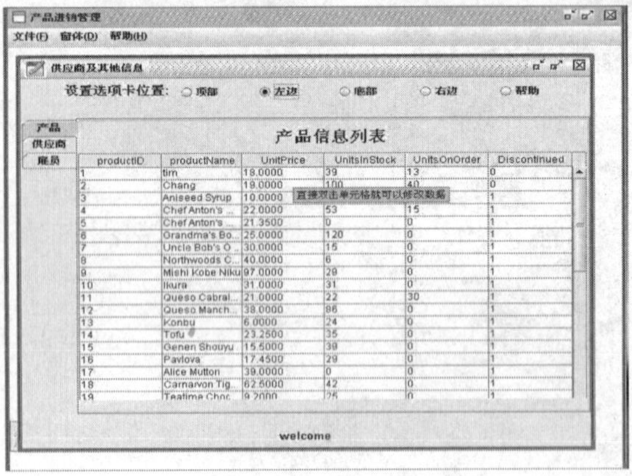

图 5.3　浏览产品窗体

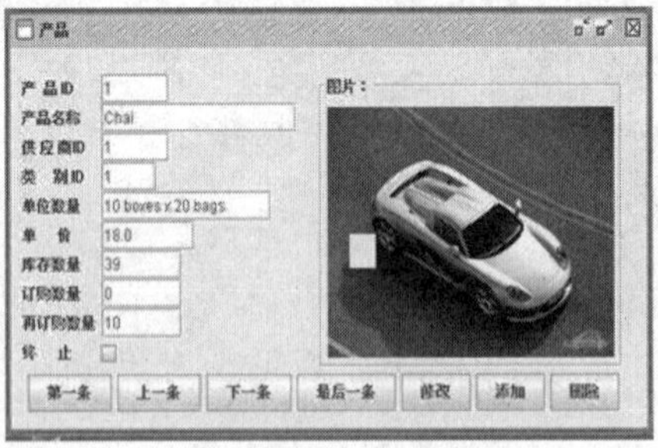

图 5.4　产品窗体图

请为公司设计并创建该数据库。

数据库设计的方法是：首先分析需求，再创建数据模型(ER(实体-联系)模型)，然后将 E-R 模型转换为关系模型，再对关系模型进行规范化处理。

数据库设计早期阶段的主要目标是：建立要在数据库中表示的事物(实体)，确定这些事物的特征(属性)，并建立它们之间的联系。实体-联系模型(E-R 模型)的关键元素是实体、属性、标识符和联系。下面将逐一对它们进行讨论。

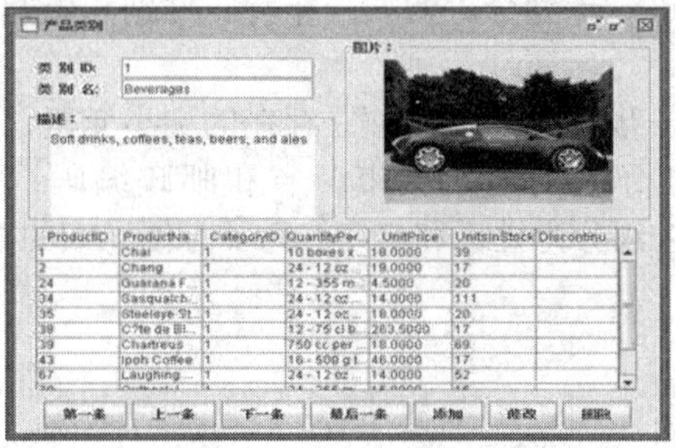

图 5.5　产品类别窗体

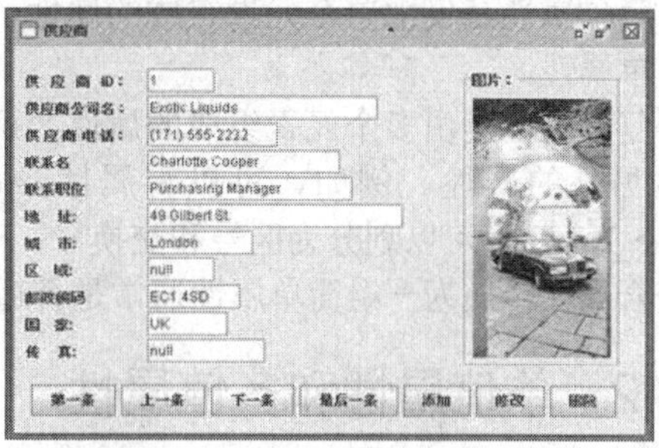

图 5.6　产品供应商窗体

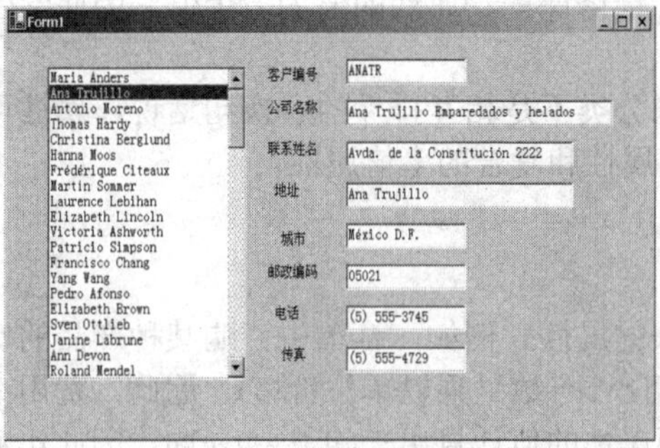

图 5.7　客户窗体

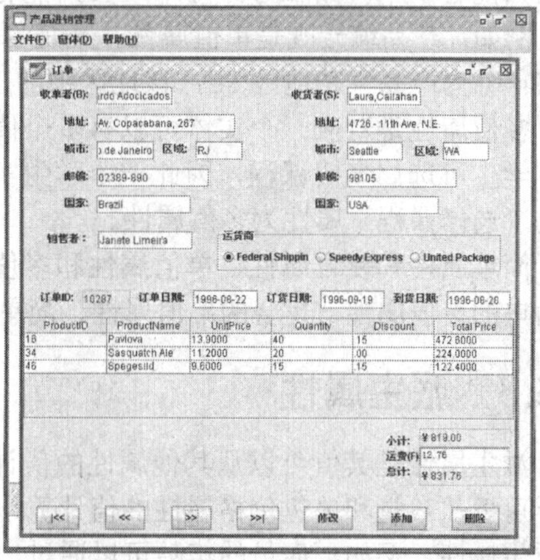

图 5.8　订单窗体

5.2　确 定 实 体

实体是可以从用户的工作环境中标识出的事物，是用户想要跟踪的某个事物，也就是要在数据库中表示的东西。如产品、供应商、订单、雇员和客户等都是实体。

实体表示的是一类事物，我们称为实体类，实体类中的一个具体事物称为该实体类的一个实例。如“雇员”是实体类，名为“王非”的雇员是“雇员”实体类的一个实例，名为“李强”的雇员是“雇员”实体类的另一个实例。一个实体类通常有很多实例。

5.3　标识实体的属性

实体具有属性，有时也称为性质，它是用来描述实体特性的。姓名、性别、出生日期这些都是“雇员”实体类的属性。属性的具体取值称为属性的值。名为“王非”的雇员，性别为“男”，出生日期为 1980-10-18，这里“王非”为姓名属性的值，“男”为性别属性的值，1980-10-18 为出生日期属性的值。属性有属性名和属性值之分，姓名是属性名，“王非”是一个属性的值。实体类的每个实例的属性具有确定的值。一个实体类的所有实例具有相同的属性。

5.3.1　简单属性和复合属性

属性分为简单属性和复合属性。

简单属性是仅由单个元素组成的属性，不能被进一步划分。例如：年龄、性别和婚姻状况是简单属性。

复合属性是由多个元素组成的属性，可以被进一步划分为多个独立存在的更小元素，从而产生另外的属性。例如，可以将属性 Address 划分为街道、城市、省和邮政编码；同样 Phone_Number 可以划分为区号和交换号；Name 可以划分为姓氏和名字。为了方便详细的查询，将复合属性转换为一组简单属性通常是合适的。

5.3.2 单值属性和多值属性

单值属性是对应一个实体只有一个值的属性。例如，一个学生只能有一个学号，同样每个产品只能有一个产品编号，每个雇员只能有一个出生日期。但是，单值属性不一定就是简单属性。例如，产品编号既是单值属性，又是复合属性，如 SE-80-06-123689 是复合属性，因为可以将它再分为产品生产地区 SE，该地区中的工厂 80，工厂中的班组 06，以及产品编号 123689。

多值属性是对应一个实体可以有多个值的属性。有些属性对某个特定实体具有多个值，例如，学生可选修多门课程，因此一个学生实例的“选修课程”属性的值为多个值。因此学生实体的“选修课程”属性为多值属性。

简单属性和复合属性、单值属性和多值属性的分类不是相互排斥的。换句话说，属性可能有简单的单值属性、复合的单值属性、简单的多值属性和复合的多值属性。

5.3.3 派生属性

派生属性是其值可以从其他属性的值计算出来的属性。例如，订单中订购某种产品的费用小计可以从数量和单位价格属性的值计算出来(费用小计=数量乘以单位价格)，因此，费用小计为派生属性。又如，雇员的年龄可以通过出生日期属性的值计算出来(年龄=getdat，因此年龄是派生属性。派生属性可以不出现在实体属性中，也就是说在同一实体中派生的属性不是必需的属性。

5.3.4 属性的域

属性具有域。属性的域是属性所允许取值的描述范围，它包括两个部分：物理描述和语义描述或逻辑描述。其中物理描述是指属性的数据类型(数值类型和字符串类型)、数据长度和其他约束(例如值必须大于 0)；语义描述是指属性的意义。例如：性别属性的域只包括两种可能：男或女(或其他一些等效代码)；公司雇员的雇用日期属性的域是由符合某一范围的所有日期组成(例如，公司开办日期到当前日期)。属性的域可以是相同的，例如，教师地址和学生住址的域可以是相同的。

5.3.5 关键字

实体有关键字。关键字是识别或标识实体实例的一个属性或几个属性。例如，雇员实体中的“雇员编号”可作为实体关键字，因为每个雇员的雇员编号是不相同的，是唯一的，能够唯一地标识出雇员实体实例。而姓名不能作为实体关键字，因为有可能有两个或几个雇员的姓名是相同的，它不能唯一地标识雇员实体实例。每个实体类都要有一个关键字。

1. 候选关键字

如果在一个实体中，有两个或多个可作为关键字的属性或属性组合，则这些可作为关键字的属性或属性组合称为候选关键字，也称为候选键。

2. 主关键字

任意一个选作实体关键字的关键字称为主关键字。主关键字也称为主键。

例如，如果在雇员实体中有一个属性“身份证号”，则雇员实体中“身份证号”和“雇员编号”都可作为关键字，它们称为候选关键字。如果选择“雇员编号”作为雇员实体的关键字，则“雇员编号”为主关键字，“身份证号”为候选关键字。

5.4　标识实体间的联系

5.4.1　联系的类型

联系是实体类之间的关联，实体类通过关系相互关联。实体类之间的联系有 1 对 1、1 对多、多对多三种类型。

图 5.9 显示了这三种类型的联系。下面分别讨论这三种联系。

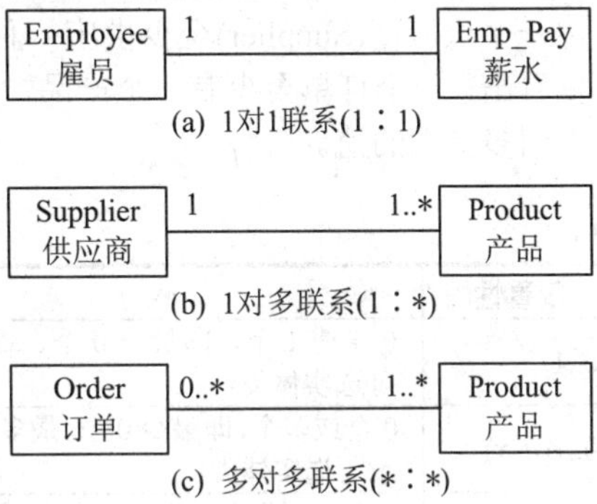

图 5.9　关系的类型

5.4.2　1 对 1 联系(1：1)

对实体类A中的实例，在实体类B中有且只有一个实例与之关联，反过来，实体类B中的实例，在实体类A中有且只有一个实例与之关联，则称A对B或B对A是1对1联系(1：1)。如图5.9(a)所示，没有一个雇员有多于一份的薪水，也没有一份薪水给一个以上的雇员。每个雇员有且只有一份薪水，每份薪水也只属于一个雇员。

5.4.3　1 对多联系(1：*)

对实体类A中的实例，在实体类B中有多个实例与之关联。但实体类B中的实例，在实体类A中只有一个实例与之关联，则称A对B是1对多联系(1：*)。如图5.9(b)所示，一个供应商实例关联多个产品实例，一个产品实例只关联一个供应商实例。也就是说，一个供应商可供应多种产品，但一种产品只能由一个供应商供应。

5.4.4　多对多联系(*：*)

对实体类A中的实例，在实体类B中有多个实例与之关联，反之，实体类B中的实例，在实体类A中也有多个实例与之关联，则称A对B或B对A是多对多联系(*：*)。如图5.9(c)所示，订单实例与产品实例是多对多联系，一个订单可订购多种产品，一种产品可有多个订单。

图5.9所示的联系类型有时称为HAS-A联系。使用这个术语是因为一个实体类实例和其他实体类实例有关联。如一个雇员有一份薪水，一个产品有一个供应商，一个订单有一些产品。

5.5　画出实体-联系图

实体-联系图(E-R图)是用图形化的表示方法表示实体-联系模型。图5.9称为实体-联系图或E-R图。这种图是标准化的，但并不严格。有多种图形化的表示方法表示实体-联系模型。这里，我们选择更常用的面向对象建模语言——UML。

5.5.1 实体类的图形化表示

实体类用矩形表示，实体类名在矩形内部显示。实体类名通常是一个名词。在 UML 中每个单词的第一个字母大写。图 5.10 显示了雇员实体类的图形化表示。

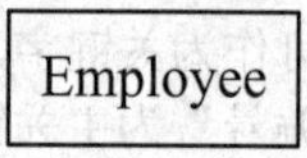

图 5.10 雇员实体类的图形化表示

5.5.2 关系的图形化表示

在图 5.9 中，实体类间的实线表示关系，关系是实体类间联系的表示。实线两端的数字表示多样性值，它表示一个实体类有多少个实例参与关联。从图 5.9(a)可以看出，实体类 Employee 的一个实例与实体类 Emp_Pay 的一个实例关联。Emp_Pay 的一个实例与 Employee 的一个实例关联。根据该图，一个雇员刚好有一份薪水，一份薪水刚好分配给一个雇员。从图 5.9(b)可以看出，一个供应商(Supplier)至少供应一种产品，一个产品必须有且只有一个供应商。从图 5.9(c)可以看出，一个订单至少有一个产品，一种产品可以没有订单，也可以有多个订单。表 5.1 显示了不同多重性的值。

表 5.1 多重性

多重性	含 义
0..1	0 个或 1 个，即最少 0 个、最多 1 个本实体类的实例与另一个相关实体类的实例相关联(表示可选实体类)
0..*(或*)	0 个或多个，即最少 0 个、最多 n(n≥2)个本实体类的实例与另一个相关实体类的实例相关联(表示可选实体类)
1(或 1..1)	1 个，即只有 1 个本实体类的实例与另一个相关实体类的实例相关联(表示强制实体类)
1..*	1 个或多个，即最少 1 个、最多 n(n≥2)个本实体类的实例与另一个相关实体类的实例相关联(表示强制实体类)

关系可以有名称，通常关系名称写在关系线的上面。如图 5.11(a)所示，连接雇员实体类和订单实体类的实线上的“处理”表示关系的名称，箭头显示关系的方向。这部分可读作一个雇员可处理 0 个或多个订单。注意，关系名是有方向的，方向由表示关系的直线上的箭头指出。一个关系名仅在一个方向标记，代表关系名仅在一个方向上起作用(例如雇员可处理订单，但是订单处理雇员是错误的)。关系名通常用动词(如处理、分配)或动词短语(被处理、分配给)命名。关系的名称和方向给用户解释了关系名的意义。

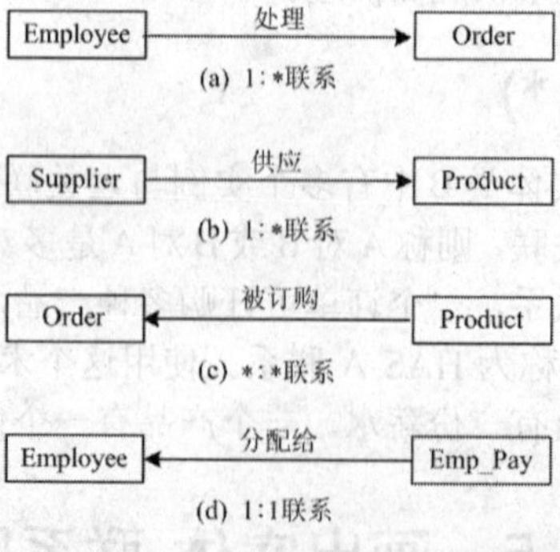

图 5.11 实体类和 Product 实体类关系的图形化表示

参与关系的实体类还可以拥有角色名称。角色名称标识了实体类实例在关系中扮演的角色。角色名称说明了每个实体类间关联的含义。例如，在图 5.12 中，实线上的“属于”是产品的角色名，“有”是类别的角色名。它表示一个产品属于一个类别，一个类别有一个或多个产品。

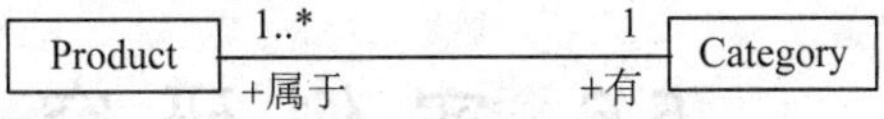

图 5.12 关系中的角色名称

图 5.13 说明了实体类间关系表示中每个符号的含义。

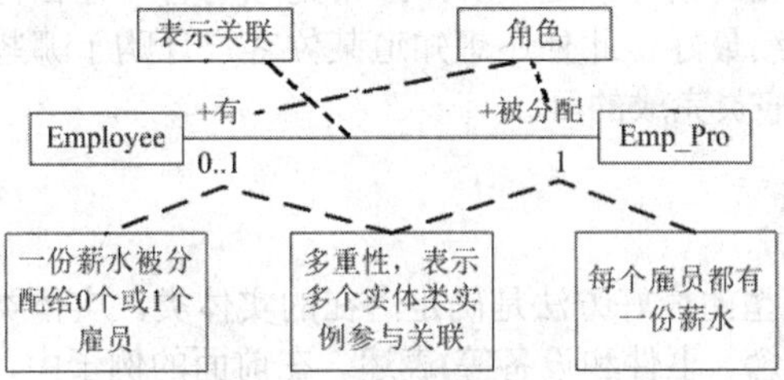

图 5.13 实体类间关系表示中每个符号的含义

5.5.3 属性的图形化表示

如果实体类和属性一起显示，那么把代表实体类的矩形分成两部分。上半部分显示实体类名，下半部分列出属性名。例如，图 5.14 显示了类别实体类和属性的 E-R 模型。

如果已经知道了主关键字，则第一个被列出的属性是实体类的主关键字，主关键字旁可加上符号，表示属性的域：数据类型、宽度、精度等，如图 5.15 所示。

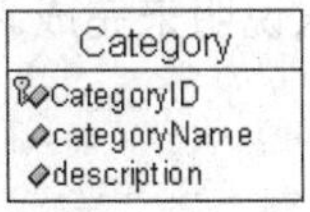

图 5.14 类别实体类和属性的 E-R 模型

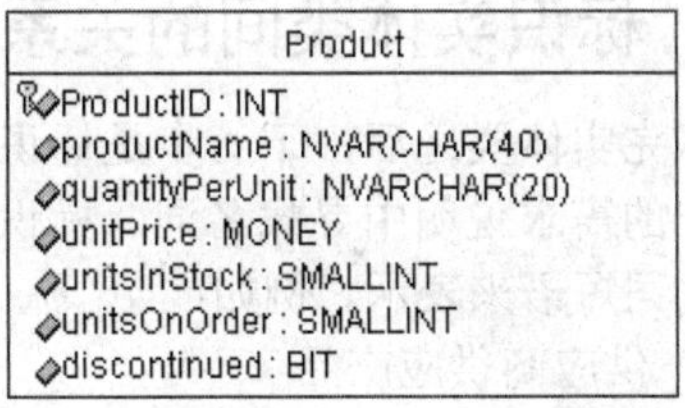

图 5.15 产品实体类和属性的 E-R 模型

对于复合属性可在属性名后列出组成元素的名称。例如，图 5.16 显示的复合属性 name 后紧跟着组成姓名属性的 firstName 和 lastName，其中 address 和 phone 也是复合属性。

对于派生属性，一般不在 E-R 图的属性列表中列出，而是通过方法 get×××计算出该属性的值，其中×××为派生属性的名称。实体类的方法在属性框的下一个方框中列出。例如，订单明细实体类有一个派生属性：小计(SubTotal)、SubTotal 属性的值是通过其他属性 unitprice(单价)、quantity(数量)和 discount(折扣)计算出来的(SubTotal=(1-discount)* quantity*unitprice)。通过 getSubTotal 方法可获得 SubTotal 的值。图 5.17 显示了订单明细实体类和属性的 E-R 模型。

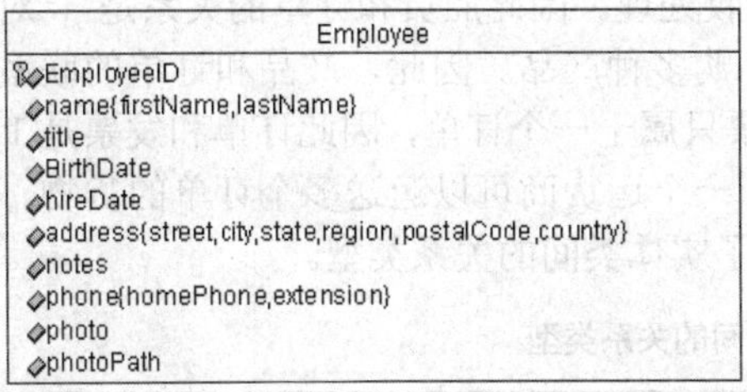

图 5.16 雇员实体类和属性的 E-R 模型

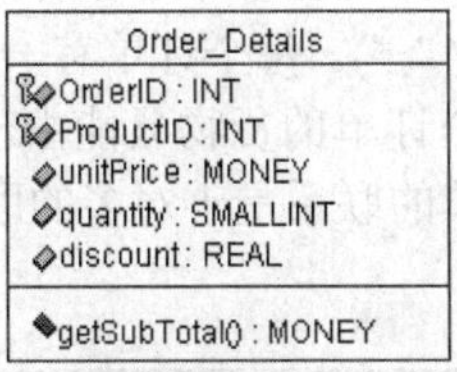

图 5.17 订单明细实体类和属性的 E-R 模型

5.6 实例研究

问题描述：有一家计算机公司，在全国各地销售计算机产品零件及外设等。该公司经理希望知道每个月中，各类产品的销售量是多少，经常光顾的客户住在何处，谁是最畅销产品的供应商，哪位雇员的销售业绩最好。此外还想知道某位客户订购了哪些类型的产品，订购数量是多少，某笔订单是由哪位雇员完成的等。

5.6.1 标识实体类

开始建立实体-联系模型的最好方法是确定潜在的实体类。实体类通常由文档、报表或访谈中的名词(地点、人物、概念、事件和设备等)表述。在前面的例子中，寻找与信息系统有关的名词，得到如下名词列表：

- 产品
- 供应商
- 客户
- 雇员
- 订单
- 运货商

5.6.2 标识实体类间的关系

标识完实体类之后，下一步是标识这些实体类之间的所有关系。标识实体类时，一种方法是在用户的需求说明中寻找名词。标识关系时，也可以根据需求说明来完成。一般地，关系由动词或动词短语来表示。例如：

- 供应商供应产品
- 产品被供应商供应
- 产品被订单订购
- 客户发出订单
- 雇员处理订单

事实上，用户的需求说明中既然记录了这些关系，说明它们对用户很重要，因此模型中必须包含这些关系。

根据用户的需求说明或与用户的讨论可知：一个供应商可以供应多个产品，一个产品只能由一个供应商供应。因此供应商和产品的联系是 1 对多联系(1∶*)。一个客户可以发出多个订单，但一个订单只能是从一个客户发出的。因此客户和订单的关系是 1 对多的联系。一个雇员可以接收处理多个订单，一个订单只能由一个雇员接收处理。因此雇员和订单的关系是 1 对多的联系。一种产品可由多个订单订购，一个订单可订购多种产品。因此，产品和订单的联系是多对多的联系(*∶*)。每个订单有一个发票，每个发票只属于一个订单，因此订单和发票是 1 对 1 的联系。每个订单的货物只能由一个运货商运送。一个运货商可以运送多个订单的货物。因此运货商和订单的联系是 1 对多的联系。表 5.2 显示了实体类间的关系类型。

表 5.2 实体类间的关系类型

实 体 类	多 重 性	关系类型	多 重 性	实 体 类
Supplier	1	1∶*	1∶*	Product
Category	1	1∶*	1∶*	Product

高职高专计算机实用规划教材——案例驱动与项目实践

续表

实 体 类	多 重 性	关系类型	多 重 性	实 体 类
Employee	1	1：*	0：*	Order
Customer	1	1：*	1：*	Order
Order	0:*	*：*	1：*	Product
Invoice	1	1：1	1	Order

知道了关系之后可以进一步找出具有多重性的值。

可以从用户的需求说明文档或与用户的讨论中找出多重性的值。找出多重性的值的另一种办法通常需要用样例数据检查特定事务规则的数据之间的关系。可以从填好的表格、报表甚至从与用户的讨论中得到样例数据。为了得到正确的结论，强调被检查和讨论的样例数据能够真实地代表所有数据是非常重要的。

图 5.18 是使用 Supplier 实体类和 Product 实体类的主关键字值显示供应商供应产品的一个例子。

在图 5.18 中，我们可看到编号为 123589 的供应商供应产品编号为 100000 和 623456 的产品，编号为 128759 的供应商供应产品编号为 200000 和 898888 的产品。因此，每个供应商可供应多个产品，和用户进一步交谈后发现，一个供应商至少供应一种产品，每个产品必须有且仅有一个供应商，因此 Product 实体类多重性的上限值为*，下限值为 1，Supplier 实体类的上限值为 1，下限值为 1。在表 5.2 中记录了 Supplier 实体类与 Product 实体类关系的类型和多重性约束。

图 5.19 是使用 Category 实体类和 Product 实体类的主关键字值显示类别所包含产品的一个例子。

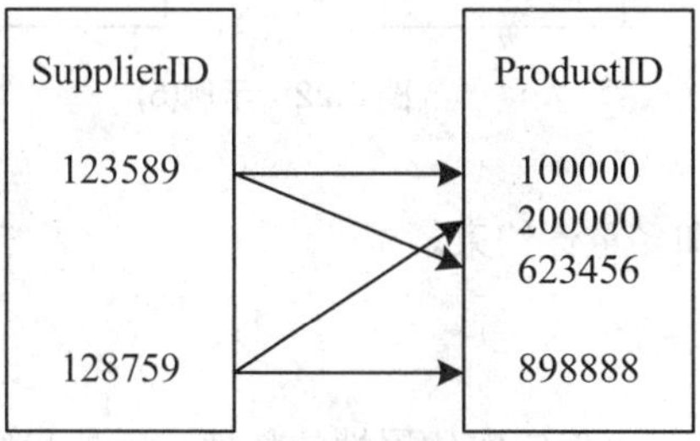

图 5.18　示例(1)

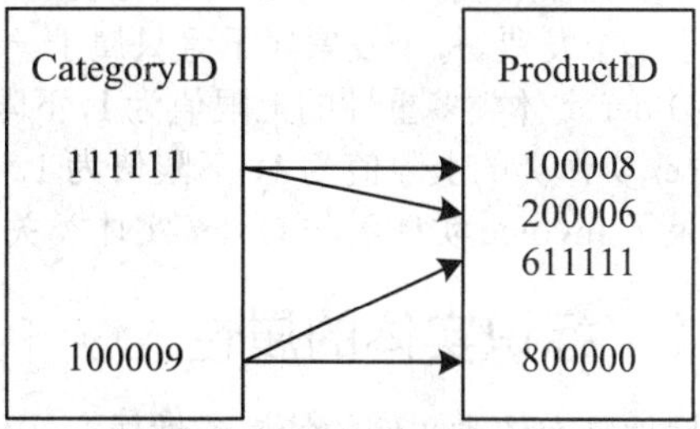

图 5.19　示例(2)

在图 5.19 中，可看到编号为 111111 的类别包含产品编号为 100008 和 200006 的产品，编号为 100009 的类别包含产品编号为 611111 和 800000 的产品。

另外，从图 5.5 所示的产品类别窗体中的数据可以看出，类别 ID 为 1 的类别有很多产品。

因此，每个类别包含多种产品，和用户进一步交谈后发现，一种产品只能属于一个类别，而且一种产品必须属于一个类别，因此 Product 实体类多重性的上限值为*，下限值为 1，Category 实体类的上限值为 1，下限值为 1。在表 5.2 中记录了 Category 实体类与 Product 实体类的关系类型和多重性约束。

图 5.20 是使用 Employee 实体类和 Order 实体类的主关键字值显示雇员处理订单的一个例子。

在图 5.20 中，可看到编号为 111111 的雇员处理编号为 100008 和 200006 的订单，编号为 100009 的雇员处理编号为 611111 和 800000 的订单，编号为 222222 的雇员没有订单。因此，每个雇员可处理多个订单，雇员可以没有订单，和用户进一步交谈后发现，每个订单有且仅有一个雇员处理，因此 Order 实体类多重性的上限值为*，下限值为 0，Employee 实体类的上限值为 1，下限值为 1。在表 5.2 中记录了 Employee 实体类与 Order 实体类类型的关系和多重性约束。

图 5.21 是使用 Customer 实体类和 Order 实体类的主关键字值显示客户所具有的订单的一个例子。

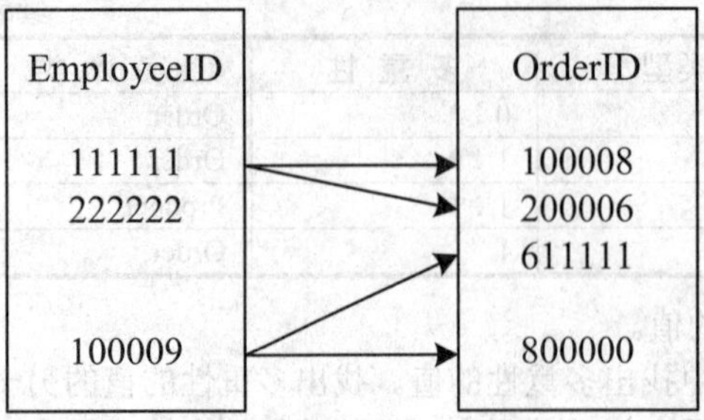

图 5.20 示例(3)

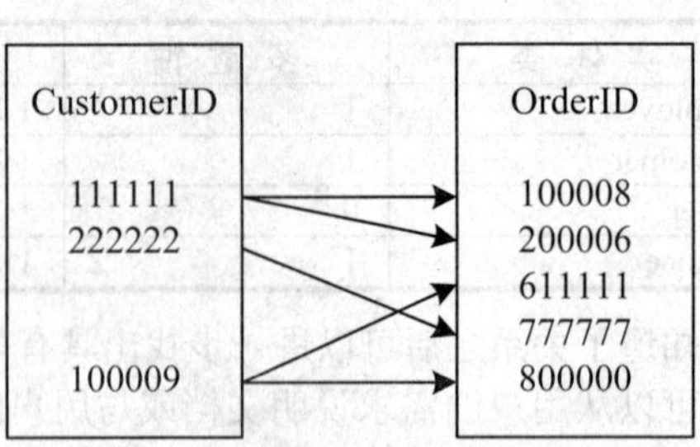

图 5.21 示例(4)

在图 5.21 中，可看到编号为 111111 的客户有编号为 100008 和 200006 的订单，编号为 100009 的客户有编号为 611111 和 800000 的订单。因此，每个客户可有多个订单，和用户进一步交谈后发现，一个客户至少有一个订单，每个订单有且仅有一个客户，因此 Order 实体类多重性的上限值为*，下限值为 1，Customer 实体类的上限值为 1，下限值为 1。在表 5.2 中记录了 Employee 实体类与 Order 实体类关系的类型和多重性约束。

图 5.22 是使用 Order 实体类和 Invoice 实体类的主关键字值显示订单所对应的发票的一个例子。

在图 5.22 中，可看到编号为 111111 的订单有编号为 100008 的发票，编号为 222222 的订单有编号为 200006 的发票。每个订单都有 1 个发票，和用户进一步交谈后发现，订单不能没有发票，而且不能多于 1 个发票。每个发票属于且只属于一个订单。因此 Order 实体类多重性的上限值为 1，下限值为 1，Invoicer 实体类的上限值为 1，下限值为 1。在表 5.2 中记录了 Invoice 实体类与 Order 实体类关系的类型和多重性约束。

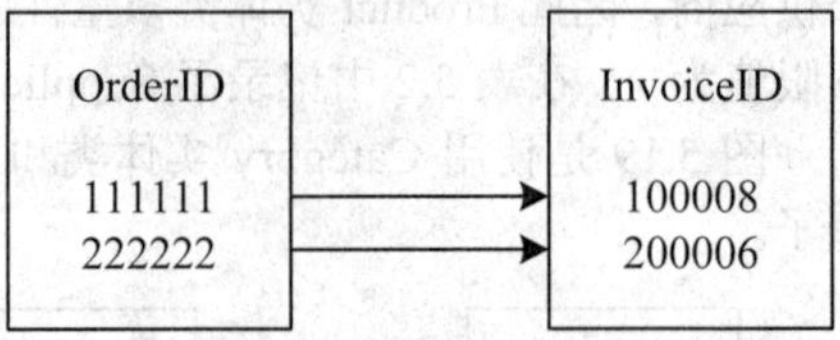

图 5.22 示例(5)

5.6.3 标识实体的属性

属性是实体类实例的特性或性质，实体类实例具有可确定实体属性的特性，另外我们要从实体类实例获得哪些信息(通过报表、与用户访谈获得)，也可确定实体的属性。

与标识实体类很相似，标识实体的属性时首先要在用户需求说明(或通过报表、与用户访谈)中查找描述性的名词或名词短语。当这个名词或名词短语是特性、标志或前面定义实体类的特性时即可被标识成属性。

说明： 当根据用户需求说明标识完实体类或关系之后，标识实体的属性时就要考虑“哪些信息是需要保存的”，“要从实体类实例获得哪些信息”，在用户需求说明中应该有这个问题的答案，如果没有，就需要询问用户来明确需求。

1. 对复合属性的处理

复合属性由简单属性组成，一个姓名属性可以是简单的，也可以是复合的。如果把所有姓名的细节当做一个值，例如“王飞鸿”，则姓名是简单属性。如果把描述姓名细节的各元素分开看待，如姓(王)、名(飞鸿)，则姓名属性是由简单属性组成的复合属性。同样，一个地址属性既可以看做是简单属性，也可以看做是复合属性。如果把所有地址的细节当做一个值，例如“广东省中山市中山路 123 号”，则地址是简单属性。如果把描述地址的细节的各元素分开看待，如街道(中山路 123 号)、城市(中山市)、省(广东省)，则地址属性是由简单属性组成的复合属性。例如，如果把地址属性作为简单属性来处理，则查找“中山市”的客户就很困难，如果把地址属性作为复合属性来处理，则查找“中山市”的客户就很容易。

注意： 选择姓名或地址属性是简单属性还是复合属性，是由用户需求决定的。如果用户不需要访问姓名或地址中各个独立的部分，就可以把姓名或地址属性作为简单属性来处理。如果用户需要访问姓名或地址中各个独立的部分，这时就必须把姓名或地址属性作为复合属性处理，把它们分解为各个简单属性。

2. 对多值属性的处理

表 5.3 列出了教师实体类的每个实例的属性值。其中有教师的编号、姓名、教师所讲授的课程等，课程属性为多值属性。

表 5.3　识别多值字段

TeacherID	Name	Course	<其他教师属性>
2001	王飞	C 语言，数据库原理及应用	……
2002	王强	Java 程序设计，C 语言	……
2006	张浩	Java 程序设计，数据库原理及应用	……

多值属性和复合属性存在一样的问题。例如，很难得到讲授某门特定课程(如C 语言)的所有教师的信息。除此之外，还会有其他问题。所以如果存在多值属性，必须对其进行处理。与解决复合属性一样，为多值属性的每个值创建一个新属性，把多值属性转变成单值属性。例如，可以拆分教师实体类的 Course 属性，以创建新属性 Course1、Course2 和 Course3，并且把它们赋予教师实体类。这样教师实体类有属性 TeacherID、Name、Course1、Course2、Course3 等。表 5.4 列出了拆分 Course 属性后教师实体类的实例的各属性的值。

表 5.4　拆分 Course 属性的结果

TeacherID	Name	Course1	Course2	Course3	<其他教师属性>
2001	王飞	C 语言	数据库原理及应用		……
2002	王强	C 语言		Java 程序设计	……
2006	张浩		数据库原理及应用	Java 程序设计	……

尽管这种解决方案似乎起作用，但它还是会产生问题。例如，它限制了教师授课门类的数目。如果一位教师的授课门类超过了 3 门，就必须为增加的每门课程各添加一个属性，这样教师实体类就可能有很多属性，而且有很多空值。例如，前 10 位教师只讲授 C 语言、数据库和 Java 语言中的一门、两门或三门，而第 11 位教师讲授其他 6 门课程，那么，前 10 位教师对于这 6 门课程对应的属性的值都为空。因此这种解决方案不可取。

也许有人会说，让 Course 属性为单值属性不就可以了吗？不可以，因为它将会产生另一个问题：数据冗余。表 5.5 显示了按这种想法来做的结果。注意在该表中每行 Course 属性的值都是单个值。

表 5.5　使 Course 属性为单值属性

TeacherID	Name	Course	<其他教师属性>
2001	王飞	C 语言	……
2002	王强	Java 程序设计	……
2006	张浩	Java 程序设计	……
2001	王飞	数据库原理及应用	……
2002	王强	C 语言	……
2006	张浩	Java 程序设计	……

因为对于教师讲授的每门课程都必须重复教师的信息，所以 Course 属性值会引起数据冗余。

显然，这种冗余是不能接受的。使用以下方法可以完全避免上面所说的情况。

将多值属性从原始实体类中删除，创建由原始的多值属性的组件组成的新的实体类，之后，新的实体类与原始实体类相关联，形成多对多的关系。例如，将 Course 属性从教师实体类属性中删除，并创建一个新的实体类 Course，Course 实体类有属性 CourseID 和 CourseName。教师实体类与 Course 实体类为多对多的关系(如图 5.23 所示)。

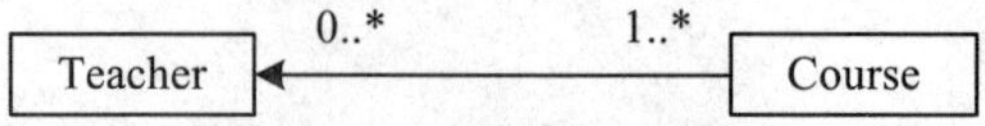

图 5.23　解决多值属性问题

表 5.6～表 5.8 所示为使用上述方法的结果。

表 5.6　Teacher 表

TeacherID	Name	<教师的其他属性>
2001	王飞	……
2002	王强	……
2006	张浩	……

表 5.7　Teacher_Course 中间表

CourseID	TeacherID	<其他属性>
1	2001	……
1	2002	……
2	2002	……
2	2006	……
3	2001	……
3	2006	……

表 5.8　Course 表

CourseID	Course	Credit	<课程的其他属性>
1	C 语言	2	……
2	Java 程序设计	3	……
3	数据库原理及应用	2	……

在标识属性时，要注意一个属性只能与一个实体类相关，不能有属性的重复。也必须注意可能已经标识了几个可以合在一起的实体类。例如，可能标识了实体类Manager(经理)和 Saler(销售员)，它们都有属性 ID(编号)、Name(姓名)和 Address(地址)，而这些可以用一个叫做雇员的实体类来表达，此实体类包含 ID、Name、Address 和 Title(职位)。

3. 确定主关键字和候选主关键字

每一个实体类至少要有一个关键字，关键字的值必须是唯一的，且不能为空，关键字唯一地标识了实体类的一个实例。当实体类没有关键字时，必须给该实体类添加一个属性，使该属性成为该实体类的关键字。例如，给实体类添加一个 ID 属性，ID 属性就成为该实体类的关键字。

候选关键字是能够作为实体类关键字的属性。任意一个选作实体类关键字的关键字称为主关键字。主关键字也称为主键，候选关键字也称为候选键。

在实体类属性列表中，主关键字有下划线。

4. 属性的域

属性的域包括该属性的数据类型、长度、精度和约束，也包括该属性的意义。例如：对于雇员实体类的 LastName 属性的域，意义描述为“雇员的姓”；数据类型为字符串(nvarchar)，长度为 20；约束为“不能为空”。又如：对于产品实体类的 UnitsInStock 属性的域，意义描述为“产品的库存量”，数据类型为整型(smallint)，约束为“其值必须大于或等于 0”，可以为空值。

订单追踪中实体类的属性：

```
Employees (
    EmployeeID    int  IDENTITY (1, 1) PRIMARY KEY NOT NULL ,
    LastName   nvarchar (20),
    FirstName   nvarchar (10) ,
    Title   nvarchar (30),
    TitleOfCourtesy   nvarchar (25) ,
    BirthDate   datetime  CHECK (BirthDate < getdate()) NULL ,
    HireDate   datetime  NULL ,
    Address   nvarchar (60) ,
    City   nvarchar (15)  NULL ,
    Region   nvarchar (15) ,
    PostalCode   nvarchar (10),
    Country   nvarchar (15) ,
    HomePhone   nvarchar (24) ,
    Extension   nvarchar (4),
    Photo   image   NULL ,
    Notes   ntext  ,
    PhotoPath   nvarchar (255)
)

Orders(
    OrderID   int  IDENTITY (1, 1) PRIMARY KEY NOT NULL ,
    OrderDate   datetime  NULL ,
    RequiredDate   datetime  NULL ,
    ShippedDate   datetime  NULL ,
    Freight   money  NULL ,
    ShipName   nvarchar (40) ,
    ShipAddress   nvarchar (60) ,
    ShipCity   nvarchar  (15) ,
    ShipRegion   nvarchar  (15) ,
    ShipPostalCode   nvarchar  (10) ,
    ShipCountry   nvarchar  (15)
)

 Products(
    ProductID   int  IDENTITY (1, 1) PRIMARY KEY NOT NULL ,
    ProductName   nvarchar  (40) NOT NULL ,
    QuantityPerUnit  nvarchar (20) NULL ,
    UnitPrice   money DEFAULT (0) CHECK (UnitPrice >= 0) NULL ,
    UnitsInStock   smallint DEFAULT (0) CHECK (UnitsInStock >= 0)NULL ,
    UnitsOnOrder   smallint DEFAULT (0) CHECK (UnitsOnOrder >= 0)NULL ,
    ReorderLevel   smallint DEFAULT (0) CHECK (ReorderLevel >= 0)NULL ,
    Discontinued   bit DEFAULT (0) NOT NULL
)

Shippers(
    ShipperID   int  IDENTITY (1, 1) PRIMARY KEY NOT NULL ,
    CompanyName   nvarchar  (40) NOT NULL ,
    Phone   nvarchar  (24) NULL
)

Categories (
    CategoryID  int  IDENTITY (1, 1) PRIMARY KEY NOT NULL ,
    CategoryName   nvarchar  (15) NOT NULL ,
    Description  ntext  NULL ,
)

Suppliers (
    SupplierID   int  IDENTITY (1, 1) PRIMARY KEY NOT NULL ,
    CompanyName  nvarchar  (40) NOT NULL ,
    ContactName  nvarchar  (30) NULL ,
    ContactTitle   nvarchar  (30) NULL ,
    Address   nvarchar  (60) NULL ,
    City   nvarchar  (15) NULL ,
    Region   nvarchar  (15) NULL ,
    PostalCode   nvarchar  (10) NULL ,
    Country   nvarchar  (15) NULL ,
    Phone   nvarchar  (24) NULL ,
    Fax   nvarchar  (24) NULL ,
    HomePage   ntext  NULL
)
```

```
Customers (
    CustomerID  nchar  (5) PRIMARY KEY NOT NULL ,
    CompanyName   nvarchar  (40) NOT NULL ,
    ContactName   nvarchar  (30) NULL ,
    ContactTitle   nvarchar  (30) NULL ,
    Address  nvarchar  (60) NULL ,
    City   nvarchar  (15) NULL ,
    Region   nvarchar  (15) NULL ,
    PostalCode   nvarchar  (10) NULL ,
    Country   nvarchar  (15) NULL ,
    Phone   nvarchar  (24) NULL ,
    Fax   nvarchar  (24) NULL
)

 Emp_pay(
SalaryID int PRIMARY KEY NOT NULL,
base_pay money NOT NULL
)
```

5. 实体完整性和域完整性

实体完整性将行定义为特定实体类的唯一实体类实例。实体完整性强制实体类的主键完整性(通过 UNIQUE 约束、PRIMARY KEY 约束或 IDENTITY 属性等来实现)。

域完整性是指给定列的输入有效性。强制域有效性的方法有：限制类型(通过数据类型)、格式(通过 CHECK 约束和规则)或可能值的范围(通过 FOREIGN KEY 约束、CHECK 约束、DEFAULT 定义、NOT NULL 定义和规则来实现)。

5.6.4 E-R 图

根据以上分析与讨论，可绘出实例的 E-R 图，如图 5.24 所示。

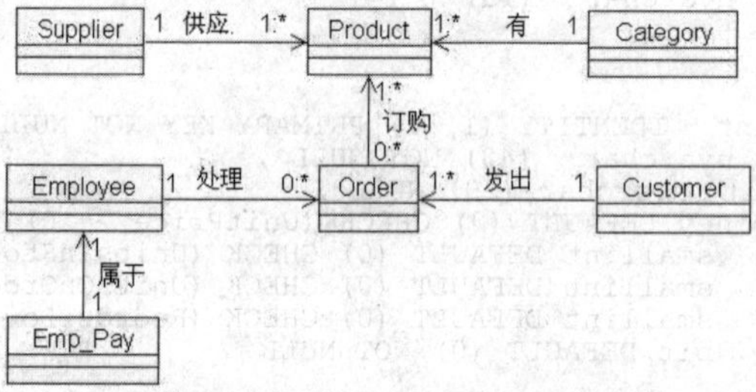

图 5.24 订单追踪 E-R 图

5.7 独立实践

某院校有很多学生，他们属于不同的系，被分在不同的班，每个专业有一个或多个班。学校和系的领导要了解每个专业设置了哪些课程，每个教师讲授了哪些课，学生每门课程的成绩如何，哪个班的学生的成绩比较好，哪门课程的成绩比较好，该课程是由哪个教师讲授。此外，每学期末，要将那些课程未及格的学生的成绩单寄到学生的家里，让学生的家长了解学生学习的情况等。为了便于管理教务数据，教务处决定创建一个数据库。图 5.25～图 5.29 所示是以前使用过的教务管理的一些报表，每个系、每个专业，每个班、每个学生、每个教师都有类似的报表。

为创建“教务管理”数据库，首先要创建数据模型。请完成以下任务。

(1) 分析报表和做出必要的调研，创建数据模型。

① 列出可能的实体。

② 列出实体的联系、联系的类型和多重性的值。

③　列出实体的属性和属性的域(属性的域包括该属性的数据类型、长度、精度和约束，也包括该属性的意义)。确定实体的关键字。

④　绘出 E-R 图。

(2)　列出任务(1)中需要询问教务处以进行核实的部分。

2010-2011学年第2学期学习成绩

学号：123456789	姓名：张三	学院：信息工程学院
专业：计算机网络技术		行政班：10网络1班

学年	学期	课程代码	课程名称	课程性质	课程归属	学分	绩点	成绩	开课学院	备注
2010-2011	2	1900255Z	C语言程序设计(B)	必修课		4	3.6	86	信息工程学院	
2010-2011	2	1900045Z	操作系统（Windows与Linux）	必修课		5	2.7	77	软件学院	
2010-2011	2	1000001G	大学生健康教育	必修课		1	1.5	及格	基础部	
2010-2011	2	1900050Z	计算机网络基础	必修课		4	2.8	78	软件学院	
2010-2011	2	1100005G	廉洁修身	必修课		1	2	70	基础部	
2010-2011	2	1900217Z	数据库系统及应用	必修课		4	3.2	82	软件学院	
2010-2011	2	1100001G	思想道德修养与法律基础	必修课		3	1.9	69	基础部	

图 5.25　学生张三 2010—2011 年第 2 学期成绩表

软件测试专业课程设置

课程类别	课程性质	序号	课程代码	课程名称	核心课程	课程类型	学分	计划学时		
								总学时	理论	实践
职业能力课	必修课	3	1900268Z	C语言程序设计		一体化	4	72	40	32
		4	1900072Z	大型数据库		一体化	4	72	40	32
		5	1900069Z	Web开发基础（Html、Javascript）		一体化	4	72	40	32
		6	1900163Z	Java设计与开发平台		一体化	5	90	50	40
		7	1900044Z	计算机系统组成		一体化	3	54	40	14
		8	1900085Z	操作系统原理及平台		一体化	5	90	50	40
		9	1900032Z	计算机网络及应用		一体化	3.5	60	40	20
		10	1900073Z	软件测试基础	⊙	一体化	3.5	60	40	20
		11		#N/A		一体化	0	0		
		12	1900025Z	数据结构		一体化	4	72	48	24
		13	1900074Z	软件自动化测试技术	⊙	一体化	4	72	42	30
		14	1900158Z	软件项目包测试(单元与集成测试)	⊙	一体化	4	72	42	30
		15	1900159Z	软件项目包测试(功能与性能测试)	⊙	一体化	5	90	40	50
		16	1900160Z	软件项目包测试(系统测试)	⊙	一体化	5	90	45	45
		17	1900084Z	软件测试管理		一体化	3	54	30	24
		18		#N/A	⊙	纯实践	0	0		
		19	1000004Z	顶岗实习	⊙	纯实践	16	448		448
	选修课	1	1900161Z	Web应用开发（开源平台）		一体化	4	72	40	32
		2	1400139Z	交流沟通技巧		纯理论	2	36	36	0
		3	1900162Z	软件工程(UML设计与软件架构)		一体化	3.5	60	40	20
		4	1900156Z	嵌入式软件测试		一体化	4	72	40	32
		5	1900081Z	软件专业技术资格认证课程		纯理论	2	36	36	0
		6	1900284Z	IT职业英语		一体化	3	54	30	24
				要求必选11学分			11	198	108	90

图 5.26　信息工程学院软件测试专业课程设置表

各类课程学时学分比例表

课程类别		小计		小计		备注
		学时	比例	学分	比例	
必修课	基本素质与能力课	550	21.63%	26	20.00%	
	职业能力课	1630	64.10%	82	63.08%	
选修课	基本素质与能力课	165	6.49%	11	8.46%	
	职业能力课	198	7.79%	11	8.46%	

图 5.27　软件测试专业各类课程学时学分比例表

学号	姓名	C语言	多业务	服务配置	PHP	存储技术	毛概	形势	总分数	平均分
1013110101	王长	77	77	78	62	73	70	90	527	75.2857
1013110102	陈东	70	73	71	40	72	74	79	479	68.4286
1013110103	张鸿	70	71	79	62	73	81	82	518	74
1013110104	李旭	71	75	76	60	56	75	83	496	70.8571
1013110105	陆泽	93	84	87	93	86	92	89	624	89.1429
1013110106	孔豪	85	73	66	40	71	68	87	490	70
1013110107	梁华	65	74	79	60	72	75	82	507	72.4286
1013110108	王辉	73	82	90	70	74	81	91	561	80.1429
1013110109	程锋	72	82	84	64	70	67	86	525	75

图 5.28　10 网络 1 班 2010-2011 第 2 学期成绩表

2011-2012学年第一学期教学任务安排表

教学单位：信息学院嵌入式专业

序号	课程代码	课程名称	班级名称及人数	考核方式	总课时	课程性质	任课教师
13	1900028Z	IT电子产品设计与仿真（EDA）	10嵌入式1班 31	考试	72	必修课	张三
12	1900028Z	IT电子产品设计与仿真（EDA）	10嵌入式2班 31	考试	72	必修课	张三
4	1900006Z	VC++程序设计	10嵌入式1班 15	考查	54	[illegible]	李四
5	1900006Z	VC++程序设计	10嵌入式2班 22	考查	54	[illegible]	李四
38	1900098Z	传感器与检测技术	10嵌入式1班 16	考查	54	[illegible]	张三
37	1900098Z	传感器与检测技术	10嵌入式2班 7	考查	54	[illegible]	张三
2	1700098Z	电子线路CAD	10嵌入式1班 31	考查	36	必修课	王五
3	1700098Z	电子线路CAD	10嵌入式2班 31	考查	36	必修课	王五
21	1900038Z	工业控制与机器人	09嵌入式 36	考查	54	[illegible]	赵六
11	1900026Z	计算机接口技术	10嵌入式1班 31	考试	72	必修课	赵六
10	1900026Z	计算机接口技术	10嵌入式2班 31	考试	72	必修课	赵六
43	1900154Z	嵌入式Linux 驱动开发	09嵌入式 37	考查	54	[illegible]	张五
44	1900155Z	嵌入式Linux项目分析	09嵌入式 53	考查	54	必修课	张五
82	1900292Z	嵌入式Windows CE操作系统	10嵌入式1班 14	考查	54	[illegible]	李七
83	1900292Z	嵌入式Windows CE操作系统	10嵌入式2班 22	考查	54	[illegible]	李七
14	1900030Z	嵌入式系统设计	09嵌入式 53	考试	90	必修课	李七
8	1900025Z	数据结构	10嵌入式1班 31	考试	72	必修课	嵌入
9	1900025Z	数据结构	10嵌入式2班 31	考试	72	必修课	嵌入
22	1900040Z	职业资格认证课程	09嵌入式 49	考试	54	[illegible]	李七
6	1900014Z	智能楼宇嵌入式设备	10嵌入式1班 16	考查	54	[illegible]	张三
7	1900014Z	智能楼宇嵌入式设备	10嵌入式2班 7	考查	54	[illegible]	张三

图 5.29　教学任务表

任务6　将实体-联系模型转变成数据库设计

6.1 场 景 引 入

问题：在任务 5 的实例研究中，已经完成了实体-联系模型的创建，请根据该实体-联系模型，完成数据库设计。

任务 6 将提出解决此问题的方案。

将实体-联系模型转变成数据库设计的步骤如下。

(1) 用表和列来替换实体和属性。

① 明确主键。实体的主键变为表的主键。

② 明确候选键。实体的候选键变为表的候选键。

③ 明确每一列的属性。实体属性的域变为表的列的域。

- 是否非空值
- 数据类型
- 默认值(如果有)
- 数据约束(如果有)

④ 表的规范性验证。

(2) 将实体之间的联系转化成表之间的联系。通过外键来表示联系。

- 如果实体是多对多的关系，则转换成表时要增加一个中间表，将多对多的关系转化成两个一对多的关系。
- 中间表的列至少由两个实体的主关键字组成。可以增加其他列。

6.2 使用关系模型表示实体类

一般来讲，使用关系模型表示实体类是很直接的。首先，为每个实体类定义一个关系(表)，关系的名称就是实体类的名称，关系的属性(字段)就是实体类的属性。对实体类的复合属性，表中仅包含组成复合属性的简单属性。实体类的派生属性不能转换为表的字段，也就是说，表的属性不能包含派生属性。

实例：用关系表示图 5.3 所示的实体类。

为了用关系表示实体类 Employees，我们为该实体类定义一个关系。实体类的名称为关系的名称(Employees)。实体类的属性作为关系的各列(字段)。实体的关键字为关系的关键字(如果实体类没有关键字，则必须询问用户或调查需求来确定哪个或哪些属性可以标识一个实体类实例)。Address 是实体类 Employees 的复合属性，把组成该复合属性的简单属性转化为表的字段：City、Region、PostalCode 和 Country。实体类 Employees 的关系表示如下：

```
Employees (
 EmployeeID    int   IDENTITY (1, 1) PRIMARY KEY NOT NULL ,
 LastName   nvarchar   (20),
 FirstName    nvarchar   (10) ,
 Title   nvarchar   (30),
 TitleOfCourtesy   nvarchar   (25) ,
 BirthDate    datetime  CHECK (BirthDate < getdate()) NULL ,
```

```
 HireDate   datetime  NULL ,
 Address   nvarchar  (60) ,
 City  nvarchar  (15) NULL ,
 Region  nvarchar  (15) ,
 PostalCode  nvarchar  (10),
 Country  nvarchar  (15) ,
 HomePhone  nvarchar  (24) ,
 Extension  nvarchar  (4),
 Photo  image  NULL ,
 Notes  ntext  ,
 PhotoPath  nvarchar  (255)
)
```

在任务 5 讨论了实体类的主关键字和候选关键字的概念，当将实体类转换为表时，实体类的主关键字和候选关键字就转换为表的主关键字。

如果在一个关系(表)中，有两个或多个可作为关键字的属性或属性组合，则这些可作为关键字的属性或属性组合称为候选关键字。

例如，如果在雇员表中添加一个字段“身份证号”，则雇员表中“身份证号”和“雇员编号”都可作为关键字，它们称为候选关键字。如果选择“雇员编号”作为雇员表的关键字，则“雇员编号”为主关键字，“身份证号”为候选关键字。

关系的主关键字是有下划线的。用关系表示任务 5，即图 5.24 所显示的实体类如下：

```
Employees (
 EmployeeID  int  IDENTITY (1, 1) NOT NULL ,
 LastName  nvarchar  (20),
 FirstName  nvarchar  (10) ,
 Title  nvarchar  (30),
 TitleOfCourtesy  nvarchar  (25) ,
 BirthDate  datetime  NULL ,
 HireDate  datetime  NULL ,
 Address  nvarchar  (60) ,
 City  nvarchar  (15)
 Region  nvarchar  (15) ,
 PostalCode  nvarchar  (10),
 Country  nvarchar  (15) ,
 HomePhone  nvarchar  (24) ,
 Extension  nvarchar  (4),
 Photo  image  NULL ,
 Notes  ntext  ,
 PhotoPath  nvarchar  (255)
)

Orders(
 OrderID  int  IDENTITY (1, 1) NOT NULL ,
 CustomerID  nchar  (5) NULL ,
 EmployeeID  int  NULL ,
 OrderDate  datetime  NULL,
 RequiredDate  datetime  NULL ,
 ShippedDate  datetime  NULL ,
 ShipVia  int  NULL ,
 Freight  money  NULL ,
 ShipName  nvarchar  (40) ,
 ShipAddress  nvarchar  (60) ,
 ShipCity  nvarchar  (15) ,
 ShipRegion  nvarchar  (15) ,
 ShipPostalCode  nvarchar  (10) ,
 ShipCountry  nvarchar  (15)
)

Emp_pay(
Emp_payID int PRIMARY KEY NOT NULL,
base_pay money NOT NULL,
commission decimal(10, 2) NOT NULL
)

 Products(
 ProductID  int  IDENTITY (1, 1) NOT NULL ,
 ProductName  nvarchar  (40) NOT NULL ,
 SupplierID  int  NULL ,
 CategoryID  int  NULL ,
```

```
 QuantityPerUnit    nvarchar   (20) NULL ,
 UnitPrice    money   NULL ,
 UnitsInStock   smallint   NULL ,
 UnitsOnOrder    smallint   NULL ,
 ReorderLevel    smallint   NULL ,
 Discontinued    bit   NOT NULL
)

Shippers(
 ShipperID     int   IDENTITY (1, 1) NOT NULL ,
 CompanyName    nvarchar   (40) NOT NULL ,
 Phone    nvarchar   (24) NULL
)

Categories (
 CategoryID     int   IDENTITY (1, 1) NOT NULL ,
 CategoryName    nvarchar   (15) NOT NULL ,
 Description   ntext   NULL ,
)

Suppliers (
 SupplierID     int   IDENTITY (1, 1) NOT NULL ,
 CompanyName    nvarchar   (40) NOT NULL ,
 ContactName    nvarchar   (30) NULL ,
 ContactTitle    nvarchar   (30) NULL ,
 Address    nvarchar   (60) NULL ,
 City    nvarchar   (15) NULL ,
 Region    nvarchar   (15) NULL ,
 PostalCode    nvarchar   (10) NULL ,
 Country    nvarchar   (15) NULL ,
 Phone    nvarchar   (24) NULL ,
 Fax    nvarchar   (24) NULL ,
 HomePage    ntext   NULL
)

Customers (
 CustomerID   nchar   (5) NOT NULL ,
 CompanyName    nvarchar   (40) NOT NULL ,
 ContactName    nvarchar   (30) NULL ,
 ContactTitle    nvarchar   (30) NULL ,
 Address    nvarchar   (60) NULL ,
 City    nvarchar   (15) NULL ,
 Region    nvarchar   (15) NULL ,
 PostalCode    nvarchar   (10) NULL ,
 Country    nvarchar   (15) NULL ,
 Phone    nvarchar   (24) NULL,
 Fax    nvarchar   (24) NULL
)
```

6.3　表的规范化

6.3.1　函数依赖和函数依赖传递

函数依赖是属性之间的一种联系。假设给定了一个属性的值，就可以获得(查到)另一个属性的值。例如，如果知道了雇员编号的值，就可获得雇员姓名、雇员职务和雇员地址等属性的值。

如果属性 X 的值决定属性 Y 的值，那么属性 Y 函数就依赖于属性 X。也就是说，如果知道 X 的值，就可获得 Y 的值。

等式可以表示函数依赖。例如，如果知道一个产品的价格和所购产品的数量，就可以计算出这些产品的总价。计算方式如下：

```
TotalPrice=ItemPrice*Quantity
```

这时，就可以说 TotalPrice 函数依赖于 ItemPrice 和 Quantity。

关系(表)中的属性之间的函数依赖通常不包含等式。例如，假定雇员有一个唯一的标识号雇员 ID(雇员编号)，每个雇员有且只有一个性别。给定雇员 ID 的值，就能弄清楚该雇员的性别。

因此雇员的性别函数依赖于雇员 ID。

函数依赖不像等式，它是不能用算术方法计算出来的，而是罗列在数据库中。

函数依赖使用下面的形式来书写：

雇员 ID→雇员性别

以上表达式读作“雇员 ID 决定雇员性别”或“雇员性别函数依赖于雇员 ID”。

6.3.2 更新异常

并非所有的表都是合乎期望的。只是最低限度地满足关系定义的表不一定有效和合适。对于某些表，改变数据可能导致不希望的后果，称作更新异常。异常可以通过把表重新定义为两个或多个表来消除。更新异常主要包括删除异常和插入异常。

考虑图 6.1 中的表，如果删除订单 100 的记录，将不仅丢失订单 100 订购的产品苹果汁的事实，还会丢失产品的单价是 18 的事实，这叫做更新异常。也就是说，删除关于一个实体的事实(订单 100 订购产品苹果汁)的同时，意外地删除了关于另外一个实体的事实(产品苹果汁单价为 18)。在一个删除中，丢失了关于两个实体的事实就叫做删除异常。

ProductID	ProductName	UnitPrice	产品其他数据	OrderID	Quantity
101	苹果汁	￥18.00	…	100	12
146	牛奶	￥19.00	…	102	8
186	番茄酱	￥10.00	…	102	15
160	麻油	￥21.35	…	104	20
180	酱油	￥25.00	…	120	10

图 6.1 订单明细表

假定现有名为汽水的产品，其单价为 4.5，但我们不能在订单明细表中输入这些数据，直到有一个订单订购了该产品才可以。这是不合理的，为什么必须等到有了订单之后才能输入产品的数据呢？这种约束称为插入异常，它意味着直到有了关于另外一个实体的事实，才能插入某个实体的事实。

图 6.1 中的表可以用于某些应用，但它明显存在问题。通过把订单明细表分解成两个表，每个表处理一个不同的主题，就可以消除删除异常和插入异常。例如，我们把 OrderID 和 ProductID 放在一个表中，把 ProductID、ProductName 和 UnitPrice 放在另一个表中。图 6.2 显示了同样的样本数据存储在两个新表中。现在如果删除订单 100，却不会丢失产品苹果汁的单价为 18 这一事实。此外，即使产品没有任何订单，也可以在产品表中添加产品及其单价。这样，删除异常和插入异常就消除了。

ProductID	ProductName	UnitPrice	其他数据
101	苹果汁	￥18.00	…
146	牛奶	￥19.00	…
186	番茄酱	￥10.00	…
160	麻油	￥21.35	…
180	酱油	￥25.00	…

OrderID	ProductID	Quantity
100	101	12
102	146	8
102	186	15
104	160	20
120	180	10

图 6.2 订单明细表分解成两个表的示意图

6.3.3 规范化的本质

图 6.1 所示的表中的异常可以直观地描述如下，问题发生的原因在于图 6.1 的表包含关于两个不同主题的数据：

- 订单项的数据

- 产品的数据

当新增加一行时，必须同时增加关于两个主题的数据，当删除一行时，必须同时删除关于两个主题的数据。

每个规范化的表只有一个主题。如果某个表有两个或多个主题，它就应该分解为两个或多个表，每个表只能有一个主题。

6.3.4 第一范式

任何符合关系定义的数据表都属于第一范式。一个表要成为关系必须遵守两个规则：①表的每一格必须是单值的。任意一列(字段)的所有条目都必须是同一类型的，每一列都有唯一的名字，但列在表中的顺序是无关紧要的。②表中任意两行(记录)不能相同，行的顺序无关紧要。

图 6.1 所示的表属于第一范式。在第一范式中的表可能会有更新异常。正如我们所看到的，图 6.1 所示的表就有更新异常。

6.3.5 第二范式

图 6.1 的表有更新异常。该表的问题在于它有一个只包含关键字部分的依赖关系。因为一个订单可以订购多个产品，一个产品可以被多个订单订购。因此关键字是(OrderID, ProductID)，但表包含一个依赖关系，即 ProductID→UnitPrice，该依赖关系的决定性因素(ProductID)只是关键字(OrderID, ProductID)的一部分。在这种情况下，可以称 UnitPrice 部分依赖于该表的关键字。如果 UnitPrice 依赖于整个关键字，那么就不会有更新异常。要消除更新异常，必须把该表分解为两个表。

这种情形导致了第二范式的定义：如果一个关系(表)的所有非关键字属性(字段)都依赖于整个关键字，那么该关系(表)就属于第二范式。根据这一定义，每个以单个属性(字段)作为关键字的关系(表)自动进入第二范式。因为关键字是一个属性(字段)，每个非关键字属性(字段)都依赖于整个关键字，不存在部分依赖关系。

6.3.6 第三范式

第二范式中的表也可能有异常。考虑图 6.3(a)所示的表的关键字是 ProductID，函数依赖是：

ProductID→SupplierID

SupplierID→ContactName

SupplierID→Phone

这些依赖之所以存在，是因为一个产品只由一个供应商供应，一个供应商有一个名字和电话。

因为 ProductID 决定 SupplierID，SupplierID 决定 ContactName 和 Phone，所以间接地有 ProductID 决定 ContactName 和 Phone。这种函数依赖称为传递依赖。因为 ProductID 通过 SupplierID 决定 ContactName 和 Phone。

如果删除图 6.3(a)中的表的第一条记录，不仅会丢失产品 123 是由供应商 7890 供应的这样一个事实，还丢掉了供应商 7890 的名称是佳佳乐，电话是 1234567 这样一个事实，因此这是一个删除异常。怎样才能记录供应商 4897 的名为“日正”及电话为“987654”这一事实，直到公司有该供应商的产品后才能记录，所以这是一个插入异常。

要想从第二范式表中消除异常，必须消除传递依赖，这导致了第三范式的定义：一个关系如果属于第二范式，且没有传递依赖，则该关系属于第三范式。

图 6.3(a)中的表可以分解成两个第三范式的表，如图 6.3(b)和图 6.3(c)所示。

在需求阶段，对实体类的唯一约定是，它对用户是重要的。因此一旦为实体类定义了关系，就应该根据规范化准则对关系进行检查。

ProductID	其他产品数据	SupplierID	ContactName	Phone
123	…	7890	佳佳乐	1234567
150	…	6785	妙生	9745676
200	…	6785	妙生	9745676
250	…	7823	为全	5632456
500	…	6785	妙生	9745676

(a) 有传递依赖的表

ProductID	其他产品数据	SupplierID
123	…	7890
150	…	6785
200	…	6785
250	…	7823
500	…	6785

(b) 消除传递依赖的表(1)

SupplierID	ContactName	Phone
7890	佳佳乐	1234567
6785	妙生	9745676
7823	为全	5632456

(c) 消除传递依赖的表(2)

图 6.3　第三范式示意表

6.4　表示 HAS-A 联系

6.4.1　表示 1 对 1 联系

使用关系模型表示 1 对 1 联系是非常直观的。首先每个实体用一个关系(表)表示，然后将一个关系(表)的关键字置于另外一个关系中。以下示例为表示 1∶1 联系的两种可替换的方式。

示例一：Employees 的关键字 EmployeeID 存储在 emp_pay 中。

```
Employees (EmployeeID, Name, Photo, …)
emp_pay(SalaryID, EmployeeID, base_pay )
```

示例二：把 emp_pay 关键字置于 Employees 中。

```
Employees (EmployeeID, Name, Photo, …SalaryID)
emp_pay(SalaryID, base_pay )
```

一个表的关键字存储在另一个表中时，称为另一个表的外部关键字。在示例一中 EmployeeID 是表 emp_pay 的外部关键字，在示例二中 SalaryID 是表 Employees 的外部关键字，外部关键字也称为外键。在上述示例中我们用斜体表示外部关键字。

6.4.2　表示 1 对多联系

父和子这两个术语有时用于 1 对多联系的表中。父实体类在 1 那一侧，子实体类在“多”那一侧。在图 6.4 中供应商是父实体类，产品是子实体类。表示父实体类的表为父表，表示子实体类的表为子表。

1：N 联系的表示是简单而直观的。首先，一个实体类由一个关系(表)表示，然后将代表父实体类的关系(表)的主关键字置于代表子实体类的关系(表)中。因此为了表示图 6.4 中的联系，我们将父表 Suppliers 的关键字 SupplierID 置于子表 Products 中，如下所示：

Suppliers (SupplierID,CompanyName , ContactName，…)
Products(ProductID,ProductName , QuantityPerUnit，…，***SupplierID***)

图 6.4　Suppliers 和 Products 的 1：N 联系的表示

把这种情况和 1：1 联系相比较，发现在两种情况下，都是把一个表的关键字存储在第二个表中作为外部关键字。在 1：1 联系中，把父表的关键字置于子表中无关紧要，但在 1：N 联系中则很重要，必须把父表的关键字置于子表中。

图 6.5 表示 Categories 和 Products 的 1 对多联系。

Categories (CategoryID ,CategoryName ,Description)
Products(ProductID,ProductName , QuantityPerUnit，…，SupplierID，***CategoryID***)

图 6.5　Categories 和 Products 的 1:N 联系的表示

图 6.6 表示 Employees 和 Orders 的 1 对多联系。

Employees (EmployeeID ，　Name，Photo，…)
Orders(OrderID, ***EmployeeID***,OrderDate,RequiredDate,…)

图 6.6　Employees 和 Orders 的 1:N 联系的表示

图 6.7 表示 Customers 和 Orders 的 1 对多联系。

Customers (CustomerID,CompanyName,ContactName ,…)
Orders(OrderID,***CustomerID***,*EmployeeID*,OrderDate,RequiredDate,…)

图 6.7　Customers 和 Orders 的 1:N 联系的表示

6.4.3　表示多对多联系

产品和订单是多对多的联系。多对多的联系不能像 1 对 1 和 1 对多联系那样直接用联系表示。究其原因，可以试着像 1 对 1 和 1 对多联系一样，把一个表的关键字置于另一个表中。实现为每个实体类定义一个关系(表)，命名为 Orders 和 Products。现在试着把 Products 的关键字(ProductID)置于 Orders 表中，因为关系(表)的单元格不允许多值，Orders 表中只能有一个 ProductID 的值，我们不能记录其他 ProductID 的值。

如果试图把 Orders 的关键字(OrderID)置于 Products 表中，就会发生同样的问题。Products 表只能存放一个 OrderID 的值。

图 6.8 显示了另一种策略。在这种情况下，我们在 Products 表中为每个订购的产品存储一行，因此产品 101 和产品 160 各有两条记录。这种模式的问题在于，我们重复了产品数据，并且产生了修改异常。如果产品 101 的数据修改了，那么很多行都需要修改，并且可能由于差错产生不一致。同样，考虑一下插入异常和修改异常：产品在有订单之前无法输入产品数据。删除订单 1200 时，也丢失了产品 180 的信息。很显然，这种策略是不行的。

解决这种问题的办法是建立第三个表 Details，第三个表称为中间表或交叉表，它把 M：N 的联系分解成两个 1：N 的联系，交叉表的关键字是它的两个父表关键字的组合，因此 Details 表的关键字为(ProductID, OrderID)。注意，必须将多对多联系的两个表的关键字置于交叉表中，交叉表同时还可以有其他字段。

Products

ProductID	ProductName	其他产品数据	OrderID
101	苹果汁	…	0001
101	苹果汁	…	0002
146	TRU	…	0002
186	GGGG	…	0001
160	MMM	…	0004
160	MMM	…	0005
180	MNB	…	1200

Orders

OrderID	其他订单数据
0001	…
0002	…
0004	…
0005	…
1200	…

图 6.8　一个 M：N 联系的不正确表示

这样 Orders 和 Products 的联系可表示为如图 6.9 所示。

Products(<u>ProductID</u>,ProductName , QuantityPerUnit，UnitPrice，…，*SupplierID*)
OrderDetails (<u>*OrderID* ,*ProductID* </u>,UnitPrice ,Quantity,Discount)
Orders(<u>OrderID</u>,*CustomerID*,*EmployeeID*,OrderDate,RequiredDate,…)

图 6.9　Products 和 Orders 的 M:N 联系的表示

6.5　实 例 研 究

6.5.1　将 E-R 模型映射为表

接着，为 E-R 模型创建表来表达实体、关系、属性和约束。为了转化实体-联系模型，对 E-R 模型中的每个实体类，创建一个包含实体的所有简单属性的表，实体类的属性成为表的属性。对复合属性，表仅包含组成复合属性的简单属性。实体类的关键字成为表的关键字，实体类的主关键字成为表的主关键字，如下面的代码所示，其中主关键字是加有下划线的。

表一旦创建，就必须根据规范化准则进行检查，每个规范化的表只能有主题，如果某个表有两个或多个主题，就应该分解为两个或多个表。

E-R 模型中有三种类型的 HAS-A 联系：1 对 1、1 对多和多对多。为了转化实体-联系模型，将 E-R 模型每个实体类的关系转化为对应表之间的关系。

为了表示 1 对 1 关系，将一个表的主关键字置于另一个表中。例如，Order 表和 Invoice 表为 1 对 1 关系，可将 Order 表的主关键字 OrderID 置于 Invoice 表中。

为了表示 1 对多的关系，将父表的关键字置于子表中。Employee 表和 Order 表，Customer 表和 Order 表，Shipper 表和 Order 表，Category 表和 Product 表，Supplier 表和 Product 表都是 1 对多关系，其中 Employee、Customer、Shipper、Category 和 Supplier 为父表。将 Employee 表的主关键字 EmployeeID 置于子表 Order 中，将 Customer 表的主关键字 CustomerID 置于子表 Order 中，将 Shipper 表的主关键字 ShipperID 置于子表 Order 中，将 Category 表的主关键字 CategoryID

置于子表 Product 中，将 Supplier 表的主关键字 SupplierID 置于子表 Product 中。

为了表示多对多的关系，我们创建一个包含两个表的主关键字的交叉表，交叉表中可包含其他需要的属性。Product 表和 Order 表为多对多关系，创建交叉表 Order Detail，交叉表 Order Detail 必须包含 Product 表的主关键字 ProductID 和 Order 表的主关键字 OrderID。同时还添加了 UnitPrice、Quantity 和 Discount 属性。

```
Employees (
   EmployeeID    int   IDENTITY (1, 1) PRIMARY KEY NOT NULL ,
   LastName   nvarchar   (20),
   FirstName   nvarchar   (10) ,
   Title   nvarchar   (30),
   TitleOfCourtesy   nvarchar   (25) ,
   BirthDate   datetime CHECK (BirthDate < getdate()) NULL ,
   HireDate   datetime   NULL ,
   Address   nvarchar   (60) ,
   City   nvarchar   (15)  NULL ,
   Region   nvarchar   (15) ,
   PostalCode   nvarchar   (10),
   Country   nvarchar   (15) ,
   HomePhone   nvarchar   (24) ,
   Extension   nvarchar   (4),
   Photo   image   NULL ,
   Notes   ntext   ,
   PhotoPath   nvarchar   (255)
)

Orders(
   OrderID   int   IDENTITY (1, 1) PRIMARY KEY NOT NULL ,
CustomerID  nchar(5)  NULL ,
EmployeeID   int   NULL   ,
   OrderDate   datetime   NULL ,
   RequiredDate   datetime   NULL ,
   ShippedDate   datetime   NULL ,
  ShipperID   int   NULL ,
   Freight   money   NULL ,
   ShipName   nvarchar   (40) ,
   ShipAddress   nvarchar   (60) ,
   ShipCity   nvarchar   (15) ,
   ShipRegion   nvarchar   (15) ,
   ShipPostalCode   nvarchar   (10) ,
   ShipCountry   nvarchar   (15)
)
Emp_pay(
   SalaryID int PRIMARY KEY NOT NULL,
   base_pay money NOT NULL,
   EmployeeID int NULL
)
 Order Detail  (
  OrderID   int  NOT NULL ,
  ProductID   int  NOT NULL ,
  UnitPrice   money  DEFAULT (0) CHECK (UnitPrice >= 0)NOT NULL ,
  Quantity   smallint  NOT NULL ,
  Discount real DEFAULT (0) CHECK (Discount >= 0 and Discount  <= 1)NOT NULL
)
PRIMARY KEY ( OrderID ,ProductID)

Products(
   ProductID  int   IDENTITY (1, 1) PRIMARY KEY NOT NULL ,
SupplierID   int   NULL ,
   CategoryID   int   NULL ,
   ProductName   nvarchar   (40) NOT NULL ,
   QuantityPerUnit  nvarchar (20) NULL ,
   UnitPrice   money DEFAULT (0) CHECK (UnitPrice >= 0) NULL ,
   UnitsInStock   smallint DEFAULT (0) CHECK (UnitsInStock >= 0)NULL ,
   UnitsOnOrder   smallint DEFAULT (0) CHECK (UnitsOnOrder >= 0)NULL ,
   ReorderLevel   smallint DEFAULT (0) CHECK (ReorderLevel >= 0)NULL ,
   Discontinued   bit DEFAULT (0) NOT NULL
)
```

```
Shippers(
    ShipperID   int  IDENTITY (1, 1) PRIMARY KEY NOT NULL ,
    CompanyName  nvarchar  (40) NOT NULL ,
    Phone  nvarchar  (24) NULL
)

Categories (
    CategoryID   int  IDENTITY (1, 1) PRIMARY KEY NOT NULL ,
    CategoryName  nvarchar  (15) NOT NULL ,
    Description  ntext  NULL ,
)

Suppliers (
    SupplierID   int  IDENTITY (1, 1) PRIMARY KEY NOT NULL ,
    CompanyName  nvarchar  (40) NOT NULL ,
    ContactName  nvarchar  (30) NULL ,
    ContactTitle  nvarchar  (30) NULL ,
    Address  nvarchar  (60) NULL ,
    City  nvarchar  (15) NULL ,
    Region  nvarchar  (15) NULL ,
    PostalCode  nvarchar  (10) NULL ,
    Country  nvarchar  (15) NULL ,
    Phone  nvarchar  (24) NULL ,
    Fax  nvarchar  (24) NULL ,
    HomePage  ntext  NULL
)

Customers (
    CustomerID   nchar  (5) PRIMARY KEY NOT NULL ,
    CompanyName  nvarchar  (40) NOT NULL ,
    ContactName  nvarchar  (30) NULL ,
    ContactTitle  nvarchar  (30) NULL ,
    Address  nvarchar  (60) NULL ,
    City  nvarchar  (15) NULL ,
    Region  nvarchar  (15) NULL ,
    PostalCode  nvarchar  (10) NULL ,
    Country  nvarchar  (15) NULL ,
    Phone  nvarchar  (24) NULL ,
    Fax  nvarchar  (24) NULL
)
```

6.5.2 对多值属性的处理

对于每个与实体类有关的多值属性，应该遵守上述 1 对多关系中描述的规则。在 1 端的实体(原始包含多值属性的实体)被指定为父实体，在多端的多值属性被指定为子实体。创建一个新的表包含这些多值属性，将父表的关键字置于子表中。

例如，如果雇员有的有两部电话，有的有三部电话，有的有四部电话，这时 Employee 实体类的 phone 属性就为多值属性。要表达这个关系，我们创建一个新的叫 Telephone 的表来表达多值属性 phone，如下所示：

```
Telephone(
    telephoneID  int  IDENTITY (1, 1) PRIMARY KEY NOT NULL ,
    telephoneNo  int  NOT NULL ,
    employeeID   int  NULL
    FOREIGN KEY REFERENCES employee(employeeID),
)
```

6.5.3 再论 1 对 1 关系

图 6.10 显示了一个 1 对 1 关系，其中 Employee 有一个 Emp_pay,每个 Emp_pay 对应一个特定的 Employee。从图中可以看到 1∶1 关系的两边都是强制参与。当 1∶1 关系的两边都是强制参与时，它们很可能是描述同一实体的不同方面。这样，两个实体类的关键字相同，则这些记录应该置于一个表中。

把一个表分解为两个表有时是正当的，一个理由是关于性能的考虑。例如，假定 Emp_pay 数据很长，且使用频率比其他雇员数据低得多。在这种情况下，如果把 Emp_pay 数据存储在一个单独的表中，则能够使得更频繁的关于雇员数据的请求处理得更快，所以这是一个合适的方案。

分解为两个表的第二个理由是安全性考虑，Employees 数据可以公开，而 Emp_pay 数据只能供特别用户使用。

如果 1∶1 强制关系是描述两个不同的实体类，而不是同一实体类的不同方面，则该 1∶1 关系肯定是合适的，这一点毋庸置疑。

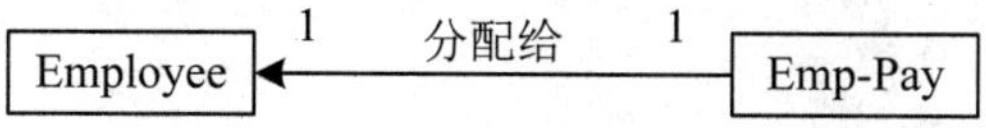

图 6.10　Employees 表与 Emp_pay 表关系图

6.6　独立实践

根据在 5.7 节“独立实践”中创建的实体-联系模型设计出“教务管理”数据库。可以遵循任务 5 中将实体-联系模型转变成数据库设计的步骤设计“教务管理”数据库。

课题三　实现数据库

- 创建数据库和表
- 创建表的关系和参照完整性
- 使用 SQL 查询数据库
- 使用索引

任务 7 创建数据库和表

7.1 场 景 引 入

问题：A 公司的数据很多、很大，A 公司希望创建一个数据库，将公司的数据存放在多个磁盘上，请提出解决该问题的解决方案。

数据库物理上是一组操作系统文件，可以创建多个数据文件而将这多个不同的数据文件存放在多个不同的磁盘上。

在前面的任务中，创建的表不是数据文件，表是数据库中显示数据或对数据进行操作的一个逻辑组件，表和数据存放在数据库中。

任务 7 解决的问题是如何创建数据库，如何维护数据库，并实现任务 6 设计的数据库的每个表。

7.2 物理实现数据库

7.2.1 理解数据库

数据库是存放表和其他对象信息的逻辑实体。创建数据库就是创建存储数据库结构的文件，并分配存储空间，是数据库的物理实现，如图 7.1 所示。

数据存储在数据库中。在数据库中，数据被组织到用户可以看见的逻辑组件(例如表)中。数据库还可以按物理方式，在磁盘上作为两个或更多的文件实现。使用数据库时使用的主要是逻辑组件，例如表、视图和存储过程。

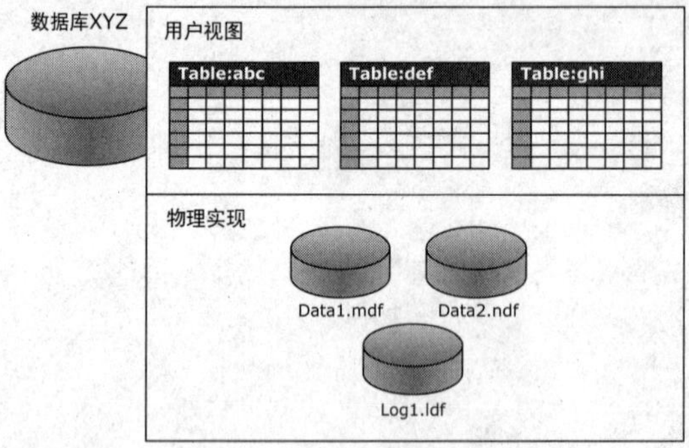

图 7.1 数据库的物理实现图

在 SQL Server 中，一个数据库可产生三种类型的文件：主要数据文件、次要数据文件和事务日志文件。

1. 主要数据文件

主要数据文件包含数据库的启动信息，并用于存储数据。每个数据库都有一个主要数据文件。主要数据文件的推荐文件扩展名是.mdf。

2. 次要数据文件

次要数据文件包含除主要数据文件外的所有数据文件。有些数据库可能没有次要数据文件，而有些数据库则有多个次要数据文件。次要数据文件的推荐文件扩展名是 .ndf。

次要数据文件含有不能置于主要数据文件中的所有数据。如果主文件可以包含数据库中的所有数据，那么数据库就不需要次要数据文件。有些数据库可能足够大故需要多个次要数据文件，或为了将数据存放在多个磁盘上，而在不同磁盘上使用次要数据文件。

3. 事务日志文件

事务日志文件会存储数据库中异常的日志信息，当数据库发生问题时，可利用此文件恢复数据库。每个数据库必须至少有一个事务日志文件，但可以不止一个。事务日志文件的推荐文件扩展名是 .ldf。事务日志文件最小为 512 KB。

4. 文件组

文件组允许对文件进行分组，以便于管理数据的分配/放置。例如，可以分别在 3 个硬盘驱动器上创建 3 个文件(Data1.ndf、Data2.ndf 和 Data3.ndf)，并将这 3 个文件指派到文件组 fgroup1 中。然后，可以明确地在文件组 fgroup1 上创建一个表。对表中数据的查询将分散到 3 个磁盘上，因而性能得以提高。

7.2.2 创建数据库

从物理实现上看，创建数据库就是创建存储数据库结构的文件，并分配存储空间。

7.2.1 讨论了有 3 种类型的文件可用于存储数据库：主数据文件、次要数据文件和事务日志文件。数据库必须具有一个主数据文件和至少一个事务日志文件。

在创建数据库时，可根据数据库中预期的最大数据量，指定数据文件的初始大小(默认值为 1 MB，最小值为 512 KB)。随着数据不断添加到数据库，数据文件将逐渐变满。然而，如果被添加到数据库中的数据大于文件的初始大小，就需要考虑数据库增长。默认情况下，SQL Server 允许数据文件根据需要尽可能地增长，直到磁盘空间用完为止。为了防止数据文件用完整个磁盘空间，可在创建数据库时指定数据文件的最大大小。

1. 创建自动创建数据和事务日志文件的数据库

任务 7.1 使用默认值创建数据库

问题描述 使用系统默认值创建名称为 MyTest 的新数据库。

解决方案

```
CREATE DATABASE MyTest
```

分析与讨论

以上代码创建名为 MyTest 的数据库，并自动创建相应的主数据文件和事务日志文件。因为该语句除了指定必需的数据库名称之外，没有其他选项，所以其他项都使用系统默认值，包括主数据文件位置、名称及大小和事务日志文件的位置、名称及大小以及每个文件的增长方式等。图 7.2 所示是 MyTest 数据库的属性窗口。

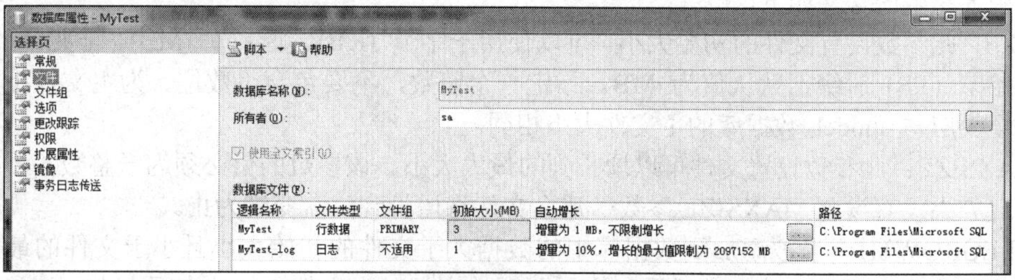

图 7.2 “数据库属性”窗口

2．创建指定数据文件的数据库

任务7.2　创建指定数据文件的数据库

问题描述 创建名称为 MyProducts 的数据库。该数据库的主要数据文件逻辑文件名称为 MyProducts。物理文件名称为 Products.mdf，物理文件位置为 c:\sh(事先在操作系统下创建该文件夹)，其他项使用系统默认值。

解决方案

```
CREATE DATABASE MyProducts
ON
( NAME = MyProducts,
   FILENAME = 'c:\sh\Products.mdf' )
```

分析与讨论

(1) 以上代码中参数的含义如下。

ON：此参数表示数据库是根据后面的参数条件建立的。它指定显式定义用来存储数据库数据部分的磁盘文件(数据文件)。

NAME：此参数设置当创建数据库后 SQL 语句引用该数据库时使用的文件名称(逻辑文件名称)。

FILENAME：此参数设置数据库在操作系统下定义物理文件时使用的路径名和文件名。

注意：关键字 ON 后面是括号，括号中的每项之间用逗号分隔。指定 FILENAME 时，需要使用 NAME。

(2) 以上代码创建名为 MyProducts 的数据库。该数据库的逻辑文件名称为 MyProducts，且实际文件名为 Products.mdf。逻辑文件 MyProducts 将成为主文件，大小为默认值。事务日志文件会自动创建，其大小为主文件大小的 25% 和 512 KB 中的较大值。因为没有指定最大值，文件可以增长到填满所有可用的磁盘空间为止。

任务7.3　创建指定数据文件和大小的数据库

问题描述 创建名称为 MyOrders 的数据库。该数据库的主要数据文件逻辑文件名称为 MyOrders。物理文件名称为 Orders.mdf，初始大小为 10 MB，最大空间为 50 MB 且每次以 5 MB 步长增长，物理文件位置为 c:\sh(事先在操作系统下创建该文件夹)。其他项使用系统默认值。

解决方案

```
CREATE DATABASE MyOrders
ON
( NAME = MyOrders,
   FILENAME = 'c:\sh\Orders.mdf',
   SIZE = 10MB,
   MAXSIZE = 50MB,
   FILEGROWTH = 5 )
```

分析与讨论

以上代码指定的单个逻辑文件 MyOrders 将成为主文件，并会自动创建一个事务日志文件。其中各参数的含义如下。

SIZE：此参数设置文件的初始大小。可以使用千字节 (KB)、兆字节 (MB)、千兆字节 (GB) 或兆兆字节 (TB) 后缀，默认值为 MB。指定一个整数，不要包含小数位。为主文件指定的文件大小至少应与 model 数据库的主文件大小相同。

MAXSIZE：此参数设置文件可以增长到的最大大小。该参数的值必须为一整数，不能包含小数位。如果没有设置 MAXSIZE 参数，那么文件将增长到磁盘变满为止。

FILEGROWTH：当被添加到数据库中的数据大于文件的初始大小且小于文件的最大大小时，数据库会自动增长。此参数设置每次需要新的空间时为文件添加的空间大小。该参数的值必须为一整数。该值可以 MB、KB、GB、TB 或百分比 (%) 为单位指定。如果未在数量后面指定 MB、KB 或 %，则默认值为 MB。如果指定 %，则增量大小为发生增长时文件大小的指定百分比。如果没有指定 FILEGROWTH，则默认值为 10%，最小值为 64 KB。指定的大小舍入为最接近的 64 KB 的倍数。

3．创建指定数据和事务日志文件的数据库

任务 7.4　创建指定数据和事务日志文件的数据库

问题描述创建名称为 MyCustomers 的数据库。该数据库的主要数据文件逻辑文件名称为 MyCustomers。物理文件名称为 Customers.mdf，初始大小为 10 MB，最大空间为 50 MB 且每次以 5 MB 步长增长，该数据库的事务日志文件逻辑文件名称为 MyCustomers_log，物理文件名称为 Customers.ldf，初始大小为 1 MB，最大空间为 10 MB 且每次以 1 MB 步长增长。物理文件位置为 C:\SH(事先在操作系统下创建该文件夹)。其他项使用系统默认值。

解决方案

```
CREATE DATABASE MyCustomers
ON
( NAME = MyCustomers,
    FILENAME = 'C:\SH\Customers.mdf',
    SIZE = 10,
    MAXSIZE = 50,
    FILEGROWTH = 5 )
LOG ON
( NAME = MyCustomerslog,
    FILENAME = 'C:\SH\Customers.ldf',
    SIZE = 1MB,
    MAXSIZE = 10MB,
    FILEGROWTH = 1MB );
```

分析与讨论

(1) 如果要创建指定事务日志文件的数据库，则必须使用 LOG ON 参数。该参数的含义如下。

LOG ON：此参数指定显式定义用来存储数据库日志的磁盘文件(日志文件)。LOG ON 后跟以逗号分隔的用以定义日志文件的项列表。如果没有指定 LOG ON，将自动创建一个日志文件，其大小为该数据库的所有数据文件大小总和的 25% 或 512 KB，取两者之中的较大者。

如果指定了日志文件，但未指定该文件 SIZE，则 SIZE 默认值为 1 MB 作为该文件的大小。SIZE 的最小值为 512 KB。

(2) 以上代码第一个文件 MyCustomers 将成为主文件。因为在 MyCustomers 文件的 SIZE 参数中没有指定 MB 或 KB，将使用 MB 并按 MB 分配。MyCustomers_log 文件以 MB 为单位进行分配，因为 SIZE 参数中显式声明了 MB 后缀。

(3) SQL Server 将数据库映射为一组操作系统文件。数据和日志信息不能混合在同一个文件中，而且一个文件只由一个数据库使用。

4．创建多个数据和事务日志文件的数据库

数据库物理上是一组操作系统文件。有些数据库可能足够大故需要多个数据文件。一个数据库有且仅有一个主要数据文件，可以有多个次要数据文件。

为了将数据存放在多个磁盘上，而在不同磁盘上使用次要数据文件。次要文件可用于将数据分散到多个磁盘上以实现将每个文件放在不同的磁盘驱动器上。

例如，如果计算机上有 5 个磁盘，那么可以创建一个由 3 个数据文件和 2 个日志文件组成的数据库，每个磁盘上放置一个文件。在对数据进行访问时，5 个读/写磁头可以同时并行地访问数据。这样可以加快数据库操作的速度。

另外，如果数据库超过了单个文件的最大大小，可以使用次要数据文件，这样数据库就能继续增长。

任务 7.5　创建多个数据和事务日志文件的数据库

问题描述创建数据库 OrdersDB，该数据库具有 3 个 100MB 数据文件和两个 100MB 事务

日志文件，并使每个文件存储于不同的磁盘上。

解决方案

```
CREATE DATABASE OrdersDB
ON
PRIMARY
    (NAME = OrdersDB1,
    FILENAME = 'C:\DB\Ordersdat1.mdf',
    SIZE = 100MB,
    MAXSIZE = 200,
    FILEGROWTH = 20),
    (NAME = OrdersDB2,
    FILENAME = 'D:\DB\Ordersdat2.ndf',
    SIZE = 100MB,
    MAXSIZE = 200,
    FILEGROWTH = 20),
    (NAME = OrdersDB3,
    FILENAME = 'E:\DB\Ordersdat3.ndf',
    SIZE = 100MB,
    MAXSIZE = 200,
    FILEGROWTH = 20)
LOG ON
   (NAME = Orderslog1,
    FILENAME = 'F:\DB\Orderslog1.ldf',
    SIZE = 100MB,
    MAXSIZE = 200,
    FILEGROWTH = 20),
   (NAME = Orderslog2,
    FILENAME = 'G:\DB\Orderslog2.ldf',
    SIZE = 100MB,
    MAXSIZE = 200,
    FILEGROWTH = 20);
```

分析与讨论

(1) PRIMARY：显式指定列表中的第一个文件为主文件。一个数据库只能有一个主文件。如果没有指定 PRIMARY，那么 CREATE DATABASE 语句中列出的第一个文件将成为主文件。

(2) 事务日志文件在 LOG ON 关键字后指定。

(3) FILENAME 选项中各文件的扩展名：.mdf 用于主数据文件，.ndf 用于次数据文件，.ldf 用于事务日志文件。

(4) 每个文件定义用()括起来，每个文件定义之间用逗号分隔。

5. 创建自定义文件组的数据库

为了便于分配和管理，可以将数据文件集合起来，放到文件组中。

每个数据库有一个主要文件组。此文件组包含主要数据文件和未放入其他文件组的所有次要文件。可以创建用户定义的文件组，用于将数据文件集合起来，以便于数据分配和放置及管理。

任务 7.6　创建具有多个文件组的数据库

问题描述 创建数据库 MyDB，该数据库具有如下文件组。

主文件组：该文件组包含主要数据文件 MyDBPrimary 和次要数据文件 MyDBFDat。

自定义文件组 MyDBFG1：该文件组包含 MyDBFG1Dat1 和 MyDBFG1Dat2 两个次要数据文件。

自定义文件组 MyDBFG2：该文件组包含 MyDBFG2Dat1 和 MyDBFG2Dat2 两个次要数据文件。

解决方案

```
CREATE DATABASE MyDB
ON PRIMARY
  ( NAME=MyDBPrimary,
   FILENAME='c:\sh\MyDBPrm.mdf',
   SIZE=4,
   MAXSIZE=10,
```

```
    FILEGROWTH=1),
    ( NAME = MyDBFDat,
    FILENAME ='c:\sh\MyDBF.ndf',
    SIZE = 1MB,
    MAXSIZE=10,
    FILEGROWTH=1),
FILEGROUP MyDBFG1
   ( NAME = MyDBFG1Dat1,
    FILENAME ='c:\sh\MyDBFG11.ndf',
    SIZE = 1MB,
    MAXSIZE=10,
    FILEGROWTH=1),
   ( NAME = MyDBFG1Dat2,
    FILENAME ='c:\sh\MyDBFG12.ndf',
    SIZE = 1MB,
    MAXSIZE=10,
    FILEGROWTH=1),
FILEGROUP MyDBFG2
   ( NAME = MyDBFG2Dat1,
    FILENAME = 'c:\sh\MyDBFG21.ndf',
    SIZE = 1MB,
    MAXSIZE=10,
    FILEGROWTH=1),
   ( NAME= 'MyDBFG2Dat2',
    FILENAME ='c:\sh\MyDBFG22.ndf',
    SIZE = 1MB,
    MAXSIZE=10,
    FILEGROWTH=1)
LOG ON
   ( NAME='MyDBlog',
    FILENAME ='c:\sh\MyDB.ldf',
    SIZE=1,
    MAXSIZE=10,
    FILEGROWTH=1);
```

分析与讨论

(1) 创建数据库时添加文件组。

在创建数据库时使用 FILEGROUP 关键字，指定创建的文件组的名称。同时表示后面列表定义的文件在此文件组中。例如，以上创建数据的代码中：

MyDBFG1 为文件组的名称，其后定义的文件 MyDBFG1Dat1 和 MyDBFG1Dat2 在此文件组中。

MyDBFG2 为另一文件组的名称，它后面定义的文件 MyDBFG2Dat1 和 MyDBFG2Dat2 属于该文件组。

(2) 使用文件组将对象放置在特定的物理磁盘上。

(3) 一个文件只能是一个文件组的成员。事务日志文件不能属于任何文件组。

(4) 文件组不能独立于数据库文件创建。文件组是在数据库中组织文件的一种管理机制。

(5) 一个文件或文件组不能由多个数据库使用。例如，任何其他数据库都不能使用包含 EmployeesDB 数据库中的数据和对象的文件 employees.mdf 和 employees.ndf。

(6) 如果在数据库中创建对象时没有指定对象所属的文件组，对象将被分配给默认文件组。无论何时，只能将一个文件组指定为默认文件组。默认文件组中的文件必须足够大，能够容纳未分配给其他文件组的所有新对象。

主要文件组是默认文件组，除非使用 ALTER DATABASE 语句进行了更改。但系统对象和表仍然分配给主要文件组，而不是新的默认文件组。

(7) 如果使用多个文件，可为附加文件创建第二个文件组，并将其设置为默认文件组。这样，主文件将只包含系统表和对象。

(8) 若要使性能最大化，则在尽可能多的不同的可用本地物理磁盘上创建文件或文件组。将争夺空间最激烈的对象置于不同的文件组中。

(9) 将最常访问的表置于不同的文件组中。如果文件位于不同的物理磁盘上，由于采用并行 I/O，所以性能将得以改善。

(10) 不要将事务日志文件置于其中已有其他文件和文件组的物理磁盘上。

(11) 将在同一连接查询中使用的不同表置于不同的文件组中。由于采用并行磁盘 I/O 对连接数据进行搜索，所以性能将得以改善。

7.2.3 修改数据库

1. 修改数据库文件

任务 7.7 修改数据库文件大小

问题描述 修改任务 7.6 中创建的文件 MyDBPrimary 的大小，将其初始大小设置为 5。最大空间设置为 20 MB。

解决方案

```
ALTER DATABASE MyDB
MODIFY FILE
    (NAME =MyDBPrimary,
    SIZE = 5MB,
    MAXSIZE=20);
```

分析与讨论

(1) 使用 ALTER DATABASE 语句修改数据库。

其中，MODIFY FILE 子句修改文件。一次只能修改一个文件，必须在修改文件的项中指定 NAME，以标识要修改的文件。如果指定了 SIZE，那么新大小必须比文件当前大小要大。

(2) 若要修改数据文件或日志文件的逻辑名称，则在 NAME 子句中指定要重命名的逻辑文件名称，并在 NEWNAME 子句中指定文件的新逻辑名称。例如，如下代码将 MyDBPrimary 重命名为 DBPrimary。

```
ALTER DATABASE MyDB
MODIFY FILE
    (NAME =MyDBPrimary,
     NEWNAME =DBPrimary);
```

任务 7.8 将数据库文件移至新目录

问题描述 修改任务 7.5 中创建的 OrdersDB2 文件移至新目录 G:\DB\中。

解决方案

```
ALTER DATABASE OrdersDB
MODIFY FILE
(
    NAME = OrdersDB2,
    FILENAME = 'G:\DB\Ordersdat2.ndf'
);
```

分析与讨论

若要将数据文件或日志文件移至新位置，则在 NAME 子句中指定当前的逻辑文件名称，并在 FILENAME 子句中指定新路径和操作系统文件名称。

注意：必须先将 Ordersdat2.ndf 文件实际移至新目录 G:\DB\中，才能够运行解决方案中的代码。然后，停止和启动 SQL Server 的实例。

2. 将用户定义文件组指定为默认文件组

主要文件组是默认文件组，可以使用 ALTER DATABASE 语句将用户定义文件组指定为默认文件组。但系统对象和表仍然分配给主要文件组，而不是新的默认文件组。

任务 7.9 将用户定义文件组指定为默认文件组

问题描述 使任务 7.6 中创建的 MyDBFG1 文件组成为默认文件组。然后，通过指定用户定义的文件组来创建表。

解决方案

```
ALTER DATABASE MyDB
MODIFY FILEGROUP MyDBFG1 DEFAULT
GO
USE MyDB
CREATE TABLE MyTable
  ( cola      int    PRIMARY KEY,
   colb      char(8) )
ON MyDBFG1;
GO
```

分析与讨论

(1) 可以使用 ALTER DATABASE 语句的子句 MODIFY FILEGROUP 将用户定义的文件组指定为默认文件组。以上 ALTER DATABASE 语句将 MyDBFG1 文件组指定为默认文件组，注意，有 DEFAULT 关键字紧跟其后。

以上创建 MyTable 表时使用 ON 关键字指定了 MyTable 表所属的文件组，MyTable 表被创建在 MyDBFG1 文件组的文件中。

(2) 如果要将主要文件组重新设定为默认文件组，可以使用如下语句：

```
ALTER DATABASE MyDB
MODIFY FILEGROUP [PRIMARY] DEFAULT;
```

注意，必须使用括号或引号分隔 PRIMARY。

7.2.4　独立实践

创建名为 BVTC_DB 的数据库,包含一个主数据文件和一个事务日志文件。主数据文件的逻辑名为 BVTC_DB_DATA，操作系统文件名为 BVTC_DB_DATA.MDF，初始容量大小为 5 MB，最大容量为 20 MB，文件的增长量为 20%。事务日志文件的逻辑文件名为 BVTC_DB_LOG，物理文件名为 BVTC_DB_LOG.LDF，初始容量大小为 5 MB，最大容量为 10 MB，文件增长量为 2 MB，文件增长量为 2 MB，最大空间不受限制。数据文件与事务日志文件都放在 F 盘根目录下。

7.3　创　建　表

除了我们前面创建的表以外，SQL Server 还提供了一些特许类型的表，这些表在数据库中起着特殊的作用。如临时表是一种特许类型的表。

我们前面创建的表称为永久表，临时表与永久表相似，但临时表存储在 tempdb 系统数据库中，当不再使用时会自动删除。

临时表有两种类型：本地表和全局表。它们在名称、可见性及可用性上有区别。本地临时表的名称以单个#符号(#)打头；它们仅对当前的用户连接是可见的；当用户从 SQL Server 实例断开连接时被删除。全局临时表的名称以两个#符号(##)打头，创建后对任何用户都是可见的，当所有引用该表的用户从 SQL Server 断开连接时被删除。

例如，如果创建了 employees 表，则任何在数据库中有使用该表的安全权限的用户都可以使用该表，除非已将其删除。如果数据库会话创建了本地临时表 #employees，则仅会话可以使用该表，会话断开连接后就将该表删除。如果创建了 ##employees 全局临时表，则数据库中的任何用户均可使用该表。如果该表在创建后没有其他用户使用，则当断开连接时该表删除。如果用户创建该表后另一个用户在使用该表，则 SQL Server 将在创建表的用户断开连接并且所有其他会话不再使用该表时将其删除。

任务 7.10　创建临时表

问题描述 创建本地临时表#Categories 以存储临时数据。

解决方案

```
CREATE TABLE  #Categories  (
  CategoryID    int  IDENTITY (1, 1) PRIMARY KEY NOT NULL ,
  CategoryName    nvarchar  (15) NOT NULL ,
  Description    ntext   NULL ,
)
```

分析与讨论

(1) 指定临时表的名称。

本地临时表的名称前面有一个#符号 (#Categories)，而全局临时表的名称前面有两个#符号(##Categories)。

可以使用ALTER DATABASE 语句的子句MODIFY FILEGROUP将用户定义的文件组指定为默认文件组。以上 ALTER DATABASE 语句将 MyDBFG1 文件组指定为默认文件组。注意，有 DEFAULT 关键字紧跟其后。

(2) 创建临时表。

当创建本地或全局临时表时，CREATE TABLE 语法支持除 FOREIGN KEY 约束以外的其他所有约束定义。如果临时表中指定了 FOREIGN KEY 约束，则该语句将返回一条表明已跳过此约束的警告消息。此表仍将创建，但不使用 FOREIGN KEY 约束。在 FOREIGN KEY 约束中不能引用临时表。

(3) 临时表的生存周期。

除非使用 DROP TABLE 显式删除临时表，否则临时表将在退出其作用域时由系统自动删除。

所有其他本地临时表在当前会话结束时都将被自动删除。

全局临时表在创建此表的会话结束且其他所有任务停止对其引用时将被自动删除。任务与表之间的关联只在单个 Transact-SQL 语句的生存周期内保持。换言之，当创建全局临时表的会话结束时，最后一条引用此表的 Transact-SQL 语句完成后，将自动删除此表。

7.4 实例研究

下面我们将完成任务 6 设计的数据库的创建。

对表进行设计有两个重要步骤：标识列的有效值和确定如何强制列中的数据完整性。数据完整性包括实体完整性、域完整性和任务 8 要讨论的引用完整性。

实体完整性：实体完整性将行定义为特定表的唯一实体。实体完整性强制表的标识符列或主键的完整性(通过 UNIQUE 约束、PRIMARY KEY 约束或 IDENTITY 属性和索引实现)。

域完整性：域完整性是指给定列的输入有效性。强制域有效性的方法有：限制类型(通过数据类型)、格式(通过 CHECK 约束)或可能值的范围(通过 FOREIGN KEY 约束、CHECK 约束、DEFAULT 定义和 NOT NULL 定义)。

要实现数据库，首先需要比较和吸收在数据库设计阶段设计的表的信息，并且使用数据定义语言(DDL，Data Define Language)来定义表。对每个在前面数据库设计中标识的表，应该包含如下定义：

- 表名
- 括在括号内的简单属性(字段)列表
- 主键和外键

对每个属性应该包含如下的定义。

- 它的域，包括数据类型、长度和域上的约束。
- 每个属性设置可选的默认值。
- 该属性是否可以为空。

- 该属性是否是派生属性，如果是，则如何计算。

我们使用数据定义语言(DDL)来描述基本表设计。创建表的数据定义语言(DDL)的基本格式为：

```
CREATE TABLE table_name
(
      column_name1 data_type [ DEFAULT constant_expression ]
[ PRIMARY KEY | UNIQUE ] [ NULL | NOT NULL ]
[CHECK ( logical_expression )] [ ,...n ] ,
[column_name AS computed_column_expression] [ ,...n ] ,
[ PRIMARY KEY | UNIQUE  ( column  [ ,...n ] ) ] ,
      [CONSTRAINT constraint]
 )
```

下面使用数据定义语言(DDL)来定义数据库设计中的各表。

```
-- 创建 RocDatabase 数据库
CREATE DATABASE RocDatabase
USE master
GO
CREATE DATABASE RocDatabase
ON
( NAME = roc_dat,
  FILENAME = 'D:\SH\data\roc.mdf',
  SIZE = 4,
  MAXSIZE = 10,
  FILEGROWTH = 1 )
GO

-- 创建 Employees 表
 CREATE TABLE Employees  (
EmployeeID int IDENTITY (1, 1) PRIMARY KEY NOT NULL ,
     LastName  nvarchar (20),
FirstName nvarchar (10) ,
Title nvarchar (30),
TitleOfCourtesy nvarchar (25)  ,
BirthDate datetime   NULL CHECK (  BirthDate  < getdate()),
HireDate  datetime   NULL ,
 Address   nvarchar  (60) ,
 City   nvarchar   (15) NULL ,
 Region    nvarchar    (15) ,
 PostalCode    nvarchar    (10),
 Country    nvarchar    (15) ,
 HomePhone    nvarchar    (24)  ,
 Extension    nvarchar    (4),
 Photo    image    NULL ,
 Notes    ntext    ,
 PhotoPath    nvarchar    (255)
)

-- 创建 Suppliers 表
CREATE TABLE  Suppliers   (
  SupplierID    int  IDENTITY (1, 1) PRIMARY KEY NOT NULL ,
  CompanyName    nvarchar  (40) NOT NULL ,
  ContactName    nvarchar  (30) NULL ,
  ContactTitle    nvarchar  (30) NULL ,
  Address    nvarchar  (60) NULL ,
  City    nvarchar  (15) NULL ,
  Region   nvarchar  (15) NULL ,
  PostalCode    nvarchar  (10) NULL ,
  Country    nvarchar  (15) NULL ,
  Phone    nvarchar  (24) NULL ,
  Fax    nvarchar  (24) NULL ,
  HomePage    ntext  NULL
)
GO

-- 创建 Categories 表
CREATE TABLE  Categories  (
  CategoryID    int  IDENTITY (1, 1) PRIMARY KEY NOT NULL ,
  CategoryName    nvarchar  (15) NOT NULL ,
  Description    ntext    NULL ,
)
GO
```

```
-- 创建 Customers 表
CREATE TABLE  Customers (
  CustomerID   nchar  (5) PRIMARY KEY NOT NULL ,
  CompanyName   nvarchar  (40) S NOT NULL ,
  ContactName   nvarchar  (30) NULL ,
  ContactTitle   nvarchar  (30) NULL ,
  Address   nvarchar  (60) NULL ,
  City   nvarchar  (15) NULL ,
  Region   nvarchar  (15) NULL ,
  PostalCode   nvarchar  (10) NULL ,
  Country   nvarchar  (15) NULL ,
  Phone   nvarchar  (24) NULL ,
  Fax   nvarchar  (24) NULL
)
GO
-- 创建 Shippers 表
CREATE TABLE  Shippers  (
  ShipperID   int  IDENTITY (1, 1) PRIMARY KEY NOT NULL ,
  CompanyName   nvarchar  (40)  NOT NULL ,
  Phone   nvarchar  (24) NULL
)
GO

-- 创建 Products 表
CREATE TABLE  Products  (
  ProductID   int  IDENTITY (1, 1) PRIMARY KEY NOT NULL ,
  ProductName   nvarchar  (40) NOT NULL ,
  SupplierID   int  NULL ,
  CategoryID   int  NULL ,
  QuantityPerUnit   nvarchar  (20),
UnitPrice   money  DEFAULT  (0) NULL CHECK (UnitPrice>= 0),
  UnitsInStock   smallint DEFAULT  (0)  NULL CHECK  (UnitsInStock>= 0),
  UnitsOnOrder   smallint DEFAULT  (0)  NULL CHECK  (UnitsOnOrder>=0),
  ReorderLevel   smallint DEFAULT  (0)  NULL CHECK  (ReorderLevel>=0),
  Discontinued   bit DEFAULT  (0)  NOT NULL
)
GO

-- 创建 Orders 表
CREATE TABLE  Orders  (
  OrderID   int  IDENTITY (1, 1) PRIMARY KEY NOT NULL ,
  CustomerID   nchar  (5)  NULL ,
  EmployeeID   int  NULL ,
  OrderDate   datetime  NULL ,
  RequiredDate   datetime  NULL ,
  ShippedDate   datetime  NULL ,
  ShipperID   int  NULL ,
  Freight   money  NULL CHECK  (Freight>= 0),
  ShipName   nvarchar  (40) ,
  ShipAddress   nvarchar  (60) ,
  ShipCity   nvarchar  (15) ,
  ShipRegion   nvarchar  (15) ,
  ShipPostalCode   nvarchar  (10) ,
  ShipCountry   nvarchar  (15)
)
GO

-- 创建 Order Details 表
CREATE TABLE  [Order Details]  (
  OrderID  int NOT NULL ,
  ProductID  int  NOT NULL ,
  UnitPrice   money DEFAULT  (0)  NOT NULL CHECK(UnitPrice>= 0),
  Quantity   smallint  NOT DEFAULT  (1)  NULL CHECK(Quantity>0),
  Discount  real DEFAULT  (0)  NOT NULL CHECK(Discount>=0 and Discount<=1) ,
CONSTRAINT   PK_Order_Details  PRIMARY KEY  (OrderID,ProductID)
)
GO
-- 创建 Emp_pay 表
CREATE TABLE Emp_pay
(
 SalaryID int PRIMARY KEY NOT NULL,
 EmployeeID int NOT NULL ,
 base_pay money NOT NULL
)
```

7.5 独 立 实 践

(1) 创建名为 JWGL_DB 的数据库，包含一个主数据文件和一个事务日志文件。主数据文件的逻辑名为 JWGL_DB_DATA，操作系统文件名为 JWGL_DB_DATA.MDF，初始容量大小为 5 MB，最大容量为 20 MB，文件的增长量为 20%。事务日志文件的逻辑文件名为 JWGL_DB_LOG，物理文件名为 JWGL_DB_LOG.LDF，初始容量大小为 5 MB，最大容量为 10 MB，文件增长量为 2 MB，文件增长量为 2 MB，最大空间不受限制。数据文件与事务日志文件都放在 F 盘根目录下。

(2) 根据在 6.6 节“独立实践”中设计的每个表，使用 SQL 实现它们。

任务8　创建表的关系和参照完整性

8.1 场 景 引 入

问题：在关系数据库中，表之间彼此相关，所以，当修改任一数据库表的数据时，它们之间的关系就可能会出现问题。例如，如图 8.1 中的 Suppliers 表和 Products 表，它们是 1 对多的关系。

如果没有创建表的关系，则可以删除 Suppliers 表中的任意行，假如删除了主表中 SupplierID 值为 1 的行，则子表 Products 表中的第 1、2 和 3 行就是孤立行，它们找不到与之对应的父记录，这样就破坏了表之间的原有关系。

如果没有创建表的关系，则可以在 Products 表中随意添加任何行。如果在 Products 表中添加了 SupplierID 值为 199 的行，则该行也是孤立行，因为在数据库中找不到该产品的供应商。

如果没有创建表的关系，则可以任意修改 SupplierID 的值，只要 SupplierID 没有重复值。如果将 SupplierID 值为 1 的行的 SupplierID 值修改为 198，则子表 Products 表中的第 1、2 和 3 行就是孤立行，这 3 个产品在数据库中找不到该产品的供应商。

创建 Suppliers 表和 Products 表的关系，以禁止用户进行下列操作：

- 当主表中没有关联的记录时，将记录添加到相关表中。
- 更改主表中的值并导致相关表中的记录孤立。
- 从主表中删除记录，但仍存在与该记录匹配的相关记录。

请提出解决该问题的解决方案。

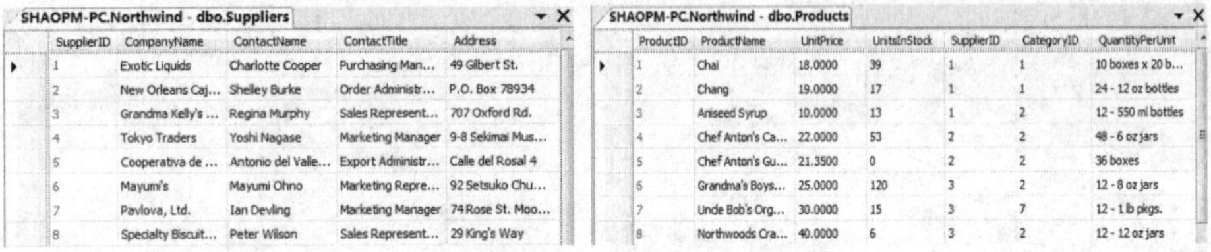

SHAOPM-PC.Northwind - dbo.Suppliers

SupplierID	CompanyName	ContactName	ContactTitle	Address
1	Exotic Liquids	Charlotte Cooper	Purchasing Man...	49 Gilbert St.
2	New Orleans Caj...	Shelley Burke	Order Administr...	P.O. Box 78934
3	Grandma Kelly's ...	Regina Murphy	Sales Represent...	707 Oxford Rd.
4	Tokyo Traders	Yoshi Nagase	Marketing Manager	9-8 Sekimai Mus...
5	Cooperativa de ...	Antonio del Valle...	Export Administr...	Calle del Rosal 4
6	Mayumi's	Mayumi Ohno	Marketing Repre...	92 Setsuko Chu...
7	Pavlova, Ltd.	Ian Devling	Marketing Manager	74 Rose St. Moo...
8	Specialty Biscuit...	Peter Wilson	Sales Represent...	29 King's Way

SHAOPM-PC.Northwind - dbo.Products

ProductID	ProductName	UnitPrice	UnitsInStock	SupplierID	CategoryID	QuantityPerUnit
1	Chai	18.0000	39	1	1	10 boxes x 20 b...
2	Chang	19.0000	17	1	1	24 - 12 oz bottles
3	Aniseed Syrup	10.0000	13	1	2	12 - 550 ml bottles
4	Chef Anton's Ca...	22.0000	53	2	2	48 - 6 oz jars
5	Chef Anton's Gu...	21.3500	0	2	2	36 boxes
6	Grandma's Boys...	25.0000	120	3	2	12 - 8 oz jars
7	Uncle Bob's Org...	30.0000	15	3	7	12 - 1 lb pkgs.
8	Northwoods Cra...	40.0000	6	3	2	12 - 12 oz jars

图 8.1　Suppliers 表和 Products 表

创建表的关系可确保数据库中的数据一致性和正确性，在输入或删除记录时，可保持表之间已定义的关系。在 SQL Server 中，创建表的关系是创建基于外键与主键之间或外键与唯一键之间的关系(通过创建 FOREIGN KEY 约束实现)。创建表的关系确保键值在所有表中一致。这样的一致性要求不能引用不存在的值，如果键值更改了，那么在整个数据库中，对该键值的所有引用要进行一致的更改。

8.2 创建表的关系

我们通过创建外键约束来创建表的关系。当 A 表中的关键字 p 存储在 B 表中时，则在 B 表中列 p 为外键。也就是说，一个表的外键指向另一个表的关键字。如果一个外键值没有与之对应的关键字值，则不能在外键所在的表中插入带该值(NULL 除外)的行，这就是创建关系的作用之一。

8.2.1 在创建表时创建外键约束

任务 8.1 创建表时创建外键约束

问题描述 创建 Categories 表和 Products 表，并创建它们之间的 1 对多的联系。

解决方案 1

```
CREATE TABLE  Categories  (
  CategoryID    int  IDENTITY  (1, 1)  PRIMARY KEY,
  CategoryName    nvarchar  (15)  NOT NULL ,
  Description    ntext   NULL ,
) ;
GO
CREATE TABLE  Products   (
  ProductID    int  IDENTITY  (1, 1)  NOT NULL ,
  ProductName    nvarchar  (40)  NOT NULL ,
  SupplierID    int  NULL ,
  CategoryID    int  NULL ,
FOREIGN KEY  REFERENCES  Categories  (CategoryID),
  QuantityPerUnit    nvarchar  (20),
  UnitPrice    money  NULL ,
  UnitsInStock    smallint  NULL ,
  UnitsOnOrder    smallint  NULL ,
  ReorderLevel    smallint  NULL ,
  Discontinued    bit  NOT NULL
) ;
GO
```

解决方案 2

```
CREATE TABLE  Products   (
  ProductID    int  IDENTITY  (1, 1)  NOT NULL ,
  ProductName    nvarchar  (40)  NOT NULL ,
  SupplierID    int  NULL ,
  CategoryID    int  NULL ,
CONSTRAINT   FKProductsCategories FOREIGN KEY REFERENCES Categories  (CategoryID),
  QuantityPerUnit    nvarchar  (20),
  UnitPrice    money  NULL ,
  UnitsInStock    smallint  NULL ,
  UnitsOnOrder    smallint  NULL ,
  ReorderLevel    smallint  NULL ,
  Discontinued    bit  NOT NULL
) ;
```

分析与讨论

(1) 创建外键约束。

创建外键约束使用 FOREIGN KEY REFERENCES，以下是创建表时给外键 columnName 创建外键约束的简单格式：

```
columnName dataType FOREIGN KEY REFERENCES refTable (refColumn)
```

其中：

columnName 是外键的名称。dataType 是外键的数据类型。

refTable 是与外键对应的关键字所在的表即主表的名称。

refColumn 是外键对应的关键字的名称。也就是 refTable 指定的表中关键字的名称。

例如，解决方案 1 中，给 Products 表的外键 CategoryID 创建外键约束。

FOREIGN KEY REFERENCES Categories (CategoryID)中 CategoryID 必须是 Categories 表的字段，该字段必须是 PRIMARY KEY 或 UNIQUE 约束，即 CategoryID 必须是 Categories 表的关键字。

注意：一个表的外键和它指向的另一个表的关键字的数据类型和长度必须相同。也就是说 Products 表的外键 CategoryID 的数据类型和长度必须与 Categories 表的关键字 CategoryID 的数据类型和长度相同。

(2) 创建外键约束时给外键约束指定名称。

解决方案 1 创建的外键约束的名称是系统自动生成的。

解决方案 2 创建外键约束时给外键约束指定名称 FKProductsSuppliers。如果创建外键约束时给外键约束指定名称，则要使用保留关键字 CONSTRAINT，其后跟约束的名称。

8.2.2 给已有的外键创建外键约束

任务 8.2 给已有的外键创建外键约束

问题描述 在 NewDataBase 数据库中已经有 Products 表。请创建 Suppliers 表，并创建 Suppliers 表和 Products 的 1 对多的联系。

解决方案

```
CREATE TABLE Suppliers (
  SupplierID   int  IDENTITY (1, 1)  PRIMARY KEY  NOT NULL ,
  CompanyName   nvarchar  (40) NOT NULL ,
  ContactName   nvarchar  (30) NULL ,
  ContactTitle   nvarchar  (30) NULL ,
  Address   nvarchar  (60) NULL ,
  City   nvarchar  (15) NULL ,
  Region   nvarchar  (15) NULL ,
  PostalCode   nvarchar  (10) NULL ,
  Country   nvarchar  (15) NULL ,
  Phone   nvarchar  (24) NULL ,
  Fax   nvarchar  (24) NULL ,
  HomePage   ntext  NULL
) ;
GO

ALTER TABLE  Products  ADD
CONSTRAINT  FKProductsSuppliers  FOREIGN KEY
(
      SupplierID
) REFERENCES  Suppliers  (
      SupplierID
) ;
GO
```

分析与讨论

给表中已有的外键创建外键约束的简单格式：

```
ALTER TABLE table
ADD CONSTRAINT constraintName FOREIGN KEY(column)
REFERENCES refTable(refColumn)
```

通过修改表 ALTER TABLE 给表添加一个约束的 ADD CONSTRAINT 子句为已有的外键创建外键约束。

其中：

constraintName 是为外键约束指定的名称。

column 为外键的名称。

refTable 为外键所在的表对应的主表的名称。

refColumn 为外键对应的关键字的名称。

例如，解决方案的 ALTER TABLE 语句修改 Products 表，为 Products 表中已有外键 SupplierID 创建外键约束。其中 FKProductsSuppliers 是外键约束指定的名称，FOREIGN KEY REFERENCES 是创建外键约束的关键字。FOREIGN KEY 后的括号中的 SupplierID 是 Products 表的列名，即外键。Suppliers 是主表的名称，Suppliers 后的括号中的 SupplierID 是 Suppliers 表的主键，它与 Products 表的外键 SupplierID 对应。

8.2.3 在已有的表中添加外键并创建外键约束

任务 8.3 在已有的表中添加外键并创建外键约束

问题描述 在 NewDataBase 数据库中已经有 EmpPay 表，给该表创建一个外键 EmployeeID 并为该外键创建外键约束。外键 EmployeeID 对应的关键字是 Employees 表的 EmployeeID。

解决方案

```
ALTER TABLE EmpPay
  ADD EmployeeID int  FOREIGN KEY  REFERENCES Employees(EmployeeID);
GO
```

分析与讨论

在已有的表中添加外键并创建外键约束时，首先向表中添加列，然后给该列创建外键约束。因此，在已有的表中添加外键并创建外键约束的命令和已有的表中添加列的命令类似，只是列定义的后面要有外键约束。

8.2.4 独立实践

创建“教务管理”数据库中表的关系。

8.3 创建参照完整性

8.3.1 理解参照完整性

参照完整性也称为引用完整性。当使用外键约束创建了表的关系后，也就创建了表的参照完整性。参照完整性是一种规则系统，这些规则可确保相关表中各行间关系的有效性，并确保不会意外删除或更改相关的数据。参照完整性可确保：

- 如果在相关表的主键中不存在某个值，则不能在相关表的外键列中输入该值。但是，可以在外键列中输入空值。例如，在 Suppliers 表中不包括某供应商，则不能指明该供应商供应的产品，但是可在 Products 表的 SupplierID 列输入空值来指明该产品的供应商还没有输入。
- 如果在相关表中存在与某行匹配的行，则不能从主表中删除该行。例如，如果产品表中的某个产品是由某个供应商供应的，则在 Suppliers 表中不能删除该供应商。
- 当主表的某行有相关行时，则不能更改主键值。例如，如果在产品表中的某个产品是由某个供应商供应的，则不能在 Suppliers 表中修改该供应商主键的值。

以上规则是采用默认设置创建表的关系时建立的，当使用 SQL 命令创建表的关系时，如果使用 ON DELETE CASCADE 子句或 ON UPDATE CASCADE 子句创建表的关系(ON DELETE NO ACTION，ON UPDATE CASCADE 为默认设置)，则以上规则会有所变化。

8.3.2 创建级联删除规则

当创建表的关系时，如果使用 ON DELETE CASCADE 子句，则在主表中删除记录的规则变化如下：

如果在父表中删除记录，则对应子表的相关记录将自动删除。该规则为级联删除规则。

任务 8.4 创建级联删除规则和级联更新规则

问题描述 创建客户表和订单表之间的关系，并创建级联删除规则和级联更新规则(级联更新规则将在下面讨论)。

解决方案

```
CREATE TABLE Customers (
  CustomerID  nchar (5)
CONSTRAINT PK_Customers PRIMARY KEY
NOT NULL ,
  CompanyName  nvarchar (40) NOT NULL ,
  ContactName  nvarchar (30) NULL ,
  ContactTitle  nvarchar (30) NULL ,
  Address  nvarchar (60) NULL ,
  City  nvarchar (15) NULL ,
  Region  nvarchar (15) NULL ,
  PostalCode  nvarchar (10) NULL ,
  Country  nvarchar (15) NULL ,
  Phone  nvarchar (24) NULL ,
  Fax  nvarchar (24) NULL
) ;
GO

CREATE TABLE Orders (
  OrderID  int IDENTITY (1, 1)
CONSTRAINT  PK_Orders PRIMARY KEY
 NOT NULL ,
  CustomerID  nchar (5) NULL
CONSTRAINT  FKOrdersCustomers FOREIGN KEY
    REFERENCES Customers ( CustomerID )
ON DELETE CASCADE
ON UPDATE CASCADE,
  EmployeeID  int NULL ,
  OrderDate  datetime NULL ,
  RequiredDate  datetime NULL ,
  ShippedDate  datetime NULL ,
  ShipVia  int NULL ,
  Freight  money NULL ,
  ShipName  nvarchar (40) ,
  ShipAddress  nvarchar (60) ,
  ShipCity  nvarchar (15) ,
  ShipRegion  nvarchar (15) ,
  ShipPostalCode  nvarchar (10) ,
  ShipCountry  nvarchar (15)
);
GO
```

分析与讨论

以上代码创建 Orders 表和 Customers 表之间的关系时，Orders.CustomerID 外键引用 Customers.CustomerID 主键，并且为 Orders.CustomerID 指定 ON DELETE CASCADE 操作。

如果对 Customers 表的某行执行 DELETE 语句，则 SQL Server 将在 Orders 表中检查是否有与被删除的行相关的一行或多行。如果存在相关行，则 Orders 表中的相关行将随 Customers 表中的被引用行一同删除(因为在创建表的关系时为 Orders.CustomerID 指定了 ON DELETE CASCADE 操作)。

8.3.3 创建级联更新规则

当创建表的关系时，如果使用 ON UPDATE CASCADE 子句，则在主表中修改记录的规则变化如下。

如果在父表中修改字段，则对应的子表的相关字段将被自动修改。该规则为级联更新规则。

以上代码创建 Orders 表和 Customers 表之间的关系时，Orders.CustomerID 外键引用 Customers.CustomerID 主键，并且为 Orders.CustomerID 指定 ON UPDATE CASCADE 操作。

如果对 Customers 表的某行执行 UPDATE 语句，则 SQL Server 将在 Orders 表中检查是否有与被更新行相关的一行或多行。如果存在相关行，则 Orders 表中的相关行将随 Customers 表中的被引用行一同更新(因为在创建表的关系时为 Orders.CustomerID 指定了 ON UPDATE CASCADE 操作)。

8.3.4 对 INSERT 和 UPDATE 语句忽略外键约束

WITH NOCHECK CONSTRAINT 与 ALTER TABLE 一起使用，以禁用该约束并使正常情况下会引起约束违规的操作得以执行。WITH CHECK CONSTRAINT 可重新启用该约束。

例：对于创建的 Orders 表和 Customers 表，在 Orders 表中插入记录时和在 Customers 表中删除或更新记录时，忽略表间关系，也就是忽略外键约束。以下代码将忽略名为 FKOrdersCustomers 的约束。这样可在 Orders 表中任意插入记录和在 Customers 表中任意删除或更新记录时，不必考虑 Orders 表和 Customers 表间创建的关系。

```
ALTER TABLE Orders NOCHECK CONSTRAINT FKOrdersCustomers
```

重新启用禁用的约束。

```
ALTER TABLE Orders CHECK CONSTRAINT FKOrdersCustomers
```

8.3.5 独立实践

创建学生表和学生_课程表之间的关系，并创建级联删除规则和级联更新规则。

8.4 实 例 研 究

外键是用于建立和加强两个表数据之间关系的一个属性或多个属性。通过将保存表中主键值的一属性或多个属性添加到另一个表中，可创建两个表之间的关系。这个属性就成为第二个表的外键。

当创建或更改表时可通过定义 FOREIGN KEY 约束来创建外键。

例如，数据库中的 titles 表与 publishers 表有关系，因为在书名和出版商之间存在逻辑联系。titles 表中的 pub_id 列与 publishers 表中的主键列相对应。titles 表中的 pub_id 列是 publishers 表的外键。

FOREIGN KEY 约束并不仅仅只可以与另一表的 PRIMARY KEY 约束相链接，它还可以定义为引用另一表的 UNIQUE 约束。FOREIGN KEY 约束不允许空值，但是，如果任何组合 FOREIGN KEY 约束的列包含空值，则将跳过 FOREIGN KEY 约束的校验。

尽管 FOREIGN KEY 约束的主要目的是控制存储在外键表中的数据，但它还可以控制对主键表中数据的修改。例如，如果在 publishers 表中删除一个出版商，而这个出版商的 ID 在 titles 表中记录书的信息时使用了，则这两个表之间关联的完整性将被破坏，titles 表中该出版商的书因与 publishers 表中的数据没有关系而变得孤立了。FOREIGN KEY 约束可以防止这种情况的发生。如果主键表中数据的更改使之与外键表中数据的关系失效，则这种更改是不能实现的，从而确保了引用完整性。如果试图删除主键表中的行或更改主键值，而该主键值与另一个表的 FOREIGN KEY 约束值相关，则该操作不可实现。若要成功更改或删除 FOREIGN KEY 约束的行，可以先在外键表中删除外键数据或更改外键数据，然后将外键链接到不同的主键数据上去。

FOREIGN KEY 约束可以：

- 作为表定义的一部分在创建表时创建。
- 如果 FOREIGN KEY 约束与另一个表(或同一表)已有的 PRIMARY KEY 约束或 UNIQUE 约束相关联，则可向现有表添加 FOREIGN KEY 约束。一个表可以有多个 FOREIGN KEY 约束。
- 对已有的 FOREIGN KEY 约束进行修改或删除。例如，要使一个表的 FOREIGN KEY 约束引用其他列。定义了 FOREIGN KEY 约束列的列宽不能更改。

可以使用数据定义语言(DDL)来创建表的关系和参照完整性，其基本格式如下。

(1) 创建表时创建表的关系和参照完整性的基本格式：

```
CREATE TABLE table_name
(
     column_name data_type [ DEFAULT constant_expression ]
[ PRIMARY KEY | UNIQUE ] [ NULL | NOT NULL ]
[ [ FOREIGN KEY ]
             REFERENCES ref_table [ ( ref_column ) ]
             [ ON DELETE { CASCADE | NO ACTION } ]
             [ ON UPDATE { CASCADE | NO ACTION } ]
             [ NOT FOR REPLICATION ]
        ]
[CHECK ( logical_expression )] [ ,...n ] ,
[column_name AS computed_column_expression] [ ,...n ] ,
[ PRIMARY KEY | UNIQUE  ( column  [ ,...n ] ) ] ,
       [CONSTRAINT constraint]
 )
```

(2) 在已有的表中添加一个字段，该字段为一个外键。

```
ALTER TABLE table ADD
column_name data_type
 [ CONSTRAINT constraint_name ]
              [ FOREIGN KEY ]
             REFERENCES ref_table [ ( ref_column ) ]
             [ ON DELETE  CASCADE | NO ACTION  ]
             [ ON UPDATE  CASCADE | NO ACTION  ]

[ ,...n ]
```

(3) 在已有的表的字段上创建外键约束。

```
ALTER TABLE table ADD
  CONSTRAINT constraint_name FOREIGN KEY
             [ ( column [ ,...n ] ) ]
             REFERENCES ref_table [ ( ref_column [ ,...n ] ) ]
             [ ON DELETE { CASCADE | NO ACTION } ]
             [ ON UPDATE { CASCADE | NO ACTION } ]
[ ,...n ]
```

其中：

- CONSTRAINT：指定 PRIMARY KEY、UNIQUE、FOREIGN KEY 或 CHECK 约束的开始，或者指定 DEFAULT 定义的开始。
- constraint_name：是新约束。约束的名称必须符合标识符规则，但其名称的首字符不能为 #。如果没有提供 constraint_name，约束则使用系统生成的名称。
- FOREIGN KEY...REFERENCES：是为列中数据提供引用完整性的约束。FOREIGN KEY 约束要求列中的每个值在被引用表的指定列中都存在。
- column[,...n]：是新约束所引用的一列或多列(置于括号中)。
- ref_table：是 FOREIGN KEY 约束所引用的表。
- ref_column：是新 FOREIGN KEY 约束所引用的一列或多列(置于括号中)。
- ON DELETE {CASCADE | NO ACTION}：指定当表中被更改的行具有引用关系，并且该行所引用的行从父表中删除时，要对被更改行采取的操作。默认设置为 NO ACTION。

  如果指定 CASCADE，则从父表中删除被引用行时，也将从引用表中删除引用行。如果指定 NO ACTION，SQL Server 将产生一个错误并回滚父表中的行删除操作。

  如果表中已存在 ON DELETE 的 INSTEAD OF 触发器，那么就不能定义 ON DELETE 的 CASCADE 操作。
- ON UPDATE {CASCADE | NO ACTION}：指定当表中被更改的行具有引用关系，并且该行所引用的行在父表中更新时，要对被更改行采取的操作。默认设置为 NO

ACTION。

如果指定 CASCADE，则在父表中更新被引用行时，也将在引用表中更新引用行。如果指定 NO ACTION，SQL Server 将产生一个错误并回滚父表中的行更新操作。

如果表中已存在 ON DELETE 的 INSTEAD OF 触发器，那么就不能定义 ON DELETE 的 CASCADE 操作。

下面为创建表的关系和参照完整性。

```
ALTER TABLE  Products  ADD
CONSTRAINT   FK_Products_Categories  FOREIGN KEY
(
      CategoryID
) REFERENCES  Categories  (
      CategoryID
),
CONSTRAINT   FK_Products_Suppliers  FOREIGN KEY
(
      SupplierID
) REFERENCES  Suppliers  (
      SupplierID
)
GO

ALTER TABLE  Orders  ADD
CONSTRAINT   FK_Orders_Customers  FOREIGN KEY
(
      CustomerID
) REFERENCES  Customers  (
      CustomerID
),
CONSTRAINT   FK_Orders_Employees  FOREIGN KEY
(
      EmployeeID
) REFERENCES  Employees  (
      EmployeeID
),
CONSTRAINT   FK_Orders_Shippers  FOREIGN KEY
(
      ShipVia
) REFERENCES  Shippers  (
      ShipperID
)
GO


ALTER TABLE  [Order Details]  ADD
CONSTRAINT   FK_Order_Details_Orders  FOREIGN KEY
(
      OrderID
) REFERENCES  Orders  (
      OrderID
),
CONSTRAINT   FK_Order_Details_Products  FOREIGN KEY
(
      ProductID
) REFERENCES  Products  (
      ProductID
)
GO
```

任务 9 使用 SQL 查询数据库

9.1 场 景 引 入

问题：公司需要知道如下信息：

(1) 从 1990 年 1 月 1 日到 1993 年 10 月 17 日雇佣的雇员的姓名。

(2) 邮政编码是四位数的雇员的姓名及邮政编码。

(3) 每个雇员的销售额。

(4) 美国供货商供应的所有产品的信息。

(5) 实际销售价格比建议价格高的产品名称、建议价格和销售价格。

要解决以上问题，需要使用结构化查询语言(SQL 语言)创建范围查询、模糊查询、汇总与分组查询、子查询和多表连接查询。

结构化查询语言(SQL 语言)是最重要的关系数据操纵语言。所有的关系 DBMS 都支持 SQL 语言，它已经成为计算机间信息交换的标准语言。由于有一种可以运行于几乎所有计算机和操作系统上的 SQL 版本，计算机系统彼此间能通过传递 SQL 请求和响应来交换数据。因此，学好 SQL 语言是非常重要的。

9.2 创建基本查询

我们这节要讨论的基本查询包括范围查询、列表查询、模糊查询和 NULL 值查询。

9.2.1 创建范围查询

范围查询是指查询某个指定范围的数据，我们可以使用表 9.1 所示的运算符编写范围查询的代码。

表 9.1 运算符

运算符	含 义	示 例	SQL 示例
<> !=	不等于	<> 'Active'	SELECT fname, lname FROM employees WHERE status <> 'Active'
>	大于	> '90-12-31'	SELECT fname, lname FROM employees WHERE hire_date > '90-12-31'
<	小于	< 100	SELECT fname, lname FROM employees WHERE job_lvl < 100
>= !<	大于或等于	>= 'T'	SELECT au_lname FROM authors WHERE au_lname >= 'T'
<= !>	小于或等于	<= '95-01-12'	SELECT fname, lname FROM employees WHERE hire_date <= '95-01-12'

续表

运算符	含　义	示　例	SQL 示例
BETWEEN expr1 AND expr2	值的测试范围	BETWEEN '90-12-31' AND '93-12-31'	SELECT firstname, lastname FROM employees WHERE hiredate BETWEEN '90-12-31' AND '93-12-31'

在表 9.1 所示的运算符中，除 BETWEEN 运算符外，其他运算符已经在第 2 章中讨论。下面讨论 BETWEEN 运算符。

BETWEEN 运算符用于指定测试范围。其一般格式为：

```
test_expression BETWEEN begin_expression AND end_expression
```

其中，test_expression、begin_expression 和 end_expression 是表达式，它们必须具有相同的数据类型。

如果 test_expression 的值大于或等于 begin_expression 的值并且小于或等于 end_expression 的值，则 BETWEEN 返回 TRUE，否则返回 FALSE。

如果 test_expression 的值小于 begin_expression 的值或者大于 end_expression 的值，则 NOT BETWEEN 返回 TRUE，否则 NOT BETWEEN 返回 FALSE。

任务 9.1　使用 BETWEEN 进行查询

问题描述查询从 1990 年 1 月 1 日到 1993 年 10 月 17 日雇用的雇员。

解决方案 1

```
SELECT firstname, lastname, hiredate
FROM employees
WHERE hiredate  BETWEEN '90-01-01' AND '93-10-17'
```

解决方案 2

```
SELECT firstname, lastname, hiredate
FROM employees
WHERE hiredate  BETWEEN {d '1990-01-01'} AND {d '1993-10-17'}
```

分析与讨论

以上 SELECT 返回雇用日期 hiredate 在 1990 年 1 月 1 日和 1993 年 10 月 17 日之间的所有雇员，包括 1990 年 1 月 1 日和 1993 年 10 月 17 日雇用的雇员。

方案 2 的日期格式采用的是 ANSI 标准日期。

任务 9.2　使用其他运算符代替 BETWEEN

问题描述修改任务 9.1 解决方案的代码，使用“>”和“<”代替 BETWEEN。

解决方案

```
SELECT firstname, lastname, hiredate
FROM employees
WHERE hiredate  >'90-01-01' AND hiredate <'93-10-17'
```

分析与讨论

代码使用大于 (>) 和小于 (<) 运算符，由于这些运算符是非包含的，不包括与限定范围的值相匹配的行，所以将返回与任务 9.1 不同的结果。如果使用 WHERE hiredate >='90-01-01' AND hiredate <='93-10-17'，则将返回与任务 9.1 相同的结果。

任务 9.3　使用 NOT BETWEEN 进行查询

问题描述使用 NOT BETWEEN，查询雇用日期不在 1990 年 1 月 1 日到 1993 年 10 月 17 日范围内的雇员。

解决方案

```
SELECT firstname, lastname, hiredate
FROM employees
WHERE hiredate NOT BETWEEN '90-01-01' AND '93-10-17'
```

分析与讨论

NOT BETWEEN 查找指定范围之外的所有行。以上代码找出一个指定范围(从 1990 年 1 月 1 日到 1993 年 10 月 17 日)之外的所有行。

9.2.2 列表查询

列表查询是选择与列表中的任意值匹配的行，要使用列表查询，可使用 IN 运算符。

IN 运算符用于确定给定的值是否与列表中的值相匹配。其一般格式为：

```
test_expression IN  ( expression [ ,...n ]  )
```

其中，expression [,...n] 为一个表达式列表，用来测试是否匹配，所有的表达式必须和 test_expression 表达式具有相同的类型。

如果 test_expression 与逗号分隔的列表中的任何 expression 相等，那么返回值就为 TRUE；否则，返回值为 FALSE。

使用 NOT IN 对返回值取反。

任务 9.4　使用查询比较 OR 和 IN

问题描述对比 OR 和 IN，查找所有居住在旧金山(SanFrancisco)、伦敦(London)或巴黎(Paris)的客户。

解决方案 1

```
SELECT contactname,  city
FROM customers
WHERE city= 'San Francisco' OR city = 'London' OR city = 'Paris'
```

解决方案 2

但是，也可以使用 IN 获得相同的结果。

```
SELECT contactname,  city
FROM customers
WHERE city IN ('San Francisco',  'London' , 'Paris')
```

分析与讨论

(1) IN 运算符使得可以选择与列表中的任意值匹配的行，如果不使用 IN，要获得相同的结果，应使用 OR 逻辑运算符，然而，如果使用 IN，少输入一些字符也可以得到同样的结果。

(2) IN 运算符之后的各项必须用逗号隔开，并且括在括号中。

任务 9.5　使用 NOT IN 进行查询

问题描述使用 NOT IN，查找所有不居住在旧金山(SanFrancisco)、伦敦(London)或巴黎(Paris)的客户。

解决方案

```
SELECT contactname,  city
FROM customers
WHERE city NOT IN ('San Francisco',  'London' , 'Paris')
```

分析与讨论

NOT IN 运算符使得可以选择与列表中的任意值不匹配的行，NOT IN 是对 IN 的返回值取反。

9.2.3 创建模糊查询

模糊查询是使用 LIKE 运算选择类似的值，选择条件包含通配符，通配符如表 8.2 所示。

通过使用通配符字符，可以在数据列或表达式中指定模糊搜索条件。例如，可以搜索姓氏以 Mac 开头或以 son 结尾的所有员工。

若要模糊查询，必须使用 LIKE 逻辑运算符，然后用通配符代替搜索字符串中的一个或多个字符。可以使用表 9.2 中所列的任意一个或几个通配符。

表 9.2　通配符列表

通配符	描　述	示　例
%	在该位置包含零个或更多字符的任意字符串	WHERE title LIKE '%computer%' 将查找处于书名任意位置的包含单词 computer 的所有书名
_(下划线)	在该位置有一个任意字符	WHERE au_fname LIKE '_ean' 将查找以 ean 结尾的所有 4 个字母的名字(如 Dean、Sean 等)
[ ]	在该位置有指定范围 ([a-f]) 或集合 ([abcdef]) 中的任何单个字符	WHERE au_lname LIKE '[C-P]arsen' 将查找以 arsen 结尾且以介于 C 与 P 之间的任何单个字符开头的作者姓氏(如 Carsen、Larsen、Karsen 等)
[^]	在该位置有不属于指定范围 ([a-f]) 或集合 ([abcdef]) 的任何单个字符	WHERE au_lname LIKE 'de[^l]%' 将查找以 de 开头且其后的字母不为 1 的所有作者的姓氏

1. 使用带 % 通配符的 LIKE

% 通配符匹配包含零个或多个字符的任意字符串。

任务 9.6　使用带 %的 LIKE

问题描述查询 Customers 表中所有区号为 503 的电话号码。

解决方案

```
SELECT contactname,phone
FROM Customers
WHERE phone LIKE '(503)%'
```

分析与讨论

(1) 以上代码查询电话号码以字符串(503)开头的电话号码。

(2) 通配符和字符串要用单引号引起来。

(3) 不使用 LIKE 的通配符将被解释为常量，而不是作为一种模式，也就是说，它们仅表示其自身的值。以下查询将试图查找仅包含(503)% 这 4 个字符的所有电话号码。它不会查找以(503)开头的电话号码。

```
SELECT contactname,phone
FROM customers
WHERE phone ='(503)%'
```

(4) 搜索条件中的模式匹配。LIKE 逻辑运算符搜索与指定模式匹配的值，模式为一字符串，该字符串中包含要搜索的字符串和表 8.2 中 4 种通配符之一或 4 种通配符的任意组合。也就是说，搜索条件中匹配的模式可以有 4 种或这 4 种的任意组合。

因此，模糊查询又叫模式匹配查询，LIKE 用于判断指定列的值是否与指定的字符串相匹配，如果字符串相匹配，返回值为 TRUE，否则，返回 FALSE。

(5) 如果使用 LIKE 执行字符串比较，搜索字符串中的所有字符(包括每个前导空格和尾随空格)都有意义。例如，LIKE"abc %"中请求比较返回包含字符串 "abc "(abc 后有一个空格)的所有行，它不会返回列值为 abc(abc 后没有空格)的行。LIKE"abc%"中请求比较返回包含字符串"abc"(abc 后没有空格)的所有行，它也会返回以 abc 开头并具有零个或多个尾随空格的所有行。

2. 使用带 % 通配符的 NOT LIKE

任务 9.7　使用带 %的 NOT LIKE

问题描述查询 Customers 表中所有区号不是 503 的电话号码。

解决方案

```
SELECT contactname,phone
FROM customers
WHERE phone NOT LIKE '(503)%'
```

分析与讨论

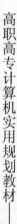

(1) NOT LIKE 是对 LIKE 的返回值取反。

(2) 使用通配符时应着重考虑的另一个问题是对性能的影响。如果表达式以通配符开头，则无法使用索引(正如在电话簿中进行查找一样，如果所给的名称是%mith，而不是 Smith，那么将不知道从电话簿的何处开始搜索)。如果通配符位于表达式内部或位于表达式末尾，则可以使用索引(正如在电话簿中进行查找一样，如果名称为 Samuel%，则不管电话簿中是否存在名称 Samuels 和 Samuelson，都知道在何处进行搜索)。索引将在任务 10 中讨论。

3. 使用“[ ]”通配符

“[ ]”通配符指定要匹配的字符，匹配方括号所指定范围 (例如[a-f]) 内的任何单个字符或者方括号所指定的集合 (例如[abcdef]) 中的任何单个字符。

任务 9.8 使用 [ ]进行查询(1)

问题描述 查找姓氏为 Carson、Carsen、Karson 或 Karsen 的雇员所在的行。

解决方案

```
USE NorthWind
GO
SELECT firstname, lastname, homephone
FROM employees
WHERE lastname LIKE '[CK]ars[eo]n'
ORDER BY lastname ASC, firstname ASC
GO
```

分析与讨论

以上代码查询姓氏的第一个字母为 C 或 K，倒数第二个字母为 e 或 o，最后一个字母为 n，第二、三、四个字母分别为 ars 的所有雇员。

任务 9.9 使用 [ ]进行查询(2)

问题描述 查询邮政编码是 4 位数的雇员的姓名及邮政编码。

解决方案

```
USE NorthWind
GO
SELECT FirstName, LastName, PostalCode
FROM Employees
WHERE PostalCode LIKE '[0-9][0-9][0-9][0-9]'
ORDER BY LastName ASC, FirstName ASC
GO
```

分析与讨论

[0-9] 匹配 0～9 中的任何一个数，因此以上代码查询邮政编码为 4 个数的所有雇员。

除了%和[ ] 通配符之外，还有_、[^]通配符。_通配符匹配任何单个字符，[^]通配符指定无须匹配的字符，匹配不是方括号所指定范围 (例如[^a-f]) 内的任何单个字符或者不是方括号所指定的集合 (例如[^abcdef]) 中的任何单个字符。表 9.3 总结了通配符的使用方法。

表 9.3 通配符使用方法总结

搜索表达式	描 述	匹配示例
LIKE 'Mac%'	查找以 Mac 开头的值	Mac MacIntosh Mackenzie
LIKE 'J%n'	查找以 J 开头并以 n 结尾的值	Jon Johnson Jason Juan
LIKE '%son'	查找以 son 结尾的值	Son Anderson

续表

搜索表达式	描　述	匹配示例
LIKE '%sam%'	查找在字符串的任何位置包含 sam 的值	Sam Samson Grossam
LIKE '%Mar%'	在日期时间列中查找 3 月份 (March) 的值，与年份无关	3/1/94 01 Mar 1992
LIKE '%1994%'	在日期时间列中查找 1994 年的值	12/1/94 01 Jan 1994
LIKE 'Mac_'	查找 4 个字符的值，其中前 3 个字符为 Mac	Mack Macs
LIKE '_dam'	查找 4 个字符的值，其中后 3 个字符为 dam	Adam Odam
LIKE '%s_n'	查找包含 s 且以 n 结尾的值，并且在这两个字符之间有任意一个字符，s 前面有任意多个字符	Anderson Andersen Johnson san sun

4．搜索用作通配符的字符

某些情况下，在要搜索的字符串中可能包含一个用作通配符的字符。例如，想在 products 表中查找产品名中包含字符串 10%的所有产品。因为%是所搜索的字符串的一部分，因此必须将其指定为文字字符串而不是通配符。

有两种方法可指定平常用作通配符的字符。

(1) 使用 ESCAPE 关键字定义转义符。当转义符放在通配符的最前面时，该通配符就解释为普通字符。若要指定转义符，必须在 LIKE 搜索条件的后面包含 ESCAPE 子句。

(2) 使用方括号 ([ ]) 将通配符放在方括号中。

任务 9.10　使用 ESCAPE 进行查询

问题描述在 products 表中查找包含字符串 10%的所有产品名称。

解决方案 1

```
SELECT productname
FROM products
WHERE productname LIKE '%10#%%' ESCAPE '#'
```

解决方案 2

```
SELECT productname
FROM products
WHERE productname LIKE '%10[%]%'
```

分析与讨论

(1) 解决方案 1 中使用 ESCAPE 关键字将字符#定义为转义符，这样搜索字符串中前面有#的通配符%就被解释为普通字符。也就是说以上 LIKE 子句中，前导百分比符号和尾随百分比符号 (%) 被解释为通配符，前面有一个井号 (#) 的百分比符号被解释为 % 字符。

(2) 当通配符放在方括号 ([ ])中时，该通配符就被解释为普通字符。解决方案 2 中放在方括号 ([ ])中百分比符号 (%) 被解释为% 字符。表 9.4 列出了方括号内通配符的使用方法。

表 9.4　方括号内通配符的使用方法

符　号	含　义
LIKE '10[%]'	10%
LIKE '10%'	10 后跟 0 个或多个字符的字符串
LIKE '[_]n'	_n
LIKE '_n'	an、in、on 等

续表

符 号	含 义
LIKE '[a-cdf]'	a、b、c、d 或 f
LIKE '[-acdf]'	-、a、c、d 或 f
LIKE '[[ ]'	[
LIKE ']'	]

9.2.4 使用 NULL 值查询

空值是无效的，未指定的，未知的或不可预知的值。空值不是空格、零长度的字符串()或者 0。ISO 标准使用关键字 IS NULL 和 IS NOT NULL 来测试是否存在空值。其一般格式为：

```
expression IS [ NOT ] NULL
```

如果 expression 表达式的值为 NULL，则 IS NULL 返回 TRUE；否则，返回 FALSE。

如果 expression 表达式的值是 NULL，则 IS NOT NULL 返回 FALSE；否则，返回 TRUE。

任务 9.11 NULL 值查询

问题描述 在 Products 表中查找库存量小于 10 或库存量未知的所有产品的产品 ID 及名称。

解决方案

```
SELECT ProductID,ProductName
FROM Products
WHERE UnitsInStock<10 OR UnitsInStock IS NULL
```

分析与讨论

若要在查询中测试空值，则可在 WHERE 子句中使用 IS NULL 或 IS NOT NULL。如果 UnitsInStock 列的值为 NULL，则 UnitsInStock IS NULL 的返回值为 TRUE，否则为 FALSE。

比较两个空值或将空值与任何其他值相比均返回 UNKNOWN(未知)，这是因为每个空值均为未知。如果比较中有一个或多个表达式为 NULL，则既不返回 TRUE 也不返回 FALSE，而是返回 UNKNOWN。

9.2.5 独立实践

1. 创建范围查询

(1) 使用两种方法，查询 1986 年 1 月 1 日到 1992 年 1 月 1 日出生的所有学生的姓名、学号和出生日期。

(2) 使用两种方法，查询非 1990 年出生的所有学生信息姓名、学号和出生日期。

2. 创建列表查询

(1) 使用两种方法，查询课程编号为 1001，1002 和 1005 的课程的名称和学分。

(2) 使用两种方法，查询学号不为 106317，101246，108863 的学生的信息。

(3) 给课程表的学分列创建一个约束，学分列的值只能为 1、2、3、4 中的一个值。

3. 创建模糊查询

(1) 查询姓“王”的学生的姓名、学号和出生日期。

(2) 查找课程名称中任意位置包含“计算机”的所有课程的名称和学分。

(3) 查询学生手机号中第 2 个号码为 5 的学生的学号、姓名、手机号。

(4) 查询学生手机号中第 2 个号码为 5，最后一个号码为 8 的学生的学号、姓名、手机号。

(5) 查询学生手机号中第 2 个号码不为 5，最后一个号码不为 8 的学生的学号、姓名、手机号。

(6)　查询学生的家庭电话的区号为 020 的学生的学号、姓名、家庭地址、家庭电话。
(7)　给学生表的手机号列创建一个约束，手机号只能由 11 位数组成，且开始的一位数是 1。
(8)　查找课程名称中有符号%的课程的编号、课程名称和学分。

4. 使用 NULL 值查询

查询"班级"表中，备注列为空的班的信息。

9.3　创建汇总与分组查询

有时需要对数据库中的数据进行一些统计，比如统计员工总数，统计产品的销售额，统计产品的订单数，都需要用到这些汇总和分组查询。本节我们首先讨论汇总数据，然后讨论分组查询。

9.3.1　汇总数据

SQL 提供了 5 个汇总函数用于在表的列上进行算术运算，这 5 个汇总函数分别是 Count、Sum、Avg、Max、Min。Count 和 Sum 尽管在表面上比较相近，但其作用完全不同。Count 用于计算表中数据的行数，而 Sum 用于计算数值项相加的和。Avg 用于计算表中一个字段的平均值，Max 用于得到最大值，Min 用于得到最小值，如表 9.5 所示。

表 9.5　汇总函数列表

汇总函数	描　述
Avg(expr)	列值的平均值，该列只能包含数字数据
Count(expr), Count(*)	列值的计数(如果将列名指定为 expr)或是表或组中所有行的计数(如果指定*)，Count(expr) 忽略空值，但 Count(*) 在计数中包含空值
Max(expr)	列中最大的值(文本数据类型中按字母顺序排在最后的值)，忽略空值
Min(expr)	列中最小的值(文本数据类型中按字母顺序排在最前的值)，忽略空值
Sum(expr)	列值的合计，该列只能包含数字数据

当使用汇总函数时，默认情况下，汇总信息包含所有的指定行。在某些情况下，结果集包含非唯一的行。可使用汇总函数的 DISTINCT 选项筛选出非唯一的行。

任务 9.12　使用 Count 的查询

问题描述编写查询，计算产品表中的行数。

解决方案

```
SELECT Count(*)
FROM Products
```

分析与讨论

汇总函数 Count(*)计算表的行数，包括含有 NULL 值的行。

注意：除非和 GROUP BY 相连，在查询的项中，SELECT 后面的汇总函数不能和字段名一起使用。如下面的代码是错误的：

```
SELECT ProductName ,Count(*) FROM Products
```

任务 9.13　统计订单的数目

问题描述编写查询，统计订单的数目。

解决方案

```
SELECT  Count( Distinct OrderID) AS 订单数目
FROM [Order Details]
```

分析与讨论

汇总函数 Count(OrderID)计算 OrderID 列的值的个数，OrderID 列的 NULL 值不包含在内。

汇总函数 Count(Distinct OrderID) 计算 OrderID 列的值的个数，OrderID 列的 NULL 值不包含在内，如果多行 OrderID 值相同，则只取一行参入计数。

考虑下面两个查询语句的不同。

```
SELECT  Count(OrderID) AS 订单数目 FROM [Order Details]
SELECT  Count( Distinct OrderID) AS 订单数目 FROM [Order Details]
```

第一个查询语句计算订单明细表中所有的订单数，包括重复的订单，第二个查询只计算不同的订单。

任务 9.14　查询所有订单的销售额

问题描述编写查询，查询所有订单的销售额。

解决方案

```
SELECT  SUM(UnitPrice *Quantity *(1-Discount)) AS 销售额
FROM [Order Details]
```

分析与讨论

以上查询使用汇总函数 SUM 对计算列 UnitPrice *Quantity *(1-Discount)求和，求出所有订单的销售额。

9.3.2　创建分组查询

对于一个查询的输出结果，还可以基于指定的列对它们进行分组操作。通过使用 GROUP BY 关键字来对行依照指定列相同的值进行分组，这样就可以实现对每组记录进行计算，并将每一组记录合并或汇集为一个记录。像这样使用 GROUP BY 关键字的查询叫做分组查询，分组查询常和汇总函数一起使用。

1. 按一列的值分组

按一列的值分组，就是对一列使用 GROUP BY，这样列值相同的行归为一组，然后就可以在 SELECT 子句 <select> 列表中使用汇总函数进行基于组的计算，每一组都汇集为一行。

任务 9.15　统计不同订单订购的产品总数

问题描述计算图 9.1(a)所示的订单明细表中每个不同订单订购的产品总数。

	OrderID	ProductID	UnitPrice	Quantity	Discount
1	10248	11	14.00	12	0
2	10248	42	9.80	10	0
3	10248	72	34.80	5	0
4	10249	14	18.60	9	0
5	10249	51	42.40	40	0
6	10250	41	7.70	10	0
7	10250	51	42.40	35	0.15
8	10250	65	16.80	15	0.15
9	10251	22	16.80	6	0.05
10	10251	57	15.60	15	0.05
11	10251	65	16.80	20	0
12	10252	20	64.80	40	0.05
13	10252	33	2.00	25	0.05
14	10252	60	27.20	40	0
15	10253	31	10.00	20	0
16	10253	39	14.40	42	0
17	10253	49	16.00	40	0

(a)

	OrderID	产品总数
1	10248	27
2	10249	49
3	10250	60
4	10251	41
5	10252	105
6	10253	102

(b)

图 9.1　对 OrderID 列分组查询

解决方案

```
SELECT OrderID, SUM(Quantity) AS 产品总数
FROM [Order Details]
GROUP BY OrderID
```

分析与讨论

要计算出图 9.1(a)所示的表每个不同订单订购的产品总数，可对该表使用 GROUP BY 关键字对 OrderID 列进行分组，DBMS 会首先按照 OrderID 值把所有的行排序，然后将所有 OrderID 列值相同的行归成一组，针对于每一个不同的 OrderID 值，都会有相应的一个组，这样就得到 6 组，然后对各组的 Quantity 列求和，就得到各组的订购产品的总数，并将每一组都合并为一条记录，如图 9.1(b)所示。

当使用 GROUP BY 时，只有在 GROUP BY 子句中出现的列和汇总函数可以出现在 SELECT 指定的列表中，以下查询会产生错误：

```
SELECT OrderID, Quantity,SUM(Quantity) AS 产品总数
FROM [Order Details]
GROUP BY OrderID
```

2. 按多列的值分组

按多列的值分组，就是对多列使用 GROUP BY，这几列值相同的行归为一组。

任务 9.16　多列的值分组查询

问题描述对产品表，计算每一个供应商对每一类别供应多少个不同的产品。

解决方案

```
USE Northwind
SELECT SupplierID,CategoryID,COUNT(*)AS 不同产品数
FROM Products
GROUP BY SupplierID,CategoryID
ORDER BY SupplierID
```

	ProductID	ProductName	SupplierID	CategoryID	UnitsInStock
1	1	Chai	1	1	39
2	2	Chang	1	1	17
3	3	Aniseed Syrup	1	2	13
4	4	Chef Anton's Cajun Seasoning	2	2	53
5	5	Chef Anton's Gumbo Mix	2	2	0
6	65	Louisiana Fiery Hot Pepper Sauce	2	2	76
7	66	Louisiana Hot Spiced Okra	2	2	4
8	6	Grandma's Boysenberry Spread	3	2	120
9	7	Uncle Bob's Organic Dried Pears	3	7	15
10	8	Northwoods Cranberry Sauce	3	2	6

(a)

	SupplierID	CategoryID	不同产品数
1	1	1	2
2	1	2	1
3	2	2	4
4	3	2	2
5	3	7	1

(b)

图 9.2　对 SupplierID 和 CategoryID 分组查询

分析与讨论

以上代码对 SupplierID,CategoryID 列分组，这样在 Products 表中，SupplierID,CategoryID 列值相同的行归为一组，如图 9.2(a)所示，第 1、2 行归为第一组，第 3 行为第二组，第 4～7 行归为第三组，第 8、9 行归为第四组，第 7 行归为第五组。第一组有二行，第二组有一行，第三组有四行，第五组有一行。在分组查询结果中，每一组都汇集为一行，汇总函数提供的是有关每个组(而不是各行)的信息，如图 9.2(b)所示。

当使用 GROUP BY 指定多列时，列名之间用逗号分隔，不能使用在 SELECT 列表中定义的列别名来指定组合列。

在 SELECT 列表中所有未包含在汇总函数中的列都应该包含在 GROUP BY 子句中。包含在 GROUP BY 子句中的列不一定必须包含在 SELECT 列表中。

注意，GROUP BY 指定的列不能是类型为 text、ntext 和 image 的列。

ORDER BY 可以应用于分组查询中。

3. 使用 HAVING 筛选分组后的行

HAVING 子句是对 GROUP BY 子句设置条件，即对组设置条件，它和 WHERE 类似，但

WHERE 搜索条件在进行分组操作之前应用，而 HAVING 搜索条件在进行分组操作之后应用。HAVING 语法与 WHERE 语法也类似，但 HAVING 可以包含汇总函数。HAVING 子句可以引用选择列表中显示的任意项。

任务 9.17　使用 HAVING 进行查询

问题描述 查询订购产品数量大于 100 的订单的订单号。

解决方案

```
SELECT OrderID, SUM(Quantity) AS 产品总数
FROM [Order Details]
GROUP BY OrderID
HAVING SUM(Quantity)>100
```

分析与讨论

以上查询对分组之后的行进行筛选，只有产品总数列的值大于 100 的行才包含在查询结果中。如图 9.2(b)中，只有第 5、6 行包含在查询结果中。

当设置 HAVING 搜索条件时可以包含汇总函数，但不能使用在 SELECT 列表中定义的列别名。如使用以下 HAVING 子句是错误的：

```
HAVING 产品总数>100
```

使用 HAVING 过滤分组：

(1) 行已经被分组。

(2) 使用了汇总函数。

(3) 满足 HAVING 子句中条件的组将被显示。

4. 将 WHERE、GROUP BY 和 HAVING 一起使用

如果一个查询包含 WHERE、GROUP BY 和 HAVING 子句，应用 WHERE、GROUP BY 和 HAVING 子句的顺序如下。

(1) WHERE 子句用来筛选 FROM 子句中指定的操作所产生的行。

(2) GROUP BY 子句用来分组 WHERE 子句的输出。

(3) HAVING 子句用来从分组的结果中筛选行。

对于可以在分组操作之前或之后应用的任何搜索条件，在 WHERE 子句中指定它们会更有效，这样可以减少必须分组的行数。应当在 HAVING 子句中指定的搜索条件只是那些必须在执行分组操作之后应用的搜索条件。

任务 9.18　将 WHERE、GROUP BY 和 HAVING 一起使用进行查询

问题描述 查询价格超过 150 且平均订购数量大于 5 的产品。

解决方案

```
SELECT ProductID ,AVG(Quantity) AS 平均订购数量
FROM "Order Details"
WHERE UnitPrice >= 150.00
GROUP BY ProductID
HAVING AVG(Quantity) > 5
ORDER BY ProductID ;
```

分析与讨论

以上分组查询首先选择 Order Details 表中 UnitPrice 值大于或等于 150.00 的行，然后将选择出的行按 ProductID 的值分组，每一组都汇集为一行，再从分组的结果中，选择 AVG(Quantity) 值大于 5 的行。也就是说组和汇总值是在消除价格低于 150 且平均订购数量小于或等于 5 的产品之后得出的。

注意： WHERE 放在 GROUP BY 的前面，HAVING 放在 GROUP BY 的后面。不能在 WHERE 子句中使用汇总函数，但可以在 HAVING 子句中使用汇总函数。

9.3.3 独立实践

1. 汇总数据

(1) 查询学生的总人数。
(2) 查询所有学生所有课程成绩的平均成绩。
(3) 查询所有学生所有成绩的总分。
(4) 查询所有学生成绩的最高分和最低分。
(5) 查询已经选课的学生的人数。
(6) 查询课程编号为 1001 的课程成绩低于 60 的学生人数。

2. 创建分组查询

(1) 查询每个选课了的学生的总成绩、平均成绩和学号，并按平均成绩排序。
(2) 查询不同课程的平均成绩及课程编号，并按平均成绩排序。
(3) 查询已选课程的选课人数及课程编号。
(4) 查询选课人数大于 30 的课程编号和选课人数。
(5) 查询选修了两门或两门以上课程的学生的学号和课程编号。
(6) 查询成绩低于 60、选课人数大于 30 的课程编号和选课人数。

9.4 使用子查询

9.4.1 了解子查询的概念

假设要查询美国供货商供应的所有产品。如果我们知道供应商 ID(supplierID)为 1 和 3 的供应商是美国供货商，则可以使用下面的查询语句来查出这些产品的名称。

```
SELECT productid, productname,unitprice
FROM products
WHERE supplierid IN (1,3)
```

一般我们不知道这些供应商的 ID 值，可以用下面的方法找出其 ID 值。

```
SELECT supplierID
FROM suppliers
WHERE country = 'USA'
```

这样我们就得到了所需要的产品的供应商 ID 的值。将上面的查询进行结合就可以直接得到需要的结果。

```
SELECT productid, productname,unitprice
FROM products
WHERE supplierid IN
 (SELECT supplierid
  FROM suppliers
  WHERE country = 'USA')
```

第二个查询语句称为子查询，它嵌套在主查询中。子查询也称为内部查询或内部选择，而包含子查询的语句也被称为外部查询或外部选择。

如果这样理解，可能会更加容易理解整个查询：下面的查询语句提供美国供应商的供应商 ID 值，上面的查询提供该供应商 ID 对应的产品。

下面我们给出子查询的定义，子查询是嵌套在另一个 SELECT、INSERT、UPDATE 或 DELETE 语句或者另一个子查询内的 SELECT 语句。

可以使用一个子查询的结果作为另一个查询的输入。一般情况下，使用子查询的结果作为搜索条件，且该搜索条件使用 IN() 函数或 EXISTS 运算符(后面会讲到 EXISTS 运算符)。不过，也可以在 FROM 子句中使用子查询。

一个查询可以嵌套三层甚至更多子查询。

9.4.2 查询中列名的限定

在查询中，可以显式限定列名，也可以隐性限定列名。所谓显式限定列名，就是在引用列时显式指定列所属的表，用表名.列名来引用列。所谓隐性限定列名，是直接用列名来引用同级 FROM 子句中所引用表的列。

任务 9.19 使用子查询进行查询

问题描述 查询 1996 年 7 月发货的产品名单。

解决方案

```
SELECT Products.ProductName,Products.QuantityPerUnit
FROM Products
WHERE Products.ProductID IN
(SELECT [Order Details].ProductID
FROM [Order Details]
WHERE [Order Details].OrderID IN
(SELECT Orders.OrderID
FROM Orders
WHERE ShippedDate like '%1996%' AND ShippedDate like '07%'))
```

分析与讨论

(1) 显式限定列名。因为有时要同时处理几个不同的表，为了避免列名的混淆和歧义，在列之前加上它对应的表的名称。这样 Orders.OrderID 对应 Orders 表中的列 OrderID。

要查询 1996 年 7 月发货的产品名单，首先，我们要知道哪些订单的发货日期在 96 年 7 月。

```
SELECT Orders.OrderID
FROM Orders
WHERE ShippedDate like '%1996%' AND ShippedDate like '07%'
```

然后通过获得的订单号查询订购的产品 ID：

```
SELECT [Order Details].ProductID
FROM [Order Details]
WHERE [Order Details].OrderID IN
(SELECT Orders.OrderID
FROM Orders
WHERE ShippedDate like '%1996%' AND ShippedDate like '07%')
```

为了得到这些产品的名称，我们可以使用下面的查询语句。

```
SELECT Products.ProductName,Products.QuantityPerUnit
FROM Products
WHERE Products.ProductID IN
(SELECT [Order Details].ProductID
FROM [Order Details]
WHERE [Order Details].OrderID IN
(SELECT Orders.OrderID
FROM Orders
WHERE ShippedDate like '%1996%' AND ShippedDate like '07%'))
```

当查询所需的结果来自于一个表时，上面的嵌套子查询是完全合适的。但是当需要查询的项来自于两个或多个表时，上面的查询就难以解决了。例如，想要得到产品的名称和这些产品订购的数量。在这种情况下，最后的结果来自于不同的表(Products 和 Order Details)，这时，上面的嵌套子查询是无法实现的。这需要我们下一节要讨论的连接查询方法来解决。

(2) 列名的隐性限定。下面的示例中，外部查询的 WHERE 子句中的 supplierid 列是由外部查询的 FROM 子句中的表名 products 隐性限定的。子查询的选择列表中 supplierid 列则是由子查询的 FROM 子句(即通过 suppliers 表)来限定的。

```
SELECT productid, productname,unitprice
FROM products
WHERE supplierid IN
```

```
(SELECT supplierid
 FROM suppliers
 WHERE country = 'USA')
```

一般的规则是，查询语句中的列名通过同级 FROM 子句中引用的表来隐性限定。如果子查询中引用的列不存在于该子查询的 FROM 子句引用的表中，则它是由外部查询的 FROM 子句中引用的表隐性限定的。

(3)　子查询(内部查询)在外部查询之前执行，子查询的结果被外部查询使用。子查询要包含在括号内且将子查询放在比较条件的右侧。

9.4.3　使用相关子查询

许多查询都可以通过执行一次子查询并将得到的值代入外部查询的 WHERE 子句中进行计算。而在有些查询中，子查询依靠外部查询获得值，这意味着子查询是重复执行的，为外部查询可能选择的每一行均执行一次，这种查询就叫相关子查询(也称为重复子查询)。

许多子查询和外部查询引用同一表的语句可被表述为自连接(将某个表与自身连接)。在这种情况下，有时必须使用表的别名(也称为相关名)明确指定要使用哪个表引用。

任务 9.20　自连接查询

问题描述运用子查询查找价格高于其同类产品平均值的所有产品名称。这时需要用别名来区分表引用。解决方案将为 Products 表命名两个不同的别名。

解决方案

```
USE Northwind
SELECT  p1.ProductName
FROM Products p1
WHERE p1. UnitPrice >
   (SELECT AVG(p2.UnitPrice)
   FROM Products p2
   WHERE p1.CategoryID = p2.CategoryID)
```

分析与讨论

在上面的代码中，外部查询和子查询都是基于表 Products 的，为了避免因此带来的二义性和混淆，我们为两个 Products 表的引用规定了不同的名称(表的别名)，在第一个 FROM 后的表被命名为 p1，在第二个 FROM 后的表被命名为 p2。

以上查询的子查询无法独立于外部查询进行计算，它需要 p1.CategoryID 值，但是此值随 DBMS 检查 p1 表中的不同行而改变。下面准确说明了如何计算此查询：DBMS 通过将外部查询所引用的表 p1 每一行的 CategoryID 值代入内部查询，考虑 p1 表中的每一行是否都包括在结果中。例如，DBMS 首先检查 p1 的第一行，该行的 p1.CategoryID 列的值为 1，DBMS 将该值代入内部查询计算 CategoryID 值为 1 的所有产品的平均价格 AVG(p2.UnitPrice)。如果 p1 的第一行的 UnitPrice 列的值大于刚计算出的同类产品的平均价格，则 p1 的第一行包含在查询的结果中。按同样的方法依次筛选 p1 表中的其他各行。

也就是说，外部查询依次选择 Products (即 p1)的行。子查询为外部查询中的选择计算其同类产品的平均价格。对于 p1 的每个可能值，如果该行的 UnitPrice 大于计算的平均值，所考虑的记录将放入结果中。

以上查询是相关子查询，因为子查询无法独立于外部查询进行计算，子查询需要外部查询获得值。

以上查询也是使用别名的子查询，因为使用了表的别名。

任务 9.21　使用相关子查询进行查询

问题描述查找销售数量低于该产品平均销售数量的销售。

解决方案

```
USE Northwind
SELECT OrdDet1.OrderID, OrdDet1.ProductID, OrdDet1.Quantity
FROM .[Order Details] AS OrdDet1
WHERE OrdDet1.Quantity <
   (SELECT AVG(OrdDet2.Quantity)
   FROM [Order Details] AS OrdDet2
   WHERE OrdDet2. ProductID = OrdDet1. ProductID)
```

分析与讨论

上面代码中，外部查询依次选择 Order Details (即 OrdDet1)的行，即依次选择某个产品的一个销售，子查询为外部查询中的选择计算所选择产品的平均销售数量。对于 OrdDet1 的每一行，如果该行的 Quantity 小于计算出的平均销售数量，则该行将放入查询结果中。

9.4.4 使用单行子查询和多行子查询

只返回单个值而不是值列表的子查询称为单行子查询。如果子查询返回零个或多个值列表，则该子查询称为多行子查询。

单行子查询只能够由单行比较操作符(=、<>、>、>=、<、!>、!< 或 <=)引入。如果由单行比较操作符引入的子查询返回多行值，则会产生错误。

多行子查询只能够由表 9.6 所示的多行比较操作符引入。

表 9.6 多行比较操作符

运 算 符	含 义
IN	等于列表中的任何一个
ANY 或 SOME	和子查询返回的任意一个值比较。以 > 比较运算符为例，>ANY 表示至少大于一个值，即大于最小值，返回值为 TRUE,否则返回值为 FALSE。例如， >ANY (1, 2, 3) 表示大于 1, 返回值才为 TRUE
ALL	和子查询返回的所有值比较。以 > 比较运算符为例，>ALL 表示大于每一个值。换句话说，它表示大于最大值，返回值为 TRUE,否则返回值为 FALSE。例如，>ALL (1, 2, 3) 表示大于 3，返回值才为 TRUE

1. 使用 SOME 或 ANY 的子查询

SOME 是与 ANY 等效的 ISO 标准。其一般格式为：

```
expression { = | < > | ! = | > | > = | ! > | < | < = | ! < }
     { SOME | ANY } ( 子查询 )
```

它是将条件表达式中左边的值 expression 与子查询返回的任意一个值比较，只要其中任何一个比较返回为真，则整个条件表达式的值为真。

任务 9.22 使用 SOME 进行查询

问题描述 运用子查询查找单价比 Beverages 类(类别 ID 为 1)的产品最高价格低的所有其他类的产品。

解决方案

```
USE Northwind
SELECT  p1.ProductName,p1.CategoryID,p1.UnitPrice
FROM Products p1
WHERE p1. UnitPrice <SOME
   (SELECT p2.UnitPrice
   FROM Products p2
   WHERE p2.CategoryID =1) AND p1.CategoryID !=1
```

分析与讨论

(1) SOME 和 ANY 等效，它是将 p1. UnitPrice 与子查询的结果集(该结果集是单列值列表)中的任何一个值进行比较，只要其中任何一个比较返回值为 TRUE，则使用 SOME 或 ANY 的条件表达式为 TRUE，否则为 FALSE。也就是说：

>ANY 表示至少大于一个值，即大于最小值，返回值为 TRUE，否则为 FALSE。

<ANY 表示至少小于一个值，即小于最大值，返回值为 TRUE，否则为 FALSE。

=ANY 运算符与 IN 等效。它表示只要和其中任何一个值相等，返回值为 TRUE，否则为 FALSE。

(2) 以上代码子查询的结果集是类别 ID 值为 1 的产品的单价列表。外部查询的查询条件是产品的 UnitPrice 至少小于类别 ID 值为 1 的产品的单价中的一个并且该产品不属于 Beverages 类(Beverages 类的类别 ID 为 1)。也就是说外部查询是查找单价比 Beverages 类(类别 ID 为 1)的产品最高价格低的所有其他类的产品。以上代码和下面代码等效：

```
SELECT  p1.ProductName,p1.CategoryID,p1.UnitPrice
FROM Products p1
WHERE p1.UnitPrice <
   (SELECT MAX(p2.UnitPrice)
   FROM Products p2
   WHERE p2.CategoryID =1) AND p1.CategoryID !=1
```

(3) 如果子查询不返回任何值，那么整个查询将不会返回任何值。

(4) SOME 或 ANY 的子查询必须是返回单列结果集的子查询，且返回列的数据类型必须与 SOME 或 ANY 运算符左边的表达式的数据类型相同。

(5) =ANY 运算符与 IN 等效，但是，<>ANY 运算符则不同于 NOT IN。<>ANY 表示不等于 a，或者不等于 b，或者不等于 c。NOT IN 表示不等于 a、不等于 b 并且不等于 c。<>ALL 与 NOT IN 表示的意思相同。

2. 使用 ALL 的子查询

使用 ALL 运算符的一般格式为：

```
expression { = | <> | != | > | >= | !> | < | <= | !< } ALL ( 子查询 )
```

它是将条件表达式中运算符左边的值 expression 与子查询返回的每一个值进行比较，如果每一个比较都为 TRUE，则整个条件表达式的值为 TRUE。否则整个条件表达式的值为 FALSE。

任务 9.23 使用 ALL 进行查询

问题描述 编写查询，查找同类产品中价格最高的产品。

解决方案

```
USE Northwind
SELECT  p1.ProductName,p1.CategoryID,p1.UnitPrice
FROM Products p1
WHERE p1. UnitPrice >ALL
  (SELECT p2.UnitPrice
   FROM Products p2
   WHERE p1.CategoryID = p2.CategoryID AND p1.UnitPrice<>p2.UnitPrice)
```

分析与讨论

(1) ALL 运算符是将 p1. UnitPrice 与子查询的结果集(该结果集是单列值列表)中的每一个值进行比较，如果每一个比较都为 TRUE，则使用 ALL 的条件表达式为 TRUE，否则为 FALSE。也就是说：

>ALL 表示大于每一个值，即大于最大值，返回值为 TRUE，否则为 FALSE。

<ALL 表示小于每一个值，即小于最小值，返回值为 TRUE，否则为 FALSE。

< >ALL 运算符与 NOT IN 等效。它表示和其中每一个值都不相等，返回值为 TRUE，否则为 FALSE。

(2) 以上查询的子查询无法独立于外部查询进行计算，它需要 p1.CategoryID 值，但是此值随 DBMS 检查 p1 表中的不同行而改变。上面代码中，外部查询依次选择表 p1 的行，即依次选择某个产品，子查询为外部查询中的选择行查询所选择产品的同类产品的价格。对于 p1 的每

一行，如果该行的 UnitPrice 大于子查询查询出的同类产品的其他产品的每一个价格，则该行将放入查询结果中。也就是说，如果该行的 UnitPrice 是同类产品中价格最高的，则该行将放入查询结果中。以上代码和下面代码等效：

```
USE Northwind
SELECT  p1.ProductName,p1.CategoryID,p1.UnitPrice
FROM Products p1
WHERE p1. UnitPrice >SOME
   (SELECT MAX(p2.UnitPrice)
   FROM Products p2
   WHERE p1.CategoryID = p2.CategoryID AND p1.UnitPrice<>p2.UnitPrice)
```

(3) 如果子查询不返回任何值，那么整个查询将不会返回任何值。

(4) ALL 的子查询必须是返回单列结果集的子查询，且返回列的数据类型必须与 ALL 运算符左边的表达式的数据类型相同。

9.4.5 使用 EXISTS 和 NOT EXISTS 的子查询

EXISTS 是逻辑运算符，其一般表达式为：

```
EXISTS 子查询
```

其值的真假依赖于跟在它后面的子查询是否存在行，如果后面的子查询包含行，则其值为 TRUE(真)，否则为 FALSE(假)

NOT EXISTS 是对 EXISTS 的值取反。

任务 9.24　使用 EXISTS 进行查询

问题描述编写查询，查找所有供应 Beverages 类(类别 ID 为 1)的产品的供应商的名称。

解决方案

```
USE Northwind
SELECT CompanyName
FROM Suppliers
WHERE EXISTS
  (SELECT *
  FROM Products
  WHERE SupplierID = Suppliers. SupplierID
    AND CategoryID =1)
```

分析与讨论

(1) 以上代码中，外部查询依次选择 Suppliers 表的行，即依次选择某个供应商，子查询为外部查询中的选择查询所选择供应商的产品。对于 Suppliers 的每一行，如果子查询使用该行的 SupplierID 值执行查询有返回行，则将该行(Suppliers 的行)放入查询结果中。也就是说，按照顺序依次选择每个供应商。该值是否会使子查询至少返回一行？换句话说，该值是否会使存在测试的计算值为 TRUE？如果是，则所选择的供应商放入查询结果中。

在以上查询中，第一个供应商的名称为 Exotic Liquids，标识号(SupplierID)为 1。Products 表中是否有 SupplierID 为 1 并且 CategoryID 为 1 的行？如果有，那么 Exotic Liquids 应为所选值之一。对其他每个供应商名称重复相同的过程。

(2) 使用 EXISTS 关键字引入子查询后，子查询的作用就相当于进行存在测试。外部查询的 WHERE 子句测试子查询返回的行是否存在。

说明：由 EXISTS 引入的子查询的选择列表通常几乎都是由星号 (*) 组成的。由于只是测试是否存在符合子查询中指定条件的行，所以不必列出列名。

(3) 尽管一些使用 EXISTS 创建的查询不能以任何其他方法表示，但有些查询可以使用 IN 或者由 ANY 或 ALL 运算符来获取类似结果。以上代码与下面代码等效。

```
USE Northwind
SELECT CompanyName
```

```
FROM Suppliers
WHERE SupplierID IN
  (SELECT SupplierID
  FROM Products
  WHERE CategoryID =1)
```

任务 9.25　使用 NOT EXISTS 进行查询

问题描述 编写查询，查找所有不供应 Beverages 类(类别 ID 为 1)的产品的供应商的名称。

解决方案

```
USE Northwind
SELECT CompanyName
FROM Suppliers
WHERE NOT EXISTS
  (SELECT *
  FROM Products
  WHERE SupplierID = Suppliers. SupplierID
    AND CategoryID =1)
```

分析与讨论

(1) NOT EXISTS 的作用与 EXISTS 正相反。如果子查询没有返回行，则满足 NOT EXISTS 中的 WHERE 子句。

(2) EXISTS 或 NOT EXISTS 关键字前面没有列名、常量或其他表达式。使用 EXISTS 引入的子查询的格式如下：

```
WHERE [NOT] EXISTS (子查询)
```

任务 9.26　查找没有订单的产品的名称

问题描述 编写查询，查找没有订单的产品的名称。

解决方案

```
USE Northwind
SELECT ProductName
FROM Products
WHERE NOT EXISTS
  (SELECT *
  FROM [Order Details] AS OrdDet
  WHERE Products.ProductID =OrdDet.ProductID)
```

分析与讨论

NOT EXISTS 与 EXISTS 的工作方式类似，只是如果子查询不返回行，那么使用 NOT EXISTS 的 WHERE 子句的条件表达式为 TRUE。

以上代码中，外部查询依次选择 Products 表的行，即依次选择某个产品。如果该产品使子查询不返回行，则该产品包含在查询结果中；否则，该产品被排除在查询结果之外。

9.4.6　使用子查询替代表达式

由于子查询可以是一个值，因此，在 SQL 中，除了在 ORDER BY 列表中以外，在 SELECT、UPDATE、INSERT 和 DELETE 语句中任何能使用表达式的地方都可以使用子查询来替代。

任务 9.27　在表达式中使用子查询

问题描述 编写查询，查找 Beverages 类(类别 ID 为 1)的产品的价格、全部产品的平均价格，以及 Beverages 类的每个产品的价格与全部产品的平均价格之间的差价。

解决方案

```
USE Northwind
SELECT  ProductName,p1.UnitPrice,
 (SELECT AVG(UnitPrice) FROM Products) AS average,
 UnitPrice-(SELECT AVG(UnitPrice) FROM Products) AS difference
FROM Products
WHERE CategoryID =1
```

分析与讨论

由于 SELECT AVG(UnitPrice) FROM Products 是一个计算值，因此它可以出现在使用表达式的任何地方。

SELECT AVG(UnitPrice) FROM Products 计算出所有产品的平均价格。

9.4.7 在 UPDATE、DELETE 语句中使用子查询

子查询还可以嵌套在 UPDATE 和 DELETE 语句中。

任务 9.28 在 UPDATE 中使用子查询

问题描述编写查询，将 Exotic Liquids 公司供应的所有产品的价格加倍。

解决方案

```
UPDATE Products
SET UnitPrice = UnitPrice * 2
WHERE SupplierID IN
(SELECT SupplierID
FROM Suppliers
WHERE CompanyName='Exotic Liquids')
```

分析与讨论

以上语句首先运行子查询，得到 Exotic Liquids 公司的 SupplierID 值。然后更新 Products 表的 UnitPrice 列，并不是每行都更新，只是 Products .SupplierID 列的值和子查询所得值相等的行，才更新 UnitPrice 列；子查询引用 Suppliers 表。

可以使用一个子查询的结果作为另一个查询的输入。一般情况下，使用子查询的结果作为搜索条件，且该搜索条件使用 IN 或 EXISTS 运算符。也就是说，子查询的结果被外部查询使用。

任务 9.29 在 DELETE 中使用子查询

问题描述运用子查询删除 Exotic Liquids 公司供应的所有产品。

解决方案

```
DELETE Products
WHERE SupplierID IN
(SELECT SupplierID
FROM Suppliers
WHERE CompanyName='Exotic Liquids')
```

分析与讨论

以上语句首先运行子查询，得到 Exotic Liquids 公司的 SupplierID 值，然后删除 Products 表中 SupplierID 列的值和子查询所得值相等的行，子查询引用 Suppliers 表。

任务 9.30 删除过期订单

问题描述运用子查询删除 1996 年 7 月前发货的所有产品的订单明细信息。

解决方案

```
DELETE [Order Details]
WHERE OrderID IN
(SELECT OrderID
FROM Orders
WHERE ShippedDate <'96-07-01')
```

分析与讨论

以上语句首先运行子查询，得到 1996 年 7 月前的订单 ID 值列表，然后删除 Order Details 表中 OrderID 列的值在子查询的值列表中的行，子查询引用 Orders 表。

9.4.8 独立实践

1. 使用子查询

(1) 查询 10 软件设计班的学生的学号、姓名和家庭地址。

(2)　查询信息工程学院和艺术设计学院学生的学号、姓名和家庭地址。
(3)　查询软件技术专业每个学生选修的课程的平均成绩和学号。
(4)　查询课程成绩高于课程平均成绩的学号和课程编号。
(5)　编写查询，查找每门课程中成绩最高的成绩、学号和课程编号。

2. 使用 EXISTS 子查询

(1)　使用 EXISTS 进行查询，查找已经完成“C#程序设计”选课任务的学生的姓名和学号。
(2)　查询已经选修了 6 门或 6 门以上课程的学生的姓名和学号。
(3)　使用 EXISTS 进行查询，查找没有完成“C#程序设计”选课任务的学生的姓名和学号。
(4)　使用 EXISTS 进行查询，查找没有选修任何课程的学生的姓名和学号。

3. 在表达式中使用子查询

查询每个学生选修的每门课程的成绩及每门课程的平均成绩、课程的成绩和该课程的平均成绩的差值及学生的学号。

4. 在 UPDATE、DELETE 语句中使用子查询

(1)　编写程序，将 10 软件设计班学生的课程成绩少于 60 分的学生的成绩加 5 分。
(2)　运用子查询删除 1993 年前入学的学生的课程成绩。

9.5　创建连接查询

查询结果可以包括多个表的数据。若要组合各表的数据，则必须使用 SQL 的 JOIN 操作即连接。通过连接可以实现使用一个表中的数据来选择另一个表中的行，通过连接，可以根据各个表之间的逻辑关系从两个或多个表中检索数据。

可在 FROM 子句中指定连接，FROM 子句连接语法如下：

```
FROM first_table join_type second_table [ON (join_condition)]
```

join_type 用于指定所执行的连接类型：内连接、外连接或交叉连接。join_condition 用于指定连接所基于的条件。

9.5.1　创建内连接查询

内连接(INNER)通过比较运算符，根据每个表共有的列的值匹配两个表中的行，废弃两个表中不匹配的行。例如，检索 Categories 和 Products 表中类别 ID 相同的所有行。如果未指定连接类型，则内连接是默认设置。

任务 9.31　内连接查询

问题描述 编写查询，查询各类产品(包括类别名称、产品名称、单位数量、库存量和中止状态)。

解决方案

```
SELECT Categories.CategoryName, Products.ProductName,
     Products.QuantityPerUnit, Products.UnitsInStock,
     Products.Discontinued
FROM  Categories INNER JOIN
     Products ON  Categories.CategoryID = Products.CategoryID
```

分析与讨论

(1)　当查询所需的结果来自于一个表时，嵌套子查询是完全合适的。但是当需要查询的项来自于两个或多个表时，子查询就难以解决。本任务中，我们想要得到产品的名称、产品的类别名称。在这种情况下，最后的结果来自于不同的表(Products 和 Categories)，对于这样的要求，子查询就无法实现。此时需要使用连接查询方法来解决。

(2) 以上查询返回两个表中指定的列，但只返回在连接列中具有相等值的行。如果左表的某一行在右表中有多行匹配，则在关联的结果集行中，来自左表的所有选择列表列均为同一值，反之亦然。图 9.3 所示的查询结果集中，两行或多行具有相同的 CategoryName 类别名称，但具有不同的 ProductName 产品名称和产品的其他信息，这是因为类别表中的某一行与产品表中的多行匹配(即一个类别有多种产品)。

```
CategoryName    ProductName                              QuantityPerUnit          UnitsInStock Discontinued
--------------- ---------------------------------------- ------------------------ ------------ ------------
Beverages       Chai                                     10 boxes x 20 bags       39           0
Beverages       Chang                                    24 - 12 oz bottles       17           0
Condiments      Aniseed Syrup                            12 - 550 ml bottles      13           0
Condiments      Chef Anton's Cajun Seasoning             48 - 6 oz jars           53           0
Condiments      Chef Anton's Gumbo Mix                   36 boxes                 0            1
Condiments      Grandma's Boysenberry Spread             12 - 8 oz jars           120          0
Produce         Uncle Bob's Organic Dried Pears          12 - 1 lb pkgs.          15           0
Condiments      Northwoods Cranberry Sauce               12 - 12 oz jars          6            0
```

图 9.3 查询结果集

(3) 内部连接使用比较运算符根据每个表的公共列中的值匹配两个表中的行，连接条件可通过以下方式定义两个表在查询中的关联方式。

① 指定每个表中要用于连接的列。一般情况下，用于连接的列中一个列是一个表的外键，而另一个列是另一个表中与其关联的主键。

② 指定用于比较连接列值的比较运算符(例如 = 或 <>)。

(4) 如果未指定连接类型，则为 INNER 类型，INNER 为默认设置。上面的查询也可写为：

```
SELECT Categories.CategoryName, Products.ProductName,
     Products.QuantityPerUnit, Products.UnitsInStock,
     Products.Discontinued
FROM  Categories  JOIN
     Products ON  Categories.CategoryID = Products.CategoryID
```

(5) 如果是内部连接，则也可在 WHERE 子句中指定连接条件。以上查询是在 FROM 子句中指定连接条件的，这是首选的方法。下面的查询包含相同的连接条件，该连接条件在 WHERE 子句中指定。

```
SELECT Categories.CategoryName, Products.ProductName,
     Products.QuantityPerUnit, Products.UnitsInStock,
     Products.Discontinued
FROM  Categories , Products
WHERE  Categories.CategoryID = Products.CategoryID
```

在 FROM 子句中指定连接条件有助于将这些连接条件与 WHERE 子句中可能指定的其他搜索条件分开，指定连接时建议使用这种方法。

(6) 当在单个查询中引用多个表时，所有列引用都必须是明确的。在以上查询中，Categories 和 Products 表都含有名为 CategoryID 的一列。在查询所引用的两个或多个表中，任何重复的列名都必须用表名加以限定，以上查询中对 CategoryID 列的所有引用均已用表名加以限定。

如果所有的列都用它们的表名加以限定，将会提高查询的可读性。如果使用了表的别名，将会进一步提高可读性，尤其是当表名自身必须用数据库名和所有者名加以限定时。下例与上例相同，只不过分配了表的别名并且用表的别名对列加以限定，从而提高了可读性。

任务 9.32 自连接 INNER 查询

问题描述编写查询，查找不同价格的两个或多个廉价(低于 $15)的同类产品。

解决方案

```
SELECT DISTINCT p1.CategoryID, p1.ProductName, p1.unitprice
FROM Products  p1 INNER JOIN Products  p2
  ON p1.CategoryID = p2.CategoryID
  AND p1.unitprice <> p2.unitprice
```

```
WHERE p1.unitprice  < $15 AND p2.unitprice < $15
```

分析与讨论

(1)　以上连接查询引用的是同一表，用别名来区分表的引用。连接查询引用同一表的连接称为自连接，这时必须用别名来区分表的引用。

(2)　以上查询在 FROM 子句中指定连接条件，在 WHERE 子句中指定搜索条件。连接条件与 WHERE 搜索条件相结合，用于控制从 FROM 子句所引用的表中选定的行。

(3)　虽然连接条件通常使用相等比较 (=)，但也可以像指定其他搜索条件一样使用其他比较运算符或逻辑运算符。上面的查询使用了不等(<>)比较运算符连接，下面的查询使用了小于(<)比较运算符连接。

不等连接很少使用，通常不等连接只有与自连接同时使用才有意义。

任务 9.33　使用多个连接运算符进行查询

问题描述查询实际销售价格比建议价格高的产品名称、建议价格和销售价格。

解决方案

```
SELECT Products.ProductID,Products.ProductName,
Products.UnitPrice AS '建议价格', [Order Details].UnitPrice AS '销售价格'
FROM Products JOIN [Order Details]
ON   Products.ProductID=[Order  Details].ProductID  AND  Products.UnitPrice>[Order
Details].UnitPrice
```

分析与讨论

(1)　在连接查询中，连接的列可以同名称，也可以不同名称。连接的条件可以是连接的列值相等，也可以是不相等，也就是说，可以使用等号以外任何比较运算的连接。

以上查询使用了大于(>)比较运算符连接。匹配的行除了 ProductID 列的值相等之外，还必须 Products.UnitPrice 列的值大于[Order Details].UnitPrice 列的值，如图 9.4 所示，不匹配的行不在查询结果集中。

ProductID	ProductName	建议价格	销售价格
11	Queso Cabrales	21.00	14.00
42	Singaporean Hokkien Fried Mee	14.00	9.80
14	Tofu	23.25	18.60
51	Manjimup Dried Apples	53.00	42.40
41	Jack's New England Clam Chowder	9.65	7.70
51	Manjimup Dried Apples	53.00	42.40
65	Louisiana Fiery Hot Pepper Sauce	21.05	16.80
22	Gustaf's Knäckebröd	21.00	16.80

图 9.4　查询结果集

(2)　如果同一语句中包含多个连接运算符，无论是用于连接两个以上的表还是用于连接两个以上的列对，连接表达式都可以通过 AND 或 OR 连接在一起。例如：

```
ON  Products.ProductID=[Order  Details].ProductID  AND  Products.UnitPrice>[Order
Details].UnitPrice
```

例：查找员工以及他们不胜任的职位。

分析：连接员工和职位，匹配那些职位的最低要求等级超过员工职位等级的行。代码如下：

```
SELECT  fname, minit, lname, job_desc, job_lvl, min_lvl
FROM employees INNER JOIN jobs
   ON employees.job_lvl  < jobs.min_lvl
```

9.5.2　创建外连接查询

仅当至少有一个同属于两表的行符合连接条件时，内连接才返回行。内连接消除与另一个表中的任何行不匹配的行。而外连接会返回 FROM 子句中提到的至少一个表的所有行，只要这些行符合任何 WHERE 或 HAVING 搜索条件。

外连接分为以下几种：

- 左向外连接(LEFT OUTER JOIN 或 LEFT JOIN)
- 右向外连接(RIGHT OUTER JOIN 或 RIGHT JOIN)
- 完整外部连接(FULL OUTER JOIN 或 FULL JOIN)

左向外连接引用左表的所有行，右向外连接引用右表的所有行。完整外部连接中两个表的所有行都将返回。

1. 左向外连接

左向外连接包括第一个命名表("左"表，出现在 JOIN 子句的最左边)中的所有行，不包括右表中不匹配的行。

任务 9.34　使用左向外连接进行查询

问题描述编写查询，查询客户及其订单号和订单日期，包括那些没有订单的客户。

解决方案

```
SELECT DISTINCT
      Customers.CustomerID, Customers.CompanyName, Customers.City,
      Customers.Country,Orders. OrderID, Orders. OrderDate
FROM Customers LEFT OUTER JOIN Orders
ON Customers.CustomerID = Orders.CustomerID
```

分析与讨论

(1) 在 CustomerID 列上连接客户表和订单表，但要显示所有的客户，这时使用左向外连接以在结果中包含所有的客户。

(2) 左向外连接的结果集包括 LEFT OUTER JOIN 子句中指定的左表的所有行，而不仅仅是连接列所匹配的行。如果左表的某一行在右表中没有匹配行，则在关联的结果集行中，来自右表的所有选择列表列均为 NULL 值。

以上查询的查询结果集中，除满足连接条件的客户记录外，还有不满足连接条件的客户记录，在不满足连接条件的记录中，右表 Orders 的字段值为 NULL。

订单表 Orders 中只有与 Customers 表的 CustomerID 列相匹配的行才包含在查询结果集中，也就是说订单表中只有满足连接条件的行才包含在查询结果集中，如果订单表 Orders 的某一行在 Customers 表中没有匹配行，则该行被排除在查询结果集之外。

2. 右向外连接

右向外连接包括第二个命名表("右"表，出现在 JOIN 子句的最右边)中的所有行，不包括左表中的不匹配行。

任务 9.35　使用右向外连接进行查询

问题描述编写查询，查询所有的订单及其客户信息，包括那些没有客户信息的订单。

解决方案

```
SELECT DISTINCT
      Customers.CustomerID, Customers.CompanyName, Customers.City,
      Customers.Country,Orders. OrderID, Orders. OrderDate
FROM Customers RIGHT OUTER JOIN.Orders
ON Customers.CustomerID = Orders.CustomerID
```

分析与讨论

(1) 在 CustomerID 列上连接客户表和订单表，但要显示所有的订单，这时使用右向外连接以在结果中包含所有的订单。

(2) 右向外连接的结果集包括 RIGHT OUTER JOIN 子句中指定的右表的所有行，如果右表的某一行在左表中没有匹配行，则将为左表返回 NULL 值。

查询结果集中，除满足连接条件的订单记录外，还有不满足连接条件的订单记录，在不满足连接条件的记录中，左表的字段值为 NULL。

客户表中只有满足连接条件的行才包含在查询结果集中，客户表中不满足连接条件的行被排除在查询结果集之外。

3. 完整外部连接

完整外部连接包括所有连接表中的所有行，不论它们是否匹配。

任务 9.36 使用完整外部连接进行查询

问题描述 编写查询，查询所有的订单和客户信息，包括那些没有订单的客户和没有客户信息的订单。

解决方案

```
SELECT DISTINCT
     Customers.CustomerID, Customers.CompanyName, Customers.City,
     Customers.Country,Orders. OrderID, Orders. OrderDate
FROM Customers FULL OUTER JOIN.Orders
ON Customers.CustomerID = Orders.CustomerID
```

分析与讨论

完整外部连接将返回 FULL OUTER JOIN 子句中指定的左表和右表中的所有行。当某一行在另一个表中没有匹配行时，另一个表的选择列表列将包含 NULL 值。如果表之间有匹配行，则结果集行包含表的数据值。

客户表和订单表之间的完整外部连接可显示所有的订单和所有的客户信息，包括那些没有订单的客户和没有客户信息的订单。不满足连接条件的行，列的值为 NULL。

9.5.3 创建交叉连接查询

没有 WHERE 子句的交叉连接将产生连接所涉及的表的笛卡儿积。第一个表的行数乘以第二个表的行数等于笛卡儿积结果集的大小。这类连接的结果集内，两个表中每两个行组合占一行。

任务 9.37 使用交叉连接进行查询

问题描述 对订单表和雇员表进行交叉连接查询。

解决方案

```
SELECT *
FROM orders CROSS JOIN employees
```

分析与讨论

(1) 交叉连接(CROSS JOIN)将返回左表中的所有行。左表中的每一行均与右表中的所有行组合。

(2) 在通过订单(orders)与雇员(employees)交叉连接的输出结果集中，每个可能的订单/雇员组合占一行，结果集包含 7 470 行(orders 有 830 行，employees 有 9 行；830 乘以 9 等于 7 470)。

(3) 在实际应用中，交叉连接查询的结果集一般没有什么意义，所以这种连接实际很少使用。不过，如果添加一个 WHERE 子句，则交叉连接的作用将同内连接一样。例如，下面的查询将得到相同的结果集。

```
SELECT *
FROM orders CROSS JOIN employees
WHERE orders.employeeID=employees.employeeID
```

或

```
SELECT *
FROM orders INNER JOIN employees
ON orders.employeeID=employees.employeeID
```

9.5.4 创建连接三个或更多的表的查询

虽然每个 JOIN 只连接两个表，但 FROM 子句可包含多个 JOIN。这样一个查询可以连接若干个表。

任务 9.38　连接三个表进行查询

问题描述 编写查询，查询每笔订单中订购的产品的名称、数量、单价、打折后的价格和订单的日期。

解决方案

```
SELECT  [Order Details].OrderID, Orders.OrderDate, [Order Details].ProductID,
      Products.ProductName, [Order Details].UnitPrice,
     [Order Details].Quantity, [Order Details].Discount, CONVERT(money,
     ([Order Details].UnitPrice * [Order Details].Quantity)
     * (1 - [Order Details].Discount) / 100) * 100 AS ExtendedPrice
FROM Products INNER JOIN
     [Order Details] ON Products.ProductID = [Order Details].ProductID
    INNER JOIN Orders ON "Order Details".OrderID=Orders.OrderID
```

分析与讨论

(1)　因为查询结果集中包含 3 个表的数据，所以必须连接 3 个表：Products、Order Details 和 Orders 表。

(2)　由于每个 JOIN 操作的结果可看做是一个表，所以可以将该结果作为操作数用在连接操作中。假设 FROM Products INNER JOIN[Order Details] ON Products.ProductID = [Order Details].ProductID 连接查询的结果集为 A，则 A 中有[Order Details].OrderID 列，然后将 A 与 Orders 内连接，连接条件为"Order Details".OrderID=Orders.OrderID。

查询结果中 ExtendedPrice 是 Order Details 表的计算列，它是某个订单订购某个产品的金额小计。

任务 9.39　使用中间表进行查询

问题描述 编写查询，查询产品供应商的名称及供应商供应产品的类别名称。

解决方案

```
SELECT Suppliers.CompanyName, Categories.CategoryName
FROM Suppliers
JOIN Products
ON Suppliers.SupplierID = Products.ProductID
JOIN Categories
ON Products.CategoryID = Categories.CategoryID
```

分析与讨论

有些查询尽管只查找两个表中的信息，但这两个表不能够实现连接，必须要加一个表连接才有可能实现。例如，以上查询中，表 Products 不会向结果提供任何列。而且，连接列 SupplierID 和 CategoryID 都不会出现在结果中。尽管如此，只有将 Products 用作中间表，此连接才有可能实现。

由于 Products 表是参与连接的其他表之间的中间连接点，因此连接的中间表(Products 表)可称为“转换表”或“中间表”。

9.5.5　独立实践

1. 使用内连接查询

(1)　查询选修了“C#程序设计”课程的学生的学号、姓名、成绩。

(2)　查询学号为 100001 的学生选修的所有课程的名称、成绩。

(3)　查询“C#程序设计”课程的平均分、最高分和最低分。

2. 使用左向外连接查询

(1)　查询所有系及其专业的信息，包括哪些没有专业的系的信息。

(2)　编写查询，查询学生的信息及选修的“C#程序设计”课程的成绩，包括那些没有选修

“C#程序设计”课程的学生的信息。

3. 使用右向外连接查询

查询学生的学号、选修课程的名称及成绩，包括那些没有被选的课程的名称。

9.6 合并结果集

9.6.1 使用UNION进行查询

使用UNION运算符可以将多个查询结果合并为一个结果集，UNION的格式如下：

```
SELECT 语句
UNION
SELECT 语句
```

注意：

- 使用UNION操作的各结果集都必须具有相同的结构，而且它们的列数必须相同，并且相应的结果集列的数据类型也必须相同或兼容。
- UNION运算符从结果集中删除重复的行。
- UNION的结果集列名与UNION运算符中第一个SELECT语句的结果集中的列名相同。另一个SELECT语句的结果集列名将被忽略。

任务9.40 使用UNION进行查询

问题描述 查询每个城市的客户和供应商名单。

解决方案

```
SELECT City, CompanyName, ContactName, 'Customers' AS Relationship
FROM Customers
UNION
SELECT City, CompanyName, ContactName, 'Suppliers'
FROM Suppliers
```

分析与讨论

使用SELECT City，CompanyName，ContactName，'Customers' AS Relationship FROM Customers查询可得到每个城市的客户名单，使用SELECT City，CompanyName，ContactName，'Suppliers' FROM Suppliers查询可得到每个城市的供应商名单。这两个查询结果集具有相同的结构，并且它们的列数相同，列的数据类型也相同。因此可使用UNION运算符将这两个查询结果合并为一个结果集。

以上查询中，'Customers' AS Relationship列为第一个查询结果集的计算列，列名为Relationship，列的值为'Customers'。

'Suppliers'是第二个查询结果集的计算列，列的值为'Suppliers'，用户没有指定列名。

UNION的结果集列名与UNION运算符中第一个SELECT语句的结果集中的列名相同。另一个SELECT语句的结果集列名将被忽略。因此以上UNION的结果集列名为City、CompanyName、ContactName和Relationship。Relationship的值只有两个值，要么为Customers，要么为Suppliers。

9.6.2 独立实践

查询教师的姓名、性别、住址、电话和学生的姓名、性别、家庭住址、电话。

9.7 更改数据库中的数据

在第 3.5 节中，我们讨论了更改数据库中数据的最基本的操作，下面我们要讨论的是在更改数据库中数据的操作中使用查询。

9.7.1 使用 SELECT 和 TOP 子句向表中添加数据

1. 使用 INSERT 和 SELECT 子查询插入行

在 INSERT 语句中除了可以使用 VALUES 子句为一行指定数据值外，还可以使用 SELECT 子查询为一行或多行指定数据值。

任务 9.41 使用 INSERT 和 SELECT 子查询插入行

问题描述 公司决定创建新数据库替换原来的数据库，但原数据库中的一些数据库还有用，需要导入到新数据库中。为此，要求创建新数据库 NewDataBase，在该数据库中，创建表 NewCategories，将原来数据库 Northwind 中 Categories 表的数据复制到 NewCategories 表中。

解决方案

```
CREATE DATABASE NewDataBase;
GO
USE NewDataBase;
GO
CREATE TABLE NewCategories(
     myCategoryID int ,
     myCategoryName nvarchar(15) NOT NULL,
     myDescription varchar(max) NULL,
     [Picture] varbinary(max) NULL
  );
GO
INSERT INTO NewCategories
   SELECT CategoryID,CategoryName ,Description,Picture
  FROM Northwind.dbo.Categories;
GO
```

分析与讨论

在 INSERT 语句中，可以使用 SELECT 子查询为一行或多行指定数据值。使用 SELECT 子查询为一行或多行指定数据值时，SELECT 子查询所提供的数据值必须与 INSERT 语句中列的列表匹配或与表的列匹配。数据值的数目必须与列数相同，每个数据值的数据类型、精度和小数位数也必须与相应的列的这些属性匹配。

2. 使用 SELECT INTO 插入行

SELECT INTO 语句用于创建一个新表，并用 SELECT 语句的结果集填充该表。SELECT INTO 可将几个表中的数据组合成一个表。

任务 9.42 使用 SELECT INTO 创建新表并插入行

问题描述 为满足公司创建新数据库的要求，在 NewDataBase 数据库中，创建表 EmployeesTemp，将销售额前 9 名的雇员的信息和雇员的销售额信息复制到 EmployeesTemp 表中。

解决方案

(1) 创建新表 EmployeesTemp。

```
USE NewDataBase;
GO
SELECT TOP(9) EmployeeID,LastName,FirstName,BirthDate,HireDate,HomePhone,
Subtotal=(SELECT Sum(CONVERT(money,
      ("Order Details".UnitPrice*Quantity*(1-Discount)/100))*100)
       FROM Northwind.dbo."Order Details" JOIN Northwind.dbo.Orders
    ON Northwind.dbo."Order Details".OrderID=Northwind.dbo.Orders.OrderID
       WHERE Orders.EmployeeID=Employees.EmployeeID
```

```
        GROUP BY Orders.EmployeeID)
INTO EmployeesTemp
FROM Northwind.dbo.Employees
ORDER BY Subtotal DESC;
GO
```

(2)　查看新表 EmployeesTemp 中的数据，如图 9.5 所示。

```
SELECT *
FROM EmployeesTemp
```

EmployeeID	LastName	FirstName	BirthDate	HireDate	HomePhone	Subtotal
4	Peacock	Margaret	1937-09-19 00:00:00.000	1993-05-03 00:00:00.000	(206) 555-8122	232890.85
3	Leverling	Janet	1963-08-30 00:00:00.000	1992-04-01 00:00:00.000	(206) 555-3412	202812.84
1	Davolio	Nancy	1948-12-08 00:00:00.000	1992-05-01 00:00:00.000	(206) 555-9857	192107.60
2	Fuller	Andrew	1952-02-19 00:00:00.000	1992-08-14 00:00:00.000	(206) 555-9482	166537.75
8	Callahan	Laura	1958-01-09 00:00:00.000	1994-03-05 00:00:00.000	(206) 555-1189	126862.29
7	King	Robert	1960-05-29 00:00:00.000	1994-01-02 00:00:00.000	(71) 555-5598	124568.23
9	Dodsworth	Anne	1966-01-27 00:00:00.000	1994-11-15 00:00:00.000	(71) 555-4444	77308.07
6	Suyama	Michael	1963-07-02 00:00:00.000	1993-10-17 00:00:00.000	(71) 555-7773	73913.14
5	Buchanan	Steven	1955-03-04 00:00:00.000	1993-10-17 00:00:00.000	(71) 555-4848	68792.29

图 9.5　EmployeesTemp 表中的数据

分析与讨论

(1)　求每个雇员的总销售额。对于外部查询中的每一个雇员，如下子查询求出的是该雇员的总销售额。该子查询是不能够单独运行的，因为它依赖于外部查询中 Employees.EmployeeID 的值，对于外部查询 Employees 表中的每一行，该子查询都要执行一次。

```
SELECT Sum(CONVERT(money,
   ("Order Details".UnitPrice*Quantity*(1-Discount)/100))*100)
FROM Northwind.dbo."Order Details" JOIN Northwind.dbo.Orders
ON Northwind.dbo."Order Details".OrderID=Northwind.dbo.Orders.OrderID
WHERE Orders.EmployeeID=Employees.EmployeeID
 GROUP BY Orders.EmployeeID
```

(2)　外部查询将子查询的值赋给 Subtotal 列，并将外部查询的结果按 Subtotal 的值由大到小排序。

(3)　SELECT INTO 语句创建一个新表 EmployeesTemp，并用外部查询的结果集填充 EmployeesTemp 表。新表的结构由选择列表中列的属性定义。

3. 使用 TOP 限制插入的行

任务 9.43　复制表

问题描述 为满足公司创建新数据库的要求，在 NewDataBase 数据库中，创建表 NewEmployees，将 EmployeesTemp 表中 5 行雇员的信息复制到 NewEmployees 表中。

解决方案

(1)　创建新表 NewEmployees，并将 EmployeesTemp 表中 5 行雇员的信息复制到 NewEmployees 表中。

```
USE NewDataBase;
GO
CREATE TABLE NewEmployees(
      EmployeeID int NOT NULL,
      LastName nvarchar(20) NOT NULL,
      FirstName nvarchar(10) NOT NULL,
      BirthDate datetime NULL,
      HireDate datetime NULL,
      Phone nvarchar(24) NULL,
);
GO
INSERT TOP (5) INTO NewEmployees
SELECT EmployeeID,LastName,FirstName,BirthDate,HireDate,HomePhone
FROM EmployeesTemp;
GO
```

(2) 查看新表 NewEmployees 中的数据。

```
SELECT *
FROM NewEmployees;
```

分析与讨论

(1) 可以使用 TOP 关键字限制插入的行数。在 INSERT 语句中，需要使用括号来分隔 TOP 中的数或数值表达式。例如，上例中数值 5 需要用括号括起来。TOP (5)表示插入的 5 行。

(2) 与 INSERT 一起使用的 TOP 表达式中被引用行将不按任何顺序排列。TOP(n)随机返回 n 行。例如，下面的 INSERT 语句包含 ORDER BY 子句，但该子句并不影响由 INSERT 语句直接引用的行，如图 9.6 所示。

```
USE NorthWind;
GO
CREATE TABLE NewEmployees(
     EmployeeID int NOT NULL,
     LastName nvarchar(20) NOT NULL,
     FirstName [nvarchar](10) NOT NULL,
     BirthDate [datetime] NULL,
     HireDate [datetime] NULL,
     Phone [nvarchar](24) NULL,
     Subtotal money
);
GO
INSERT top (5) INTO NewEmployees
SELECT  EmployeeID,LastName,FirstName,BirthDate,HireDate,HomePhone,
      Subtotal=(SELECT Sum(CONVERT(money,
        ("Order Details".UnitPrice*Quantity*(1-Discount)/100))*100)
        FROM "Order Details" JOIN Orders
        ON "Order Details".OrderID= Orders.OrderID
        WHERE Orders.EmployeeID=Employees.EmployeeID)
FROM Employees
ORDER BY Subtotal DESC;
GO
```

EmployeeID	LastName	FirstName	BirthDate	HireDate	Phone	Subtotal
1	Davolio	Nancy	1948-12-08...	1992-05-01...	(206) 555-9857	192107.6000
2	Fuller	Andrew	1952-02-19...	1992-08-14...	(206) 555-9482	166537.7500
3	Leverling	Janet	1963-08-30...	1992-04-01...	(206) 555-3412	202812.8400
4	Peacock	Margaret	1937-09-19...	1993-05-03...	(206) 555-8122	232890.8500
5	Buchanan	Steven	1955-03-04...	1993-10-17...	(71) 555-4848	68792.2900

图 9.6　NewEmployees 表

以上查询中的 ORDER BY 子句仅引用子查询 SELECT 语句返回的行。INSERT 语句选择 SELECT 语句返回的任意 5 行。若要确保插入 SELECT 子查询返回的前 5 行，请按如下所示重写该查询。NewEmployees1 表中的数据如图 9.7 所示。

```
USE NorthWind;
GO
CREATE TABLE NewEmployees1(
     EmployeeID int NOT NULL,
     LastName nvarchar(20) NOT NULL,
     FirstName [nvarchar](10) NOT NULL,
     BirthDate [datetime] NULL,
     HireDate [datetime] NULL,
     Phone [nvarchar](24) NULL,
     Subtotal money
);
GO
INSERT  INTO  NewEmployees1
SELECT top (5)
  EmployeeID,LastName,FirstName,BirthDate,HireDate,HomePhone,
  Subtotal=(SELECT Sum(CONVERT(money,
        ("Order Details".UnitPrice*Quantity*(1-Discount)/100))*100)
         FROM "Order Details" JOIN Orders
         ON "Order Details".OrderID=Orders.OrderID
         WHERE Orders.EmployeeID=Employees.EmployeeID)
FROM Employees
ORDER BY Subtotal DESC;
GO
```

EmployeeID	LastName	FirstName	BirthDate	HireDate	Phone	Subtotal
4	Peacock	Margaret	1937-09-19 00:...	1993-05-03 00:...	(206) 555-8122	232890.8500
3	Leverling	Janet	1963-08-30 00:...	1992-04-01 00:...	(206) 555-3412	202812.8400
1	Davolio	Nancy	1948-12-08 00:...	1992-05-01 00:...	(206) 555-9857	192107.6000
2	Fuller	Andrew	1952-02-19 00:...	1992-08-14 00:...	(206) 555-9482	166537.7500
8	Callahan	Laura	1958-01-09 00:...	1994-03-05 00:...	(206) 555-1189	126862.2900

图 9.7　NewEmployees1 表中的数据

只有与 SELECT 一起使用的 TOP 表达式中被引用行有可能是按顺序排列的。如果 SELECT 包含 ORDER BY 子句，则将返回按 ORDER BY 子句排序的前 n 行。如果 SELECT 没有 ORDER BY 子句，则行的顺序是随意的。例如，如下 SELECT TOP (5)子查询中，由于没有 ORDER BY 子句，则行的顺序是随意的。

```
INSERT  INTO  NewEmployees1
SELECT top (5)
  EmployeeID,LastName,FirstName,BirthDate,HireDate,HomePhone,
  Subtotal=(SELECT Sum(CONVERT(money,
        ("Order Details".UnitPrice*Quantity*(1-Discount)/100))*100)
         FROM "Order Details" JOIN Orders
         ON "Order Details".OrderID=Orders.OrderID
         WHERE Orders.EmployeeID=Employees.EmployeeID)
FROM Employees
```

任务 9.44　将排序的前几行复制到新表

问题描述 为了满足公司创建新数据库的要求，在 NewDataBase 数据库中，创建表 NewEmployees，将销售额前 5 名的雇员的信息复制到 NewEmployees 表中。

解决方案

(1)　创建新表 NewEmployees，并将销售额前 5 名的雇员的信息复制到 NewEmployees 表。

```
USE NewDataBase;
GO
CREATE TABLE NewEmployees(
    EmployeeID int NOT NULL,
    LastName nvarchar(20) NOT NULL,
    FirstName [nvarchar](10) NOT NULL,
    BirthDate [datetime] NULL,
    HireDate [datetime] NULL,
    Phone [nvarchar](24) NULL
);
GO
INSERT  INTO  NewEmployees
SELECT EmployeeID,LastName,FirstName,BirthDate,HireDate,HomePhone
FROM(
    SELECT TOP (5)
    EmployeeID,LastName,FirstName,BirthDate,HireDate,HomePhone,
    Subtotal=(SELECT Sum(CONVERT(money,
    ("Order Details".UnitPrice*Quantity*(1-Discount)/100))*100)
    FROM Northwind.dbo."Order Details" JOIN Northwind.dbo.Orders
    ON Northwind.dbo."Order Details".OrderID=Northwind.dbo.Orders.OrderID
    WHERE Orders.EmployeeID=Employees.EmployeeID
    GROUP BY Orders.EmployeeID)
    FROM Northwind.dbo.Employees
    ORDER BY Subtotal DESC
 )AS E;
GO
```

(2)　查看新表 NewEmployees 中的数据，如图 9.8 所示。

```
SELECT *
FROM NewEmployees;
```

EmployeeID	LastName	FirstName	BirthDate	HireDate	Phone
4	Peacock	Margaret	1937-09-19 ...	1993-05-03 ...	(206) 555-8122
3	Leverling	Janet	1963-08-30 ...	1992-04-01 ...	(206) 555-3412
1	Davolio	Nancy	1948-12-08 ...	1992-05-01 ...	(206) 555-9857
2	Fuller	Andrew	1952-02-19 ...	1992-08-14 ...	(206) 555-9482
8	Callahan	Laura	1958-01-09 ...	1994-03-05 ...	(206) 555-1189

图 9.8　NewEmployees 表中的数据

分析与讨论

(1) SELECT TOP (5)子查询返回一个有 5 行别名为 E 的表，表 E 的行已经按照 Subtotal 值由大到小排序。也就是说，表 E 中雇员的信息已经按雇员销售额的大小由大到小排序。

(2) INSERT 语句中，为一行或多行指定数据值的子查询搜索表 E 的 6 个列的值，将从表 E 搜索到的数据插入到表 NewEmployees 中。

(3) 如果将 INSERT 语句修改如下，插入到 NewEmployees 中的数据和上面是一样的吗？为什么？

```
INSERT TOP (5) INTO NewEmployees
SELECT EmployeeID,LastName,FirstName,BirthDate,HireDate,HomePhone
FROM(
    SELECT
    EmployeeID,LastName,FirstName,BirthDate,HireDate,HomePhone,
    Subtotal=(SELECT Sum(CONVERT(money,
    ("Order Details".UnitPrice*Quantity*(1-Discount)/100))*100)
    FROM Northwind.dbo."Order Details" JOIN Northwind.dbo.Orders
    ON Northwind.dbo."Order Details".OrderID=Northwind.dbo.Orders.OrderID
    WHERE Orders.EmployeeID=Employees.EmployeeID
    GROUP BY Orders.EmployeeID)
    FROM Northwind.dbo.Employees
    ORDER BY Subtotal DESC
)AS E;
```

9.7.2 使用 FROM 和 TOP 子句更改数据

1. 使用 FROM 子句更改数据

在 UPDATE 语句中，如果没有 FROM 子句，更新表 A，则表 A 中指定列的值可在更新操作中计算和使用，其他任何表中的列不可以在更新操作中计算和使用。例如：

```
USE Northwind;
GO
UPDATE Products
SET UnitPrice = UnitPrice * 2
WHERE CategoryID = 2;
GO
```

以上 UPDATE 语句更新表 Products，没有使用 FROM 子句，则该语句不能够使用其他表中的列。

如果 UPDATE 语句的更新操作中要使用其他表中的数据，则必须要使用 FROM 子句，如果 FROM 子句指定表 B，则表 B 中的列可以用于 UPDATE 语句，包括更新操作和 WHERE 子句都可以使用表 B 中的列。

使用 FROM 子句的目的，是为了在 UPDATE 语句中使用其他表的数据。

任务 9.45 使用 FROM 子句更改数据

问题描述在库存管理信息系统中，某种产品的现有库存数量在销售该产品时应该被更新，根据每次的产品销售数量，减少产品的库存数量。在 Northwind 数据库中，产品的库存数量存储于 Products 的 UnitsInStock 列。产品销售数量存储于[Order Details]表的 Quantity 列。编写一 UPDATE 语句，它根据最新销售的某产品的数量，更新该产品的库存量。假定在同一天只记录一笔销售业务，也就是说同一天只记录一笔订单。OrderDate 只记录年月日。

问题分析

(1) 对于 Products 表中的每个产品，要求出其销售数量，必须将 Products 表和[Order Details]表连接查询，因为某个产品在某个订单中的销售数量记录在[Order Details]表的 Quantity 列，如下查询可求出某个产品在某个订单中的销售数量 Quantity。

```
SELECT Quantity
FROM ([Order Details] JOIN Products
ON Products.ProductID = [Order Details].ProductID)
```

由于多个订单可以订购同一种产品，因此以上查询 Quantity 的值可能不止一个。也就是说，以上查询可能有多行，每一行代表某个订单中产品的销售数量。

为了求某个产品的销售的总数量，可以使用如下查询：

```
SELECT SUM (Quantity)
FROM ([Order Details] JOIN Products
ON Products.ProductID = [Order Details].ProductID)
```

(2) 为了求某个产品在最近一天的销售量，就要求订单日期 OrderDate 为最近一天的所有订单所销售的某产品的数量，这就要连接 Orders 表，因为 OrderDate 在 Orders 表中，连接条件为 Orders.OrderID=[Order Details].OrderID，可以使用如下查询：

```
SELECT SUM(Quantity)
FROM ([Order Details] JOIN Products
  ON Products.ProductID = [Order Details].ProductID)
  JOIN Orders ON Orders.OrderID=[Order Details].OrderID
WHERE OrderDate=(SELECT MAX(OrderDate) FROM Orders)
```

子查询 SELECT MAX(OrderDate) FROM Orders 查询出最近一天的订单日期。

(3) 如果同一天只记录一笔订单，则在同一天的订单中，订购某产品 Quantity 的值只有一个。因此，就不需要使用 SUM 函数求和。

解决方案

```
USE Northwind;
GO
UPDATE Products
SET UnitsInStock = UnitsInStock - Quantity
FROM ([Order Details] JOIN Products
ON Products.ProductID = [Order Details].ProductID)
JOIN Orders ON Orders.OrderID=[Order Details].OrderID
WHERE OrderDate=(SELECT MAX(OrderDate) FROM Orders);
GO
```

分析与讨论

(1) FROM 子句指定表或派生表源，用于为更新操作提供数据或为更新操作提供条件。例如，以上 FROM 子句指定派生表源，该派生表是由几个表内连接生成的。这样，UPDATE 语句的更新操作和 WHERE 子句中都可以使用派生表的列，如 Quantity 列、OrderDate 列。

(2) 在 UPDATE 语句中，每次更新操作时，如果参与更新的某列的值不止一个值，则更新操作的结果将不明确。一条 UPDATE 语句对同一行只更新一次，一条 UPDATE 语句永远不会对同一行更新两次或多次。

例如，对于下面的 UPDATE 语句，对于 Products 表中的每个产品，[Order Details] 中可能存在多行都满足 UPDATE 语句中 FROM 子句的限定条件(这是因为多个订单都可以订购同一种产品)。这将造成，将使用 [Order Details] 的哪一行的 Quantity 列来更新 Products 表中的行的 UnitsInStock 列是不明确的。因此，下面的 UPDATE 语句不能够正确运行。

```
USE Northwind;
GO
UPDATE Products
SET UnitsInStock = UnitsInStock - Quantity
FROM ([Order Details] JOIN Products
ON Products.ProductID = [Order Details].ProductID)
JOIN Orders ON Orders.OrderID=[Order Details].OrderID;
GO
```

以上代码 FROM 子句将[Order Details]表和 Products 表连接，连接条件为 Products.ProductID = [Order Details].ProductID，这样可找到产品表中某个产品被订购的数量 Quantity，同时，这个连接条件也是执行更新的条件之一。

(3) 如果在同一天只记录一笔销售业务，只记录一笔订单，那么，对于解决方案中的 UPDATE 语句，对于 Products 表中的每个产品，能够同时满足 FROM 子句的限定条件和 WHERE 子句的限定条件，在[Order Details] 中只有一行。这将使解决方案中的 UPDATE 语句能够正确运行。

如果同一天记录多笔销售业务，记录多笔订单，那么，对于解决方案中的UPDATE 语句，对于 Products 表中的每个产品，能够同时满足FROM 子句的限定条件和 WHERE 子句的限定条件，在[Order Details] 中有多行。在这种情况下，解决方案中的UPDATE 语句不能够正确运行。

对同一天记录多笔销售业务，记录多笔订单的情况，不同订单中同一产品的销售数量必须在 UPDATE 语句中合计在一起。如下例所示，该示例中的UPDATE 语句能够正确运行。

```
USE Northwind;
GO
UPDATE Products
SET UnitsInStock = UnitsInStock -
 (SELECT SUM(Quantity)
  FROM ([Order Details] JOIN Products
  ON Products.ProductID = [Order Details].ProductID)
  JOIN Orders ON Orders.OrderID=[Order Details].OrderID
  WHERE OrderDate=(SELECT MAX(OrderDate) FROM Orders)
  );
GO
```

(4) 在 UPDATE 语句中，如果用于更新列的数据有使用 FROM 子句中的表的列，并且该列同时满足FROM 子句的限定条件和WHERE子句限定条件的值只有一个，则UPDATE 语句能够正确运行。如果该列同时满足FROM 子句的限定条件和WHERE子句限定条件的值不止一个，则UPDATE 语句不能够正确运行。

(5) 如果所更新对象与 FROM 子句中的对象相同，并且在 FROM 子句中对该对象只有一个引用，则指定或不指定对象别名均可。如果更新的对象在 FROM 子句中出现了不止一次，则对该对象的一个(并且只有一个)引用不能指定表别名。FROM 子句中对该对象的所有其他引用都必须包含对象别名。

2. 使用 TOP 子句限制修改的行数

可以使用 TOP 子句来限制 UPDATE 语句中修改的行数。当 TOP (n) 子句与 UPDATE 一起使用时，将针对随机选择的 n 行执行修改操作。

任务 9.46 使用 TOP 子句限制修改的行数

问题描述 销售经理 Steven(EmployeeID 值为 5)另有其他重要任务，公司决定，为了给该销售经理减轻销售负担，将该销售经理要处理的一些订单分配给了 Michael(EmployeeID 值为 6)销售代表去处理。编写代码，从 1998 年 01 月 02 日前的订单中随机抽样的 5 个订单从 Steven 分配给 Michael。

解决方案

```
USE Northwind;
GO
UPDATE TOP (5) Orders
SET EmployeeID = 6
WHERE EmployeeID =5 AND OrderDate>'1998-01-02';
GO
```

分析与讨论

(1) 与 UPDATE 或 INSERT 一起使用的 TOP 表达式中被引用行将不按任何顺序排列。TOP (n)随机返回 n 行，n 必须使用括号括起来。

(2) 解决方案中的UPDATE 语句，在满足 WHERE 子句限定条件的行中随机选择 5 行，将这 5 行的 EmployeeID 值修改为 6。

任务 9.47 使用 TOP 对排序的行进行更新

问题描述 公司决定最早雇用的且职务为销售代表的 3 名雇员，他们直接向销售总裁(EmployeeID 值为 2)汇报工作。根据此要求，修改 Northwind 数据库。

问题分析 某个雇员向谁汇报工作记录在 Employees 的 ReportsTo 列中。由问题描述可知，某些雇员的 ReportsTo 值要被修改为 2，也就是说，在 Employees 表中，某些行的 ReportsTo 的值将被修改为 2。这些被修改的行要满足如下条件：

① Title='Sales Representative'。

② 在 Title='Sales Representative'的行中，选择 HireDate 值最小的前 3 行。

解决方案

```
USE Northwind;
GO
UPDATE Employees
SET ReportsTo = 2
FROM (SELECT TOP (3) EmployeeID FROM Employees
     WHERE Title='Sales Representative'
    ORDER BY HireDate ASC) AS E
WHERE Employees.EmployeeID = E.EmployeeID;
GO
```

分析与讨论

(1) 如果需要使用 TOP 来选择已经排序的行，然后对这些排序的行进行更新，则必须同时使用 SELECT TOP 和 ORDER BY 子句。如下代码在满足条件的行中，随机选择 3 行，ORDER BY 子句对选择的行没有影响。

```
USE Northwind;
GO
UPDATE TOP (3) Employees
SET ReportsTo = 2
WHERE Title='Sales Representative'
ORDER BY HireDate ASC;
GO
```

(2) 在解决方案的 UPDATE 语句中，SELECT TOP(3)子查询在已经排序好的行中，选择最前面的三行，由这三行生成一个派生表 E，然后，UPDATE 语句对 Employees 表中的每一行，检查该行在表 E 中是否存在对应行，如果存在对应行，就将 Employees 表中的该行的 ReportsTo 值修改为 2。

9.7.3 使用 TOP 和附加的 FROM 子句删除数据

1. 使用 TOP 子句限制删除的行数

可以使用 TOP 子句限制 DELETE 语句中删除的行数。当 TOP (n) 子句与 DELETE 一起使用时，将针对随机选择的 n 行执行删除操作。

任务 9.48　使用 TOP 限制删除的行数

问题描述在创建的新数据库 NewDataBase 中，创建表 DiscProducts，将原来数据库 Northwind 中 Products 表的已经停止销售的产品数据复制到 DiscProducts 表中。然后，删除 DiscProducts 表中 5 行。

解决方案

(1) 创建 DiscProducts 表。

```
USE NewDataBase;
GO
SELECT *
INTO DiscProducts
FROM Northwind.dbo.Products
WHERE Northwind.dbo.Products.Discontinued=1;
GO
```

(2) 删除 DiscProducts 表中 5 个随机行。

```
USE NewDataBase;
GO
DELETE TOP(5)
FROM DiscProducts;
GO
```

分析与讨论

(1) 使用 SELECT INTO 创建新表。

解决方案(1)中的代码使用 SELECT INTO 创建新表 DiscProducts。DiscProducts 中的数据如图 9.9 所示。

SHAOPM-PC.NewDat...dbo.DiscProducts

ProductID	ProductName	Suppl...	Categ...	QuantityPerUnit	UnitP...	UnitsIn...	UnitsOn...	Reord...	Discont...
5	Chef Anton's ...	2	2	36 boxes	21.3500	0	0	0	True
9	Mishi Kobe Niku	4	6	18 - 500 g pkgs.	97.0000	29	0	0	True
17	Alice Mutton	7	6	20 - 1 kg tins	39.0000	0	0	0	True
24	Guaraná Fant...	10	1	12 - 355 ml cans	4.5000	20	0	0	True
28	Rössle Sauerk...	12	7	25 - 825 g cans	45.6000	26	0	0	True
29	Thüringer Ros...	12	6	50 bags x 30 sa...	123.7...	0	0	0	True
42	Singaporean H...	20	5	32 - 1 kg pkgs.	14.0000	26	0	0	True
53	Perth Pasties	24	6	48 pieces	32.8000	0	0	0	True

图 9.9 DiscProducts 表中的数据

(2) 与 DELETE 一起使用的 TOP (n)中被引用行将不按任何顺序排列，它只是对随机选择的 n 行执行删除操作。

解决方案(1)中的代码使用 DELETE TOP (5) 删除 DiscProducts 表中 5 个随机行。执行代码后 DiscProducts 中的数据如图 9.10 所示。

SHAOPM-PC.NewDat...dbo.DiscProducts

ProductID	ProductName	Supp...	Categ...	QuantityPerUnit	UnitPrice	UnitsI...	UnitsOnOr...	R...	Discont...
29	Thüringer Rost...	12	6	50 bags x 30 s...	123.7900	0	0	0	True
42	Singaporean H...	20	5	32 - 1 kg pkgs.	14.0000	26	0	0	True
53	Perth Pasties	24	6	48 pieces	32.8000	0	0	0	True

图 9.10 随机删除后 DiscProducts 表中的数据

(3) 使用 TOP 删除按某列的值顺序排列的行。

如果要使用 TOP 删除按某列的值顺序排列的行，必须同时使用 SELECT TOP 和 ORDER BY 子句。例如，如下代码删除 DiscProducts 表中按 UnitPrice 值由小到大排列的前 5 行。

```
USE NewDataBase;
DELETE
FROM DiscProducts
WHERE ProductID IN(
SELECT TOP(5) ProductID
FROM DiscProducts
ORDER BY UnitPrice);
```

执行以上代码后 DiscProducts 中的数据如图 9.11 所示。

SHAOPM-PC.NewDat...dbo.DiscProducts

ProductID	Produc...	Suppl...	Categ...	QuantityPerUnit	UnitPrice	UnitsI...	UnitsO...	Reor...	Discont...
9	Mishi Ko...	4	6	18 - 500 g pkgs.	97.0000	29	0	0	True
28	Rössle ...	12	7	25 - 825 g cans	45.6000	26	0	0	True
29	Thüring...	12	6	50 bags x 30 s...	123.7900	0	0	0	True

图 9.11 顺序删除后 DiscProducts 表中的数据

试比较这 3 个图中的数据。

上面的代码从 DiscProducts 表中删除了 UnitPrice 值最小的 5 行。为了确保仅删除 5 行，嵌套 Select 语句中指定的列 ProductID 必须是 DiscProducts 表的主关键字，也就是说，指定列必须没有重复值。如果指定列包含重复的值，则在嵌套 Select 语句中使用非键列可能会导致删除的行超过 5 行，即 ProductID 值如果有重复值，删除的行可能会超过 5 行。

(4) 和 INSERT、UPDATE 一样，在 DELETE 在语句中，需要使用括号( )将 TOP 中的 n 括起来。

2. 使用 FROM 子句设定条件限制删除的行数

任务 9.49 使用 FROM 子句设定条件限制删除的行数

问题描述 在产品表中，删除 Exotic Liquids 公司供应的所有产品。

问题分析

由问题描述可知，在 Products 表中，满足如下两个条件的行要被删除。

① Products.SupplierID= Suppliers.SupplierID。

② 在 Suppliers 表中，满足上面条件①的行，CompanyName='Exotic Liquids'。

解决方案

```
DELETE FROM Products
FROM Products AS p INNER JOIN Suppliers AS s
    ON p.SupplierID=s.SupplierID
WHERE s.CompanyName='Exotic Liquids';
```

分析与讨论

(1) 在 DELETE 语句中，可以有两个 FROM 子句。

第一个 FROM 子句是可选的 FROM 子句，紧跟 DELETE 后，用来指定要从中删除行的表。

第二个 FROM 子句是扩展的 FROM 子句，该子句在第一个 FROM 子句后，用来指定可由 WHERE 子句搜索条件使用的其他表以及设置几个表的连接条件，以限定要从第一个 FROM 子句指定的表中删除的行。

不会从第二个 FROM 子句指定的表中删除行，只从第一个 FROM 子句指定的表中删除行。

示例：

在解决方案的代码中，第一个可选的 FROM 子句指定要从中删除行的表 Products。该 FROM 关键字是可选的，可有也可无。

第二个 FROM 子句指定可由 WHERE 子句搜索条件使用的其他表 Suppliers(别名 s)以及设置 Products 表(别名 p)和 Suppliers 表的连接条件 p.SupplierID=s.SupplierID。

这样，就可以在 DELETE 的 WHERE 子句中就可以使用第二个 FROM 子句指定的表 Suppliers(别名 s)了。当然，在 DELETE 的 WHERE 子句中可以使用要删除行的表。

DELETE 语句只会从第一个 FROM 子句指定的表(Products)中删除行，绝不会从第二个 FROM 子句指定的其他表(Suppliers)中删除行。

执行解决方案的代码前，Products 表前几行的数据如图 9.12(a)所示，Suppliers 表前几行的数据如图 9.12(b)所示。

SHAOPM-PC.Northwind - dbo.Products

ProductID	ProductName	SupplierID	Categor…	QuantityPerUnit	UnitPrice
1	Chai	1	1	10 boxes x 20 b…	18.0000
2	Chang	1	1	24 - 12 oz bottles	19.0000
3	Aniseed Syrup	1	2	12 - 550 ml bottles	10.0000
4	Chef Anton'…	2	2	48 - 6 oz jars	22.0000
5	Chef Anton'…	2	2	36 boxes	21.3500

(a)

SHAOPM-PC.Northwind - dbo.Suppliers

SupplierID	CompanyName	ContactName	ContactTitle	Address	City
1	Exotic Liquids	Charlotte Cooper	Purchasing Man…	49 Gilbert St.	London
2	New Orleans Caj…	Shelley Burke	Order Administr…	P.O. Box 78934	New Orleans
3	Grandma Kelly's …	Regina Murphy	Sales Represent…	707 Oxford Rd.	Ann Arbor

(b)

图 9.12　执行解决方案前的数据

执行解决方案的代码后，图 9.12(b)所示 Products 表中被选择的前 3 行的数据会被删除。这是因为在 Products 表中同时满足连接条件和 WHERE 子句指定的条件的行只有这 3 行。

在 Suppliers 表中，CompanyName 为'Exotic Liquids'的供应商的 SupplierID 的值为 1，如图 9.12(b)所示被选择的行。

在 Products 表中，SupplierID 值为 1 的行有 3 行，如图 9.12(a)所示被选择的 3 行。

(2) 在 DELETE 语句中，也可以使用相关子查询完成任务 9.47。例如，以下也是完成任务 9.47 的解决方案。

```
DELETE FROM Products
WHERE SupplierID IN
(SELECT SupplierID
FROM Suppliers
WHERE CompanyName='Exotic Liquids')
```

以上语句首先运行子查询，得到 Exotic Liquids 公司的 SupplierID 值，然后删除 Products 表的行，并不是 Products 表的每行都被删除，只是 Products.SupplierID 列的值和子查询所得值相等的 Products 表的行才会被删除；子查询引用 Suppliers 表。

9.7.4 独立实践

1. 使用 SELECT 和 TOP 子句向表中添加数据

(1) 公司决定创建新数据库替换原来的数据库，但原数据库中的一些数据库还有用，需要导入到新数据库中。为此，要求创建新数据库 NDataBase，在该数据库中，创建一个新的学生表 Students，将原来数据库中学生表的数据复制到新建的 Students 表中。

(2) 将原来数据库中“课程表”的信息复制到 NDataBase 数据库中新建的 Course 表中。

(3) 将每个学生的信息和学生系的名称、专业名称、班级名称的信息复制到一个新表 Temp 中。

(4) 将“学生课程表”中学生课程的平均成绩前 10 名的学生的学号、姓名、平均成绩复制到新表 SCTemp 中。

(5) 将“学生课程表”中学生课程成绩前 10 的学生的学号、课程编号、成绩复制到新表 TempTable 中。

2. 使用 FROM 和 TOP 子句更改数据

(1) 学号为 1000238 的学生通过了课程编号为 2367 课程的考试，因此获得该课程的学分。编写一 UPDATE 语句，它根据 2367 号课程的学分，更新学生表中“已获学分”列的值。

(2) 将课程编号为 2367 课程的成绩小于 60 的成绩中随机抽取 5 个，将成绩加 3 分。

(3) 将课程编号为 2367 课程的成绩小于 60 的成绩中成绩最高的前 5 个，将成绩加 3 分。

3. 使用 FROM 和 TOP 子句更改数据

(1) 删除 TempTable 表中 2 条记录。

(2) 将 TempTable 表中的行按成绩由小到大排序，删除前 2 行的数据。

(3) 删除 1993 年前注册的学生的成绩。

9.8 实 例 研 究

SELECT 查询语句从数据库中检索行，并允许从一个或多个表中选择一个或多个行或列。其基本格式如下：

```
SELECT select_list
[INTO new_table_name]
FROM table_list
[WHERE search_conditions]
[GROUP BY group_by_list]
[HAVING search_conditions]
[ORDER BY order_list [ASC | DESC] ]
```

其中：

select_list：描述结果集的列。它是一个逗号分隔的表达式列表。每个表达式同时定义格式(数据类型和大小)和结果集列的数据来源。每个选择列表表达式通常是对从中获取数据的源表或视图的列的引用，但也可能是其他表达式，例如常量或 Transact-SQL 函数。在选择列表中使用 *

表达式指定返回源表中的所有列。

INTO new_table_name：指定使用结果集来创建新表。new_table_name 指定新表的名称。

FROM table_list：包含从中检索到结果集数据的表的列表。

FROM 子句还可包含连接说明，该说明定义了 SQL Server 用来在表之间进行导航的特定路径。

FROM 子句还用在 DELETE 和 UPDATE 语句中以定义要修改的表。

WHERE search_conditions：WHERE 子句是一个筛选，它定义了源表中的行要满足 SELECT 语句要求必须达到的条件。只有符合条件的行才向结果集提供数据，不符合条件的行中的数据不会被使用。

WHERE 子句还用在 DELETE 和 UPDATE 语句中以定义目标表中要修改的行。

GROUP BY group_by_list：GROUP BY 子句根据 group_by_list 列中的值将结果集分成组。例如，Northwind Orders 表在 ShipVia 中有三个值。GROUP BY ShipVia 子句将结果集分成三组，每组对应于 ShipVia 的一个值。

HAVING search_conditions：HAVING 子句是应用于结果集的附加筛选。逻辑上讲，HAVING 子句从中间结果集对行进行筛选，这些中间结果集是用 SELECT 语句中的 FROM、WHERE 或 GROUP BY 子句创建的。HAVING 子句通常与 GROUP BY 子句一起使用，但 HAVING 子句前面不必有 GROUP BY 子句。

ORDER BY order_list [ASC | DESC]：ORDER BY 子句定义结果集中的行排列的顺序。order_list 指定组成排序列表的结果集的列。ASC 和 DESC 关键字用于指定行是按升序还是按降序排序。

ORDER BY 之所以重要，是因为关系理论规定除非已经指定 ORDER BY，否则不能假设结果集中的行带有任何序列。如果结果集行的顺序对于 SELECT 语句来说很重要，那么在该语句中就必须使用 ORDER BY 子句。

注意： *必须按照正确的顺序指定 SELECT 语句中的子句。*

可在 FROM 中指定连接，FROM 子句连接语法如下：

FROM first_table join_type second_table [ON (join_condition)]

join_type 指定所执行的连接类型：内连接、外连接或交叉连接。join_condition 指定连接所基于的条件。

内连接使用=、<或>之类的比较运算符，根据每个表共有的列的值匹配两个表中的行。例如，检索 students 和 courses 表中学生标识号相同的所有行。

外连接可以是左向外连接、右向外连接或完整外部连接。

在 FROM 子句中指定外连接时，可以由下列几组关键字中的一组指定。

1. LEFT JOIN 或 LEFT OUTER JOIN

左向外连接的结果集包括 LEFT OUTER 子句中指定的左表的所有行，而不仅仅是连接列所匹配的行。如果左表的某行在右表中没有匹配行，则在相关联的结果集行中右表的所有选择列表列均为空值。

2. RIGHT JOIN 或 RIGHT OUTER JOIN

右向外连接是左向外连接的反向连接，将返回右表的所有行。如果右表的某行在左表中没有匹配行，则将为左表返回空值。

3. FULL JOIN 或 FULL OUTER JOIN

完整外部连接返回左表和右表中的所有行。当某行在另一个表中没有匹配行时，则另一个表的选择列表列包含空值。如果表之间有匹配行，则整个结果集行包含基表的数据值。

交叉连接返回左表中的所有行，左表中的每一行与右表中的所有行组合。

某些情况下，需要创建可以使用多次但每次使用不同值的查询。例如，可能要经常对 Employee 表查询以查找某位雇员的信息。可以对每次请求运行相同的查询，只是每次使用的雇员 ID 或名称不同。

若要创建每次使用不同值的查询，可以在查询中使用参数。可以指定两种类型的参数：未命名参数和命名参数。未命名参数是可放在查询中任何位置的问号 (?)，用于提示输入值或以字面值替代。例如，如果在 Employee 表中使用未命名参数搜索居住在参数指定城市雇员的 ID 及姓名，带参数的 SQL 语句可能如下所示，其中?表示雇员所在城市的参数。

```
SELECT EmployeeID, LastName, FirstName
FROM Employee
WHERE City = ?
```

或者，也可以为参数指定一个名称。命名参数在查询中存在多个参数时很有用。例如，如果在 Employee 表中使用命名参数搜索一个雇员的 ID，带参数的 SQL 命令可能如下所示，其中@first_name 和@last_name 为参数的名称。

```
SELECT EmployeeID
FROM Employee
WHERE FirstName =@first_name AND
  LastName = @last_name
```

下面是实例数据库中要使用的查询语句。

筛选 Products 表中的记录，查询只返回未被中止的产品，生成当前产品列表。

```
SELECT ProductID, ProductName
FROM Products
WHERE Discontinued=0
ORDER BY ProductName
```

在 FROM 子句中所指定的表可能有相同的列名。外键很可能具有和相关主键相同的列名。若要解析重复名称之间的多义性，必须使用表名称来限定列名，如下列语句，该语句用于查询各类产品。

```
SELECT Categories.CategoryName, Products.ProductName,
Products.QuantityPerUnit, Products.UnitsInStock, Products.Discontinued
FROM Categories INNER JOIN Products ON Categories.CategoryID = Products.CategoryID
WHERE Products.Discontinued <> 1
ORDER BY Categories.CategoryName, Products.ProductName
```

查询 10 种最昂贵的产品。

```
SELECT Products.ProductName, Products.UnitPrice
FROM Products
WHERE Products.UnitPrice>(SELECT AVG(UnitPrice) From Products)
ORDER BY Products.UnitPrice DESC
```

创建计算字段查询，计算每项订单的扩展价格。

```
SELECT "Order Details".OrderID, "Order Details".ProductID, Products.ProductName,
    "Order Details".UnitPrice, "Order Details".Quantity, "Order Details".Discount,
    (CONVERT(money,("Order Details".UnitPrice*Quantity*(1-Discount)/100))*100) AS
ExtendedPrice
FROM  Products  INNER  JOIN  "Order  Details"  ON  Products.ProductID  =  "Order
Details".ProductID
ORDER BY "Order Details".OrderID
```

下列查询语句使用汇总函数 Sum 计算每张订单的小计。

```
SELECT "Order Details".OrderID,
 Sum(CONVERT(money,("Order Details".UnitPrice*Quantity*(1-Discount)/100))*100) AS
Subtotal
FROM "Order Details"
GROUP BY "Order Details".OrderID
```

下列查询语句实现雇员订单的查询。该查询为参数查询，查询参数指定时间内雇员的订单。

```
SELECT DISTINCT Customers.CustomerID,
Customers.CompanyName, Customers.City, Customers.Country
FROM Customers RIGHT JOIN Orders ON Customers.CustomerID = Orders.CustomerID
WHERE Orders.OrderDate BETWEEN @StartTime AND @EndTime
```

任务10 索　引

10.1 场 景 引 入

问题：用户经常要查找送货日期在某一日期范围内的订单，而且经常要按照送货日期排序记录。为了快速找到所需的数据，请提出一种解决方案。

要解决上述问题，可以使用索引。利用索引可以快速访问数据库表中的特定信息。索引是对数据库表中一个或多个列(例如，Employees 表的 LastName 列)的值进行排序的结构。如果想按特定雇员的姓(LastName)来查找，则与在表中搜索所有的行相比，索引能够更快地获取信息。

10.2 了 解 索 引

索引是一个简单的表，表中存储有索引列的值及该值所在行的存储位置。

数据库中的索引与书籍的索引类似。在一本书中，利用索引可以快速查找所需信息，无须阅读整本书。在数据库中，索引使数据库程序无须对整个表进行扫描，就可以在其中找到所需数据。书中的索引是一个词语列表，其中注明了包含各个词的页码。而数据库中的索引是一个列表，其中注明了表中包含各个值的行所在的存储位置。可以为表中的单个列建立索引，也可以为一组列建立索引。

在随 Microsoft SQL Server 2000 提供的 pubs 示例数据库中，Employees 表在 emp_id 列上有一个索引。图 10.1 所示为索引如何存储每个 emp_id 值并指向表中包含各个值的数据行。

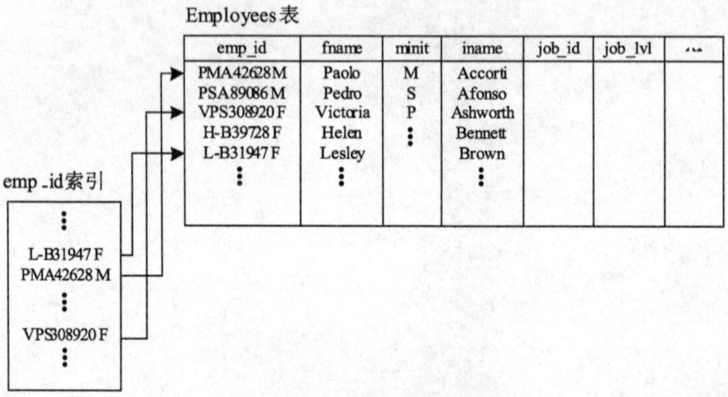

图 10.1　索引存储示意图

当 SQL Server 执行一个语句，在 Employees 表中根据指定的 emp_id 值查找数据时，它能够识别 emp_id 列的索引，并使用该索引查找所需数据。如果该索引不存在，它会从表的第一行开始，逐行搜索指定的 emp_id 值。

SQL Server 为某些类型的约束(如 PRIMARY KEY 和 UNIQUE 约束)自动创建索引。可以通过创建不依赖于约束的索引，进一步对表进行自定义。

不过，索引为性能所带来的好处却是有代价的。带索引的表在数据库中会占据更多的空间。另外，为了维护索引，对数据进行插入、更新和删除操作所花费的时间会更长。

10.3　了解索引的类型

索引可分为聚集索引(Clustered)和非聚集索引(Non- Clustered)两种。

10.3.1　了解聚集索引

聚集索引确定表中数据的物理顺序。也就是说聚集索引会将设为索引的字段依序排好，并且记录也将按排好的顺序存储在表中，如图 10.2 所示表中的记录。

ProductID	ProductName	UnitPrice
1810	苹果汁	￥18.00
1264	牛奶	￥19.00
1000	番茄酱	￥10.00
1600	麻油	￥21.35

图 10.2　记录表

假定上面的表中的 ProductID 字段为聚集索引，则该表的内容会自动依照 ProductID 的大小来排列，如图 10.3 所示。

ProductID	ProductName	UnitPrice
1000	番茄酱	￥10.00
1023	酱油	￥25.00
1264	牛奶	￥19.00
1600	麻油	￥21.35

图 10.3　按索引排列表

若是增加一条 ProductID 为 1145 的记录，则这条记录会排列在 1023 与 1264 之间，如图 10.4 所示。由于聚集索引规定数据在表中的物理存储顺序，因此一个表只能有一个聚集索引。

ProductID	ProductName	UnitPrice
1000	番茄酱	￥10.00
1023	酱油	￥25.00
1145	酱油	￥25.00
1264	牛奶	￥19.00
1600	麻油	￥21.35

图 10.4　增加记录的排列表

10.3.2　了解非聚集索引

非聚集索引也会按照索引字段排序，但排列的结果并不会显示在表中，而是在另一个地方存储。非聚集索引与一本书后面所附的索引类似。一本书后面所附的索引是按照字母 A、B、C…排列，但书中的内容并不是依照索引的顺序排列的，要查询数据时，可从索引中找到所指引的地方。

因此，在没有聚集索引的表中增加记录时，此新记录将排到其他记录的后面。

由于两种索引的差异。在检索记录时，聚集索引会比非聚集索引速度快，因为其记录是按照索引顺序排列的。但当要新增(insert)和更新(update)记录时，则因为聚集索引需要将排序后的记录实际存储在表中，所以速度会比非聚集索引稍慢。另外，一个表只可以有一个聚集索引，而非聚集索引可以有多个。

10.3.3 了解唯一索引

唯一索引表示一个表中索引列不包含重复的值。在多列唯一索引情况下，该索引可以确保索引列中每个值的组合都是唯一的。例如，将姓名分为姓氏与名字两个字段，如果在姓氏与名字列的组合上创建了唯一索引，则该表中任何两条记录不允许既同姓又同名。但表中允许同姓或同名的记录存在。这种将两个或多个列组合起来的索引称为复合索引。

聚集索引和非聚集索引都可以是唯一的。因此，只要列中的数据是唯一的，就可以在同一个表上创建一个唯一的聚集索引和多个唯一的非聚集索引。

10.4 创建与删除索引

10.4.1 在现有表上创建索引

只有表的所有者才能在表上创建索引，以下是创建索引的一般格式：

```
CREATE [ UNIQUE ] [ CLUSTERED | NONCLUSTERED ] INDEX 索引名
    ON 表名 ( 字段名 1，字段名 2， ,... 字段名 n )
```

默认情况下，如果未指定聚集选项，则创建的是非聚集索引。

1. 创建普通索引

任务 10.1　创建普通索引

问题描述在 Customers 表的 contactname 字段上创建一个索引。

解决方案

```
CREATE INDEX contactname_ind
ON Customers (contactname)
```

分析与讨论

以上代码没有指定要创建聚集索引或非聚集索引或唯一索引，因此将创建的是普通索引，索引名为 contactname_ind。

2. 创建唯一索引

任务 10.2　创建唯一索引

问题描述在 Shippers 表的 companyname 字段上创建一个唯一索引。

解决方案

```
CREATE UNIQUE INDEX companyname_ind
ON Shippers (companyname)
```

分析与讨论

如果某列有多行包含 NULL 值，则不能在该列上创建唯一索引。在创建索引时，这些被视为重复的值。

尽管唯一索引有助于找到信息，但为了获得最佳性能，建议使用主键约束或唯一约束。

3. 创建聚集唯一索引

任务 10.3　创建聚集唯一索引

问题描述在 Region 表的 Regionid 字段上创建一个聚集唯一索引。

解决方案

```
CREATE  UNIQUE  CLUSTERED INDEX PK_RegionID
ON Region (Regionid)
```

分析与讨论

以上代码由于使用了 UNIQUE 和 CLUSTERED 选项，因此创建的是聚集唯一索引。

4. 创建复合索引

任务 10.4 创建复合索引

问题描述在 Employees 表的 FirstName 和 LastName 字段上创建一个复合索引。

解决方案

```
CREATE  UNIQUE   INDEX name_ind
ON Employees  (FirstName,LastName)
```

分析与讨论

如果一个索引包含两个或多个列，则该索引称为复合索引。以上代码由于使用了 UNIQUE 选项，因此创建的索引为唯一复合索引。

5. 创建升序和降序索引

任务 10.5 创建升序和降序索引

问题描述在 Employees 表的 FirstName 和 LastName 字段上创建一个复合索引，索引的值按降序存储。

解决方案

```
DROP INDEX Employees.name_ind
CREATE  UNIQUE   INDEX name_ind
ON Employees  (FirstName DESC,LastName DESC)
```

分析与讨论

在创建索引时可在索引字段后使用关键字 ASC(升序)和 DESC(降序)指定该字段的数据是按升序还是按降序存储。如果不指定，则默认为升序。

10.4.2 在创建表时创建索引

在 SQL Server 中，索引不一定要由数据库设计者自己建立。当建立表的时候，SQL Server 在表中有 PRIMARY KEY 与 UNIQUE 限制的情况下，会自动建好索引。

1. 有 UNIQUE 字段

任务 10.6 创建非聚集唯一索引

问题描述创建 Shippers 表，同时对 CompanyName 列创建 UNIQUE 约束。

解决方案

```
CREATE DATABASE MyDatabase
CREATE TABLE  Shippers  (
  ShipperID    int  NOT NULL ,
  CompanyName    nvarchar  (40) UNIQUE  NOT NULL ,
  Phone    nvarchar  (24) NULL
)
```

分析与讨论

当表中有被设为 UNIQUE 的字段时，则 SQL Server 会在该字段自动建立一个非聚集索引的唯一索引，以确保此字段的唯一性。此自动建立的索引名称为“UQ_表名称_××××××××”这 8 个×是由 SQL Server 自动产生的数字或英文字母。如果不是由 SQL Server 自动产生的索引，则索引名称就不是“UQ_表名称_××××××××”的格式。

现在我们来看一下 SQL Server 为 Shippers 表自动建立的索引。进入企业管理器，在 Shippers 表上右击，并执行【所有任务】|【管理索引】命令，就会出现此表中的索引。

2. 有 PRIMARY KEY 字段

任务 10.7　创建唯一聚集索引

问题描述 创建 Categories 表，同时对 CategoryID 列创建 PRIMARY KEY 约束。

解决方案

```
USE MyDatabase
CREATE TABLE  Categories  (
  CategoryID   int  PRIMARY KEY NOT NULL ,
  CategoryName   nvarchar  (15) NOT NULL ,
  Description   ntext   NULL ,
)
```

分析与讨论

当表中设置有 PRIMARY KEY 时，则 SQL Server 会在 PRIMARY KEY 字段建立一个唯一聚集索引，索引名称为“PK_表名称_××××××”。

现在我们来看一下 SQL Server 为 Categories 表自动建立的索引。进入企业管理器，在 Categories 表上右击，并执行【所有任务】|【管理索引】命令，就会出现此表中的索引。

3. 对 PRIMARY KEY 列创建非聚集索引，对 UNIQUE 列创建聚集索引

任务 10.8　对 PRIMARY KEY 列创建非聚集索引，对 UNIQUE 列创建聚集索引

问题描述 创建 Shippers 表，同时对 ShipperID 列创建 PRIMARY KEY 约束和非聚集索引，对 CompanyName 列创建 UNIQUE 约束和聚集索引。

解决方案

```
USE MyDatabase
GO
DROP TABLE Shippers
CREATE TABLE  Shippers  (
  ShipperID    int  PRIMARY KEY NONCLUSTERED NOT NULL ,
  CompanyName    nvarchar  (40) UNIQUE CLUSTERED NOT NULL ,
  Phone   nvarchar  (24) NULL
)
```

分析与讨论

由于在创建表时，对 ShipperID 列创建了 PRIMARY KEY 约束且有 NONCLUSTERED 选项，因此对 ShipperID 列创建了非聚集索引。

在 CompanyName 除有 UNIQUE 选项外，还有 CLUSTERED 选项，因此对 CompanyName 列创建了聚集索引。

10.4.3　删除索引

可以使用 DROP INDEX 命令从数据库中删除一个或多个索引。其格式为：

```
DROP INDEX 表名.索引名[ ,...n ]
```

注意：DROP INDEX 语句不适用于通过定义 PRIMARY KEY 或 UNIQUE 约束创建的索引。

```
DROP INDEX Employees.name_ind
```

10.4.4　独立实践

1. 创建普通索引

(1) 为了便于按学生姓名排序和查询，请为学生表的姓名列创建普通索引。

(2) 为“班级”表创建基于“系部代码”列的非聚集索引 bj_xb_index。

2. 创建唯一索引

为学生表添加 E-mail 列。然后为 E-mail 列创建唯一索引。

3. 创建复合索引

(1) 创建一个非聚集，复合索引。为了便于按系部和专业查找指定的学生，为“学生”表创建一个基于“系编号，专业编号”组合列的非聚集、复合索引 xb_zy_index。

(2) 创建一个聚集，复合索引。为“教师任课”表创建一个基于“教师编号，课程号”组合列的聚集、复合索引 jsrk_index。

(3) 创建一个唯一的聚集、复合索引。为教学计划表创建一个基于“课程编号，专业编号”组合列的唯一的聚集、复合索引 kc_zy_index。

4. 删除索引

删除教务管理数据库中“班级”表的 bj_xb_index 索引。

10.5 使 用 索 引

10.5.1 使用聚集索引

聚集索引确定表中数据的物理顺序。因此聚集索引对于那些经常要搜索范围值的列特别有效。使用聚集索引找到包含第一个值的行后，便可以确保包含后续索引值的行在物理上相邻。例如，如果应用程序排列的一个查询经常检索某一日期范围内的记录，则使用聚集索引可以迅速找到包含开始时期的行，然后检索表中所有相邻的行，直到到达结束日期。这样有助于提高此类查询的性能。同样，如果要对表中检索的数据进行排序时经常要用到某一列，则可以对该表的该列创建聚集索引(物理排序)，避免每次查询该列时都进行排序，从而节省成本。

聚集索引可用于：

- 唯一或包含许多不重复的值。
- 使用下列表达式返回一个范围值的查询：

```
Between、>、>=、<和<=
```

- 按顺序被访问的列。例如，产品 ID 唯一地标识 Products 表中的产品。在其中指定顺序搜索的查询(如 WHERE ProductID BETWEEN 1 AND 60)将从 ProductID 的聚集索引受益。这是因为行将按该键列的排序顺序存储。
- 经常用于对表中检索到的数据进行排序的列。按该列对表进行聚集(即物理排序)是一个好方法，它可以在每次查询该列时节省排序操作的成本。
- 返回大型结果集的查询。
- JOIN 子句使用的列，一般说来，这些是外键列。
- ORDER BY 或 GROUP BY 子句的列。如果为在 ORDER BY 或 GROUP BY 子句中指定的列创建聚集索引，可以使 SQL Server 不必对数据进行排序，因为这些行已经排序。这样可以提高查询性能。

说明：聚集索引不适用于频繁更改的列。

10.5.2 使用非聚集索引

一个表中可有多个非聚集索引。可以为表中查找数据时常用的每个列创建一个非聚集索引。非聚集索引可用于：

- 包含大量非重复值的列。一个表只有一个聚集索引，如果聚集索引已被用于其他列，则可以为这些包含大量非重复值的列创建非聚集索引。如果只有很少的非重复值，如只有 1 和 0，则大多数查询将不使用索引。因为此时表扫描通常更有效率。

- 不返回大型结果集的查询。当查询的所有列是索引列时可以提高查询性能，因为符合查询要求的全部数据都存在于索引本身中。例如，对某一表(其中对列 a、列 b 和列 c 创建了组合索引)的列 a 和列 b 的查询，仅仅从该索引本身就可以检索指定数据。
- 返回精确匹配的查询的搜索条件(WHERE 子句)中经常使用的列。因为索引包含查询所搜索的数据值在表中的精确位置的项。
- 使用 JOIN 或 GROUP BY 子句的列。应为连接和分组操作中所涉及的列创建多个非聚集索引，为任何外键列创建一个聚集索引。

10.5.3 使用唯一索引

唯一索引可以确保索引列不包含重复值。如果每个列或列的组合已创建为唯一索引，则在表中为该列或列的组合输入了重复值时，将会显示错误。

聚集索引和非聚集索引都可以是唯一的。只要列中的数据是唯一的，就可以为同一个表创建一个唯一聚集索引和多个唯一非聚集索引。

10.6 实 例 研 究

创建索引的目的是为了快速查找所需信息。索引是一个简单的表，表中存储有索引列的值及该值所在行的存储位置(指针)。利用索引可以快速访问数据库表中的特定信息。通过搜索索引找到特定的值，然后跟随指针到达包含该值的行。

通常情况下，只有当经常查询列中的数据时，才需要在表上为该列创建索引(查询中的 WHERE、JOIN、ORDER BY、GROUP BY 子句中包括的每一列都是索引可以选择的对象)。索引将占用磁盘空间，并且降低添加、删除和更新行的速度。不过在多数情况下，索引所带来的数据检索速度上的优势将大大超过它的不足之处。然而，如果应用程序非常频繁地更新数据，或磁盘空间有限，那么最好限制索引的数量，也不必为小表创建索引。

在确定某一索引适合某一查询之后，可以自定义最适合具体情况的索引类型。索引特征包括：

- 是否聚集。
- 是否唯一。
- 单列还是多列。
- 索引中的列顺序为升序还是降序。

每个表都必须有一个主键，在为表创建主键时，SQL Server 将自动为主键建立一个唯一聚集索引。当表中有被设为 UNIQUE 的字段时，则 SQL Server 会在该字段自动建立一个非聚集索引的唯一索引。推荐在列上定义 UNIQUE 约束来创建 UNIQUE 索引，而不要显式地在表上定义 UNIQUE 索引。外键列也必须创建索引。如果表间是 1 对 1 关系，则必须在外键列上创建唯一索引。如果表间是 1 对多关系，则不能在外键列上创建唯一索引。实例中的其他索引如表 10.1 所示。

表 10.1 其他索引列表

表	索 引	创建索引的原因
Category	CategoryName	排序
Supplier	CompanyName	排序
	PostalCode	排序

续表

表	索　引	创建索引的原因
Products	ProductName	排序
Customers	City	搜索条件
	CompanyName	排序
	ContactName	排序、搜索条件
	PostalCode	排序、搜索条件
	Region	搜索条件
Employees	LastName	排序、搜索条件
	FirstName+ LastName	排序、搜索条件
	PostalCode	排序
Order	ShippedDate	排序、搜索条件
	ShipPostalCode	排序、搜索条件

课题四　为数据库创建对象和程序

- 创建视图
- 编写批处理和脚本
- 创建存储过程
- 创建 DML 触发器和用户定义函数
- 创建游标和控制 SQL 程序流
- 创建事务与锁

任务 11　创 建 视 图

11.1　场 景 引 入

问题：在公司的数据管理系统中，雇员表存储的数据有雇员 ID、姓名、身份证号码、工资、职务、出生日期、家庭电话、办公电话。但身份证号码，工资、出生日期是保密数据，不是任何人都可以查看的，只有特定的人才可以查看这些列的数据，而雇员 ID、姓名、职务、办公电话任何人都可以查看。为解决该问题，请提出一种解决方案。

要解决上述问题，可以使用视图。若要限制用户可使用的数据，如用户可以访问某些数据，进行查询和修改，但是表或数据库的其余部分是不可见的，也不能进行访问，这时可使用视图。上述问题中，雇员表的身份证号码、工资、出生日期列中含有保密信息，不应对所有用户公开，但其余列中含有的信息可以由所有用户使用，此时，可以定义一个视图，它包含表中保密列外所有的列。

11.2　理 解 视 图

视图是数据库对象之一，下面的任务将要讨论什么是视图和为什么要创建视图。

11.2.1　了解视图的概念

视图是一个虚拟表，其内容由查询定义。视图一旦被建立，其作用与表没有什么两样。但是视图本质上并不保存任何数据值，视图的行和列数据来自定义视图的查询所引用的表，并且在引用视图时动态生成。表是实际存储数据的地方。

对视图所引用的基础表来说，视图的作用类似于筛选。定义视图的筛选可以来自当前或其他数据库的一个或多个表，或其他视图。

任务 11.1　了解视图的创建和使用视图

问题描述 用 SQL 命令创建视图 CustomerView，然后分别对 CustomerView 和其引用的基表 Customers 进行同样的操作，然后观察其结果。

解决方案

(1)　创建 CustomerView 视图。

```
CREATE VIEW CustomerView
AS
SELECT CustomerID, ContactName, CompanyName
FROM Customers
```

(2)　下面两个 SQL 命令在基表上执行相同的操作——检索数据。

```
/* 通过视图 CustomerView 检索数据 */
SELECT CustN.CustomerID, ContactName,OrderID, OrderDate
FROM Orders AS Ord JOIN CustomerView AS CustN
      ON (Ord.CustomerID = CustN.CustomerID)
WHERE OrderDate > '1995-6-30'

/* 通过表 Customers 检索数据 */
SELECT CustomerID, ContactName,
      OrderID, OrderDate
FROM Orders AS Ord
    JOIN Customers AS Cust
      ON (Ord. CustomerID = Cust.CustomerID)
WHERE OrderDate >'1995-6-30'
```

(3) 下面两个 SQL 命令在基表上执行相同的操作——添加数据。

```
/* 通过视图 CustomerView 添加数据 */
INSERT CustomerView (CustomerID, ContactName, CompanyName)
VALUES ('1234', 'Mary', 'Deitel')

/* 通过表 Customers 添加数据 */
INSERT Customers (CustomerID, ContactName, CompanyName)
VALUES ('1235', 'Mary', 'Deitel')
```

(4) 下面两个 SQL 命令在基表上执行相同的操作——修改数据。

```
/* 通过视图 CustomerView 修改数据 */
    UPDATE CustomerView
     SET ContactName = 'Tom', CompanyName = 'Bay '
     WHERE CustomerID = '1234'

/* 通过表 Customers 修改数据 */
UPDATE Customers
     SET ContactName = 'Tom', CompanyName = 'Bay '
     WHERE CustomerID = '1235'
```

(5) 下面两个 SQL 命令在基表上执行相同的操作——删除记录。

```
/* 通过视图 CustomerView 删除记录 */
DELETE FROM CustomerView
WHERE CustomerID = '1234'

/* 通过表 Customers 删除记录 */
DELETE FROM Customers
WHERE CustomerID = '1235'
```

分析与讨论

由上面的几个操作可知，当我们创建了视图后，我们可以像使用表一样使用视图，包括查询数据、添加数据、修改数据和删除数据。

11.2.2 理解视图的作用

视图通常用来供不同用户选择、简化和自定义数据库中的不同数据。视图可用作安全机制，方法是允许用户通过视图访问数据，而不是授予用户直接访问视图基表的权限。

1. 选择特定数据

视图使用户能够将精力集中于他们感兴趣的特定数据和所负责的特定任务，不必要的数据可以不出现在视图中。这同时增加了数据的安全性，因为用户只能看到视图中所定义的数据，而不是基表中的所有数据。

2. 简化数据操作

视图可以简化用户操作数据的方式。可将经常使用的查询定义为视图。这样，用户每次对特定的数据执行操作时，就不必每次都编写查询和运行查询了，而只需运行视图即可。

3. 自定义数据

可以根据个人或集体的特定需求定制满足某一需求的视图。例如，有时用户需要的数据分散在多个表中，创建视图可以将它们集中在一个虚拟表中，这样的虚拟表可为特定的报表提供数据，或者提供一种方式查询特定信息。

11.3 创 建 视 图

视图可以被看做虚拟表或存储查询。可通过视图访问的数据并不作为独特的对象存储在数据库内。数据库内存储的是 SELECT 语句。SELECT 语句的结果集构成视图所返回的虚拟表。

用户可以用引用表时所使用的方法，在 SQL 语句中通过引用视图名称来使用虚拟表。创建视图的一般格式为：

```
CREATE VIEW 视图名[ ( 字段别名1 , 字段别名2 ,... ) ]
[ WITH ENCRYPTION ]
  AS
SELECT 语句
 [ WITH CHECK OPTION ]
```

11.3.1 创建简单视图

任务 11.2 使用视图查询每笔订单的小计

问题描述 创建视图，计算每笔订单的小计。

解决方案

```
CREATE VIEW [Order Subtotals]
AS
SELECT OrderID,
SUM(CONVERT(money, (UnitPrice * Quantity) * (1 - Discount) / 100) * 100)
      AS Subtotal
FROM [Order Details]
GROUP BY OrderID
```

分析与讨论

视图以 OrderID 分组，相同 OrderID 的记录为一组，对每一组的计算列(UnitPrice * Quantity) * (1 - Discount)求和，就得到每笔订单的小计。

该视图可作为其他查询的数据源。

11.3.2 使用视图

创建了视图之后，我们就可以像使用表一样使用视图，使用表的方法适用于视图。视图可以像表一样作为查询的数据源，也可以在像使用表一样，通过视图修改数据。

任务 11.3 查询各国雇员每笔订单的销售额

问题描述 使用视图 Order Subtotals 查询各国雇员每笔订单的销售额。

解决方案

```
/* 各国雇员销售额 */
SELECT    Employees.Country,     Employees.LastName,     Employees.FirstName,
Orders.ShippedDate, Orders.OrderID, "Order Subtotals".Subtotal AS SaleAmount
FROM Employees INNER JOIN
 (Orders INNER JOIN "Order Subtotals" ON Orders.OrderID = "Order Subtotals".OrderID)
 ON Employees.EmployeeID = Orders.EmployeeID
```

分析与讨论

由于雇员的信息在 Employees 表中，订单的信息在 Orders 表中，订单的销售额在视图 Order Subtotals 中，因此查询必须连接这三个数据源，以它们的公共字段作为连接字段，也就是说将 Employees 表和 Orders 表相连接，连接条件为 Employees.EmployeeID = Orders.EmployeeID，Orders 表和 Order Subtotals 视图相连接，连接条件为 Orders.OrderID = "Order Subtotals".OrderID。

任务 11.4 查询每年每笔订单的销售额

问题描述 使用视图 Order Subtotals 查询每年每笔订单的销售额。

解决方案

```
/* 每年每笔订单的销售额 */
SELECT Orders.ShippedDate,
Orders.OrderID, "Order Subtotals".Subtotal, DATENAME(yy,ShippedDate) AS Year
FROM Orders INNER JOIN "Order Subtotals"
 ON Orders.OrderID = "Order Subtotals".OrderID
```

分析与讨论

由于销售的时间也就是送货时间在 Orders 表中，而订单的销售额在视图 Order Subtotals 中，因此必须连接 Orders 表和视图 Order Subtotals 进行查询，以它们的公共字段作为连接字段，连接条件为 Orders.OrderID = "Order Subtotals".OrderID。

11.3.3 创建具有计算列的视图

通过定义 SELECT 语句检索将在视图中显示的数据来创建视图。SELECT 语句引用的数据表称为视图的基表。在下例中，数据库中的 Product Sales for 1998 是一个视图，该视图选择 3 个基表中的数据来显示包含常用数据的虚拟表。视图的数据是定义视图的查询语句决定的，我们可以创建具有计算列的查询，因此视图的列也可以是计算列。

任务 11.5 查询 1998 年各类产品的销售额

问题描述 创建视图，查询 1998 年各类产品的销售额。

解决方案

```
CREATE VIEW [Product Sales for 1998]
AS
SELECT Categories.CategoryName, Products.ProductName,
     SUM(CONVERT(money, (.[Order Details].UnitPrice * [Order Details].Quantity)
     * (1 - [Order Details].Discount) / 100) * 100)  AS ProductSales
FROM Categories INNER JOIN
     Products ON Categories.CategoryID = Products.CategoryID INNER JOIN
     Orders INNER JOIN
     [Order Details] ON Orders.OrderID = [Order Details].OrderID ON
     Products.ProductID = [Order Details].ProductID
WHERE (Orders.ShippedDate BETWEEN '1998-1-1' AND '1998-12-31')
GROUP BY Categories.CategoryName, Products.ProductName
```

分析与讨论

产品的类别名称在 Categories 表中，产品名称在 Products 表中，产品的销售额可通过订单明细表 Order Details 的计算列小计 UnitPrice * Quantity* (1 – Discount) 计算出来。产品的销售时间在订单表中，因此查询 1998 年各类产品的销售额必须连接 4 个表(Categories、Products、Order Details 和 Orders)查询，以它们的公共列作为连接列。FROM 子句后的表的连接及连接条件可以理解为：

```
(Categories INNER JOIN Products ON Categories.CategoryID = Products.CategoryID ) INNER
JOIN
     (Orders INNER JOIN
     [Order Details] ON Orders.OrderID = [Order Details].OrderID)
 ON Products.ProductID = [Order Details].ProductID
```

即可以理解为 Categories INNER JOIN Products ON Categories.CategoryID = Products.CategoryID 连接查询的结果集 T1 与 Orders INNER JOIN[Order Details] ON Orders.OrderID = [Order Details].OrderID 连接查询的结果集 T2 再进行连接查询，也就是将 T1 与 T2 连接查询，T1 含有列 Products.ProductID，T2 含有列[Order Details].ProductID，这是它们的公共列，T1 与 T2 连接条件为 Products.ProductID = [Order Details].ProductID。

如果不分组，其查询 SQL 如下,查询结果如图 11.1(a)所示。

```
SELECT Orders.OrderID,Categories.CategoryName, Products.ProductName,
     (CONVERT(money, (.[Order Details].UnitPrice * [Order Details].Quantity)
     * (1 - [Order Details].Discount) / 100) * 100)  AS SubTotal
FROM Categories INNER JOIN
     Products ON Categories.CategoryID = Products.CategoryID INNER JOIN
     Orders INNER JOIN
     [Order Details] ON Orders.OrderID = [Order Details].OrderID ON
     Products.ProductID = [Order Details].ProductID
WHERE (Orders.ShippedDate BETWEEN '1998-1-1' AND '1998-12-31')
order by Categories.CategoryName,Products.ProductName
```

图 11.1(a)所示的查询结果不是我们所需要的，我们需要的是将类别名称、产品名称相同的行分为一组(如 1～15 行为一组)，对这组的 SubTotal 求和(5683.50)，将它们合并成一条记录(如图 11.1(b)所示的第 6 条记录是图 11.1(a)的 1～15 行合并而成的)，这样就得到了某类别的某产品的销售额(Beverages 类的 Chai 产品的销售额为 5683.50)。为了得到这样的查询结果，必须按类别名称、产品名称分组。

	OrderID	CategoryName	ProductName	SubTotal
1	10838	Beverages	Chai	54.00
2	10847	Beverages	Chai	1152.00
3	10863	Beverages	Chai	306.00
4	10869	Beverages	Chai	720.00
5	10905	Beverages	Chai	342.00
6	10911	Beverages	Chai	180.00
7	10918	Beverages	Chai	810.00
8	10935	Beverages	Chai	378.00
9	11003	Beverages	Chai	72.00
10	11005	Beverages	Chai	36.00
11	11006	Beverages	Chai	144.00
12	11025	Beverages	Chai	162.00
13	11031	Beverages	Chai	810.00
14	11035	Beverages	Chai	180.00
15	11047	Beverages	Chai	337.50
16	11049	Beverages	Chang	152.00
17	11041	Beverages	Chang	456.00
18	11030	Beverages	Chang	1425.00
19	11021	Beverages	Chang	156.75
20	10991	Beverages	Chang	760.00
21	10939	Beverages	Chang	161.50
22	10866	Beverages	Chang	299.25
23	10851	Beverages	Chang	90.25
24	10852	Beverages	Chang	285.00
25	10856	Beverages	Chang	380.00
26	10885	Beverages	Chang	380.00
27	10888	Beverages	Chang	380.00

(a)

	CategoryName	ProductName	ProductSales
1	Meat/Poultry	Alice Mutton	8687.25
2	Condiments	Aniseed Syrup	1040.00
3	Seafood	Boston Crab Meat	5336.00
4	Dairy Products	Camembert Pierrot	14817.20
5	Seafood	Carnarvon Tigers	8496.88
6	Beverages	Chai	5683.50
7	Beverages	Chang	5583.15
8	Beverages	Chartreuse verte	4226.40
9	Condiments	Chef Anton's Cajun Seasoning	1479.50
10	Condiments	Chef Anton's Gumbo Mix	3042.38
11	Confections	Chocolade	86.70
12	Beverages	Côte de Blaye	69959.25
13	Seafood	Escargots de Bourgogne	2427.40
14	Grains/Cereals	Filo Mix	904.40
15	Dairy Products	Flotemysost	6756.38
16	Dairy Products	Geitost	414.12
17	Grains/Cereals	Gnocchi di nonna Alice	7225.70
18	Dairy Products	Gorgonzola Telino	3215.63

(b)

图 11.1　查询结果

11.3.4　创建视图列的别名

如果创建视图时不指定视图列的别名，则视图列将获得与 SELECT 语句中的列相同的名称。创建视图时可以在创建视图的查询中给列定义别名，也可以在视图定义中指定每列的名称。

下列情况下必须给视图列指定别名。

- 视图中有任何从算术表达式、内置函数或常量派生出的列。
- 视图中有两列或多列具有相同名称(通常由于视图定义包含连接，而来自两个或多个不同表的列具有相同的名称)。
- 希望使视图中的列名与它的源列名不同。

当给视图中的列指定了别名时，在选择视图中的列时应使用别名。

任务 11.6　查询 1998 年各类销售总额

问题描述 使用 1998 年各类产品的销售额视图创建视图，查询 1998 年各类销售总额。

解决方案

```
CREATE VIEW [Category Sales for 1998 ](CategoryName, CategorySales)
AS
SELECT CategoryName, SUM(ProductSales)
FROM [Product Sales for 1998]
GROUP BY CategoryName
```

分析与讨论

由于创建视图的 SELECT 语句含计算列且没有指定别名，因此创建视图时，必须给视图的每列指定名称，以上代码中给视图的第一列指定的名称为 CategoryName，给视图的第二列指定的名称为 CategorySales。

对 CategoryName 分组，将 Product Sales for 1998 视图中 CategoryName 相同的行列为一组，对这组的 ProductSales 列的值求和，得到该类所有产品的销售总额。

任务 11.7　查询 1998 订单销售额大于 2 500 的订单的信息

问题描述使用每笔订单小计视图 Order Subtotals 创建视图，查询 1998 年订单销售额大于 2 500 的订单的销售额、订单号、发货日期及客户的公司名称。

解决方案

```
CREATE VIEW  [Sales Totals by Amount for 1998]
(SaleAmount, OrderID, CompanyName, ShippedDate)
AS
SELECT [Order Subtotals].Subtotal, Orders.OrderID,
     Customers.CompanyName, Orders.ShippedDate
FROM Customers INNER JOIN
     Orders INNER JOIN
     [Order Subtotals] ON Orders.OrderID = [Order Subtotals].OrderID ON
     Customers.CustomerID = Orders.CustomerID
WHERE ([Order Subtotals].Subtotal > 2500) AND (Orders.ShippedDate BETWEEN
     '1998-01-01' AND '1990-12-31')
```

分析与讨论

由于希望视图中的第一列的列名(SaleAmount)与它的源列名(Subtotal)不同，因此创建视图时，必须给视图的每列指定名称。

11.3.5　加密视图

可对机密视图的定义进行加密，以确保不让任何人得到它的定义，包括视图的所有者。

任务 11.8　加密视图

问题描述创建视图，查询客户的订单信息及该客户的信息，并加密该视图。

解决方案

```
CREATE VIEW [ Orders Qury ]
WITH ENCRYPTION
AS
SELECT Orders.OrderID, Orders.CustomerID, Orders.EmployeeID,
     Orders.OrderDate, Orders.RequiredDate, Orders.ShippedDate,
     Orders.ShipVia, Orders.Freight, Orders.ShipName,
     Orders.ShipAddress,.Orders.ShipCity, Orders.ShipRegion,
     Orders.ShipPostalCode, Orders.ShipCountry, Customers.CompanyName,
     Customers.Address, Customers.City, Customers.Region,
     Customers.PostalCode, Customers.Country
FROM Customers INNER JOIN
     Orders ON Customers.CustomerID = Orders.CustomerID
```

分析与讨论

如果创建视图时使用了 WITH ENCRYPTION 选项，则对创建的视图的定义加密，这样任何人包括创建者自己都将不能得到视图的定义，同时可防止在 SQL Server 复制过程中发布视图。

11.3.6　创建具有数据约束的视图

如果在创建视图时使用了 WITH CHECK OPTION 子句，则当通过该视图添加或修改记录时，必须符合创建视图的 SELECT 语句中所设定的条件。若不符合创建视图时所设定的条件，则拒绝执行，并显示错误信息。

任务 11.9　创建具有数据约束的视图

问题描述创建视图，查询未被中止的产品及其类别名称。

解决方案

```
CREATE VIEW  ProductList
AS
SELECT Products.*, Categories.CategoryName
FROM Categories INNER JOIN.Products
```

```
 ON Categories.CategoryID = Products.CategoryID
WHERE Products.Discontinued = 0
WITH CHECK OPTION
```

分析与讨论

如果在创建视图时，使用了 WITH CHECK OPTION 选项，则可强制针对视图执行的所有数据修改语句都必须符合创建视图的查询中设置的条件。通过视图修改行时，WITH CHECK OPTION 可确保提交修改后，仍可通过视图看到数据。

```
/* 以下插入的记录违反视图所设定的条件，插入记录会失败 */
INSERT ProductList (ProductName,Discontinued)
VALUES ('Tofu',1)

/* 以下插入的记录符合视图所设定的条件，会成功插入记录*/
INSERT ProductList (ProductName,Discontinued)
VALUES ('Tofu',0)
```

11.3.7 独立实践

1. 创建简单视图

(1) 创建视图 SScoreAVG，计算每个学生的平均成绩。

(2) 创建视图 CScoreAVG，计算每门课程的平均成绩及课程编号。

(3) 创建一个名称为“V_软件设计课程计划_1”的视图，使用该视图可以从“专业_课程”表和“课程”表中查询软件设计专业所开设的课程名、课程类型、开课学期及学分。

(4) 创建选修“高等数学”的学生的视图。该视图包含学生的学号和姓名信息。

(5) 创建没有获得学分的学生的视图。该视图包含学生的学号、姓名、课程名和成绩信息。

2. 使用视图

(1) 使用视图 SScoreAVG 查询每个班每个学生的平均成绩。

(2) 使用视图 CScoreAVG 查询每个专业每门课程的平均成绩。

(3) 使用视图 SScoreAVG 查询第 2 学期每个学生的平均成绩。

(4) 使用视图 CScoreAVG 查询第 2 学期每门课程的平均成绩。

3. 创建具有计算列的视图

(1) 创建视图，查询每一个教师的实际工资。

(2) 创建视图，查询第 3 学期各专业课程的平均成绩。

4. 创建视图列的别名

创建“学生”表中全体学生年龄的视图。该视图包含学生的学号、姓名和年龄信息。

5. 加密视图

创建一个名称为“V_10 软件设计班成绩”的视图，并加密该视图，使用此视图可以从“学生”表、“学生_课程”表和“课程”表中查询出 10 软件设计班学生的学号、姓名、课程表和课程成绩。

6. 创建具有数据约束的视图

创建视图，查询班级编号为 106 的学生的信息。

7. 修改和重命名视图

(1) 修改“V_10 软件设计班成绩”的视图，使该视图查询 10 软件测试班学生的学号、姓名、课程表和课程成绩。

(2) 将视图“V_10 软件设计班成绩”的名称改为“V_10 软件测试班成绩”。

8. 通过视图修改数据

(1) 以学生表为基础建立一个视图，其名称为“V_计算机系学生”，其包含列为学生表中的所有列，筛选记录条件为“系部代码 = ‘01’”。

(2) 向“V_计算机系学生”视图中插入一条新的学生记录。

(3) 将“V_计算机系学生”视图中专业代码为 0101 的改为 0202。

(4) 删除“V_计算机系学生”视图中姓名为“李菲”的学生。

11.4 修改和重命名视图

在完成视图定义后，可以在不去除和重新创建视图的条件下更改视图名称或修改其定义，而不影响相关对象和与之相关联的权限。

11.4.1 修改视图

可用 ALTER VIEW 命令更改一个先前创建的视图。更改先前创建的视图不影响相关的对象(如存储过程或触发器)，除非视图定义的更改使该相关对象不再有效。ALTER VIEW 命令的一般格式为：

```
ALTER VIEW view_name [ ( 字段别名1 , 字段别名2 ,... ] ) ]
[ WITH ENCRYPTION ]
  AS
SELECT 语句
 [ WITH CHECK OPTION ]
```

其中，view_name 为要修改的视图的名称。

任务 11.10 修改视图(1)

问题描述修改任务 11.9 创建的视图 ProductList，查询所有的产品名称及其类别的名称。

解决方案

```
ALTER VIEW  ProductList
AS
SELECT Products. ProductName, Categories.CategoryName
FROM Categories INNER JOIN.Products
 ON Categories.CategoryID = Products.CategoryID
```

分析与讨论

如果需要更改视图中的语句，可以删除并重新创建该视图，也可以直接修改该视图。删除并重新创建视图时，与该视图关联的所有权限都将丢失。更改视图时，将更改视图定义的 SQL 语句，但为该视图定义的权限将保留，并且不会影响任何相关的存储过程或触发器。

任务 11.11 修改视图(2)

问题描述修改任务 11.9 创建的视图 ProductList，查询未被中止的产品及其类别名称，使该视图具有数据约束并加密该视图。

解决方案

```
ALTER VIEW  ProductList
WITH ENCRYPTION
AS
SELECT Products.*, Categories.CategoryName
FROM Categories INNER JOIN.Products
 ON Categories.CategoryID = Products.CategoryID
WHERE Products.Discontinued = 0
WITH CHECK OPTION
```

分析与讨论

上面代码修改视图以对其定义进行加密，同时确保所有在视图上执行的数据修改语句都符合定义视图的 SELECT 语句中设定的条件。

11.4.2 重命名视图

可以使用 sp_rename 重命名视图。其一般格式为：

```
sp_rename '视图名', '视图名新名'
```

任务 11.12 重命名视图

问题描述将视图 ProductList 重命名为 plist。

解决方案

```
EXEC sp_rename 'ProductList', 'plist'
```

分析与讨论

重命名视图并不更改它在视图定义文本中的名称。要在定义中更改视图名称，应直接修改视图。

11.5 通过视图修改数据

视图是虚拟表，它具有了原始表的所有功能。在 SQL 语句中，视图的使用与表的使用相似。但由于视图中所包含的列可能是某个表的部分列，也可能是某些表的部分列，所以，从视图中修改数据时需要注意以下一些事项。

(1) SQL Server 必须能够明确地解析对视图所引用基表中的特定行所做的修改操作。不能在一个语句中对多个基表使用数据修改语句。因此，列在 UPDATE 或 INSERT 语句中的列必须属于视图定义中的同一个基表。

(2) 在视图中修改的列必须直接引用表列中的基础数据。它们不能通过其他方式派生，例如计算列就不可以在视图中修改该列的值。应用以下方式可以产生计算列。

① 聚合函数(AVG、COUNT、SUM、MIN、MAX)。

② 通过表达式并使用列计算出其他列。

(3) 对于基表中需更新而又不允许空值的所有列，它们的值在 INSERT 语句或 DEFAULT 定义中指定。这将确保基表中所有需要值的列都可以获取值。

(4) 在基表的列中修改的数据必须符合对这些列的约束，如为空值、约束、DEFAULT 定义等。例如，如果要删除一行，则相关表中的所有基础 FOREIGN KEY 约束必须仍然得到满足，删除操作才能成功。

(5) 如果在视图定义中使用了 WITH CHECK OPTION 子句，则所有在视图上执行的数据修改语句都必须符合定义视图的 SELECT 语句中所设定的条件。如果使用了 WITH CHECK OPTION 子句，修改行时需注意不要让它们在修改完成后从视图中消失。任何可能导致行消失的修改都会被取消，并显示错误信息。

(6) 被修改的列不受 GROUP BY、HAVING 或 DISTINCT 子句的影响。

例如，如下代码创建的视图[Order Subtotals]，不可以通过该视图修改 OrderID 列。因为该列已受到 GROUP BY 子句的影响，同一个 OrderID 值在基表[Order Details]中有多行与之对应。则 SQL Server 将无法知道该更新、插入或删除哪个行。同样，不可以通过该视图修改 Subtotal 列，因为该列既应用了计算也应用了聚合函数。SQL Server 也无法知道该更新、插入或删除哪个行哪个列。

```
CREATE VIEW [Order Subtotals]
SELECT OrderID,
SUM(CONVERT(money, (UnitPrice * Quantity) * (1 - Discount) / 100) * 100)
     AS Subtotal
```

```
FROM [Order Details]
GROUP BY OrderID
```

11.6　比较视图和查询

查询是对数据库内的数据进行检索、创建、修改或删除的特定请求。数据库接受用 SQL 语言编写的查询。

SQL 命令也用于创建视图，视图是数据库数据的特定子集。视图和检索查询是用相同的语句(SQL SELECT 语句)定义的，因此非常相似。但在查询和视图之间也有很大的差别，下面列出了两者的几个区别。

1. 存储

视图存储为数据库设计的一部分，而查询则不是。当设计数据库时，可以出于下列原因将视图包括在设计中：一些数据子集关系到许多用户，由于每个视图都存储在数据库内，所以可以通过视图建立特定的数据子集以供所有数据库用户使用。

2. 视图可以隐藏基表

可以禁止所有用户访问数据库表，而只能通过视图操作数据。

3. 排序结果

任何查询结果都是可以排序的，但是只有当视图包括 TOP 子句时才能对视图排序。

4. 加密

可以加密视图，但不能加密查询。

11.7　实 例 研 究

下面给出了几个在数据库中定义和使用视图的理由。

- 可以同时使用多个表中的数据。视图提供了一种机制，可将多个表中的列连接起来，使它们看起来像一个表，这样允许同时处理两个或多个相关表中的数据。
- 视图反映了最新信息。每次访问视图时，都会重新构建该视图，所以视图显示了基表中最新变化后的信息。
- 可以达到安全性或保密性的目的。从基表中选择特定字段定义视图，控制特定用户或用户组所能访问的数据。例如，只允许雇员看见工作跟踪表内记录其工作的行。又如，对于那些不负责处理工资单的雇员，只允许他们看见雇员表中的姓名列、办公室列、工作电话列和部门列，而不能看见任何包含工资信息或个人信息的列。
- 汇总信息而不提供明细信息。例如，显示一个列的和，或列的最大值和最小值。

下面我们实现实例中的视图。

下面的视图 Employeeview 使用某个人的两个表中的所有相关数据建立报表。

```
CREATE VIEW Employeeview AS
SELECT P.SSN AS SSN,P.base_pay, P.commission, Name, Address,
      Birthdate, EmployeeID
FROM Emp_pay P, Employee E
WHERE P.SSN = E.SSN
```

下面的视图 Order Subtotals 计算订单明细表中每个订单订购的一种产品的总价格。

```
CREATE VIEW "Order Subtotals" AS
SELECT "Order Details".OrderID,
 SUM(CONVERT(money,("Order  Details".UnitPrice*Quantity*(1-Discount)/100))*100)  AS
Subtotal
```

```
FROM "Order Details"
GROUP BY "Order Details".OrderID
```

下面的视图扩展订单明细表，使表中含有每个订单订购的产品的名称及订购该产品的总价格。

```
CREATE VIEW "Order Details Extended" AS
SELECT "Order Details".OrderID, "Order Details".ProductID, Products.ProductName,
"Order Details".UnitPrice, "Order Details".Quantity, "Order Details".Discount,
(CONVERT(money,("Order   Details".UnitPrice*Quantity*(1-Discount)/100))*100)  AS
ExtendedPrice
FROM  Products  INNER  JOIN  "Order  Details"  ON  Products.ProductID  =  "Order
Details".ProductID
ORDER BY "Order Details".OrderID
```

下面的视图 InvoicesView 是客户发票的数据源，通过该视图可以得到客户发票的所有相关数据信息。

```
CREATE VIEW InvoicesView AS
SELECT Orders.ShipName, Orders.ShipAddress, Orders.ShipCity,
Orders.ShipRegion, Orders.ShipPostalCode,
Orders.ShipCountry, Orders.CustomerID,
Customers.CompanyName AS CustomerName, Customers.Address, Customers.City,
Customers.Region, Customers.PostalCode, Customers.Country,
(FirstName + ' ' + LastName) AS Salesperson,
Orders.OrderID, Orders.OrderDate,
Orders.RequiredDate, Orders.ShippedDate, Shippers.CompanyName As ShipperName,
"Order Details".ProductID, Products.ProductName,
"Order Details".UnitPrice, "Order Details".Quantity, "Order Details".Discount,
(CONVERT(money,("Order   Details".UnitPrice*Quantity*(1-Discount)/100))*100)   AS
ExtendedPrice, Orders.Freight
FROM     Shippers INNER JOIN
     (Products INNER JOIN
         (
             (Employees INNER JOIN
                 (Customers   INNER   JOIN   Orders   ON   Customers.CustomerID   =
Orders.CustomerID)
             ON Employees.EmployeeID = Orders.EmployeeID)
         INNER JOIN "Order Details" ON Orders.OrderID = "Order Details".OrderID)
     ON Products.ProductID = "Order Details".ProductID)
ON Shippers.ShipperID = Orders.ShipVia
```

任务 12　编写批处理和脚本

12.1　场 景 引 入

问题：公司要求将创建数据库、向数据库表中添加数据的代码保存下来，以作为一种备份机制，同时可利用该代码培训公司的新雇员，让他们发现代码中可能存在的问题、了解代码或更改代码。请提出该问题的解决方案。

要解决以上问题需要使用批处理，需要使用脚本以存储一系列的 SQL 代码。

12.2　使用变量与系统函数

12.2.1　使用变量

变量是用来存储单个特定数据类型数据的对象，它用来在程序运行过程中暂存数据，一个变量一次只能存储一个值。使用变量之前要先声明变量。

变量允许存储数据以便以后作为 Transact-SQL 语句的输入使用。例如，可以对一个查询进行编码，使其在每次执行时需要在 WHERE 子句中指定的不同数据值。可以编写查询在 WHERE 子句中使用变量，并对逻辑进行编码以使用适当的数据来填充变量。

1．声明变量

任务 12.1　使用变量值的查询

问题描述 查询 CategoryID 值由变量值指定的所有产品。

解决方案

(1)　编写查询。

```
DECLARE @CategoryID int;
SET @CategoryID = 1;
SELECT   *  FROM   Products
WHERE  CategoryID = @CategoryID
```

(2)　运行查询，结果如图 12.1 所示。

	ProductID	ProductName	SupplierID	CategoryID	QuantityPerUnit	UnitPrice	UnitsInStock	UnitsOnOrder	ReorderLevel	Discontinued
1	1	Chai	1	1	10 boxes x 20 bags	18.00	37	0	10	0
2	2	Chang	1	1	24 - 12 oz bottles	19.00	16	40	25	0
3	39	Chartreuse verte	18	1	750 cc per bottle	18.00	69	0	5	0
4	38	Côte de Blaye	18	1	12 - 75 cl bottles	263.50	17	0	15	0
5	24	Guaraná Fantástica	10	1	12 - 355 ml cans	4.50	20	0	0	1
6	43	Ipoh Coffee	20	1	16 - 500 g tins	46.00	17	10	25	0
7	76	Lakkalikööri	23	1	500 ml	18.00	57	0	20	0
8	67	Laughing Lumberjack Lager	16	1	24 - 12 oz bottles	14.00	52	0	10	0
9	70	Outback Lager	7	1	24 - 355 ml bottles	15.00	15	10	30	0
10	75	Rhönbräu Klosterbier	12	1	24 - 0.5 l bottles	7.75	125	0	25	0

图 12.1　运行查询结果

分析与讨论

(1)　声明变量。

变量用来存储程序在运行过程中可以使用的值，用户可以定义变量，用户定义的变量称为局部变量。使用 DECLARE 语句声明变量，其格式如下：

```
DECLARE 变量名 数据类型和长度
```

变量名的第一个字符必须为一个 @。声明变量后变量的值初始化为 NULL。

变量不能是 text、ntext 或 image 数据类型。

下面的语句创建了一个名为@CategoryID 的变量，该变量的数据类型为 int，变量的值设置为 NULL。

```
DECLARE @CategoryID int;
```

若要声明多个局部变量，可在定义的第一个变量后使用一个逗号，然后指定下一个变量名称和数据类型。例如，此 DECLARE 语句创建了 3 个名称发别为 @ProductName、@QuantityPerUnit 和@ProductID 的变量，并将每个变量都初始化为 NULL：

```
DECLARE @ProductName nvarchar(30), @QuantityPerUnit nvarchar(20), @ProductID int;
```

变量的作用域就是可以引用该变量的 SQL 语句的范围。变量的作用域从声明变量的地方开始到声明变量的批处理或存储过程的结尾。批处理和存储过程将在后面详细讨论。

(2) 使用 SET 给变量赋值。

第一次声明变量时，其值设置为 NULL。如果要为变量赋值，就可使用 SET 语句。例如，下面的语句将值 1 赋给变量@CategoryID。其中，“=”为赋值运算符。

```
SET @CategoryID = 1;
```

使用 SET 语句给变量赋值是为变量赋值的首选方法。

(3) 使用变量的值。

解决方案的 SELECT 语句的 WHERE 子句中使用了变量@CategoryID 值。该语句使用变量的值从 Products 表中查询 CategoryID 值为变量@CategoryID 值的所有产品。

(4) 输出变量的值。

可以使用 SELECT 语句输出变量的值。例如以下语句输出变量@CategoryID 的值。

```
SELECT  @CategoryID;
```

也可以使用 SELECT 语句输出表达式的值。例如：

```
SELECT '类别 ID 的值为' + CAST(@CategoryID AS CHAR(10));
```

如果使用 SELECT 输出多个变量或表达式的值，则变量或表达式之间用逗号分隔。例如：

```
SELECT @ProductName, @QuantityPerUnit, @ProductID;
SELECT 表达式 1, 表达式 2, 表达式 3;
```

2. 使用 SELECT 语句的选择列表中当前所引用值为变量赋值

任务 12.2 使用 SELECT 语句给变量赋值

问题描述 某产品的产品 ID 值为 1，查询与此产品同类的所有产品的名称、库存量和单价。

解决方案

(1) 编写查询。

```
DECLARE @CategoryID int;
SELECT   @CategoryID=CategoryID
FROM   Products
WHERE  ProductID= 1;

SELECT  ProductName,UnitsInStock,UnitPrice
FROM   Products
WHERE  CategoryID = @CategoryID;
```

(2) 运行查询，结果如图 12.2 所示。

	ProductName	UnitsInStock	UnitPrice
1	Chai	37	18.00
2	Chang	16	19.00
3	Guaraná Fantástica	20	4.50
4	Sasquatch Ale	111	14.00
5	Steeleye Stout	20	18.00
6	Côte de Blaye	17	263.50
7	Chartreuse verte	69	18.00
8	Ipoh Coffee	17	46.00
9	Laughing Lumberjack Lager	52	14.00
10	Outback Lager	15	15.00

图 12.2　运行查询结果

分析与讨论

(1)　给变量赋值。

使用 SET 语句给变量赋值是为变量赋值的首选方法。

变量也可以通过选择列表中当前所引用的值赋值。如果在选择列表中引用变量，则它应当被赋予标量值或者 SELECT 语句应仅返回一行。

例如，解决方案中的第一个 SELECT 语句将查询得到的 CategoryID 列的值赋给@CategoryID 变量。

第二条 SELECT 语句使用@CategoryID 变量的值，查询该类别的产品。

(2)　如果在单个 SELECT 语句中有多个赋值子句，则 SQL Server 不保证表达式求值的顺序。注意，只有当赋值之间有引用时，这种情况才能对赋值有影响。

(3)　如果 SELECT 语句返回多行而且变量引用一个非标量表达式，则变量被设置为结果集最后一行中表达式的返回值。例如，在如下代码中将 @CategoryID 设置为返回的最后一行的 CategoryID 值，此值为 8。

```
DECLARE @CategoryID int;
SELECT  @CategoryID=CategoryID
FROM    Products;
SELECT @CategoryID;
```

12.2.2　使用系统函数

某些 Transact-SQL 系统函数的名称以两个 at 符号 (@@) 开始。虽然在 Microsoft SQL Server 的早期版本中，@@functions 被称为全局变量，但它们不是变量，也不具备变量的行为，其功能与变量的功能不同。@@functions 是系统函数。下面我们要讨论的是 3 个常用的以@@ 打头的系统函数。

1. 使用@@IDENTITY

@@IDENTITY 系统函数返回最后插入行的标识列的值。

任务 12.3　订单录入

问题描述当记录一笔订单时，首先在订单表中插入一行，输入值，然后，使用该行生成的订单 ID 的值在订单明细表中输入一行或几行以记录订单中的项。编写代码完成这一任务。

解决方案

(1)　插入记录。

```
DECLARE @OrderID int;

SELECT  ProductName,UnitsInStock,UnitPrice
FROM    Products
WHERE   CategoryID = @CategoryID;

INSERT INTO Orders
(CustomerID, OrderDate, ShippedDate)
VALUES
('ALFKI',  '2011-5-6', '2011-5-10');
```

```
SELECT @OrderID = @@Identity ;

INSERT INTO [Order Details]
(OrderID, ProductID, Quantity,  UnitPrice)
VALUES
(@OrderID,'2',12,18),
(@OrderID,'1',6,32),
(@OrderID,'5',8,20);
```

(2) 查看插入的记录。在上面的代码下面输入如下代码：

```
SELECT OrderID, CustomerID, OrderDate, ShippedDate
FROM Orders
WHERE OrderID=@OrderID;

SELECT OrderID, ProductID, Quantity,  UnitPrice
FROM [Order Details]
WHERE OrderID=@OrderID;
```

(3) 运行查询，结果如图 12.3 所示。

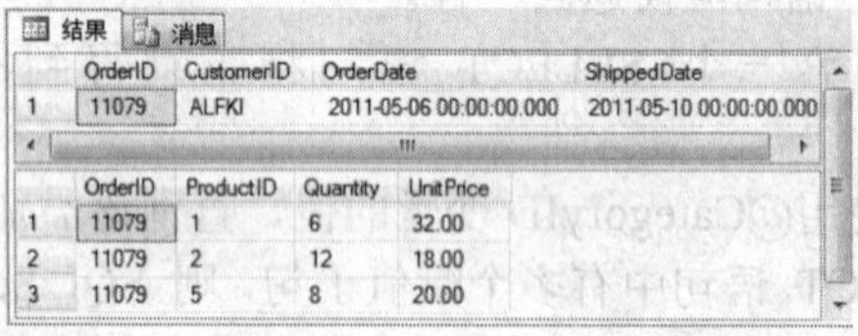

	OrderID	CustomerID	OrderDate	ShippedDate
1	11079	ALFKI	2011-05-06 00:00:00.000	2011-05-10 00:00:00.000

	OrderID	ProductID	Quantity	UnitPrice
1	11079	1	6	32.00
2	11079	2	12	18.00
3	11079	5	8	20.00

图 12.3 运行查询结果

分析与讨论

在一条 INSERT 语句完成后，如果插入了一行，则@@IDENTITY 系统函数返回 INSERT 语句插入行的标识列的值。如果插入了多个行，生成了多个标识值，则 @@IDENTITY 将返回最后插入行的标识列的值。如果 INSERT 语句未影响任何包含标识列的表，则 @@IDENTITY 返回 NULL。

例如，在以上代码中，首先执行 INSERT INTO Orders 语句，向 Orders 表中插入一行，该行的 OrderID 列为标识列，这时，@@IDENTITY 系统函数的值为该行 OrderID 列的值。因此下一条语句中@@IDENTITY 系统函数的返回值为刚插入的 OrderID 列的值，并将该值赋给变量@OrderID。

```
SELECT @OrderID = @@IDENTITY
```

接着 INSERT INTO OrderDetails 语句使用了变量@OrderID 的值向订单明细表中插入 3 行。

2．使用@@ROWCOUNT

以前我们所执行的许多查询中，可以很容易地知道一条语句影响了多少行，查询结果的消息窗口会显示受影响的行数。但是，在编程时，如果需要在程序中获取某一语句的执行所影响的行数，那该怎么办呢？ @@ROWCOUNT 系统函数可以完成这一任务，@@ROWCOUNT 系统函数返回上一语句所影响的行数。

任务 12.4 查询订单中订购的项数

问题描述 查询订单号为 11079 的订单中订购了多少项。

解决方案

(1) 编写代码。

```
DECLARE @ItemsCount int;
SELECT *
FROM [Order Details]
WHERE OrderID=11079;
SET @ItemsCount =@@ROWCOUNT;
SELECT  @ItemsCount;
```

(2) 执行查询，结果如图 12.4 所示。

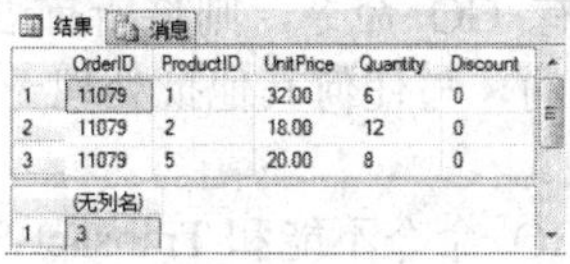

图 12.4　运行查询结果

分析与讨论

@@ROWCOUNT 系统函数返回上一语句执行所影响或被读取的行数。

以上代码中，@@ROWCOUNT 的值为上一语句 SELECT 查询语句的查询结果集的行数。

如果上一语句是数据操作语言 (DML) 语句，则@@ROWCOUNT 值为受影响的行数。

@@ERROR 系统函数，将在任务 13 中讨论。

12.3　编写批处理

批处理是作为一个逻辑单元的一组单条或多条 Transact-SQL 语句，这组 Transact-SQL 语句同时发送到 SQL Server 并得以执行。SQL Server 将批处理的语句编译为单个可执行单元，称为执行计划。执行计划中的语句每次执行一条。

GO 命令作为批处理结束的信号。如果没有 GO 命令，则将所有语句作为单个批处理执行。

12.3.1　使用批处理

批处理是作为一个逻辑单元的一组单条或多条 Transact-SQL 语句。为了将代码分为多个批处理，可使用 GO 命令。

任务 12.5　使用批处理创建视图和表

问题描述 使用批处理在 Northwind 数据库中创建计算每笔订单的小计的视图 OrderSubtotals 和工资表 EmpPay。

解决方案

```
USE Northwind;
GO
CREATE VIEW [Order Subtotals]
AS
SELECT OrderID,
SUM(CONVERT(money,
(UnitPrice * Quantity) * (1 - Discount) / 100) * 100)
     AS Subtotal
FROM [Order Details]
GROUP BY OrderID;
GO
CREATE TABLE EmpPay
(
 BasePayID int PRIMARY KEY NOT NULL,
 SSN char(11) UNIQUE,
 BasePay money NOT NULL
);
GO
```

分析与讨论

(1) GO 命令作为批处理结束的信号。为了将代码分为多个批处理，可使用 GO 命令。

以上代码分为 3 个批处理，因为一个 GO 就代表一个批处理的结束，代码中有 3 个 GO。

第 1 个批处理设置当前数据库为 Northwind。

第 2 个批处理创建视图[Order Subtotals]。

第 3 个批处理创建表 EmpPay。

当前批语句由上一 GO 命令后输入的所有语句组成，如果是第一条 GO 命令，则由代码开始输入后的所有语句组成。如果没有 GO 命令，则将所有语句作为单个批处理执行。

(2) 每个批处理是被独立处理的，与任何其他批处理无关。

(3) 使用 GO 命令注意的问题。

① GO 命令必须自成一行，GO 命令不能和 Transact-SQL 语句在同一行中。但在 GO 命令行中可包含注释。

② GO 不是 Transact-SQL 命令，也不是 Transact-SQL 语句。它是可由 SQL Server 实用工具和代码编辑器识别的命令。

当编辑工具遇到 GO 命令时，会将 GO 命令看作一个结束批处理的标记，将其打包，并且作为一个独立的单元发送到服务器，但不包括 GO。GO 不发送到服务器是正确的，因为服务器根本不知道 GO 是什么意思。如果基于 ODBC、OLE DB 或 ADO.NET 的应用程序试图执行 GO 命令，会收到语法错误。

GO 只是一个指示器，指明什么时候结束当前的批处理，以及什么时候适合开始一个新的批处理。

(4) CREATE VIEW 语句必须独立组成一个批处理，CREATE VIEW 语句不能够和其他任何一个或几个语句组合为一个批处理。

解决方案的代码中，CREATE VIEW 语句的前面有一个语句，CREATE VIEW 语句的后面也有一个语句，因此，必须用两个 GO 命令将它们分隔开，使 CREATE VIEW 语句独立为一个批处理，否则，会发生错误。

12.3.2 批处理中的错误

批处理中的错误分为以下两类：编译错误(如语法错误)和运行时错误。

编译错误可使批处理无法编译，不会生成执行计划。因此，不会执行批处理中的任何语句，不管错误发生在批处理中的什么位置。

大多数运行时错误将停止执行批处理中当前语句和它之后的语句。

在遇到运行时错误的语句之前执行的语句不受影响。唯一例外的情况是批处理位于事务中并且错误导致事务回滚。在这种情况下，所有在运行时错误之前执行的未提交数据修改都将回滚。事务及事务回滚将在任务 16 中讨论。

注意： 某些运行时错误(如违反约束)仅停止执行当前语句，而继续执行批处理中其他所有语句。

下面看看当代码中的某个批处理中发生错误时，会发生什么情况。

1. 发生编译错误

任务 12.6 观察批处理中发生编译错误时的情形

问题描述 编写代码，在该代码中有 3 个批处理，第 1 个批处理首先声明变量@CategoryID，然后查询产品 ID 值为 1 的产品的 CategoryID 的值，并把该值赋给@CategoryID 变量，最后输出该变量的值。第 2 个批处理首先输出“查询指定类别的产品”字符串，然后查询指定类别的产品。第 3 个批处理查询产品表中产品的个数，并输出该值。

解决方案

(1) 编写批处理。

```
DECLARE @CategoryID int;
SELECT  @CategoryID=CategoryID
FROM   Products
WHERE  ProductID= 1;
```

```
PRINT @CategoryID
GO
PRINT '第二个批处理';
SELECT  ProductName,UnitsInStock,UnitPrice
FROM   Products
WHERE  CategoryID = @CategoryID;

SELECT  CategoryID
FROM   Products
WHERE  ProductID= 1;
GO
DECLARE @Count int;
SELECT  @Count=COUNT(*)
FROM   Products
PRINT @Count;
```

(2)　执行编写批处理，结果如图 12.5 所示。

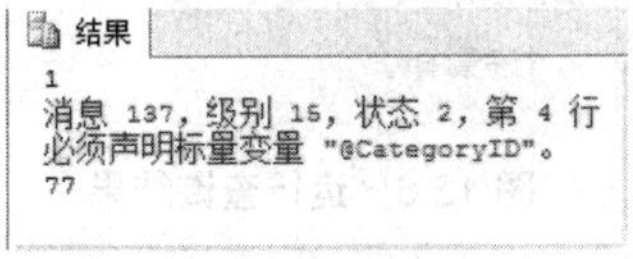

图 12.5　执行批处理结果

分析与讨论

(1)　变量的作用域在该批处理内，如果超出了批处理就会失去作用，编译时就会发生语法错误。例如解决方案的代码中，第 1 个批处理声明了变量@CategoryID，但第 2 个批处理中试图使用该变量，这样就会发生编译错误。批处理是彼此独立的，编译错误发生在第 2 个批处理内，不会影响第 1 和第 2 个批处理。因此，第 2 个批处理不会执行。第 1 和第 3 个批处理照样执行。

(2)　编译错误(如语法错误)可使批处理无法编译，不会生成执行计划。因此，不会执行批处理中的任何语句，不管错误发生在批处理中的什么位置。

例如，解决方案的第 2 个批处理发生语法错误，第 2 个批处理不会执行。

(3)　批处理是彼此独立的，编译错误发生在第 2 个批处理内，不会影响第 1 和第 2 个批处理。因此，第 2 个批处理不会执行。第 1 和第 3 个批处理照样执行。运行结果就证明了这一点。

2. 发生运行时错误

任务 12.7　观察批处理中发生运行时错误的情形

问题描述编写查询，该查询完成如下 3 个任务。

(1)　在订单明细表中查询单价大于 170 的产品编号和折扣。

(2)　查询查询单价大于 170 的产品的价格和折扣的价格的百分数。

(3)　查询类别编号为 1 的类别的名称。

解决方案

(1)　编写查询。

```
USE Northwind;
GO
SELECT DISTINCT ProductID,Discount
FROM [Order Details]
WHERE UnitPrice>170

SELECT DISTINCT ProductID,1/Discount AS Percents
FROM [Order Details]
WHERE UnitPrice>170

SELECT *
FROM Categories
WHERE CategoryID=1;
GO
```

(2) 运行查询，结果如图 12.6 所示。

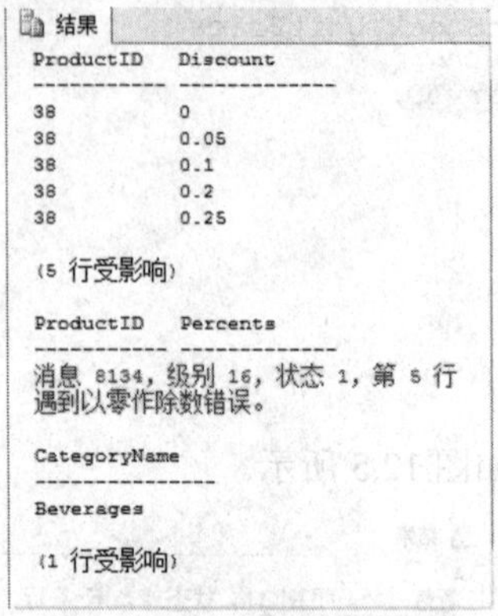

图 12.6　运行查询结果

分析与讨论

(1) 以上批处理中第 2 个查询会发生运行时错误。执行该批处理时，运行时错误将停止执行批处理中当前语句，当前语句之前的语句和之后的语句不受影响，照样执行。

(2) 大多数运行时错误将停止执行批处理中当前语句和它之后的语句。

(3) 在遇到运行时错误的语句之前执行的语句不受影响。唯一例外的情况是批处理位于事务中并且错误导致事务回滚。在这种情况下，所有在运行时错误之前执行的未提交数据修改都将回滚。事务及事务回滚将在任务 16 中讨论。

(4) 某些运行时错误(如违反约束)仅停止执行当前语句，而继续执行批处理中其他所有语句。

12.3.3 何时使用批处理

当要完成任务的代码中，有一些事情必须发生在另一些事情之前或者分开发生时，需要使用批处理。

1. 需要有自己的批处理的语句

有一些语句必须有它们自己的批处理。这些语句包括：

① CREATE VIEW
② CREATE PROCEDURE
③ CREATE FUNCTION
④ CREATE TRIGGER

以上这些语句不能在批处理中与其他语句组合使用。批处理必须以 CREATE 语句开始。所有跟在该批处理后的其他语句将被解释为第一个 CREATE 语句定义的一部分。

如果使用 DROP 删除一个对象，那么可能需要将 DROP 语句放在它自己的批处理中或者至少和其他 DROP 语句在一个批处理中。之所以这样做，是因为如果在 DROP 语句后创建一个具有相同名称的对象，那么除非 DROP 语句已经执行，否则，CREATE 不能够通过批处理语法分析。这意味着需要在前面一个单独的批处理中执行 DROP，以使得当具有 CREATE 语句的批处理执行时 DROP 操作已经完成。

2. 使用批处理建立优先权

任务 12.8　使用批处理建立优先权修改发生错误的代码(1)

问题描述 创建数据库 EmployeeDB，在 EmployeeDB 数据库中创建 Employees 表。某同学 A

提出了如下解决方案：

```
USE master;
CREATE DATABASE EmployeeDB;
CREATE TABLE Employees
(
EmployeeID INT NOT NULL,
EmployeeName varchar (20) NULL
) ;
GO
```

但执行该批处理后，Employees 表在 master 系统数据库中，而不在 EmployeeDB 数据库中。请你提出你自己的解决方案。

解决方案 1

(1)　编写代码。

```
CREATE DATABASE EmployeeDB;
USE EmployeeDB;
CREATE TABLE Employees
(
EmployeeID INT NOT NULL,
EmployeeName varchar (20) NULL
) ;
GO
```

(2)　执行代码，结果如图 12.7 所示。

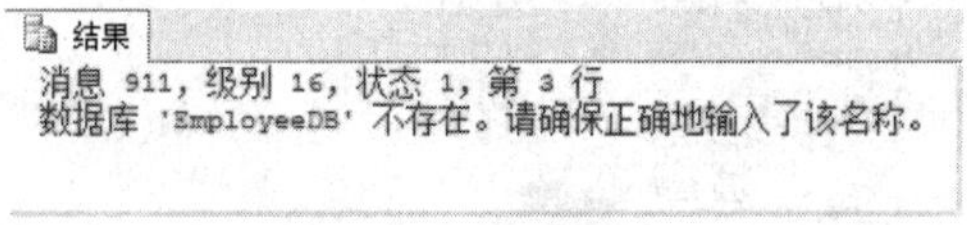
结果
消息 911，级别 16，状态 1，第 3 行
数据库 'EmployeeDB' 不存在。请确保正确地输入了该名称。

图 12.7　执行代码结果

解决方案 2

```
CREATE DATABASE EmployeeDB;
GO
USE EmployeeDB;
CREATE TABLE Employees
(
EmployeeID INT NOT NULL,
EmployeeName varchar (20) NULL
) ;
GO
```

分析与讨论

(1)　同学 A 提出的解决方案中，执行 CREATE TABLE 语句时，创建的表在当前数据库中，而当前数据库由 USE 语句指定，所以同学 A 提出的解决方案中 Employees 表在当前数据库 master 中。

如果没有 USE 语句，当前的数据库可能不是 master 数据库，可能是任何数据库。这就是要注意使用 USE 语句的原因。

(2)　为了解决当前数据库的问题，新的解决方案 1 使用了 USE EmployeeDB 语句，以使 Employees 表在 EmployeeDB 数据库中。但执行代码时，发生"数据库 EmployeeDB 不存在"的错误。

(3)　之所以解决方案 1 发生错误，这是因为执行 USE EmployeeDB 语句时，CREATE DATABASE EmployeeDB 还没有完成。这时必须使用批处理，以使 CREATE DATABASE EmployeeDB 完成执行后，再执行 USE EmployeeDB 语句，如解决方案 2。运行解决方案 2 的代码得到正确的结果。

任务 12.9　使用批处理建立优先权修改发生错误的代码(2)

问题描述 给 EmployeeDB 数据库中的 Employees 表添加一列 aAddress。然后给 Employees

表添加一行。为了完成该任务，同学 B 提出了如下解决方案：

```
USE EmployeeDB;
ALTER TABLE Employees
ADD aAddress nvarchar (60);
INSERT Employees(EmployeeID,EmployeeName,aAddress)
VALUES(1234,'王豪','广州');
```

但运行该代码时，会发生如图 12.8 所示的错误。

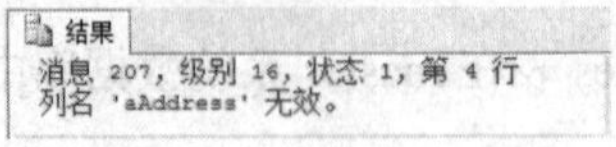

图 12.8　错误信息

解决方案

(1)　编写代码。

```
USE EmployeeDB;
ALTER TABLE Employees
ADD aAddress nvarchar (60);
GO
INSERT Employees(EmployeeID,EmployeeName,aAddress)
VALUES(1234,'王豪','广州');
GO
```

(2)　查看 Employees 表，结果如图 12.9 所示。

```
SELECT *
FROM Employees;
```

图 12.9　查看 Employees 表

分析与讨论

当使用 ALTER TABLE 语句修改一个列的类型或添加列时，只有执行修改任务的批处理完成时，才能够利用这些更改。

同学 B 提出的解决方案只有一个批处理，当执行 INSERT 语句时，ALTER TABLE 语句还没有执行完成，所以执行 INSERT 语句时，发生“列名 aAddress 无效”的错误。新的解决方案将 ALTER TABLE 语句和 INSERT 语句放在不同的批处理中，ALTER TABLE 语句所在的批处理执行完成后，再执行 INSERT 语句所在的批处理。

12.4　使 用 脚 本

脚本是存储在文件中的一系列 Transact-SQL 语句。可以使用该文件作为对 SQL Server Management Studio 代码编辑器或实用工具的输入。然后，实用工具将执行存储在该文件中的 SQL 语句。

Transact-SQL 脚本包含一个或多个批处理。GO 命令表示批处理的结束。如果 Transact-SQL 脚本中没有 GO 命令，那么它将被作为单个批处理来执行。

Transact-SQL 脚本可以用来执行以下操作。

在服务器上保存用来创建和填充数据库的步骤的永久副本，作为一种备份机制。

必要时将语句从一台计算机传输到另一台计算机。

通过让新雇员发现代码中的问题、了解代码或更改代码从而快速对其进行培训。

任务 12.10　使用脚本存储代码

问题描述创建一个数据库 ProductsDB，并创建 Categories 表和 Products 表，以及它们之间的关系，同时创建类别 ID 值为 1 的视图。然后将创建数据库的代码保存下来，以作为一种备份机制。

解决方案

(1) 创建批处理。

```
CREATE DATABASE ProductsDB;
GO
CREATE TABLE Categories (
  CategoryID   int  IDENTITY (1, 1)  PRIMARY KEY,
  CategoryName   nvarchar  (15) NOT NULL ,
  Description   ntext   NULL ,
) ;
GO
CREATE TABLE Products  (
  ProductID   int  IDENTITY (1, 1) NOT NULL ,
  ProductName   nvarchar  (40) NOT NULL ,
  SupplierID   int  NULL ,
  CategoryID   int  NULL
FOREIGN KEY  REFERENCES Categories (CategoryID),
  QuantityPerUnit   nvarchar  (20),
  UnitPrice   money  NULL ,
  UnitsInStock   smallint  NULL ,
  UnitsOnOrder   smallint  NULL ,
  ReorderLevel   smallint  NULL ,
  Discontinued   bit  NOT NULL
) ;
GO
CREATE VIEW ProductsByCategory
AS
SELECT   *  FROM   Products
WHERE  CategoryID = 1
ORDER BY  ProductName
GO
```

(2) 将以上代码以文件名 ProductsDB.sql 保存。

分析与讨论

以上 ProductsDB.sql 脚本包含 4 个批处理。GO 命令表示批处理的结束。

12.5 独立实践

问题描述：某一院系，有很多学生，他们被分在不同的班，每个专业有一个或多个班。院系领导要了解每个专业设置了哪些课程，学生学习的每门课程的成绩如何，哪个班的学生的成绩比较好等。

根据问题描述设计数据库，用 SQL 语言完成以下各任务。

(1) 根据表 12.1 提供的信息，修改不合理的表，创建数据库，在数据库中创建各表。

表 12.1　表信息

表	列
学生	姓名、性别、出生日期、入学时间、省、城市、地址、家庭电话
班级	班级编号、名称
专业	专业名称、必修课学分、选修课学分、
课程	课程编号、课程名称、学分

① 为每一个表创建一个 PRIMARY KEY 约束，并将班级表的“班级编号”列创建为自动编号标识符列。

② 创建默认值。在创建表时设置“入学时间”字段的默认值为当前日期，“学分”列的

默认值为 3。

③ 创建约束。“学分”字段的值必须大于 0 且小于 5。“入学时间”列的值必须大于“出生日期”列的值。

④ 创建表之间的关系(外键约束)。

(2) 创建视图 CScoreAVG，计算每门课程的平均成绩及课程编号。

将完成以上任务的代码保存下来，以作为一种备份机制。

任务13 存储过程

13.1 场景引入

问题：sp_rename 是系统存储过程，在前面的任务中，我们经常使用它完成更改用户创建的对象(如表、列、视图等)的名称的任务，使用它时只需要给定要重命名对象的名称和要重命名对象的新名称即可。现在公司要开发一个销售公司产品的电子商务网站，当在主页上选择公司的某一产品时，该产品的详细信息就显示在另一页面上。在开发的程序的很多地方都要完成这一任务，我们能否像 sp_rename 一样，让数据库开发人员自己定义一存储过程 ProductByProductID，当要得到某产品的详细信息时，程序开发人员只需向它传递一个产品 ID 的值，然后，执行该存储过程就可得到该产品的详细信息。你能提出编写 ProductByProductID 存储过程的解决方案吗？

存储过程是 SQL 语句和可选的控制流语句的预编译集合，以一个名称存储并作为一个单元处理。存储过程与其他编程语言中的函数、方法或过程类似。存储过程存储在数据库内，可由应用程序调用执行，而且存储过程有强大的编程功能，在存储过程中允许用户声明变量、使用 SQL 语句，而且允许使用像其他编程语言中那样的控制流语句。

13.2 了解存储过程

在创建数据库应用程序时，SQL 编程语言是应用程序和数据库之间的主要编程接口。使用 SQL 程序时，可用两种方法存储和执行程序。可以在本地存储程序，并创建向数据库发送 SQL 命令并处理结果的应用程序；也可以将程序在数据库中存储为存储过程，并创建执行存储过程和处理结果的应用程序。

存储过程与其他编程语言中的过程或方法类似，它可以接受输入参数、输出参数、返回单个或多个结果集以及返回值。存储过程可包含执行数据库操作(包括调用其他存储过程)的编程语句，允许用户声明变量、有条件执行，而且具有强大的编程功能。

使用存储过程和使用存储在客户计算机本地的 SQL 程序相比，存储过程具有以下优点。

- 允许模块化程序设计。只需创建一次存储过程并将其存储在数据库中，以后即可在程序中随意调用该存储过程。存储过程可由在数据库编程方面有专长的人员创建，并可独立于程序源代码而单独修改。
- 允许更快执行。如果某操作需要大量 SQL 代码或需重复执行，存储过程将比 SQL 代码的执行要快。存储过程在创建时即在服务器上进行编译。而每次运行 SQL 语句时，都要从客户端重复发送，并且每次在 SQL Server 执行这些语句时，都要对其进行编译。
- 减少网络流量。一个需要数百行 SQL 代码的操作由一条执行存储过程代码的单独语句就可实现，而不需要在网络中发送数百行代码。
- 可作为安全机制使用。即使对于没有权限直接执行存储过程中语句的用户，也可授予他们执行该存储过程的权限。

13.3 创建简单的存储过程

13.3.1 创建并使用存储过程

用户可以使用 CREATE PROCEDURE 或 CREATE PROC 创建存储过程。创建简单的存储过程的一般格式为：

```
CREATE PROCEDURE 存储过程名称
AS
SQL 语句
```

任务 13.1 创建存储过程查询所有类别

问题描述 创建一个名称为 ProductCategoryList 的存储过程，查询产品的所有类别的类别 ID 及名称。

解决方案

```
CREATE Procedure ProductCategoryList
AS
SELECT  CategoryID, CategoryName
FROM  Categories
ORDER BY
   CategoryName ASC
GO
```

分析与讨论

(1) 创建存储过程。

存储过程是已保存的 SQL 语句集合，CREATE Procedure 是创建存储过程的关键字。ProductCategoryList 是用户给存储过程取的名称，存储过程名称必须遵守标识符规则。AS 也是关键字，不能省略，AS 后指定存储过程的 SQL 语句。ProductCategoryList 存储过程的 SQL 语句是 SELECT CategoryID, CategoryName FROM Categories ORDER BY CategoryName ASC。

(2) 执行存储过程。

在创建了存储过程后，可以使用 EXECUTE 或 EXEC 语句执行存储过程。

```
EXECUTE ProductCategoryList
```

或

```
EXEC ProductCategoryList
```

如果存储过程是批处理中的第一条语句，则可以使用以下代码即可执行：

```
ProductCategoryList
```

13.3.2 独立实践

创建一个存储过程，该存储过程完成的任务是查询所有院系的名称和院系编号。然后，调用该存储过程，查询出所有院系的名称和院系编号。

13.4 创建带参数的存储过程

存储过程通过其参数与调用程序通信。当程序执行存储过程时，可通过存储过程的参数向该存储过程传递值。这些值可作为 SQL 编程语言中的标准变量使用。一个存储过程可有多个参数，每个参数都有名称、数据类型、方向和默认值。存储过程也可通过 OUTPUT 参数将值返回至调用程序。

创建带参数的存储过程的一般格式为：

```
CREATE PROCEDURE 存储过程名
(
    [ @参数名 数据类型  [ = default ] [ OUTPUT ]
    ...
    @参数名 数据类型  [ = default ] [ OUTPUT ]
  ]
)
AS
SQL 语句
```

注意： 使用 @ 符号作为第一个字符来指定参数名称。

13.4.1 创建使用参数的简单存储过程

任务 13.2 创建存储过程查询参数指定的类别 ID 的所有产品

问题描述 创建一个存储过程，用参数指定的产品类别 ID 的值查询该类的所有产品。

解决方案

```
CREATE Procedure ProductsByCategory
(
    @CategoryID int
)
AS
SELECT  * FROM  Products
WHERE  CategoryID = @CategoryID
ORDER BY  ProductName
GO
```

分析与讨论

(1) 该存储过程有一个参数，参数名称为@CategoryID，类型为整型。存储过程中的查询语句使用参数@CategoryID 的值指定产品的类别 ID。

注意： 通过将 at 符号 (@) 用作第一个字符来指定参数名称。参数名称必须符合标识符的规则。每个存储过程的参数仅用于该存储过程本身，其他过程中可以使用相同的参数名称。

(2) 创建了存储过程之后，可以使用该存储过程查询参数指定的产品。例如，以下代码执行存储过程 ProductsByCategory，将参数的实际值 1 传递给存储过程参数@CategoryID，使@CategoryID 的值为 1，然后执行存储过程的 SQL 语句，从而查询出类别 ID 值为 1 的产品。

```
EXEC ProductsByCategory 1
```

以下代码执行存储过程 ProductsByCategory，查询出类别 ID 值为 2 的产品。

```
EXEC ProductsByCategory 2
```

13.4.2 创建使用参数默认值的存储过程

当创建带有参数的存储过程时，可为参数指定默认值，当执行带有参数默认值存储过程时，如果未指定其他值，则使用默认值。如果在存储过程中没有指定参数的默认值，并且调用程序也没有在执行存储过程时为该参数提供值，那么会发生错误。

任务 13.3 创建存储过程使用参数值向产品表中追加一行

问题描述 创建一个存储过程，使用参数指定的值向产品表中追加一行。

解决方案

```
CREATE Procedure Insertproduct
(
    @CategoryID    int=NULL,
    @ProductName  nvarchar(40),
```

```
    @QuantityPerUnit  nvarchar(20),
    @UnitsInStock  smallint ,
    @UnitPrice  money ,
    @UnitsOnOrder  smallint ,
    @ReorderLevel smallint=NULL, ,
    @Discontinued  bit=1
)
AS
INSERT INTO Products
    (
    CategoryID,
    ProductName,
    QuantityPerUnit ,
    UnitsInStock,
    UnitPrice ,
    UnitsOnOrder,
    ReorderLevel,
    Discontinued
    )
    VALUES
    (
      @CategoryID,
      @ProductName,
      @QuantityPerUnit ,
      @UnitsInStock,
      @UnitPrice ,
      @UnitsOnOrder,
      @ReorderLevel,
      @Discontinued
    )
GO
```

分析与讨论

(1) Insertproduct 存储过程为@CategoryID、@ReorderLevel 和@Discontinued 参数提供了默认值，@CategoryID、@ReorderLevel 参数的默认值为 NULL，@Discontinued 参数的默认值为 1。如果执行 Insertproduct 存储过程时，没有为@CategoryID、@ReorderLevel 和@Discontinued 参数提供值，则使用其默认值。在执行存储过程时，没有默认值的参数必须为其提供值。

(2) 如果默认值是包含嵌入空格或标点符号的字符串，或者以数字开头(例如，8×××)，那么该默认值必须用单引号引起来。

13.4.3 执行存储过程

当需要执行存储过程时，可使用 EXECUTE 或 EXEC 语句。如果存储过程是批处理中的第一条语句，那么不使用 EXECUTE 或 EXEC 关键字也可以执行该存储过程。

如果存储过程编写为可以接受参数值，那么可以提供参数值。

任务 13.4 使用各种方法调用存储过程

问题描述 执行任务 12.3 创建的存储过程 Insertproduct，向产品表中追加一行。

解决方案 1

```
EXEC Insertproduct 8,'Konbu', '2 kg box', 24,6.0000, 5,10,0
```

解决方案 2

```
EXEC Insertproduct 8,'Konbu', '2 kg box', 24,6.0000, 5,10
```

解决方案 3

```
EXEC Insertproduct default,'Konbu', '2 kg box', 24,6.0000, 5,10
```

解决方案 4

```
EXEC    Insertproduct    @ProductName='Konbu',@QuantityPerUnit='2    kg    box',
@UnitsInStock=24,@UnitPrice=6.0000,@UnitsOnOrder=5,@ReorderLevel=10
```

解决方案 5

```
EXEC Insertproduct @ReorderLevel=10, @UnitsOnOrder=5, @UnitsInStock=24,@UnitPrice=6.0000,
@QuantityPerUnit='2 kg box',@ProductName='Konbu'
```

分析与讨论

(1) 如果存储过程含有参数，则在执行存储过程时，必须为这些参数提供值(具有默认值的参数可以不提供值)，而且提供的值必须是确定的值，例如方案 1。并且必须按照 CREATE PROCEDURE 语句中存储过程参数给出的顺序提供参数值，以下语句就会发生错误，因为不是按照顺序提供参数值。

```
EXEC Insertproduct 'Konbu',8,'2 kg box', 24,6.0000, 5,10,0
```

(2) 如果存储过程含有默认值参数，则在执行存储过程时，可省略为默认值参数提供值，但其他参数的值不能够省略，必须为这些参数提供值。例如方案 2，没有为@Discontinued 参数提供值，则在执行存储过程时该参数的值为其默认值 1。

(3) 虽然可以省略已提供默认值的参数，但只能截断参数列表。例如，如果一个存储过程有 8 个参数，可以省略第 7 个和第 8 个参数，但不能跳过第 7 个参数而仍然包含第 8 个参数，除非以 @parameter = value 形式提供参数。例如，方案 2 中，@CategoryID 参数尽管是有默认值的参数，但由于它是第一个参数，而存储过程第二个参数必须提供值，因此执行存储过程时要为@CategoryID 参数提供值，不能省略。如果要使用默认值作为参数的值，则可以使用 DEFAULT 关键字，例如方案 3。

如果在存储过程中定义了参数的默认值，那么下列情况下将使用默认值：

① 执行存储过程时未指定参数值。

② 将 DEFAULT 关键字指定为参数值。

(4) 执行存储过程时，既可以通过提供在 CREATE PROCEDURE 语句中给定的参数值(如解决方案 1，解决方案 2)来向存储过程参数传递值，也可以通过显式指定参数名称并分配适当的值(使用 @parameter = value 的形式)，来给存储过程参数传递值。

如果使用 @parameter = value 的形式，那么可以按任意顺序提供参数，还可以省略那些已提供默认值的所有参数。注意，如果以 @parameter = value 形式提供了一个参数，就必须按此种形式提供后面所有的参数。例如解决方案 4 和解决方案 5，执行存储过程时存储过程@ProductName 参数的值为'Konbu'，@QuantityPerUnit 参数的值为'2 kg box'，@UnitsInStock 参数的值为 24，@UnitPrice 参数的值为 6.0000，@UnitsOnOrder 参数的值为 5，@ReorderLevel 参数的值为 10，没有提供@CategoryID 和@Discontinued 参数的值，它们的值为其默认值。

执行存储过程时，如果参数名称和存储过程的参数名称不匹配，则这些参数都不会被接受。例如以下代码参数名称@ReorderLevelA 和存储过程的参数名称不匹配，则参数@ReorderLevelA 不会被接受。

```
EXEC Insertproduct @ReorderLevelA=10, @UnitsOnOrder=5, @UnitsInStock=24,@UnitPrice=6.0000,
@QuantityPerUnit='2 kg box',@ProductName='Konbu'
```

执行存储过程时，服务器将拒绝所有未包含在存储过程创建期间的参数列表中的参数。

注意： 在执行存储过程时指定参数名称允许按任意顺序提供参数值。如果未指定参数名称，则必须按照参数在存储过程中定义时的顺序(从左至右)来提供参数值(按照位置传递参数值)，并且，如果给某一参数提供了值，则该参数前面的所有参数必须为它们提供值，即使这些参数有默认值(如方案 2)。

13.4.4 使用包含通配符的参数默认值创建存储过程

如果存储过程使用 LIKE 关键字，那么默认值可包含通配符%、[]和[n]。

任务 13.5　创建存储过程查询参数指定的产品

问题描述 创建一个存储过程 ProductSearch，查询参数指定的产品。如果没有给定参数值，则查询所有产品。

解决方案

```
CREATE Procedure ProductSearch
(
   @Search nvarchar(255)= '%'
)
AS
SELECT ProductID, ProductName, QuantityPerUnit, UnitPrice,
   UnitsInStock, Discontinued
FROM Products
WHERE  ProductName LIKE @Search
GO
```

分析与讨论

下面执行 ProductSearch 存储过程时，如不指定参数，则使用参数默认值，将显示所有产品。

```
EXEC ProductSearch
```

13.4.5　独立实践

1. 创建使用参数的简单存储过程

(1)　创建一个存储过程，用参数指定的班级编号的值查询该班级的所有的学生。

(2)　创建一个存储过程，用参数指定的班级编号和课程名称的值查询该班级的所有的学生该课程的成绩。

(3)　创建一个存储过程，用参数指定的教师编号查询该教师在第 3 学期所上的课程。

2. 创建使用参数默认值的存储过程

创建一个存储过程，使用参数指定的值向学生_课程表中追加一行，成绩参数的默认值为 0。

13.5　创建复杂存储过程

存储过程不仅仅是简单的几个 SQL 命令，它还具有强大的编程功能，可以包含控制流语句(如 IF 语句)，在存储过程中声明变量、使用变量、有条件执行 SQL 语句或 SQL 语句块，还可以包含错误处理。

13.5.1　使用变量、IF 语句和 RETURN 语句

变量用来存储程序在运行过程中可以使用的值，用户可以定义变量，用户定义的变量称为局部变量。

IF 语句根据表达式的值选择要执行的语句。IF 语句的一般表示形式为：

```
IF (表达式)
BEGIN
    语句块;
END
```

IF 语句的执行方式如下：如果表达式的值为 TRUE，则执行语句块，否则语句块不会被执行。语句块可为一条或多条语句，如果语句块为一条语句，可省略 BEGIN、END。

任务 13.6　创建具有返回值的存储过程

问题描述 创建一个存储过程，用参数指定的产品类别 ID 的值查询该类的所有产品，并测试错误。如果存储过程成功执行，则存储过程返回 0；如果执行存储过程时，执行存储过程中的

SQL 语句发生错误，则存储过程返回错误号。然后创建代码测试该程序过程。

解决方案

(1) 创建 ProductsByCategory1 存储过程。

```
CREATE Procedure ProductsByCategory1
(
   @CategoryID int
)
AS
DECLARE @ErrorSave int;
SET @ErrorSave = 0;
SELECT   * FROM   Products
WHERE  CategoryID = @CategoryID
ORDER BY  ProductName;
IF (@@ERROR <> 0)
BEGIN
SET @ErrorSave = @@ERROR;
END
RETURN @ErrorSave;
GO
```

(2) 创建测试代码。

```
DECLARE @ReturnStatus int;
EXECUTE @ReturnStatus =ProductsByCategory1 1;
SELECT'Return code = ' + CAST(@ReturnStatus AS CHAR(10));
GO
```

分析与讨论

(1) 声明变量。使用 DECLARE 语句声明变量。其格式参考任务 12.1。

(2) 变量赋值。可使用 SET 语句为变量赋值。例如，下面的语句将值 0 赋给变量@ErrorSave。其中，“=”为赋值运算符。

```
SET @ErrorSave = 0;
```

(3) 输出变量的值。可以使用 SELECT 语句变量的值。例如，以下示例首先声明变量@ReturnStatus，然后执行存储过程，将存储过程 ProductsByCategory1 的返回值赋给@ReturnStatus 变量，最后输出变量@ReturnStatus 的值：

```
DECLARE @ReturnStatus int;
EXECUTE @ReturnStatus =ProductsByCategory1 1;
SELECT @ReturnStatus;
```

也可以使用 SELECT 语句输出表达式的值。例如：

```
SELECT'Return code = ' + CAST(@ReturnStatus AS CHAR(10));
```

如果使用 SELECT 输出多个变量或表达式的值，则变量或表达式之间用逗号分隔。

(4) 使用 @@ERROR。@@ERROR 是系统函数，它用来检测它的上一条 SQL 语句是否执行成功，如果上一条 SQL 语句执行成功，则@@ERROR 系统函数返回 0；如果上一条 SQL 语句语句生成错误，@@ERROR 将返回错误号。

@@ERROR 通常用于检测存储过程是成功还是失败。整数变量(如@ErrorSave)被初始化为 0。在每个 SQL 语句完成之后，立即测试 @@ERROR 是否为 0，如果不是 0，将@@ERROR 保存到整数变量中。然后，存储过程将在 RETURN 语句中返回变量。如果过程中的 SQL 语句都没有错误，变量将保持为 0。如果一个或多个语句生成错误，变量将包含最后一个错误号。

(5) IF 语句。如果 IF 语句中条件表达式的值为 TRUE ，则执行 IF 语句后的语句或语句块。如果 IF 语句中条件表达式的值为 FALSE ，则跳过 IF 语句后的语句或语句块。

例如，在以上存储过程中，如果@@ERROR 的值为 0，则条件表达式@@ERROR <> 0 的值为 FALSE，这时不执行 SET @ErrorSave = @@ERROR 语句。如果@@ERROR 的值不为 0，则条件表达式@@ERROR <> 0 的值 TRUE，这时执行 SET @ErrorSave = @@ERROR 语句。该语句将@@ERROR 的值赋给变量@ErrorSave。

(6) 使用 BEGIN...END。BEGIN 和 END 用于定义语句块，它们可以用于定义一系列一起执行的 SQL 语句。BEGIN 和 END 语句必须成对使用，任何一个均不能单独使用。BEGIN 语句单独出现在一行中，后跟 SQL 语句块。最后，END 语句单独出现在一行中，指示语句块的结束。

BEGIN 和 END 语句块必须至少包含一条 SQL 语句。

(7) RETURN 语句。

RETURN 语句无条件从查询、存储过程或批处理中退出。RETURN 语句后面的语句都不执行。RETURN 语句的一般格式为：

```
RETURN integer_expression
```

其中 integer_expression 为返回的整数值或整型表达式。

当在存储过程中使用 RETURN 语句时，此语句可以指定返回给调用程序、批处理或过程的整数值。如果 RETURN 未指定值，则存储过程返回 0。

以上 ProductsByCategory1 存储过程中，当执行 RETURN @ErrorSave 语句时，退出存储过程，并将@ErrorSave 作为存储过程的值返回。

(8) SQL 语句中可包含存储过程返回的值，但必须以下列格式输入：

```
EXECUTE @ReturnStatus = <procedure_name>
```

例如：

```
EXECUTE @ReturnStatus =ProductsByCategory1 1;
```

该语句执行存储过程，并将存储过程的返回值赋给变量@ReturnStatus。

13.5.2 使用 IF…ELSE 语句

IF ... ELSE 语句的一般表示形式为：

```
IF (表达式)
BEGIN
    语句块 1;
END
ELSE
BEGIN
    语句块 2;
END
```

IF... ELSE 语句的执行方式如下：如果表达式的值为 TRUE，则执行语句块 1；如果表达式的值为 FALSE，则执行语句块 2。

语句块 1、语句块 2 可为一条或多条语句，如果为一条语句，则 BEGIN 和 END 可以省略。

任务 13.7 为购物车添加产品

问题描述 创建一个存储购物车信息的表 ShoppingCart，然后创建一个存储过程 ShoppingCartAddItem，将参数指定的产品的产品 ID 及要选购的产品数量添加到参数指定的购物车中。

解决方案

(1) 创建 ShoppingCart 表。

```
CREATE TABLE ShoppingCart (
    CartID nvarchar (50) NOT NULL ,
    Quantity int DEFAULT (1) NOT NULL ,
    ProductID int NOT NULL
FOREIGN KEY REFERENCES Products (ProductID) ,
    DateCreated datetime DEFAULT (getdate()) NOT NULL,
 CONSTRAINT PK_ShoppingCart
PRIMARY KEY NONCLUSTERED (CartID , ProductID )
)
```

(2) 创建存储过程。

```
CREATE Procedure ShoppingCartAddItem
(
   @CartID nvarchar(50),
   @ProductID int,
   @Quantity int=1
)
AS
IF EXISTS
(SELECT ProductID
FROM  ShoppingCart
WHERE ProductID = @ProductID AND CartID = @CartID)
  /* 购物车中有指定的产品 - 更新该产品的数量 */
BEGIN
DECLARE @CountItems int
SELECT
   @CountItems = ShoppingCart.Quantity
FROM  ShoppingCart
WHERE ProductID = @ProductID AND CartID = @CartID

   UPDATE ShoppingCart
   SET Quantity = (@Quantity +  @CountItems)
   WHERE  ProductID = @ProductID AND  CartID = @CartID
END
ELSE
/*购物车中有指定的产品. 向购物车中添加一条该产品的记录*/
   INSERT INTO ShoppingCart
   (
      CartID,
      Quantity,
      ProductID
   )
   VALUES
   (
      @CartID,
      @Quantity,
      @ProductID
   )
GO
```

分析与讨论

(1) 存储购物车信息的表 ShoppingCart 有 4 个字段：CartID、ProductID、Quantity 和 DateCreated。CartID 字段是为每个购物车生成的唯一 ID。注意，这是一个 nvarchar 数据类型的字段。ProductID 字段的值是已有产品的 ID 值，我们不希望包含不存在的产品，所以在该字段创建一个外键约束，以在 ShoppingCart 和 Products 表之间建立关系。这样数据库会保持其自己的完整性。ShoppingCart 表的主键由 CartID 和 ProductID 字段组成。这是很重要的，因为一个产品在一个购物车中只能出现一次，所以(CartID，ProductID)在表中不会出现多次。如果向购物车中多次添加同一个产品，将只增加该产品的 Quantity 值。当向购物车中添加新产品时，会自动用当前日期填充 DateCreated 字段。

(2) 当向购物车中添加产品时，如果购物车中已存在指定的产品，其数量会增加指定的值；如果没有指定数量，则其数量会增加 1。如果购物车中不存在该产品，则把该产品添加到购物车中。

存储过程 ShoppingCartAddItem 将参数指定的产品 ID 及要选购的产品数量添加到参数指定的购物车中。

这个存储过程把 CartID、ProductID 和 Quantity 作为参数接收。Quantity 参数的默认值为 1。该存储过程把新产品(购物车中不存在该产品)作为一条新记录添加到 ShoppingCart 表中，如果购物车中已存在指定的产品，则更新已有记录的数量字段的值，其数量字段的值增加指定的值；如果没有指定数量，则其数量字段的值增加 1(参数的默认值)。

所以这个存储过程将首先搜索购物车，看看是否有指定产品的记录，如果 ShoppingCart 表中在指定的购物车中存在指定的产品，就找出该产品的数量，并给它加@Quantity 参数的值，否则就在 ShoppingCart 表中用存储过程参数的值创建一条新记录。

由于在创建存储过程时为@Quantity 参数指定了默认值 1，因此在调用该存储过程时，如果没有给出@Quantity 参数的值，则使用其默认值 1 作为参数值执行存储过程。

(3) IF...ELSE 语句。如果 IF 语句中条件表达式的值为 TRUE，则执行 IF 后的语句或语句块。然后控制跳到 ELSE 后的语句或语句块之后的点。如果 IF 语句中条件表达式的值为 FALSE 时，则跳过 IF 后的语句或语句块，而执行 ELSE 后的语句或语句块。

例如，以上存储过程中，如果 EXISTS 表达式的值为 TRUE，则执行 IF 后的语句块，实现更新 ShoppingCart 表的 Quantity 列的操作。否则执行 ELSE 后的 INSERT INTO 语句，实现向 ShoppingCart 表添加一行的操作。

BEGIN 和 END 用于定义语句块，它们可以用于定义一系列一起执行的 SQL 语句。

(4) 声明变量。以下语句声明变量@CountItems，其数据类型为 int 类型。

```
DECLARE @CountItems int
```

(5) 通过 SELECT 语句给变量赋值。变量也可以通过使用选择列表中当前所引用的值赋值。

例如，以下语句查找指定购物车中指定产品的产品数量，并将查找到的产品数量赋给变量@CountItems。

```
SELECT  @CountItems = ShoppingCart.Quantity
FROM  ShoppingCart
WHERE ProductID = @ProductID AND CartID = @CartID;
```

如果 SELECT 语句返回多行，则变量被设置为结果集最后一行中表达式的返回值。

(6) 读取变量的值。以下 UPDATE 语句读取变量@CountItems 的值，将它的值与参数@Quantity 的值相加，用其和修改 ShoppingCart 表的 Quantity 列。

```
UPDATE ShoppingCart
SET Quantity = (@Quantity +  @CountItems)
WHERE  ProductID = @ProductID AND  CartID = @CartID
```

13.5.3 在存储过程中调用其他存储过程

可以在存储过程中调用其他存储过程。

任务 13.8 生成订单

问题描述 创建一个存储过程 OrdersAdd，使用参数指定的客户 ID、购物车 ID、订单日期、发货日期和购物车中的产品信息生成一个订单，并清空购物车。

解决方案

(1) 创建清空购物车存储过程。

```
CREATE Procedure ShoppingCartEmpty
(
   @CartID nvarchar(50)
)
AS
DELETE  FROM ShoppingCart
WHERE
    CartID = @CartID
GO
```

(2) 创建存储过程 OrdersAdd。

```
CREATE Procedure OrdersAdd
(
   @CustomerID int,
   @CartID     nvarchar(50),
   @OrderDate  datetime,
   @ShipDate   datetime,
   @OrderID    int OUTPUT
)
AS
```

```
/* 创建订单标题 */
INSERT INTO Orders
(
   CustomerID,
   OrderDate,
   ShippedDate
)
VALUES
(
   @CustomerID,
   @OrderDate,
   @ShipDate
)

SELECT @OrderID = @@Identity

/*对给定的订单 ID 将给定的购物车中的项复制到订单明细表中*/
INSERT INTO [Order Details]
(
   OrderID,
   ProductID,
   Quantity,
   UnitPrice
)

SELECT
    @OrderID,
    ShoppingCart.ProductID,
    Quantity,
    Products.UnitPrice

FROM
    ShoppingCart
  INNER JOIN Products ON ShoppingCart.ProductID = Products.ProductID

WHERE
    CartID = @CartID
/*清空购物车*/
EXEC ShoppingCartEmpty @CartId

GO
```

分析与讨论

(1) 输出参数。如果定义存储过程时，参数含有 OUT 关键字，则该参数为输出参数。执行存储过程时可以不给输出参数指定值，在存储过程中给输出参数设置值，输出参数的值可以返回给调用程序。有关输出参数具体使用，请参阅 13.5.4 节。

例如，以上 OrdersAdd 存储过程中，@OrderID 参数通过使用 OUT 关键字指定为输出参数。在存储过程中，使用 SELECT 将@OrderID 参数的值设置为@@Identity 系统函数的返回值。

(2) @@IDENTITY 系统函数。参考任务 12.2 的分析与讨论，INSERT INTO OrderDetails 语句使用输出参数@OrderID 的值向订单明细表中插入一行。最后执行 ShoppingCartEmpt 存储过程。

13.5.4　创建使用输出参数返回数据的存储过程

存储过程不仅可以使用 RETURN 语句返回数据，而且可以使用输出参数返回数据。如果使用 RETURN 语句，则存储过程每次只能返回一个整数。如果使用输出参数，则存储过程每次可以返回多个数据。

如果在创建存储过程时为参数指定 OUTPUT 关键字，则该参数为输出参数，存储过程在退出时可将该参数的当前值返回给调用程序。在调用存储过程时，若要获得输出参数值，则必须使用变量保存输出参数值以便在程序中使用，且调用程序必须在执行存储过程时使用 OUTPUT 关键字。

任务 13.9 创建返回多个值的存储过程

问题描述 创建一个存储过程 getCategoryDetail，查询参数指定的类别，并将查询结果以输出参数的值返回。然后测试该存储过程。

解决方案

(1) 创建 getCategoryDetail 存储过程。

```
CREATE Procedure getCategoryDetail
(
    @CategoryID    int,
    @CategoryName  nvarchar(50) OUTPUT,
    @Description  nvarchar(4000) OUTPUT
)
AS
SELECT
    @CategoryName  = CategoryName,
    @Description=Description
FROM Categories
WHERE CategoryID =@CategoryID
GO
```

(2) 创建测试代码。

```
DECLARE @CategoryName_for_Categories  nvarchar(50)
DECLARE @Description_for_Categories nvarchar(4000)

EXECUTE getCategoryDetail
4, @CategoryName_for_Categories OUTPUT,
@Description_for_Categories OUTPUT

select @CategoryName_for_Categories,@Description_for_Categories
```

分析与讨论

(1) 定义输出参数。在定义存储过程参数时，如果参数指定了 OUTPUT 关键字，则该参数为输出参数。输出参数的值可以返回给调用存储过程的语句。也就是说，当存储过程退出时，它将向调用程序返回输出参数的当前值。在定义存储过程参数时，如果参数没有指定 OUTPUT 关键字，则该参数为输出参数。

例如，以上 getCategoryDetail 存储过程，@CategoryName、@Description 被定义为输出参数。@CategoryID 为输入参数。

执行存储过程时，输入参数必须接收确定值，但输出参数可以不接收值，也可以接收值。

一般情况下，在存储过程中，要将返回的值赋给输出参数，以便调用程序可以获取该值。

(2) 使用 SELECT 给变量或参数赋值。可以使用 SELECT 语句将选择列表中当前所引用的值赋给变量或参数。

例如， getCategoryDetail 存储过程使用@CategoryID 参数的值，执行 SELECT 语句，将查询结果的 CategoryName 列的值赋给输出参数@CategoryName，将查询结果的@Description 列的值赋给输出参数@@Description。

注意： 如果 SELECT 语句返回多行，则变量或参数被设置为结果集最后一行中表达式的返回值。

(3) 执行含有输出参数的存储过程，获取输出参数的值。如果要获取输出参数的值，则在执行存储过程时，在输出参数的位置必须使用变量，并使用 OUTPUT 关键字。

例如：

```
DECLARE @CategoryName_for_Categories  nvarchar(50)
DECLARE @Description_for_Categories nvarchar(4000)

EXECUTE getCategoryDetail 4, @CategoryName_for_Categories OUTPUT,
    @Description_for_Categories OUTPUT
```

以上 EXECUTE 语句执行后，@CategoryName_for_Categories 变量就保存有@CategoryName

输出参数的值，@Description_for_Categories 变量就保存有@Description 输出参数的值。

执行存储过程时，可以执行带有 OUTPUT 参数的存储过程而不指定 OUTPUT。这样不会返回错误，但将无法在调用程序中使用输出值。也就是说如果调用程序在执行存储过程时不使用 OUTPUT 关键字，则调用程序不能够获取输出参数的值。

例如：

```
EXECUTE getCategoryDetail 4, @CategoryName_for_Categories ,
    @Description_for_Categories
```

在以上 EXECUTE 语句中，尽管@CategoryName_for_Categories 变量和@Description_for_Categories 变量没有确定的值，但该语句会成功执行。由于没有使用 OUTPUT 关键字，因此 EXECUTE 语句执行后，@CategoryName_for_Categories 、@Description_for_Categories 变量不是输出参数的值，而是它的初始值 NULL。

注意： 输入参数必须传递确定的值。在调用存储过程时，在输入参数的位置可以是变量，但该变量必须有具体确定的值。

也可以在执行存储过程时为 OUTPUT 参数指定输入值。这将允许存储过程从调用程序接收值，更改该值或使用该值执行操作，然后将新值返回调用程序。在上面的示例中，可以在执行存储过程之前为 @CategoryName_for_Categories、@Description_for_Categories 变量赋值。

如果在执行存储过程时为参数指定 OUTPUT，而在存储过程中该参数又不是用 OUTPUT 定义的，那么将收到一条错误消息。

(4) OUTPUT 变量必须在存储过程创建和变量使用期间进行定义。存储过程参数名称和变量名称不一定匹配(如上例参数名称@CategoryName 和变量名称@CategoryName_for_Categories 不同)。但是，数据类型和参数位置必须匹配(除非使用@parameter = variable)。当以@parameter = variable 形式提供参数执行存储过程时，参数位置可以不匹配。

例如，下面的代码参数位置和变量位置就不匹配，但可以正确执行。

```
DECLARE @CategoryName_for_Categories  nvarchar(50)
DECLARE @Description_for_Categories nvarchar(4000)

EXECUTE getCategoryDetail
    @CategoryName=@CategoryName_for_Categories OUTPUT,
    @Description=@Description_for_Categories OUTPUT,
    @CategoryID=4
```

下面代码也是正确的：

```
EXECUTE getCategoryDetail 4,
    @CategoryName=@CategoryName_for_Categories OUTPUT,
    @Description=@Description_for_Categories OUTPUT
```

在调用存储过程时，OUTPUT 变量向 OUTPUT 参数传递的是变量的地址，这常常被称作“传址调用功能”。

13.5.5 独立实践

1. 使用 IF 语句和 RETURN 语句

(1) 如果不能为参数指定合适的默认值，则可以指定 NULL 作为参数的默认值，并在未提供参数值而执行存储过程的情况下，使存储过程返回一条自定义消息。

创建带有一个输入参数 @StudentID 的 GetStudentScore 存储过程，该存储过程返回参数指定学生的课程名称和课程成绩。NULL 被指定为@StudentID 参数的默认值并在错误处理语句中使用，以便在未指定 @StudentID 参数值的情况下执行存储过程时返回自定义错误消息。

(2) 创建代码测试 GetStudentScore。

2. 创建使用输出参数的存储过程

(1) 创建 GetList 存储过程，该储存过程返回成绩大于参数指定值，课程名称为参数指定值的学生的姓名和成绩列表。该存储过程还有另外两个输出参数，其中一个输出参数为@CompareScore，用来返回成绩参数指定的值，另外一个参数为@MaxScore，用来返回满足条件的成绩中成绩的最高分数。

(2) 创建代码测试 GetList 存储过程。在“消息”窗口返回一条消息，显示两个输出参数的值。

13.6 修改和删除存储过程

我们可以修改存储过程以加密其定义，也可以修改存储过程中的语句和参数。当不再需要存储过程时可将其删除。

13.6.1 修改存储过程

如果已经创建的存储过程不能满足需要，我们有两种办法，一种办法是使用 ALTER PROCEDURE 语句修改该存储过程。另一种办法是删除并重新创建该存储过程。但这两种办法是不同的。删除并重新创建存储过程时，与该存储过程关联的所有权限都将丢失。更改存储过程时，将更改存储过程中的语句或参数，但为该存储过程定义的权限将保留，并且不会影响任何相关的存储过程或触发器。

任务 13.10 加密存储过程

问题描述 创建一个存储过程 getSuppliersInfo，查询所有供应商的名称、所提供的产品、单价以及可用性。然后，修改存储过程，查询参数指定国家的供应商的名称、所提供的产品、单价以及可用性，并加密其定义。

解决方案

(1) 创建存储过程 getSuppliersInfo。

```
CREATE Procedure getSuppliersInfo
AS
SELECT s.CompanyName, P.ProductName,P.UnitPrice,P.Discontinued
FROM Products p INNER JOIN Suppliers s ON P.SupplierID=s.SupplierID;
GO
```

(2) 修改存储过程 getSuppliersInfo。

```
ALTER PROCEDURE getSuppliersInfo
(
    @Country  nvarchar(15)
)
WITH ENCRYPTION
AS
SELECT s.CompanyName, P.ProductName,P.UnitPrice,P.Discontinued
FROM Products p INNER JOIN Suppliers s ON P.SupplierID=s.SupplierID
WHERE s.Country= @Country;
GO
```

分析与讨论

用 ALTER PROCEDURE 命令修改存储过程其实就是创建存储过程，但是用 ALTER PROCEDURE 修改存储过程不会更改权限，也不影响相关的存储过程或触发器。如果未使用 ALTER PROCEDURE，而是删除并重新创建存储过程，则必须重新输入先前用来处理与存储过程有关的权限的 GRANT 语句和任何其他语句。

在创建存储过程或修改存储过程时，如果使用了 WITH ENCRYPTION 子句，则会对存储过程的定义文本加密。

13.6.2 查看存储过程的定义

可以使用 OBJECT_DEFINITION 语句查看存储过程的定义。

任务 13.11 查看存储过程的定义

问题描述查看任务 13.5 创建的 ProductSearch 存储过程的定义。

解决方案

```
SELECT OBJECT_DEFINITION (OBJECT_ID(N'ProductSearch'));
GO
```

分析与讨论

可使用 OBJECT_DEFINITION 语句查看用于创建存储过程的 SQL 语句。这对于没有用于创建存储过程的 Transact-SQL 脚本文件的用户是很有用的。

OBJECT_DEFINITION 语句返回对象的源文本。内置函数 OBJECT_ID 用于将存储过程对象 ID 返回到 OBJECT_DEFINITION 语句。以上代码中 ProductSearch 为存储过程名称。

13.6.3 删除存储过程

可以使用 DROP PROCEDURE 删除已经不再需要的存储过程。

任务 13.12 删除存储过程

问题描述删除存储过程 getSuppliersInfo。

解决方案

```
DROP PROCEDURE getSuppliersInfo;
GO
```

分析与讨论

不再需要存储过程时可将其删除。如果另一个存储过程调用某个已被删除的存储过程，将显示一条错误消息。但是，如果定义了具有相同名称和参数的新存储过程来替换已被删除的存储过程，那么引用该过程的其他过程仍能成功执行。例如，如果存储过程 proc1 引用存储过程 getSuppliersInfo，而 getSuppliersInfo 已被删除，但又创建了另一个名为 getSuppliersInfo 的存储过程，现在 proc1 将引用这一新的存储过程。proc1 也不必重新创建。

13.6.4 独立实践

1. 查看存储过程

查看 13.5.5 节独立实践中创建的 GetList 存储过程。

2. 加密存储过程

加密 13.5.5 节独立实践中创建的 GetList 存储过程。

13.7 实 例 研 究

存储过程是一组编译在单个执行计划中的 SQL 语句。SQL Server 存储过程以三种方式返回数据：

- 输出参数，既可以返回数据(整型值或字符值等)，也可以返回游标变量(游标是可以逐行检索的结果集)。
- 返回代码，始终是整型值。
- SELECT 语句的结果集，这些语句包含在该存储过程内或该存储过程所调用的任何其他存储过程内。

存储过程能够在不同的应用程序之间实现一致的逻辑。在一个存储过程内，可以设计、编码和测试执行某个常用任务所需的 SQL 语句和逻辑。之后，每个需要执行该任务的应用程序只需执行此存储过程即可。

存储过程还可以提高性能。许多任务以一系列 SQL 语句来执行。对前面 SQL 语句的结果所应用的条件逻辑决定后面执行的 SQL 语句。如果将这些 SQL 语句和条件逻辑写入一个存储过程，它们就成为服务器上一个执行计划的一部分，不必将结果返回给客户端以应用条件逻辑，所有工作都可以在服务器上完成。

下面是实例中的存储过程。

ProductCategoryList 存储过程得到所有类别的列表。

```
CREATE Procedure ProductCategoryList
AS
SELECT  CategoryID, CategoryName
FROM  Categories
ORDER BY  CategoryName ASC
GO
```

UpdateCategory 存储过程用参数指定的值修改指定类别编号的类别名称。

```
CREATE Procedure UpdateCategory
(
    @CategoryID int,
    @CategoryName nvarchar(50)
)
As
UPDATE Categories
    SET CategoryName = @CategoryName
    WHERE  CategoryID = @CategoryID
GO
```

DeleteCategory 存储过程删除参数指定的类别。

```
CREATE PROCEDURE  DeleteCategory
(
    @CategoryID int
)
As
DELETE FROM  Categories
    WHERE  CategoryID = @CategoryID
GO
```

ProductsByCategory 存储过程获得参数指定类别的产品列表。

```
CREATE Procedure ProductsByCategory
(
    @CategoryID int
)
AS
SELECT   *  FROM   Products
WHERE
    CategoryID = @CategoryID
ORDER BY
   ProductName,
GO
```

ProductDetail 存储过程使用输出参数获取参数指定的编号的产品的详细信息。

```
CREATE Procedure ProductDetail
(
    @ProductID    int,
    @ProductName  nvarchar(40) OUTPUT,
    @QuantityPerUnit  nvarchar(20) OUTPUT,
    @UnitsInStock  smallint OUTPUT,
    @UnitPrice money OUTPUT,
    @UnitsOnOrder  smallint OUTPUT,
    @ReorderLevel smallint OUTPUT,
    @Discontinued  bit  OUTPUT
)
```

```
AS
SELECT
    @ProductName = ProductName,
    @QuantityPerUnit = QuantityPerUnit ,
    @UnitsInStock =UnitsInStock,
    @UnitsOnOrder =UnitsOnOrder,
    @UnitPrice =UnitPrice,
    @Discontinued =Discontinued,
    @ReorderLevel = ReorderLevel
FROM
    Products
WHERE
    ProductID = @ProductID
GO
```

ProductSearch 存储过程使用 LIKE 关键字查询产品名称与参数匹配的产品。

```
CREATE Procedure ProductSearch
(
    @Search nvarchar(255)= '%'
)
AS
SELECT ProductID, ProductName, QuantityPerUnit, UnitPrice,
    UnitsInStock, Discontinued
FROM Products
WHERE  ProductName LIKE '%' + @Search
GO
```

Insertproduct 存储过程使用参数指定的值向产品表中追加一条记录。

```
CREATE Procedure Insertproduct
(
    @CategoryID    int,
    @ProductName  nvarchar(40) OUTPUT,
    @QuantityPerUnit  nvarchar(20) OUTPUT,
    @UnitsInStock  smallint OUTPUT,
    @UnitPrice  money OUTPUT,
    @UnitsOnOrder  smallint OUTPUT,
    @ReorderLevel smallint OUTPUT,
    @Discontinued  bit  OUTPUT
)
AS
INSERT INTO Products
    (
    CategoryID,
    ProductName,
    QuantityPerUnit ,
    UnitsInStock,
    UnitPrice ,
    UnitsOnOrder,
    ReorderLevel,
    Discontinued
    )
    VALUES
    (
       @CategoryID,
       @ProductName,
       @QuantityPerUnit ,
       @UnitsInStock,
       @UnitPrice ,
       @UnitsOnOrder,
       @ReorderLevel,
       @Discontinued
    )
GO
```

UpdateProduct 存储过程使用参数指定的值修改产品编号为指定值的产品。

```
CREATE Procedure UpdateProduct
(
    @ProductID    int,
    @ProductName  nvarchar(40) OUTPUT,
    @QuantityPerUnit  nvarchar(20) OUTPUT,
    @UnitsInStock  smallint OUTPUT,
    @UnitPrice  money OUTPUT,
    @UnitsOnOrder  smallint OUTPUT,
```

```
    @ReorderLevel smallint OUTPUT,
    @Discontinued  bit  OUTPUT
)
AS
Update Products
    Set ProductName = @ProductName,
    QuantityPerUnit = @QuantityPerUnit,
    UnitsInStock = @UnitsInStock,
    UnitPrice = @UnitPrice,
    UnitsOnOrder = @UnitsOnOrder,
    ReorderLevel = @ReorderLevel,
    Discontinued = @Discontinued,
WHERE  ProductID = @ProductID
GO
```

存储过程 ShoppingCartAddItem，将参数指定的产品 ID 和要选购的产品数量添加到参数指定的购物车中。如果购物车中存在指定的产品，就更新该产品的数量；如果购物车中不存在指定的产品，就把它添加进去。

```
CREATE Procedure ShoppingCartAddItem
(
    @CartID nvarchar(50),
    @ProductID int,
    @Quantity int
)
As
DECLARE @CountItems int
SELECT
    @CountItems = Count(ProductID)
FROM
    ShoppingCart
WHERE
    ProductID = @ProductID
  AND
    CartID = @CartID
IF @CountItems > 0    /* 购物车中有指定的产品，更新该产品的数量 */
    UPDATE
        ShoppingCart
    SET
        Quantity = (@Quantity + ShoppingCart.Quantity)
    WHERE
        ProductID = @ProductID
      AND
        CartID = @CartID
ELSE   /*购物车中没有指定的产品，向购物车中添加一条该产品的记录*/
    INSERT INTO ShoppingCart
    (
        CartID,
        Quantity,
        ProductID
    )
    VALUES
    (
        @CartID,
        @Quantity,
        @ProductID
    )
GO
```

ShoppingCartUpdate 存储过程更新购物车中某个产品的数量。

```
CREATE Procedure ShoppingCartUpdate
(
    @CartID    nvarchar(50),
    @ProductID int,
    @Quantity  int
)
AS
UPDATE ShoppingCart
SET
    Quantity = @Quantity
WHERE
    CartID = @CartID
  AND
    ProductID = @ProductID
```

```
GO
```

ShoppingCartItemCount 存储过程通过输出参数获得购物车中产品种类的数量。

```
CREATE Procedure ShoppingCartItemCount
(
    @CartID    nvarchar(50),
    @ItemCount int OUTPUT
)
AS
SELECT
    @ItemCount = COUNT(ProductID)
FROM
    ShoppingCart
WHERE
    CartID = @CartID
GO
```

ShoppingCartItemCount 存储过程把 ShoppingCart 和 Products 连接起来，获取购物车的详细信息列表。

```
CREATE Procedure ShoppingCartList
(
    @CartID nvarchar(50)
)
AS
SELECT
    Products.ProductID,
    ShoppingCart.Quantity,
    Products.UnitPrice,
    Cast((Products.UnitPrice * ShoppingCart.Quantity) as money) as ExtendedAmount
FROM
    Products,
    ShoppingCart
WHERE
    Products.ProductID = ShoppingCart.ProductID
  AND
    ShoppingCart.CartID = @CartID
ORDER BY
    ProductsName,
GO
```

ShoppingCartTotal 存储过程返回购物车中商品的总价格。

```
CREATE Procedure ShoppingCartTotal
(
    @CartID    nvarchar(50),
    @TotalCost money OUTPUT
)
AS
SELECT
    @TotalCost = SUM(Products.UnitPrice * ShoppingCart.Quantity)
FROM
    ShoppingCart,
    Products
WHERE
    ShoppingCart.CartID = @CartID
  AND
    Products.ProductID = ShoppingCart.ProductID
GO
```

ShoppingCartRemoveItem 存储过程删除购物车中指定的产品。

```
CREATE Procedure ShoppingCartRemoveItem
(
    @CartID nvarchar(50),
    @ProductID int
)
AS
DELETE FROM ShoppingCart
WHERE
    CartID = @CartID
  AND
    ProductID = @ProductID
GO
```

ShoppingCartRemoveAbandoned 存储过程删除购物车中过期的记录。

```
CREATE Procedure ShoppingCartRemoveAbandoned
AS
DELETE FROM ShoppingCart
WHERE
    DATEDIFF(dd, DateCreated, GetDate()) > 1
GO
```

ShoppingCartMigrate 存储过程把一个匿名用户购物车中的产品转换到新注册用户的购物车中。

```
CREATE Procedure ShoppingCartMigrate
(
    @OriginalCartId nvarchar(50),
    @NewCartId      nvarchar(50)
)
AS
UPDATE
    ShoppingCart
SET
    CartId = @NewCartId
WHERE
    CartId = @OriginalCartId
GO
```

ShoppingCartEmpty 存储过程清空购物车。

```
CREATE Procedure ShoppingCartEmpty
(
    @CartID nvarchar(50)
)
AS
DELETE FROM ShoppingCart
WHERE
    CartID = @CartID
GO
```

ShoppingCartEmpty 存储过程根据用户购物车中的产品创建一个新的订单，在创建订单之后，清空该用户的购物车。

```
CREATE Procedure OrdersAdd
(
    @CustomerID int,
    @CartID     nvarchar(50),
    @OrderDate  datetime,
    @ShipDate   datetime,
    @OrderID    int OUTPUT
)
AS
BEGIN TRAN AddOrder
/* 创建订单标题 */
INSERT INTO Orders
(
    CustomerID,
    OrderDate,
    ShipDate
)
VALUES
(
    @CustomerID,
    @OrderDate,
    @ShipDate
)

SELECT
    @OrderID = @@Identity

/* 对给定的订单 ID 将给定购物车中的项复制到订单明细表中*/
INSERT INTO OrderDetails
(
    OrderID,
    ProductID,
    Quantity,
    UnitPrice
)
```

```
SELECT
    @OrderID,
    ShoppingCart.ProductID,
    Quantity,
    Products.UnitPrice
FROM
    ShoppingCart
  INNER JOIN Products ON ShoppingCart.ProductID = Products.ProductID
WHERE
    CartID = @CartID
/* 清空用户购物车*/
EXEC ShoppingCartEmpty @CartId
COMMIT TRAN AddOrder
GO
```

OrdersDetail 存储过程获取用户的订单信息。

```
CREATE Procedure OrdersDetail
(
    @OrderID    int,
    @CustomerID int,
    @OrderDate  datetime OUTPUT,
    @ShipDate   datetime OUTPUT,
    @OrderTotal money OUTPUT
)
AS
/* 返回下列订单日期并核对订单 */
SELECT
    @OrderDate = OrderDate,
    @ShipDate = ShipDate
FROM
    Orders
WHERE
    OrderID = @OrderID
    AND
    CustomerID = @CustomerID
IF @@Rowcount = 1
BEGIN
/* 先反回产品总表 */
SELECT
    @OrderTotal = Cast(SUM(OrderDetails.Quantity * OrderDetails.UnitPrice) as money)
FROM
    OrderDetails
WHERE
    OrderID= @OrderID
/* 然后返回记录信息 */
SELECT
    Products.ProductID,
    Products.ProductName,
    OrderDetails.UnitPrice,
    OrderDetails.Quantity,
    (OrderDetails.Quantity * OrderDetails.UnitCost) as ExtendedAmount
FROM
    OrderDetails
  INNER JOIN Products ON OrderDetails.ProductID = Products.ProductID
WHERE
    OrderID = @OrderID
END
GO
```

OrdersDetail 存储过程获取指定用户的订单列表。

```
CREATE Procedure OrdersList
(
    @CustomerID int
)
As
SELECT
    Orders.OrderID,
    Cast(sum(orderdetails.quantity*orderdetails.unitPrice) as money) as OrderTotal,
    Orders.OrderDate,
    Orders.ShipDate
FROM
    Orders
  INNER JOIN OrderDetails ON Orders.OrderID = OrderDetails.OrderID
GROUP BY
```

```
    CustomerID,
    Orders.OrderID,
    Orders.OrderDate,
    Orders.ShipDate
HAVING
    Orders.CustomerID = @CustomerID
GO
```

任务 14　创建 DML 触发器和用户定义函数

14.1　场 景 引 入

问题：在创建数据库时，公司要求当客户订购某个产品 n 个数量时，产品的库存量相应减少 n。也就是说当向订单明细表中添加一行或修改订单明细表中某行时，产品表中的库存量减少相应的量。请提出该问题的解决方案。

要解决以上问题，可以使用 DML 触发器。

DML 触发器是一种特殊类型的存储过程，它在指定的表中的数据发生变化时自动执行。触发器可以查询其他表，并可以包含复杂的 SQL 语句。

14.2　了解 DML 触发器种类

在 SQL Server 中，有两种类型的 DML 触发器：AFTER 触发器和 INSTEAD OF 触发器，下面讨论它们的不同。

14.2.1　了解 AFTER 触发器

AFTER 触发器在执行了 INSERT、UPDATE 或 DELETE 操作语句之后执行。AFTER 触发器只能在表上指定，一个表可以有多个 AFTER 触发器。

14.2.2　了解 INSTEAD OF 触发器

INSTEAD OF 触发器替代触发动作(INSERT、UPDATE 或 DELETE)进行激发。例如，可以定义 INSTEAD OF 触发器在一列或多列上执行错误或值的检查，然后在插入记录之前执行其他操作。例如，当工资表中小时工资列的更新值超过指定值时，可以定义触发器或者产生错误信息并回滚该事务，或者在审核日志中插入新记录(在工资表中插入该记录之前)。

INSTEAD OF 触发器不仅可在表上定义，而且还可以在带有一个或多个基表的视图上定义，使不能更新的视图支持更新，这也是 INSTEAD OF 触发器的主要优点。

在表或视图上，对于每个触发动作(UPDATE、DELETE 和 INSERT)，只能有一个 INSTEAD OF 触发器。

14.3　创建 DML 触发器

创建 DML 触发器时需指定：

- 名称。
- 在其上定义触发器的表或视图。
- 触发器将何时激发。
- 激活触发器的数据修改语句。有效选项为 INSERT、UPDATE 或 DELETE。多个数据修改语句可激活同一个触发器。例如，触发器可由 INSERT 或 UPDATE 语句激活。
- 执行触发操作的编程语句。

14.3.1 创建 AFTER 触发器

创建 AFTER 触发器的一般格式如下：

```
CREATE TRIGGER 触发器名
ON 表名
AFTER {INSERT, UPDATE ,  DELETE}
AS
SQL 语句
```

任务 14.1　使用包含提醒消息的 AFTER 触发器

问题描述 创建一个名称为 TEST 的触发器，要求每当在 Employees 表中修改数据时，将显示一条消息“记录已经修改”。

解决方案

```
CREATE TRIGGER TEST
ON Employees
AFTER UPDATE
AS
PRINT '记录已经修改';
```

或

```
CREATE TRIGGER TEST
ON Employees
FOR UPDATE
AS
PRINT '记录已经修改'
```

分析与讨论

(1)　触发器是数据库服务器中发生事件时自动执行的特种存储过程。如果用户要通过数据操作语言 (DML) 编辑数据，则发生 DML 事件，执行 DML 触发器。DML 事件是针对表或视图的 INSERT、UPDATE 或 DELETE 语句。

以上代码对 Employees 表创建了名为 TEST 的 AFTER 触发器。指定激活触发器的触发动作或触发事件(DML 事件)是 UPDATE。

PRINT '记录已经修改'是执行触发器时执行的代码。

(2)　PRINT 语句用于向客户端返回用户定义消息。PRINT 采用字符串或字符串表达式作为参数，并将字符串作为消息返回到客户端。

PRINT '记录已经修改'语句向客户端返回消息“记录已经修改”。

(3)　触发器创建成功后，当用户执行相应的触发动作时，就会执行触发器。本例中触发器的触发动作为 Employees 表发生数据修改时，就执行触发器。如执行了如下代码后会自动执行触发器。

```
UPDATE Employees SET Lastname= 'DavolioA'
 WHERE EmployeeID=1
```

(4)　指定 AFTER 与指定 FOR 相同，而后者是 SQL Server 早期版本中唯一可使用的选项，所以具有 FOR 关键字的触发器也归类为 AFTER 触发器。

14.3.2 查看、禁用和删除 DML 触发器

如果触发器在创建或修改时没有加密，则可以通过 OBJECT_DEFINITION 查看触发器的定义。当不再需要某个触发器时，可将其禁用或删除。

禁用触发器不会删除该触发器。该触发器仍然作为对象存在于当前数据库中。但是，当执行任意 INSERT、UPDATE 或 DELETE 语句时，触发器将不会激发。已禁用的触发器可以被重新启用。启用触发器会以最初创建它时的方式将其激发。默认情况下，创建触发器后会启用

触发器。

删除了触发器后，它就从当前数据库中删除了。它所基于的表和数据不会受到影响。删除表将自动删除其上的所有触发器。

任务 14.2　查看 TEST 触发器的定义并禁用它

问题描述 查看 DML 触发器 TEST 的定义。然后禁用 TEST 触发器。

解决方案

```
USE Northwind;
GO
SELECT OBJECT_DEFINITION (OBJECT_ID(N'TEST')) AS [Trigger Definition];
GO
DISABLE TRIGGER TEST ON Employees;
GO
```

分析与讨论

(1)　查看触发器。和查看存储过程的定义一样，可以使用 OBJECT_DEFINITION 查看触发器的定义。下面的语句查看触发器 TEST 的定义：

```
SELECT OBJECT_DEFINITION (OBJECT_ID(N'TEST'))
```

(2)　禁用触发器。默认情况下，创建触发器后会启用触发器。可以使用 DISABLE TRIGGER 禁用触发器，禁用触发器不会删除该触发器。该触发器仍然作为对象存在于当前数据库中。但是，当执行激发触发器的任何 SQL 语句时，不会激发触发器。下面代码禁用 Employees 表的 TEST 触发器：

```
DISABLE TRIGGER TEST ON Employees;
```

(3)　重新启用触发器。可以使用 ENABLE TRIGGER 重新启用触发器。下面代码重新启用 Employees 表的 TEST 触发器：

```
ENABLE TRIGGER TEST ON Employees;
```

(4)　使用 ALTER TABLE 来禁用或启用 DML 触发器。还可以通过使用 ALTER TABLE 来禁用或启用为表所定义的 DML 触发器。

下面代码使用 ALTER TABLE 的 DISABLE TRIGGER 选项来禁用为表 Employees 所定义的触发器 TEST：

```
ALTER TABLE dbo.Employees DISABLE TRIGGER TEST ;
```

下面代码使用 ENABLE TRIGGER 重新启用为 Employees 表所定义的触发器 TEST：

```
ALTER TABLE dbo.Employees ENABLE TRIGGER TEST ;
```

任务 14.3　删除触发器

问题描述 删除 DML 触发器 TEST。

解决方案

```
USE Northwind;
GO
IF OBJECT_ID ('TEST', 'TR') IS NOT NULL
   DROP TRIGGER TEST;
GO
```

分析与讨论

可以使用 DROP TRIGGER 从当前数据库中删除一个或多个 DML。下面的语句将删除 TEST 触发器：

```
DROP TRIGGER TEST;
```

如果删除多个触发器，则在触发器名称之间用逗号分隔。

OBJECT_ID 函数返回指定对象的对象 ID。第一个参数为对象名称，第二个参数为对象类型。

TR 表示 SQL 触发器。

14.3.3 了解 Inserted 和 Deleted 表

SQL Server 自动创建和管理两种特殊的表：Deleted 表和 Inserted 表。可以使用这两个临时驻留内存的表测试某些数据修改的效果以及设置触发器操作的条件，但不能直接对表中的数据进行更改。

Deleted 表用于存储 DELETE 和 UPDATE 语句所影响的行的副本。在执行 DELETE 或 UPDATE 语句时，行从触发器表中删除，并传输到 Deleted 表中。Deleted 表和触发器表通常没有相同的行。

Inserted 表用于存储 INSERT 和 UPDATE 语句所影响的行的副本。在一个插入或更新事务处理中，新建行被同时添加到 Inserted 表和触发器表中。Inserted 表中的行是触发器表中新行的副本。

更新事务类似于在删除之后执行插入，首先旧行被复制到 Deleted 表中，然后新行被复制到触发器表和 Inserted 表中。

在设置触发器条件时，应当为激活触发器的操作恰当地使用 Inserted 和 Deleted 表。虽然在测试 INSERT 时引用 Deleted 表或在测试 DELETE 时引用 Inserted 表不会引起任何错误，但是在这种情形下这些触发器测试表中不会包含任何行。

14.3.4 AFTER 触发器实例研究

触发器在拒绝或接受每个数据修改事务时将其作为一个整体。如果某些数据修改不可接受就回滚所有的数据修改。

任务 14.4

问题描述 对[Order Details]表创建一个名称为 OrderDetailNotDiscontinued 的触发器。检查尝试插入或修改的每条记录，如果插入或修改的记录其产品已被终止，则撤销插入或修改的所有记录。

解决方案

```
USE Northwind;
CREATE TRIGGER OrderDetailNotDiscontinued
ON [Order Details]
FOR INSERT, UPDATE
AS
IF EXISTS
(
SELECT *
FROM Inserted i
JOIN Products p
ON i.ProductID = p.ProductID
WHERE p.Discontinued = 1
)
BEGIN
PRINT('Order Item is discontinued. Transaction Failed.');
ROLLBACK TRAN;
END
```

分析与讨论

当对[Order Details]表插入或修改记录时，就会自动执行 OrderDetailNotDiscontinued 触发器。首先，将插入的行插入 Order Details 表和 Inserted 表中，然后激发触发器。

由于插入或修改的每条记录的副本存储在 Inserted 表中，我们可以使用 Products 表和 Inserted 表连接查询。如果插入或修改的某个记录的产品已被终止(如果产品被终止，则 Discontinued 列的值为 1)，则以上代码中的 SELECT 连接查询存在行，EXISTS 的返回值为 TRUE，就会执行以上代码中的 BEGIN...END 代码块，向客户端输出信息，然后回滚(撤销)所有插入或修改的每条记录。

如果插入或修改的每条记录的产品都未终止，则以上代码中的连接查询不存在行，就不会执行 BEGIN...END 代码块，从而成功插入或修改每条记录。

对 OrderDetailNotDiscontinued 触发器进行测试，首先创建如表 14.1 所示的 newOrderDetails 表：

```
CREATE TABLE newOrderDetails  (
      OrderID    int  NOT NULL ,
      ProductID   int  NOT NULL ,
      UnitPrice   money  NOT NULL ,
      Quantity   smallint  NOT NULL ,
      Discount   real  NOT NULL
)
```

然后在 newOrderDetails 表中插入 4 行。其中有两行的 ProductID 值指定的产品被终止。

表 14.1　newOrderDetails 表

OrderID	Discount	Quantity	UnitPrice	ProductID
...	...	...	...	...
10248	0	75	30	9
10248	0	75	60	1
10248	0	10	30	17
10248	0	20	30	8

最后，将 newOrderDetails 中的数据插入 Order Details 表中。代码如下：

```
INSERT [Order Details]
SELECT * FROM newOrderDetails
```

ProductID 为 9 和 17 的产品的 Discontinued 列的值为 1，这些产品被终止，OrderDetailNotDiscontinued 触发器回滚(撤销)以上插入操作。

OrderDetailNotDiscontinued 触发器在拒绝或接受每个数据修改事务时将其作为一个整体，要么成功，要么失败。不过，不必简单地只因为某些数据修改不可接受而回滚(撤销)所有的数据修改。在触发器中使用相关子查询可以强制触发器逐个检查所修改的行，撤销不满足条件的行，成功插入或修改满足条件的行。请看以下任务的解决方案。

任务 14.5

问题描述对 Order Details 表创建一个名称为 conditionalIandU 的触发器，检查尝试插入或修改的每条记录，conditionalIandU 触发器会逐行对插入或修改的记录进行分析，然后删除产品已被终止的行。

解决方案

```
CREATE TRIGGER conditionalIandU
ON [Order Details]
AFTER INSERT
AS
IF EXISTS (SELECT * FROM Inserted i JOIN Products p ON i.ProductID = p.ProductID
WHERE p.Discontinued = 1)
BEGIN
   DELETE [Order Details] FROM [Order Details], inserted
   WHERE [Order Details].Productid = inserted.Productid AND
      inserted.Productid IN
         (SELECT Productid FROM Products
         WHERE  Discontinued = 1);
END
GO
```

分析与讨论

当插入了不可接受的被终止的产品时，事务并不回滚；相反，触发器会删除不需要的行。这种删除已插入行的能力取决于引发触发器时处理发生的先后顺序。首先，将行插入 Order Details 表和 inserted 表中，然后激发触发器。

对 conditionalIandU 触发器进行测试。

将 newOrderDetails 中的数据插入 Order Details 表中。

ProductID 为 9 和 17 的产品的 Discontinued 列的值为 1，这些产品被终止，conditionalIandU 触发器即从 Order Details 表和 inserted 表中将它们删除。

14.3.5 独立实践

1. 创建 AFTER 触发器

创建一个触发器，要求当在 Students 表中修改数据时，向客户端显示一条“记录已经修改”的消息。

2. 实现自动更新

(1) 创建一个触发器，当向“学生_课程”表中添加加一行时，如果学生通过课程的考试(成绩高于 60 分)，则“学生”表中“已修学分”列的值增加已通过课程的学分。

(2) 创建一个触发器，要求当插入或删除“学生_课程”表的记录时，能够更新“教师_课程”表中的“学生人数”列的值。

(3) 创建触发器，当修改“学生”表中学号时，“学生_课程”表中的对应记录的学号自动修改(假定学生表和学生_课程表没有创建外键约束)。

3. 实现自动删除

创建触发器，当删除“学生”表记录时，“学生_课程”表中的对应记录自动删除(假定学生表和学生_课程表没有创建外键约束)。

14.4 创建 INSTEAD OF 触发器

INSTEAD OF 触发器可代替通常的触发动作(UPDATE、DELETE 和 INSERT)。也就是说，INSTEAD OF 触发器执行触发器的代码而不执行激活触发器的 SQL 语句，从而替代触发语句的操作。

INSTEAD OF 触发器可在带有一个或多个基表的视图上定义。但在表或视图上，每个 INSERT、UPDATE 或 DELETE 语句最多只能定义一个 INSTEAD OF 触发器。

当视图引用多个基表时，不可以通过更新视图同时更新引用的多个基表。INSTEAD OF 触发器的主要优点是可以使不能更新的视图支持更新。包含多个基表的视图必须使用 INSTEAD OF 触发器来支持引用表中数据的插入、更新和删除操作。也就是说，使用 INSTEAD OF 触发器，可以通过视图同时修改视图引用的多个基表。INSTEAD OF 触发器的另一个优点是使得用户可以编写这样的逻辑代码：拒绝批处理中的某些部分，同时允许批处理的其他部分成功。

14.4.1 一个应用实例研究

任务 14.6 更新包含多个基表的视图

问题描述 使用 Emp_pay 和 Employees 两个表中所有相关数据建立视图 Employeeview。对视图 Employeeview 创建 INSTEAD OF 触发器 IO_Trig_INS_Employee 更新视图中的两个基表。另外，显示两种处理错误的方法。

- 忽略对 Employees 表的重复插入，并且插入的信息将记录在 EmployeeDuplicates 表中。
- 将对 Emp_pay 表的重复插入转变为 UPDATE 语句，该语句将当前信息检索至 Emp_pay，而不会产生重复键的错误。

解决方案

(1)　创建视图 Employeeview。

```
CREATE VIEW Employeeview AS
SELECT P.EmployeeID ,P.base_pay, P.commission,
    LastName, FirstName, Address,Birthdate
FROM Emp_pay P, Employees E
WHERE P.EmployeeID = E.EmployeeID
GO
```

(2)　创建 EmployeeDuplicates 表。

```
CREATE TABLE EmployeeDuplicates
  (
   EmployeeID         char(11),      /*存放雇员的编号*/
   LastName         nvarchar(20),
   FirstName         nvarchar(10),
   Address       nvarchar(60),
   Birthdate      datetime,
   InsertSNAME   nc har(100),
   WhenInserted  datetime
  )
GO
```

(3)　创建触发器 IO_Trig_INS_Employee。

```
CREATE TRIGGER IO_Trig_INS_Employee ON Employeeview
INSTEAD OF INSERT
AS
BEGIN
SET NOCOUNT ON
IF (NOT EXISTS (SELECT *
     FROM Employees P, inserted I
     WHERE P.EmployeeID = I.EmployeeID))
   INSERT INTO Employees
     SELECT EmployeeID, LastName, FirstName,Address,Birthdate
     FROM inserted
ELSE
   INSERT INTO EmployeeDuplicates
     SELECT EmployeeID, LastName, FirstName, Address, Birthdate, SUSER_SNAME(),
GETDATE()
     FROM inserted
IF (NOT EXISTS (SELECT E.EmployeeID
     FROM Emp_pay E, inserted
     WHERE E.EmployeeID = inserted.EmployeeID))
   INSERT INTO Emp_pay
     SELECT EmployeeID, base_pay, commission
     FROM inserted
ELSE
   UPDATE Emp_pay
     SET base_pay = I.base_pay,
        commission = I.commission
   FROM Emp_pay E, inserted I
   WHERE E.EmployeeID = I.EmployeeID
END
GO
```

分析与讨论

(1)　上面的代码创建一个视图、一个记录错误表和视图上的 INSTEAD OF 触发器。Employees 表和 Emp_pay 表将个人数据和业务数据分开并且是视图的基表。

Employeeview 视图使用某个人的 Emp_pay 和 Employees 两个表中所有相关数据建立视图。

EmployeeDuplicates 表可记录对插入具有重复的雇员编号的行的尝试。EmployeeDuplicates 表记录插入的值、尝试插入操作的用户的用户名和插入的时间。

INSTEAD OF 触发器在单独视图的多个基表中插入行，并将对插入具有重复雇员编号的行的尝试记录在 EmployeeDuplicates 表中，将 Emp_pay 表中的重复行更改为更新语句。

(2)　当向 Employeeview 视图中插入记录时，插入记录同时被插入到 inserted 表中，触发器被激活，如果插入的记录的 EmployeeID 的值和 Employees 表中的某个 EmployeeID 的值相同，则以下查询存在行，否则以下查询不存在行。

```
    SELECT * FROM Employees P, inserted I
    WHERE P.EmployeeID = I.EmployeeID
```

如果以上查询存在行，则会执行以下语句，将插入到 inserted 表中的记录插入到 EmployeeDuplicates 表中。

```
INSERT INTO EmployeeDuplicates
    SELECT          EmployeeID,          LastName,          FirstName,
Address,Birthdate,SUSER_SNAME(),GETDATE()
    FROM inserted
```

如果以上查询不存在行，则会执行以下语句，将插入到 inserted 表中的记录插入到 Employees 表中。

```
INSERT INTO Employees
    SELECT EmployeeID, LastName, FirstName,Address,Birthdate
    FROM inserted
```

如果插入的记录的 EmployeeID 的值和 Emp_Pay 表中的某个 EmployeeID 的值相同，则以下查询存在行，否则以下查询不存在行。

```
SELECT E.EmployeeID
    FROM Emp_Pay E, inserted
    WHERE E.EmployeeID = inserted.EmployeeID))
```

如果查询不存在行，则执行以下语句，将插入到 inserted 表中的相关数据插入到 Emp_Pay 表。

```
INSERT INTO Emp_Pay
    SELECT EmployeeID, base_pay, commission
    FROM inserted
```

如果查询存在行，则执行以下语句，用插入到 inserted 表中的相关数据修改 EmployeeID 的值和 inserted 表中的 EmployeeID 的值相同的行。

```
UPDATE Emp_Pay
    SET base_pay = I.base_pay,
        commission = I.Comment
  FROM Emp_Pay E, inserted I
  WHERE E.EmployeeID = I.EmployeeID
```

(3) SET NOCOUNT ON 使返回的结果中不包含有关受 SQL 语句或存储过程影响的行数的信息。

当 SET NOCOUNT 为 ON 时，不返回计数(表示受 SQL 语句或存储过程影响的行数)。当 SET NOCOUNT 为 OFF 时，返回计数。如果存储过程中包含的一些语句并不返回许多实际的数据，则该设置(SET NOCOUNT ON)大量减少网络流量，因此可显著提高性能。

14.4.2 独立实践

在“教务管理”数据库中创建了一个课程编号为 2 的 “学生课程成绩”视图，该视图包含学生的学号、姓名、成绩。该视图的基表是“学生”表和“学生_课程”表，该视图不支持更新。为使该视图支持更新，创建一个 INSTEAD OF 触发器，当修改“学生课程成绩”视图的数据或向“学生课程成绩”视图中添加数据时，分别修改“学生”表和“学生_课程”表中的数据或向“学生”表和“学生_课程”表中添加数据。

14.5 比较触发器与约束

SQL Server 提供了两种主要机制来强制业务规则和数据完整性：约束和触发器。

约束和触发器在特殊情况下各有优势。触发器的主要优点在于可以包含使用 Transact-SQL 代码的复杂处理逻辑。因此，触发器可以支持约束的所有功能，但它在所给出的功能上并不总是最好的方法。

实体完整性应在最低级别上通过索引进行强制，这些索引或是 PRIMARY KEY 和 UNIQUE 约束的一部分，或是在约束之外独立创建的。假设功能可以满足应用程序的功能需求，域完整性应通过 CHECK 约束进行强制，而引用完整性 (RI) 则应通过 FOREIGN KEY 约束进行强制。

在约束所支持的功能无法满足应用程序的功能要求时，触发器就极为有用。例如：

- 除非 REFERENCES 子句定义了级联引用操作，否则 FOREIGN KEY 约束只能以与另一列中完全匹配的值来验证列值。
- 触发器可以强制实现比用 CHECK 约束定义的约束更为复杂的约束。与 CHECK 约束不同，触发器可以引用其他表中的列。CHECK 约束只能根据逻辑表达式或同一表中的另一列来验证列值。如果应用程序要求根据另一个表中的列验证列值，则必须使用触发器。
- 触发器可通过数据库中的相关表实现级联更改；不过，通过级联引用完整性约束可以更有效地执行这些更改。
- 触发器可以禁止或回滚违反引用完整性的更改，从而取消所尝试的数据修改。当更改外键且新值与主键不匹配时，此类触发器就可能发生作用。例如，可以在 titleauthor.title_id 上创建一个插入触发器，使它在新值与 titles.title_id 中的某个值不匹配时回滚一个插入。不过，通常使用 FOREIGN KEY 约束来达到这个目的。
- 如果触发器表上存在约束，则在 INSTEAD OF 触发器执行后、AFTER 触发器执行前检查这些约束。如果约束破坏，则回滚 INSTEAD OF 触发器操作并且不执行 AFTER 触发器。

14.6　修改和重命名触发器

14.6.1　修改触发器

可通过 ALTER TRIGGER 命令修改触发器。

任务 14.7　加密触发器

问题描述 首先创建触发器 intrig，然后修改该触发器，将其加密。

```
CREATE TRIGGER intrig
ON [Order Details]
AFTER INSERT AS
   UPDATE Products
   SET  UnitsInStock = UnitsInStock - Quantity
   FROM inserted
   WHERE Products.ProductID = inserted.ProductID

ALTER TRIGGER  intrig
ON [Order Details]
WITH ENCRYPTION
AFTER INSERT AS
   UPDATE Products
   SET  UnitsInStock = UnitsInStock - Quantity
   FROM inserted
   WHERE Products.ProductID = inserted.ProductID
```

14.6.2　重命名触发器

例 重命名触发器 intrig，将其重命名为 AAintrig。

```
EXEC sp_rename 'intrig', 'AAintrig'
```

14.6.3 删除触发器

当不再需要某个触发器时，可将其删除。当触发器被删除时，它所基于的表和数据并不受影响。而删除表时将自动删除其上的所有触发器。

例 删除 AAintrig 触发器。

```
DROP TRIGGER AAintrig
```

14.7 实例研究

触发器是一类特殊的存储过程，被定义为在对表或视图进行 UPDATE、INSERT 或 DELETE 操作时自动执行。触发器是一个功能强大的工具，使得每个站点可以在有数据修改时自动强制执行其业务规则。

触发器能够使公司的处理任务自动进行。例如，在一个库存管理信息系统内，更新触发器可以检测什么时候库存下降到了需要再进货的量，并自动生成给供货商的订单。在记录工厂加工过程的数据库内，当某个加工过程超过所定义的安全限制时，触发器会给操作员发送电子邮件或寻呼。

可使用 AFTER 或 INSTEAD OF 指定触发器的执行时间。

AFTER：该触发器在触发它们的语句完成后执行。如果该语句因错误(如违反约束或语法错误)而执行失败，触发器将不会执行。不能为视图指定 AFTER 触发器，只能为表指定该触发器。可以为每个触发操作(INSERT、UPDATE 或 DELETE)指定多个 AFTER 触发器。

INSTEAD OF：该触发器代替触发操作执行。可在表和视图上指定 INSTEAD OF 触发器。只能为每个触发操作(INSERT、UPDATE 和 DELETE)定义一个 INSTEAD OF 触发器。INSTEAD OF 触发器可用于对 INSERT 和 UPDATE 语句中提供的数据值执行增强的完整性检查。INSTEAD OF 触发器还允许指定某些操作，使一般不支持更新的视图可以被更新。

下面实现实例中的触发器。

在下面的 IO_Trig_INS_Employee 触发器中，INSTEAD OF 触发器更新视图中的两个基表。另外，显示两种处理错误的方法：

- 忽略对 Employee 表的重复插入，并且插入的信息将记录在 EmployeeDuplicates 表中。
- 将对 Emp_Pay 表的重复插入转变为 UPDATE 语句，该语句将当前信息检索至 Emp_Pay，而不会产生重复键错误。

```
CREATE TRIGGER IO_Trig_INS_Employee ON Employeeview
INSTEAD OF INSERT
AS
BEGIN
SET NOCOUNT ON
IF (NOT EXISTS (SELECT P.SSN
    FROM Employee P, inserted I
    WHERE P.SSN = I.SSN))
  INSERT INTO Employee
    SELECT EmployeeID, SSN,Name,Address,Birthdate
    FROM inserted
ELSE
  INSERT INTO EmployeeDuplicates
    SELECT SSN,Name,Address,Birthdate,SUSER_SNAME(),GETDATE()
    FROM inserted
IF (NOT EXISTS (SELECT E.SSN
    FROM Emp_Pay E, inserted
    WHERE E.SSN = inserted.SSN))
  INSERT INTO Emp_Pay
    SELECT EmployeeID,SSN, base_pay, commission
```

```
      FROM inserted
  ELSE
    UPDATE Emp_Pay
      SET Emp_PayID = I.EmployeeID,
          base_pay = I.base_pay,
          commission = I.commission
    FROM Emp_Pay E, inserted I
    WHERE E.SSN = I.SSN
  END
```

下例使用两个表：Emp_Pay 表和 auditEmployeeData 表。人力资源部的成员可以修改 Emp_Pay 表，该表包含保密的雇员薪水信息。如果更改了雇员的身份证号码(SSN)、基本工资或提成，则生成审核记录并插入到 auditEmployeeData 审核表中。

```
CREATE TABLE auditEmployeeData (
   audit_log_id uniqueidentifier DEFAULT NEWID(),
   audit_log_type char (3) NOT NULL,
   audit_id int NOT NULL,
   audit_commission decimal(2, 2) NOT NULL,
   audit_base_pay money NOT NULL,
   audit_SSN char (11) NOT NULL,
   audit_user sysname DEFAULT SUSER_SNAME(),
   audit_changed datetime DEFAULT GETDATE()
   )


CREATE TRIGGER updEmployeeData
ON employeeData
AFTER update AS
 BEGIN
-- 生成旧的审核记录.
     INSERT INTO auditEmployeeData
      (audit_log_type,
      audit_id,
      audit_commission,
      audit_base_pay,
      audit_SSN)
      SELECT 'OLD',
         del.emp_payID,
         del.commission,
         del.base_pay,
         del.SSN
      FROM deleted del

-- 生成新的审核记录.
     INSERT INTO auditEmployeeData
      (audit_log_type,
      audit_id,
      audit_commission,
      audit_base_pay,
      audit_SSN)
      SELECT 'NEW',
         ins.emp_payID,
         ins.commission,
         ins.base_pay,
         ins.SSN
      FROM inserted ins
  END
GO
```

在库存管理信息系统中，如果某种产品的现有数量在销售该产品时被更新，系统应该(自动)检查库存量是否低于最低允许量。在 Product 表中，ReorderLevel 字段表示重进货的最低数量。UnitsOnOrder 字段表示重进货的数量。下面创建一个触发器 TRG_PRODUCT_REORDER 来计算产品的现有数量——UnitsInStock。如果现有数量低于 ReorderLevel 的值，触发器将 UnitsOnOrder 的值增加 ReorderLevel。

```
CREATE TRIGGER TRG_PRODUCT_REORDER ON Products
AFTER INSERT, UPDATE
AS
BEGIN
  UPDATE Products
     SET UnitsOnOrder=UnitsOnOrder+ ReorderLevel
```

```
  WHERE UnitsInStock<= ReorderLevel and UnitsOnOrder<100
END
```

下面创建一个触发器 TRG_OrderDetails_PROD，该触发器可自动地根据每次的产品销售数量，减少产品的库存数量。

```
CREATE TRIGGER TRG_OrderDetails_PROD
ON [Order Details]
FOR INSERT AS
IF @@ROWCOUNT = 1
BEGIN
   UPDATE Products
   SET UnitsInStock = UnitsInStock - Quantity
   FROM inserted
   WHERE Products.ProductID = inserted.ProductID
END
ELSE
BEGIN
   UPDATE Products
   SET UnitsInStock = UnitsInStock -
   (SELECT SUM(Quantity)
      FROM inserted
      WHERE Products.ProductID = inserted.ProductID)
   WHERE Products.ProductID IN
      (SELECT ProductID FROM inserted)
END
```

14.8 创建用户定义函数

编程语言中的函数是用于封装经常执行的代码的子例程。任何代码若必须执行函数所包含的代码,都可以调用该函数,而不必重复函数封装的代码。与编程语言中的函数类似，SQL Server 用户定义函数是接受零个或更多的参数、执行操作(例如复杂计算)并将操作结果以值的形式返回的例程。返回值可以是单个标量值(如 int、char 或 decimal 值)或结果集。

14.8.1 创建标量函数

标量函数是用户自定义函数的函数类型之一。标量函数是返回单个数据值的函数。返回类型可以是除 text、ntext、image、cursor 和 timestamp 外的任何数据类型。

可使用 CREATE FUNCTION 语句来实现用户定义函数的创建。创建标量函数的一般格式为:

```
CREATE FUNCTION  函数名称
( 参数列表)
RETURNS 数据类型
     AS
     BEGIN
                    函数体
          RETURN 标量表达式
     END
 ;
```

每个具有所有者名称的函数名称必须唯一。

任务 14.8 查询产品库存量

问题描述 创建一个标量函数 ufnGetProductStock。此函数输入一个值 ProductID，而返回 ProductID 指定产品的库存量。同时创建测试程序，使用 ufnGetProductStock 函数返回 ProductID 为 1 ～ 10 之间的产品的当前库存量。

解决方案

(1) 创建函数 ufnGetProductStock。

```
CREATE FUNCTION dbo.ufnGetProductStock(@ProductID int)
RETURNS int
```

```
AS
-- Returns the UnitsInStock for the product.
BEGIN
    DECLARE @ret int;
    SELECT @ret = UnitsInStock
    FROM Products
    WHERE ProductID = @ProductID ;
     IF (@ret IS NULL)
        SET @ret = 0;
    RETURN @ret;
END;
GO
```

(2)　使用 ufnGetProductStock 函数。

```
SELECT   ProductID,   Products.ProductName,   dbo.ufnGetProductStock(ProductID)AS
CurrentSupply
FROM Products;
WHERE Products.ProductID BETWEEN 1 and 10;
GO
```

分析与讨论

(1)　创建函数。使用 CREATE FUNCTION 语句来实现用户定义函数的创建。所有用户定义函数都由两部分组成：标题和正文。标题与正文部分用 AS 关键字分隔。

标题定义包括：

- 具有所有者名称的函数名称。例如 dbo.ufnGetProductStock，dbo 为所有者名称的函数名称，ufnGetProductStock 为函数名称，函数名称是用户自己定义的符合命名规范的一个或一系列的字符。具有所有者名称的函数名称必须唯一。
- 输入参数名称和数据类型。和定义储存过程参数一样，参数名称的第一个字符为@，函数参数的定义都必须有参数名称和数据类型，如果函数有多个参数，每个参数之间用逗号分隔，ufnGetProductStock 函数定义了一个参数，参数名为@ProductID，该参数的数据类型为 int。用户定义函数可以有零个或多个输入参数，一个函数最多可以有 1024 个输入参数。用户定义函数不支持输出参数。
- 函数返回值数据类型。标量函数返回单个数据值，定义标量函数时必须使用 RETURNS 子句定义返回值的数据类型，ufnGetProductStock 函数使用 RETURNS 子句定义函数返回值的数据类型为 int。

正文定义了函数将要执行的操作或逻辑，它是包含一个或多个 SQL 语句的程序代码(ufnGetProductStock 函数定义中 BEGIN…END 块就是正文部分)。如果函数正文部分只有单个语句，函数返回的单个值是该语句的结果，则这种标量函数称为内联标量函数。对于多语句标量函数，定义在 BEGIN...END 块中的函数体包含一系列返回单个值的 SQL 语句。ufnGetProductStock 函数是多语句标量函数，函数体放在 BEGIN...END 块，ufnGetProductStock 函数的函数体首先声明了一个 int 类型的变量@ret，然后使用 SELECT 语句查询 Products 表中 ProductID 值为参数@ProductID 指定值的产品的当前库存量 UnitsInStock，并将查询结果 UnitsInStock 的值赋给@ret 变量。接着使用 IF 语句，如果@ret 值为 NULL，则将 0 赋给@ret 变量。最后使用 RETURN 语句将@ret 变量的值作为函数的值返回。

(2)　调用函数。可以在 SQL 语句中允许使用标量表达式的任何位置调用返回标量值(与标量表达式的数据类型相同)的用户定义函数。必须使用至少由两部分组成名称的函数来调用标量值函数(如 dbo.ufnGetProductStock(1))。可采用与存储过程相同的方式调用返回标量值的用户定义函数。当调用返回标量值的用户定义函数时，指定参数的方式与为存储过程指定参数的方式相同：

- 参数值可以不括在括号中。
- 可以指定参数名称。
- 如果指定参数名称，则参数值的序列不必与参数的序列相同。

以上使用 ufnGetProductStock 函数中，ufnGetProductStock 函数作为 SELECT 语句的选择列表中的表达式。dbo.ufnGetProductStock(ProductID)调用 dbo.ufnGetProductStock 函数，将查询的 ProductID 值作为参数传递给定义函数的参数@ProductID，然后执行函数体，当执行到 RETURN @ret 时，将@ret 值作为函数的值返回，同时程序跳转到调用函数的地方。

如果函数的参数有默认值，则调用该函数时必须指定 DEFAULT 关键字，才能获取默认值。此行为与在用户定义存储过程时具有默认值的参数不同，在后一种情况下，忽略参数同样意味着使用默认值。

14.8.2 创建表值函数

用户定义函数不仅返回单个数据值，而且还可以返回单个表，返回 table 数据类型的用户定义函数功能强大，可以替代视图。 这些函数称为表值函数。 在 SQL 查询中允许使用表或视图表达式的情况下，可以使用表值用户定义函数。 在视图中只能够使用单个 SELECT 语句，而用户定义函数可包含更多语句，这些语句的逻辑功能可以比视图中的逻辑功能更加强大。

1. 内联表值函数

如果表值函数正文部分只有单个语句，表是单个 SELECT 语句的结果集，则这种表值函数称为内联表值函数。内联表值函数可实现参数化视图的功能。但我们不能为视图创建参数，因为视图不支持在 WHERE 子句中指定的搜索条件含有参数。内联用户定义函数支持在 WHERE 子句中指定的搜索条件含有参数。

任务 14.9　查询订单的销售额

问题描述 创建用户定义函数 Sales_by_Year 实现参数化视图的功能，通过两个时间参数指定起始时间和终止时间，从而获得起始时间和终止时间时间段内的每笔订单的销售额(使用视图 Order Subtotals)。

解决方案

(1) 创建函数 Sales_by_Year。

```
CREATE FUNCTION Sales_by_Year
  ( @StartTime datetime,
   @EndTime datetime
)
RETURNS table
AS
RETURN (
SELECT dbo.Orders.ShippedDate, dbo.Orders.OrderID, dbo.[Order Subtotals].Subtotal
FROM dbo.Orders INNER JOIN
     dbo.[Order Subtotals] ON dbo.Orders.OrderID = dbo.[Order Subtotals].OrderID
WHERE (dbo.Orders.ShippedDate IS NOT NULL) AND
 dbo.Orders.ShippedDate BETWEEN @StartTime AND @EndTime
)
```

(2) 使用 Sales_by_Year 函数。

```
Select * From Sales_by_Year('97-01-01' ,'97-12-31')
```

分析与讨论

(1) 创建内联表值函数。

以上创建的用户定义函数 Sales_by_Year，有两个参数@StartTime 和@EndTime，这两个参数的数据类型都为 datetime，RETURNS 子句指定函数返回值数据类型为 table，RETURN 语句返回函数的值，返回值是一个 SELECT 语句的结果集。

视图[Order Subtotals]中含有每笔订单的销售额，但没有订单的时间，订单的时间在 Orders 表中，因此要查询某段时间内的每笔订单的销售额必须连接视图[Order Subtotals]和 Orders 表进行查询，连接条件为 dbo.Orders.OrderID = dbo.[Order Subtotals].OrderID。查询条件为 ShippedDate

不为空，且在函数参数值指定的时间范围之内。这就得到 RETURN 后括号中的 SELECT 语句。

创建内联表值函数遵从以下规则：

RETURNS 子句只包含关键字 table。不必定义返回变量的格式，因为它由 RETURN 子句中的 SELECT 语句的结果集的格式设置。

函数体不用 BEGIN 和 END 分隔。

RETURN 子句在括号中包含单个 SELECT 语句。SELECT 语句的结果集构成函数所返回的表。

表值函数只接受常量或 @local_variable 参数。

(2) 调用返回表数据类型的用户定义函数。

可以在 SELECT、INSERT、UPDATE 或 DELETE 语句的 FROM 子句中允许使用表达式的位置调用返回 table 的用户定义函数。也可以在调用返回表的用户定义函数后加上可选的表别名。

以上使用 Sales_by_Year 函数时，在 SELECT 语句的 FROM 子句中调用表值函数 Sales_by_Year 查询 1997 年每笔订单的销售额。

注意： 当在子查询的 FROM 子句中调用返回表的用户定义函数时，函数参数不能引用外部查询中的任何列。引用返回 table 的用户定义函数的 SELECT 语句调用该函数一次。

表值用户定义函数还可以替换返回单个结果集的存储过程。可以在 SQL 语句的 FROM 子句中引用由用户定义函数返回的表，但不能引用返回结果集的存储过程。

2. 多语句表值函数

如果表值函数的函数体含有多个语句，则称为多语句表值函数。对于多语句表值函数，在 BEGIN...END 语句块中定义的函数体包含一系列 SQL 语句，这些语句可生成行并将其插入到返回的表中。

任务 14.10 查询联系人的信息

问题描述 创建多语句表值函数 ufnGetContactInformation。如果提供一个有效联系人 ID，该函数将返回一个表，该表记录了联系人的姓名、职务、地址、电话和类别。并创建代码测试该函数。

解决方案

(1) 创建函数 ufnGetContactInformation。

```
CREATE FUNCTION dbo.ufnGetContactInformation(@ContactID int)
RETURNS @retContactInformation TABLE
(
    -- Columns returned by the function
    ContactID int ,
    ContactName nvarchar(30) NULL,
    Phone nvarchar(24) NULL,
    Title nvarchar(30) NULL,
    Address nvarchar(60) NULL,
    ContactType nvarchar(30) NULL
)
AS
 BEGIN
    DECLARE
        @ContactName nvarchar(30),
        @Phone nvarchar(24),
        @Title nvarchar(30),
        @Address nvarchar(60),
        @ContactType nvarchar(50);
   IF(EXISTS(SELECT * FROM Employees WHERE EmployeeID = @ContactID))
   BEGIN
```

```
    SELECT
@ContactName=FirstName+LastName,@Phone=HomePhone,@Title=Title,@Address=Address,
@ContactType='Employee'
    FROM Employees WHERE EmployeeID = @ContactID;
    INSERT @retContactInformation
      SELECT @ContactID, @ContactName, @Phone, @Title, @Address,@ContactType;
  END
  IF(EXISTS(SELECT * FROM Suppliers  WHERE SupplierID = @ContactID))
  BEGIN
    SELECT
@ContactName=ContactName,@Phone=Phone,@Title=ContactTitle,@Address=Address,
@ContactType='Customer'
    FROM Suppliers WHERE SupplierID = @ContactID;
          INSERT @retContactInformation
      SELECT @ContactID, @ContactName, @Phone, @Title, @Address,@ContactType;
   END;
   RETURN;
 END;
```

(2) 使用 ufnGetContactInformation 函数。

```
SELECT * FROM ufnGetContactInformation(1)
```

分析与讨论

在表值用户定义函数中：

RETURNS 子句为函数返回的表定义局部返回变量名。RETURNS 子句还定义表的格式。局部返回变量名的作用域位于函数内。

函数体中的 SQL 语句生成行并将其插入 RETURNS 子句定义的返回变量中。

当执行 RETURN 语句时，插入变量的行将作为函数的表格输出返回。RETURN 语句不能有参数。

14.8.3 独立实践

1. 查询成绩

(1) 创建一个标量函数，该函数输入一个学号和课程编号，函数返回函数参数指定的学生和课程的成绩。同时创建程序测试该函数。

(2) 创建一个标量函数，该函数输入一个课程编号，函数返回参数指定的课程编号的平均成绩。同时使用该函数查询课程编号为 102 的课程的平均成绩。

(3) 创建一个标量函数，该函数输入一个课程编号，函数返回参数指定的课程编号的最高成绩。同时使用该函数查询课程编号为 102 的课程的最高成绩。

2. 创建内联表值函数

(1) 创建一个用户定义函数，该函数返回参数指定班级编号的学生的学号、姓名和性别。同时创建程序测试该函数。

(2) 创建一个用户定义函数，该函数有一个参数，该参数指定课程编号，函数查询选修了参数指定课程编号的课程的学生的学号、姓名、课程名称和成绩。同时创建程序测试该函数。

(3) 创建一个用户定义函数，该函数有一个参数，该参数指定学号，函数查询参数指定学号的学生的选修的课程的名称和成绩。同时创建程序测试该函数。

3. 创建多语句表值函数

创建一个多语句表值函数，该函数有一个参数，该参数指定学号，函数查询参数指定学号的学生的选修的课程的名称、成绩及学分。同时创建程序测试该函数。

任务 15　创建游标和控制 SQL 程序流

15.1　场 景 引 入

问题：查询产品表的所有行，并对查询结果逐行进行处理，如果行的单价列的值小于 2，就将该行的单价列的值增加 0.1 倍，然后输出该行的值。请提出该问题的解决方案。

要解决上述问题，需要使用游标。

由 SELECT 语句返回的行集包括满足该语句的 WHERE 子句中条件的所有行。这种由语句返回的完整行集称为结果集。SELECT 语句查询结果集是不能够保存的，SQL 程序也不能够使用查询结果集中的数据，以及对查询结果集进行逐行处理或对特定的行进行处理。为此，提出了游标的概念，使用游标可以完成上述 SELECT 语句查询结果集不能够完成的任务。

如果不使用 SQL 程序流控制，则各 Transact-SQL 语句按其出现的顺序分别执行。在前面的大多数 SQL 程序是按照语句出现的顺序依次执行，SQL 程序执行的顺序就是 SQL 程序流。在实际应用中，SQL 程序流不可能完全是直线型的，它可能会出现选择、跳转和循环。SQL 程序常常会根据某些条件改变语句的执行顺序，有选择性地执行某些语句，或会反复执行一语句块，直到满足了某些指定的条件。SQL Server 提供了选择语句、循环语句、跳转语句来控制程序的流程，以实现执行语句的选择、反复执行某语句块或程序跳转到某处执行，这些控制程序流程的语句称为控制语句。控制语句用于控制 Transact-SQL 语句、语句块、用户定义函数以及存储过程的执行流。

本任务将介绍如何创建和使用游标以及使用这些控制语句控制程序流。

15.2　了解为何要使用游标

由 SELECT 语句返回的行集包括满足该语句的 WHERE 子句中条件的所有行。这种由语句返回的完整行集称为结果集。应用程序，特别是交互式联机应用程序，并不总能将整个结果集作为一个单元来有效地处理。这些应用程序需要一种机制以便每次处理一行或一部分行。游标就是提供这种机制的对结果集的一种扩展。

游标通过以下方式来扩展结果处理：

(1)　允许定位在结果集的特定行。

(2)　从结果集的当前位置检索一行或一部分行。

(3)　支持对结果集中当前位置的行进行数据修改。

(4)　提供脚本、存储过程和触发器中用于访问结果集中的数据的 Transact-SQL 语句。

15.3　创 建 游 标

从游标中检索行的操作称为提取。游标按照它所支持的提取行的顺序可以分为可滚动游标和只进游标。可滚动游标可以在游标中任何地方随机提取任意行。只进游标必须按照从第一行到最后一行的顺序逐行提取。创建只进游标将在 15.4 节中完成。

15.3.1 实例研究

任务 15.1 创建可滚动游标

问题描述 编写一 SQL 程序，该程序完成以下任务。

(1) 查询类别表的类别 ID 和类别名称。

(2) 使用查询类别表的类别 ID 和类别名称的结果集创建一名称为 CategoriesCursor 的游标。

(3) 提取游标中的最后一行，提取最后一行的前一行。

(4) 提取游标中的第 1 行，提取游标中第 1 行后面的第 3 行。

(5) 提取步骤(4)中游标当前行前面的第 2 行。也就是提取游标中第 1 行后面的第 3 行的前面的第 2 行。

(6) 用另一种方法提取游标中的第 1 行，提取第 1 行后的一行。

解决方案

(1) 编写代码。

```
USE Northwind;
GO
SELECT CategoryID, CategoryName
FROM Categories;
-- 创建游标
DECLARE CategoriesCursor SCROLL CURSOR
FOR
SELECT CategoryID, CategoryName
FROM Categories;
--打开游标
OPEN CategoriesCursor;
-- 提取游标中的最后一行
FETCH LAST FROM CategoriesCursor;
-- 提取紧邻当前行前面的一行
FETCH PRIOR FROM CategoriesCursor;
-- 提取游标中的第 1 行
FETCH ABSOLUTE 1 FROM CategoriesCursor;
-- 提取游标中当前行后面的第 3 行
FETCH RELATIVE 3 FROM CategoriesCursor;
-- 提取游标中当前行前面的第 2 行
FETCH RELATIVE -2 FROM CategoriesCursor;
-- 提取游标中的第 1 行
FETCH FIRST FROM CategoriesCursor;
-- 提取紧邻当前行的下一行
FETCH NEXT FROM CategoriesCursor;
--关闭游标
CLOSE CategoriesCursor;
--删除游标
DEALLOCATE CategoriesCursor;
GO
```

(2) 运行代码，结果如图 15.1 所示。

CategoryID	CategoryName
1	Beverages
2	Condiments
3	Confections
4	Dairy Products
5	Grains/Cereals
6	Meat/Poultry
7	Produce
8	Seafood

CategoryID	CategoryName
8	Seafood

CategoryID	CategoryName
7	Produce

CategoryID	CategoryName
1	Beverages

CategoryID	CategoryName
4	Dairy Products

CategoryID	CategoryName
2	Condiments

CategoryID	CategoryName
1	Beverages

CategoryID	CategoryName
2	Condiments

图 15.1 创建可滚动游标

分析与讨论

(1) 创建游标。

使用 DECLARE CURSOR 语句将 Transact-SQL 游标与 SELECT 语句相关联。另外，DECLARE CURSOR 语句还定义游标的特性，例如游标名称以及游标是只读还是只进。其最简单的格式为：

```
DECLARE CursorName [ SCROLL ] CURSOR
FOR selectStatement
[ FOR { READ ONLY | UPDATE [ OF columnName [ ,...n ] ] } ]
```

其中：

- CursorName：是所定义的 Transact-SQL 服务器游标的名称，必须符合标识符规则。
- SCROLL：SCROLL 关键字指定所创建的游标是可滚动游标。也就是说，对于所创建的游标所有的提取选项(FIRST、LAST、PRIOR、NEXT、RELATIVE、ABSOLUTE)均可用。如果未指定 SCROLL，则所创建的游标是只进游标。也就是说，对于所创建的游标 NEXT 是唯一支持的提取选项。
- selectStatement：是定义游标结果集的标准 SELECT 语句。在游标声明的 selectStatement 中不允许使用关键字 COMPUTE、COMPUTE BY、FOR BROWSE 和 INTO。

例如，解决方案的代码中的第 3 条语句创建了一个名为 CategoriesCursor 的可滚动游标。

(2) 打开游标。

使用 OPEN 语句执行与游标关联的 SELECT 语句并填充游标。示例：

```
OPEN CategoriesCursor;
```

它打开名为 CategoriesCursor 的游标，执行与该游标关联的 SELECT CategoryID，CategoryName FROM Categories 语句并填充游标。

(3) 使用 FETCH 语句提取游标中的单个行。

提取游标中单个行的操作有如下几种：

① FETCH FIRST ：提取游标中的第一行。

② FETCH NEXT ：提取上一个提取行后面的行。

③ FETCH PRIOR ：提取上一个提取行前面的行。

④ FETCH LAST ：提取游标中的最后一行。

⑤ FETCH ABSOLUTE n：如果 n 为正整数，则提取游标中从第 1 行开始的第 n 行。如果 n 为负整数，则提取游标中的倒数第 n 行。如果 n 为 0，则不提取行。

⑥ FETCH RELATIVE n：提取从上一个提取行数起的第 n 行。如果 n 为正数，则提取上一个提取行后面的第 n 行。如果 n 为负数，则提取上一个提取行前面的第 n 行。如果 n 为 0，则再次提取同一行。

示例，见解决方案的代码中的第 5～11 条语句，每条语句的含义见代码中的注释。

注意： Transact-SQL 游标限于一次只能提取一行。

(4) 关闭游标。

使用 CLOSE 语句结束游标的使用。关闭游标可以释放某些资源，例如游标结果集及其对当前行的锁定，但如果重新发出一个 OPEN 语句，则该游标结构仍可用于处理。由于游标仍然存在，此时还不能重新使用该游标的名称。示例：

```
CLOSE CategoriesCursor;
```

它关闭名为 CategoriesCursor 的游标。

(5) 释放游标。

DEALLOCATE 语句则完全释放分配给游标的资源，包括游标名称。释放游标后，必须使用 DECLARE 语句来重新生成游标。示例：

```
DEALLOCATE CategoriesCursor;
```

它释放分配给 CategoriesCursor 游标的资源。

15.3.2 独立实践

创建可滚动游标。

编写一 SQL 程序，该程序完成以下任务。

(1) 使用查询学生_选课表的学号、课程编号和成绩的结果集创建一名称为 MyCursor 的游标。

(2) 提取游标中的最后一行，提取最后一行的前一行。

(3) 提取游标中的第 1 行，提取游标中第 1 行后面的第 3 行。

(4) 提取步骤(3)中游标当前行前面的第 2 行。也就是提取游标中第 1 行后面的第 3 行的前面的第 2 行。

(5) 用另一种方法提取游标中的第 1 行，提取第 1 行后的一行。

15.4 控制 SQL 程序流

SQL Server 提供了选择语句 IF、IF...ELSE、循环语句 WHILE 、跳转语句 BREAK、CONTINUE、RETURN 和 CASE 函数来实现 SQL 程序流控制，以控制程序执行的顺序。

选择语句 IF、IF...ELSE 和 RETURN 语句已经在任务 13 创建存储过程中被详细讨论。

15.4.1 使用 WHILE

一般情况下，真正对游标中的行进行操作是在循环中。在循环中，可以判断行是否是用户所需要的，如果是，就可以进行相应的处理，否则退出循环。循环语句 WHILE 一般和游标结合一起使用。WHILE 语句的一般格式为：

```
WHILE BooleanExpression
BEGIN
嵌入语句;
END
```

WHILE 语句的执行方式如图 15.2 所示：①计算布尔表达式 BooleanExpression；②如果布尔表达式的值为 true，执行嵌入语句，嵌入语句结束执行后，控制将转到 WHILE 语句的开头，再次执行 WHILE 语句；③如果布尔表达式的值为 false，结束 WHILE 语句的执行。

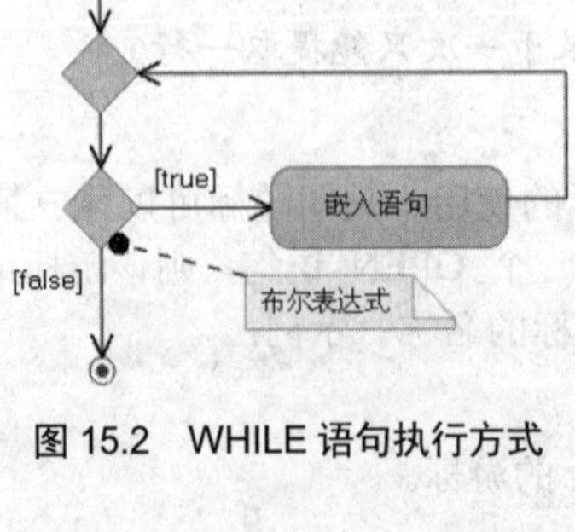

图 15.2 WHILE 语句执行方式

如果嵌入语句只有一条语句，则可以省略 BEGIN 和 END。解决方案中的嵌入语句只有一条语句。

任务 15.2　创建只进游标

问题描述创建与查询类别 ID 和类别名称的结果集相关联的只进游标，并逐行读取游标中的每一行。

解决方案

(1)　编写代码。

```
USE Northwind;
GO
-- 创建只进游标.
DECLARE CategoriesCursor SCROLL CURSOR
FOR
SELECT CategoryID, CategoryName
FROM Categories;
--打开游标
OPEN CategoriesCursor;
--提取下一行
FETCH NEXT FROM CategoriesCursor;
WHILE (@@FETCH_STATUS = 0)
--提取下一行
  FETCH NEXT FROM CategoriesCursor;
--关闭游标
CLOSE CategoriesCursor;
--释放游标
DEALLOCATE CategoriesCursor;
GO
```

(2)　运行代码，结果如图 15.3 所示。

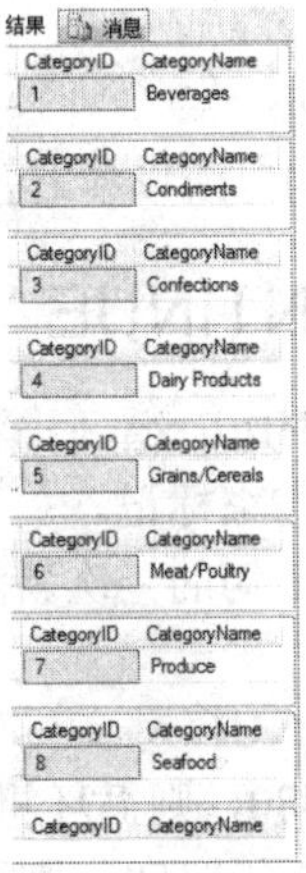

图 15.3　创建只进游标

分析与讨论

(1)　创建只进游标。

如下代码创建 CategoriesCursor 游标时未指定 SCROLL，因此 CategoriesCursor 是只进游标，只能用 FETCH NEXT 提取 CategoriesCursor 游标中的行。

```
DECLARE CategoriesCursor CURSOR
FOR
SELECT CategoryID, CategoryName
FROM Categories;
```

(2)　游标函数。

SQL Server 提供了如表 15.1 所示的游标函数。

表 15.1 游标函数

游标函数	说 明
@@FETCH_STATUS	如果上一条 FETCH 语句成功，则返回 0。 如果上一条 FETCH 语句失败或行不在结果集中，则返回-1。 如果提取的行不存在，则返回-2
@@CURSOR_ROWS	返回打开的上一个游标中行的数目

由于 @@FETCH_STATUS 对于在一个连接上的所有游标都是全局性的，所以要谨慎使用 @@FETCH_STATUS。在执行一条 FETCH 语句后，必须在对另一游标执行另一 FETCH 语句前测试 @@FETCH_STATUS。在此连接上出现任何提取操作之前，@@FETCH_STATUS 的值没有定义。

例如，用户从一个游标执行一条 FETCH 语句，然后调用一个存储过程，此存储过程打开并处理另一个游标的结果。从被调用的存储过程返回控制后，@@FETCH_STATUS 反映的是在存储过程中执行的最后的 FETCH 语句的结果，而不是在存储过程被调用之前的 FETCH 语句的结果。

(3) 使用 WHILE 语句。

执行如下 WHILE 语句时，首先通过@@FETCH_STATUS 的值检查游标中是否还存在行，如果游标中存在行，也就是上一条 FETCH 语句成功，则@@FETCH_STATUS 值为 0，布尔表达式@@FETCH_STATUS = 0 的值为 true，则执行嵌入语句，提取下一行，然后再次执行 WHILE 语句。如果布尔表达式的值为 true，继续循环；如果布尔表达式的值为 false，结束 WHILE 语句的执行。这样，通过 WHILE 语句，顺序提取游标 CategoriesCursor 中的每一行。

```
FETCH NEXT FROM CategoriesCursor;
WHILE (@@FETCH_STATUS = 0)
--提取下一行
   FETCH NEXT FROM CategoriesCursor;
```

解决方案中的嵌入语句只有一条语句，所以省略了 BEGIN 和 END。

15.4.2 使用 BREAK 和 CONTINUE

BREAK 语句可用来退出最近的 WHILE 循环，将执行出现在 END 关键字后面的任何语句，END 关键字为最近的 WHILE 循环结束标记。

CONTINUE 语句开始最近 WHILE 语句的一次新迭代。在 CONTINUE 关键字之后的任何语句都将被忽略。

任务 15.3 使用 BREAK 和 CONTINUE

问题描述 如果产品的最高价格低于 480，则循环将每个产品的价格提高 0.5 倍，然后，选择产品的平均价格，如果产品的平均价格低于 150，则循环重新开始，并再次将产品的价格提高 0.5 倍，直到产品的平均价格大于或等于 150，然后退出循环，在循环过程中，要求打印大于或等于 60 的平均价格。

解决方案

(1) 编写代码。

```
DECLARE @avg money;
WHILE(SELECT MAX(UnitPrice)FROM Products)<480
BEGIN
  UPDATE Products
  SET UnitPrice = UnitPrice * 1.5;
  SET @avg=(SELECT AVG(UnitPrice)FROM Products);
  IF @avg>=150
     BREAK;
  IF @avg<60
     CONTINUE
```

```
    PRINT @avg;
END
```

(2)　运行代码，结果如图 15.4 所示。

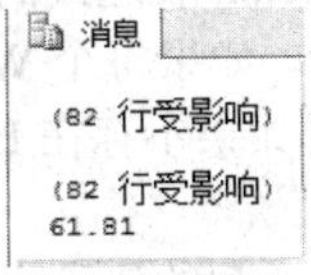

图 15.4　运行结果

分析与讨论

(1)　SELECT 语句可作为 WHILE 语句的条件。

解决方案代码中，WHILE 循环使用 SELECT 语句作为 WHILE 语句的条件。如果将 SELECT 语句用作 WHILE 语句的条件，则 SELECT 语句必须在括号中。

(2)　使用 BREAK 语句。

解决方案代码中，当@avg 值大于或等于 150 时，执行 BREAK 语句，结束 WHILE 循环。BREAK 语句是由一个 IF 测试激活的。

(3)　使用 CONTINUE 语句。

解决方案代码中，当@avg 值小于 60 时，执行 CONTINUE 语句，结束本次循环。重新开始新一次 WHILE 循环。CONTINUE 后的 PRINT 语句不会执行。如果@avg 值大于或等于 60 时，则会执行 PRINT 语句。

CONTINUE 语句是由一个 IF 测试激活的。

(4)　BREAK 与 CONTINUE 的比较。

在 WHILE 循环语句的嵌入语句内，BREAK 语句可用于将控制转到循环语句的结束点，从而结束嵌入语句的迭代，结束循环语句的执行。而 CONTINUE 语句可用于将控制转到嵌入语句的结束点，从而执行循环语句的另一次迭代，它只是结束本次循环，而不是终止整个循环的执行。

15.4.3　使用 CASE

和其他语句不同，SQL Server 中 CASE 是一个函数，它有返回值。有两种方法使用 CASE，即用输入表达式或布尔表达式。使用输入表达式的 CASE 函数称为简单 CASE 函数，使用布尔表达式的 CASE 函数称为搜索 CASE 函数。

1. 使用简单 CASE 函数

简单 CASE 函数将某个表达式与一组简单表达式进行比较以确定结果。其一般格式为：

```
CASE inputExpression
   WHEN whenExpression1 THEN resultExpression1
   WHEN whenExpression2 THEN resultExpression2
   [ ...n ]

   [ ELSE elseResultExpression ]
END
```

其中参数：

inputExpression 是使用简单 CASE 函数时所计算的表达式。

whenExpression1、whenExpression2、…、whenExpressionn 分别是要与 inputExpression 进行比较的简单表达式。

简单 CASE 函数的执行过程为：首先计算输入表达式 inputExpression 的值，然后按指定顺序将 inputExpression 表达式的值与每个 WHEN 子句中指定的 whenExpression 的值相比较。如果

inputExpression 的值与某个 WHEN 子句中指定的 whenExpression 的值相等，则返回与该 WHEN 子句配对的 THEN 指定的 resultExpression 表达式的值。如果每个 WHEN 子句中指定的 whenExpression 的值都不等于 inputExpression 表达式的值，且如果存在一个 ELSE 子句，则返回 ELSE 子句后的 elseResultExpression 的值。如果每个 WHEN 子句中指定的 whenExpression 的值都不等于 inputExpression 表达式的值，且如果不存在 ELSE 子句，则返回 NULL。

任务 15.4 查询产品是否停销

问题描述 查询产品表，将 Discontinued 列的值输出为'正在销售'或'停销'或'未知'。

解决方案

(1) 编写代码。

```
USE Northwind;
GO
SELECT top(10)  ProductName,
     (CASE Discontinued
        WHEN 1 THEN '正在销售'
        WHEN 0 THEN '停销'
        ELSE '未知'
     END) AS Discontinued,
  UnitsInStock
FROM Products
GO
```

(2) 运行代码，如果如图 15.5 所示。

ProductName	Discontinued	UnitsInStock
Chai	停销	39
Chang	停销	17
Aniseed Syrup	停销	13
Chef Anton's Cajun Seasoning	停销	53
Chef Anton's Gumbo Mix	正在销售	0
Grandma's Boysenberry Spread	停销	120
Uncle Bob's Organic Dried Pears	停销	15
Northwoods Cranberry Sauce	停销	6
Mishi Kobe Niku	正在销售	29
Ikura	停销	31

图 15.5 运行结果

分析与讨论

(1) 使用输入表达式的 CASE 函数。

在以上 SELECT 语句中，CASE 函数首先计算 Discontinued 列的值。

如果 Discontinued 的值为 1，则返回'正在销售'。

如果 Discontinued 的值为 0，则返回'停销'。

如果 Discontinued 的值既不为 1 也不为 0，则返回'未知'。

使用输入表达式的 CASE 函数与 Java、C#中的 SWITCH 语句类似，但必须注意 CASE 函数有返回值。

(2) CASE 函数允许按列值显示可选值。数据的更改是临时的，没有对数据进行永久更改。例如，CASE 函数可以在查询结果集中将 Discontinued 列的值为 1 的行显示为 '正在销售'，将 Discontinued 列的值为 0 的行显示为'停销'，实际上并没有修改 Products 表的 Discontinued 列的值。只是在显示数据时，使用返回的值替换原来的值。

2. 使用搜索 CASE 函数

CASE 搜索函数计算一组布尔表达式以确定结果。其一般格式为：

```
CASE
   WHEN BooleanExpression THEN resultExpression
   [ ...n ]
   [ ELSE elseResultExpression ]
END
```

其中参数：

- BooleanExpression 是使用 CASE 搜索格式时所计算的布尔表达式。
- resultExpression 是 BooleanExpression 计算结果为 TRUE 时 CASE 函数返回的表达式。
- ElseResultExpression 是 BooleanExpression 计算结果为 FALSE 时 CASE 函数返回的表达式。

CASE 搜索函数的执行过程为：

按指定顺序对每个 WHEN 子句的 BooleanExpression 进行计算。

返回 BooleanExpression 的第一个计算结果为 TRUE 的 resultExpression。

如果所有 BooleanExpression 计算结果都不为 TRUE，则在有 ELSE 子句的情况下将返回 elseResultExpression；若没有指定 ELSE 子句，则返回 NULL 值。

任务 15.5　计算雇员佣金

问题描述 公司销售员的工资包括基本工资和销售提成。销售提成根据表 15.2 给出的方式计算。

表 15.2　销售提成计算

销售额(元)	提　成
65 000~100 000	销售额的 5%
100 000~200 000	销售额的 10%
≥200 000	销售额的 15%

编写程序计算销售员的提成。

解决方案

(1)　创建视图 EmployeesSaleAmount 查询每个雇员的总销售额。

```
CREATE VIEW EmployeesSaleAmount
AS
SELECT Employees.EmployeeID, SUM("Order Subtotals".Subtotal) AS SaleAmount
FROM Employees INNER JOIN
     (Orders   INNER   JOIN   "Order   Subtotals"   ON   Orders.OrderID   =   "Order
Subtotals".OrderID)
     ON Employees.EmployeeID = Orders.EmployeeID
GROUP BY Employees.EmployeeID;
GO
```

(2)　使用视图 EmployeesSaleAmount 查询每个雇员的总销售额和佣金。

```
SELECT Employees.EmployeeID,(FirstName+','+LastName)AS FullName,SaleAmount,
  CASE
   WHEN SaleAmount>=65000 AND SaleAmount<100000 THEN SaleAmount*0.05
   WHEN SaleAmount>=100000 AND SaleAmount<200000 THEN  SaleAmount*0.1
   WHEN SaleAmount>=200000 THEN  SaleAmount*1.5
   ELSE 0
  END AS Commission
FROM Employees INNER JOIN EmployeesSaleAmount
ON Employees.EmployeeID = EmployeesSaleAmount.EmployeeID;
GO
```

(3) 运行代码，结果如图 15.6 所示。

EmployeeID	FullName	SaleAmount	Commission
1	Nancy,Davolio	188117.90	18811.790000
2	Andrew,Fuller	159438.75	15943.875000
3	Janet,Leverling	197420.76	19742.076000
4	Margaret,Peacock	224326.45	336489.675000
5	Steven,Buchanan	64267.54	0.000000
6	Michael,Suyama	73913.14	3695.657000
7	Robert,King	121582.33	12158.233000
8	Laura,Callahan	124473.54	12447.354000
9	Anne,Dodsworth	73077.77	3653.888500

图 15.6　运行结果

分析与讨论

(1)　使用布尔表达式的 CASE 函数。

在以上第 2 个 SELECT 语句中，CASE 函数按指定顺序对每个 WHEN 子句的布尔表达式进行计算。

如果 SaleAmount>=65 000 AND SaleAmount<100 000 值为 TRUE，则返回 SaleAmount*0.05 表达式的值。

如果 SaleAmount>=100 000 AND SaleAmount<200 000 值为 TRUE，则返回 SaleAmount*0.1 表达式的值。

如果 SaleAmount>=200 000 的值为 TRUE，则返回 SaleAmount*1.5 表达式的值。

如果所有 WHEN 子句的布尔表达式都不为 TRUE，则返回 0。

(2) 使用布尔表达式的 CASE 函数与 Java、C#中的 if...else if 语句类似，但 CASE 函数有返回值。

15.4.4 独立实践

1. 使用 WHILE

创建与查询选修了“C#面向对象程序设计”课程的学生的学号、姓名、成绩的结果集相关联的只进游标，并逐行读取游标中的每一行。

2. 使用 BREAK 和 CONTINUE

如果“C#面向对象程序设计”课程的最高成绩低于 75 分，则循环将每个学生的成绩提高 0.2 倍，然后选择“C#面向对象程序设计”课程的平均成绩，如果平均成绩低于 60 分，则循环重新开始，并再次将学生的成绩提高 0.2 倍，直到课程的平均成绩高于或等于 70 分，然后退出循环，在循环过程中，要求打印高于或等于 60 分的平均成绩。

3. 使用 CASE

如果“学生”表的“性别”列的数据类型为 bit，查询学生表，使用 CASE 语句，根据性别值输出“男”或“女”(要求使用两种方法，在这两种方法中使用 CASE 的不同格式)。

15.5 创建更新游标

在创建游标时，通过指定 FOR UPDATE 关键字创建可更新游标，创建可更新游标的一般格式为：

```
DECLARE cursorName [ SCROLL ] CURSOR
  FOR selectStatement
  FOR UPDATE [OF columnName [,...n]]
```

如果指定了 OF columnName [,...n]，则只允许修改所列出的列(columnName 为列名)。如果指定了 UPDATE，但未指定列的列表，则可以更新所有列。

利用可更新游标可以实现对数据表中的数据进行更新，包括修改数据和删除数据。

任务 15.6 更新随机选择的行

问题描述 在订单明细表中，随机选择两条记录，将这两条记录的订单的产品折扣修改为 0.3。

解决方案

(1) 编写代码。

```
DECLARE @counter smallint, @n smallint,@randomNumber smallint;
SET @counter=1;
DECLARE OrderDetailsCursor SCROLL  CURSOR
    FOR
    SELECT * FROM [Order Details]
    FOR UPDATE OF  UnitPrice,Discount ;
OPEN OrderDetailsCursor;
```

```
SET @n=(SELECT COUNT(*) FROM [Order Details]);
--FETCH NEXT FROM OrderDetailsCursor ;
WHILE @counter <= 2
BEGIN
  SELECT @randomNumber=FLOOR(RAND()*(@n-1))+1 ;
  FETCH ABSOLUTE @randomNumber FROM OrderDetailsCursor ;
  UPDATE [Order Details]
  SET Discount =0.3
  WHERE CURRENT OF OrderDetailsCursor;
  SET @counter = @counter + 1;
END;
CLOSE OrderDetailsCursor;
DEALLOCATE OrderDetailsCursor;
```

(2) 运行代码，结果如图 15.7 所示。

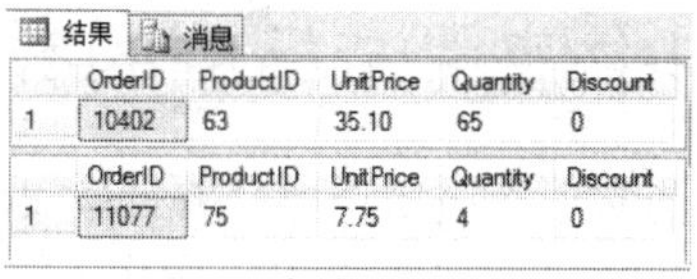

结果 消息

	OrderID	ProductID	UnitPrice	Quantity	Discount
1	10402	63	35.10	65	0

	OrderID	ProductID	UnitPrice	Quantity	Discount
1	11077	75	7.75	4	0

(a)

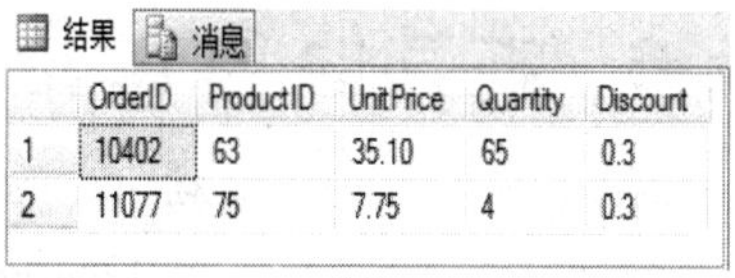

结果 消息

	OrderID	ProductID	UnitPrice	Quantity	Discount
1	10402	63	35.10	65	0.3
2	11077	75	7.75	4	0.3

(b)

图 15.7 更新前后

分析与讨论

(1) 更新游标数据。

可更新游标支持通过游标更新行的数据修改语句。当定位在可更新游标中的某行上时，可以执行更新或删除操作，这些操作是针对用于在游标中生成当前行的基表行的，称之为“定位更新”。

在游标中执行定位更新的步骤：

① 使用 DECLARE 创建可更新游标。

示例：

```
DECLARE OrderDetailsCursor SCROLL  CURSOR
    FOR
    SELECT * FROM [Order Details]
    FOR UPDATE OF UnitPrice,Discount ;
OPEN OrderDetailsCursor;
```

② 使用 OPEN 打开游标。

示例：

```
OPEN OrderDetailsCursor;
```

③ 使用 FETCH 语句定位到游标中的某一行。

示例：

```
FETCH ABSOLUTE @randomNumber FROM OrderDetailsCursor ;
```

④ 用 WHERE CURRENT OF 子句执行 UPDATE 或 DELETE 语句。使用 DECLARE 语句中的 cursorName 作为 WHERE CURRENT OF 子句中的 cursorName。

示例：

```
UPDATE [Order Details]
SET Discount =0.3
WHERE CURRENT OF OrderDetailsCursor;
```

⑤ 使用 CLOSE 关闭游标。

⑥ 使用 DEALLOCATE 释放游标。

其中，@randomNumber 值为 1 至[Order Details]表行数@n 之间的一个随机整数。

(2) 使用 WHILE 循环。

解决方案代码中，WHILE 循环执行 2 次，每次循环都产生一个随机整数，将这随机整数赋给@randomNumber 变量，然后使用 FETCH 语句定位到游标中的第@randomNumber 行，接着使用 WHERE CURRENT OF 子句执行 UPDATE 语句，修改游标中第@randomNumber 行的 Discount 列的值。

执行如下查询，可得到和图 15.7(b)类似的结果，比较图 15.7(a)，就知道[Order Details]表中有两行的 Discount 列的值修改为 0.3 了。图 15.7(a)是从游标中随机提取的两行，图 15.7(b)是执行更新提取的游标行后的结果。

```
SELECT * FROM [Order Details]
WHERE Discount =0.3
```

15.6 在其他 SQL 语句中使用游标中的数据

SELECT 查询结果集只能用于将结果集发送回客户端应用程序。查询结果集中的数据对批处理、存储过程或触发器中的任何其他 Transact-SQL 语句或变量都不可用。例如，以存储过程或触发器中的以下语句为例：

```
SELECT CustomerID
FROM Customers;
```

该语句生成一个查询结果集，其中包含 Customers 表中所有类别 ID，该结果集被 SQL Server 直接发送给客户端。存储过程或触发器中的所有其他 Transact-SQL 语句或变量都不能引用此类别 ID 列表。若要使此结果集中的数据能够被其他 Transact-SQL 语句使用，必须将数据放在 Transact-SQL 服务器游标中：

```
DECLARE CustomersCursor SCROLL CURSOR
FOR
SELECT CustomerID
FROM Customers;
```

任务 15.7 使用游标中的数据进行查询

问题描述为了答谢客户，给客户提供优惠，公司决定随机选取 3 个客户，将该客户订购的产品的价格降低 20%。

解决方案

编写代码。

```
CREATE Procedure UpdateUnitPrice
(
    @n smallint
)
AS
DECLARE @counter smallint, @RandomNumber smallint,@CustomerID nchar(5);
SET @counter=1;
DECLARE CustomersCursor SCROLL CURSOR
FOR
SELECT CustomerID
FROM Customers;
OPEN CustomersCursor;
WHILE @counter <= @n
   BEGIN
      SELECT @RandomNumber=
          FLOOR(RAND()*((SELECT COUNT(*) FROM Customers)-1)+1) ;
      FETCH ABSOLUTE @RandomNumber FROM CustomersCursor INTO @CustomerID;
      UPDATE [Order Details]
      SET UnitPrice=UnitPrice*0.8
      WHERE [Order Details].OrderID IN(SELECT [Order Details].OrderID
         FROM Orders INNER JOIN Customers
          ON Orders.CustomerID=Customers.CustomerID
         INNER JOIN [Order Details] ON [Order Details].OrderID=Orders.OrderID
         WHERE Customers.CustomerID=@CustomerID);
      SET @counter = @counter + 1
   END;
CLOSE CustomersCursor;
```

```
DEALLOCATE CustomersCursor;
GO
```

分析与讨论

(1)　将游标提取操作的列数据放到局部变量中。

如果要将游标提取操作的列数据放到局部变量中，则在使用 FETCH 语句时必须带 INTO 子句，其一般格式为：

```
FETCH [ NEXT | PRIOR | FIRST | LAST
          | ABSOLUTE { n | @nvar }
          | RELATIVE { n | @nvar }  ]
 FROM cursorName
[ INTO @variable_name [ ,...n ] ]
```

其中：

INTO @variable_Name[,...n] ：允许将提取操作的列数据放到局部变量@variableName(变量名)中。列表中的各个变量从左到右与游标结果集中的相应列相关联。

注意： 各变量的数据类型必须与相应的结果集列的数据类型匹配，或是结果集列数据类型所支持的隐式转换。变量的数目必须与游标选择列表中的列数一致。

示例：

```
FETCH ABSOLUTE @RandomNumber FROM CustomersCursor INTO @CustomerID;
```

该语句将游标 CustomersCursor 第@RandomNumber 行中的 CustomerID 列的值存储于局部变量@CustomerID 中。这样，其他 SQL 语句就可以使用变量@CustomerID 的值了。

例如，解决方案代码中的子查询使用@CustomerID 的值查找客户 ID 值为@CustomerID 指定值的客户的订单号 OrderID，然后使用 UPDATE 更新这些订单订购的产品的 UnitPrice 值。

(2)　存储过程 UpdateUnitPrice 随机选取@n 个客户，将这些客户订购的产品的价格降低 20%。其算法如下：

①　声明变量@counter，@RandomNumber ，@CustomerID。

@counter 变量是循环控制变量，初始值为 1。

@RandomNumber 用于存储 1 至 SELECT COUNT(*) FROM Customers 值之间的一个随机整数。也就是存储 Customers 表的一个行号。

@CustomerID 用于存储游标中 CustomerID 列的值。

②　创建与查询客户 ID 的结果集相关联的滚动游标 CustomersCursor。

③　OPEN CustomersCursor 游标。

④　编写 WHILE 循环，该循环执行@n 次。

```
WHILE @counter <= @n
   BEGIN
     随机取 Customers 表的一个行号，将其赋给@RandomNumber 变量；
     提取 CustomersCursor 游标中第@RandomNumber 行的 CustomerID 列的值，将该值赋给@CustomerID
变量;
     UPDATE 订单明细表中@CustomerID 指定的客户所下的订单订购的产品的 UnitPrice 值，使 UnitPrice
为原来值的 0.8 倍;
     SET @counter = @counter + 1;
   END;
```

⑤　关闭 CustomersCursor 游标。

⑥　释放 CustomersCursor 游标。

(3)　比较如下两个 FETCH 语句的不同。

第一条语句的输出存储于局部变量而不是直接返回到客户端。第二条语句的输出直接返回到客户端。

```
FETCH ABSOLUTE @RandomNumber FROM CustomersCursor INTO @CustomerID;
FETCH ABSOLUTE @randomNumber FROM OrderDetailsCursor ;
```

15.7 独立实践

创建与查询“学生_课程”表相关联的可更新游标，使用该游标，将成绩小于 95 的学生成绩的值增加 5。

任务 16　创建事务与锁

16.1　场 景 引 入

问题： 将账户 10001 上的金额 2000 元转到账户 10002 上。银行账户存储于如下结构的表中。

```
CREATE TABLE Accounts
(
  AccountID varchar (20) NOT NULL PRIMARY KEY,    --账号
  UserName  varchar (20) NOT NULL,                --用户名
  Balance   money  NULL,                          --余额
  Address   varchar(100) NULL                     --地址
)
```

Accounts 表中的数据如图 16.1 所示。

SHAOPM-PC.myData - dbo.Accounts

AccountID	UserName	Balance	Address
10001	王飞	30000.0000	广州市中山路126号
10002	李强	50000.0000	广州岗顶102号
10003	张浩翰	25000.0000	广州天河138号

图 16.1　Accounts 表数据

下面的代码是对转账操作的一个简化模拟：

```
UPDATE Accounts
SET Balance=Balance-2000
WHERE AccountID='10001';

UPDATE Accounts
SET Balance=Balance+2000
WHERE AccountID='10002';
```

如果转账程序在刚好执行完第一条语句时出现硬件故障，并由此导致程序中断执行，那么数据库就处于这样一种状态：账号 10001 中已被扣除 2000 元，而账号 10002 中并没有增加 2000 元，如图 16.2 所示。这种状态在实际应用中是绝不允许的。

SHAOPM-PC.myData - dbo.Accounts

AccountID	UserName	Balance	Address
10001	王飞	28000.0000	广州市中山路126号
10002	李强	50000.0000	广州岗顶102号
10003	张浩翰	25000.0000	广州天河138号

图 16.2　转账时出现故障

请提出此问题的解决方案。

要解决上面问题，需要一种方法确保如果第一条语句执行，则第二条语句也会执行。实际上并不存在这样一种确保的方法。因为从硬件故障到违反数据库完整性规则的约束，都可能使语句不会被执行。然而，有一种方法可以达到这样的目的：如果某件事情没有发生，那么什么也不会发生。事务就可以做到这一点。

如果将转账的一系列操作放到一个事务中就可以解决上面的问题，下面通过完成一系列子任务来理解事务和使用事务解决问题。

16.2 理解事务

事务是作为单个工作单元执行的一系列操作。如果某一事务成功，则在该事务中进行的所有数据修改均会提交，成为数据库中的永久组成部分。如果由于某种原因事务中的操作突然被中断，则在该事务中进行的所有数据修改均会被取消或回滚。也就是说，事务进行的一系列操作，要么全都执行，要么全都不执行。

要使用事务，需要明确事务的边界，也就是需要明确事务的起始点和结束点。

事实上，SQL Server 中的每一条语句组成一个事务，要么执行语句中所有内容，要么什么都不执行，也就是说，一条语句要么成功被执行，要么没有被执行。

如果组成事务的语句不止一条，那该怎么办呢？在这种情况下，需要一种方法来标记事务的起始点和结束点。在 SQL Server 中，使用如下方法标记事务的起始点和结束点。

- BEGIN TRANSACTION：设置事务的起始点。
- COMMIT TRANSACTION：结束事务。
- ROLLBACK TRANSACTION：结束事务。

COMMIT TRANSACTION 和 COMMIT TRANSACTION 都是结束一个事务。但这两种方法有本质的区别。当执行到 COMMIT TRANSACTION 时，会将组成事务的语句的执行结果保存到数据库中，并结束事务。当执行到 ROLLBACK TRANSACTION 时，数据库返回到事务开始时的初始状态，并结束事务。

16.3 使用 BEGIN 和 COMMIT

任务 16.1 创建事务

问题描述 编写程序，向订单明细表中添加一个订单项——订购 1 号产品 7 个，同时，1 号产品的库存量减少 7。

分析与设计：向订单明细表中添加一个订单项操作和将相应产品的库存量减少相应值的操作(如下的两条语句)要么都成功执行，要么都不执行，只有这样，数据库中的数据才是正确的，否则，数据库中的数据将不一致，数据库将存储一个和现实不同的错误值。因此，必须要将这两个操作放到一个事务中。这样，才能够保证数据库中数据的一致性和正确性。

```
INSERT INTO [Order Details] VALUES(10248,2,15.2,7,0);
UPDATE Products
SET UnitsInStock=UnitsInStock-7
WHERE ProductID=2;
```

解决方案

(1) 禁用任务 14 中为[Order Details]表创建的触发器 TRG_OrderDetails 和 intrig。

```
USE Northwind;
GO
IF OBJECT_ID(N'TRG_OrderDetails_PROD',N'TR') IS NOT NULL
   DISABLE TRIGGER TRG_OrderDetails_PROD ON [Order Details];
IF OBJECT_ID(N'intrig',N'TR') IS NOT NULL
   DISABLE TRIGGER intrig ON [Order Details];
```

(2) 查询 ProductID 值为 2 的产品的库存量。

```
--SELECT 语句为测试代码，用来查看 UnitsInStock 列修改之前的值
SELECT ProductID,ProductName,UnitsInStock
FROM Products
WHERE ProductID=2;
GO
```

(3)　创建事务，记录订单项，修改库存量。

```
BEGIN TRANSACTION
INSERT INTO [Order Details] VALUES(10248,2,15.2,7,0);
UPDATE Products
SET UnitsInStock=UnitsInStock-7
WHERE ProductID=2;
COMMIT TRANSACTION
GO
```

(4)　编写测试代码，查看添加的订单项和 ProductID 值为 2 的产品的库存量。

```
SELECT *
FROM [Order Details]
WHERE OrderID=10248 AND ProductID=2;
GO
SELECT ProductID,ProductName,UnitsInStock
FROM Products
WHERE ProductID=2;
GO
```

(5)　运行代码，结果如图 16.3 所示。

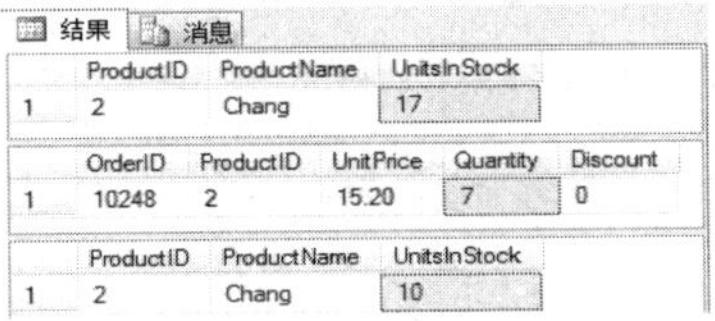

	ProductID	ProductName	UnitsInStock
1	2	Chang	17

	OrderID	ProductID	UnitPrice	Quantity	Discount
1	10248	2	15.20	7	0

	ProductID	ProductName	UnitsInStock
1	2	Chang	10

图 16.3　运行结果

分析与讨论

(1)　标记事务的开始。

BEGIN TRANSACTION：表示事务的开始点，也就是表示一个单元的开始点。如果由于某种原因，不能或不想提交事务，那么该事务修改的所有数据都将返回到事务开始时的状态。也就是说，就数据库而言，它会忽略这个开始点之后的最终没有提交的所有语句。

(2)　提交并结束事务。

COMMIT TRANSACTION：标志一个成功的事务的结束。如果没有遇到错误，可使用该语句成功地结束事务。该事务中的所有数据修改在数据库中都将永久有效。事务占用的资源将被释放。

(3)　事务处理过程中的错误。

事务进行的一系列操作，要么全都执行，要么全都不执行。如果某个错误使事务无法成功完成，SQL Server 会自动回滚该事务，到事务起始时的状态，并释放该事务占用的所有资源。

发生使事务操作中断的原因，可能是断电、磁盘故障、网络中断、计算机崩溃或重新启动或客户端应用程序失败等。

例如，如果客户端与数据库引擎实例的网络连接中断了，那么当网络向实例通知该中断后，该连接的所有未完成事务均会被回滚。如果客户端应用程序失败或客户端计算机崩溃或重新启动，也会中断连接，而且当网络向数据库引擎实例通知该中断后，该实例会回滚所有未完成的事务。如果客户端从该应用程序注销，所有未完成的事务也会被回滚。

有时候，使事务中的语句没有被成功执行的错误并非上述诸如硬件或网络中断造成的，而是由 SQL 程序运行时发生的语句错误(如违反约束)造成的。如果在一个事务中，既有成功执行的 SQL 语句，也有因为出现运行时错误(如违反约束)而导致 SQL 语句执行失败，那么，该事务会自动回滚吗？一般来说，如果 SQL 程序出现运行时错误(如违反约束)，那么数据库引擎中的默认行为是只回滚产生该错误的语句，而不会回滚整个事务。如果希望任何运行时语句错误都将导致自动回滚整个当前事务，则需要使用 SET XACT_ABORT 语句，在执行 SET

XACT_ABORT ON 语句后，任何运行时语句错误都将导致自动回滚当前事务。

例如，运行如下代码，其结果如图 16.4 所示。

```
USE Northwind;
GO
DELETE [Order Details]
WHERE OrderID=10248 AND ProductID=2;
GO
SELECT ProductID,ProductName,UnitsInStock
FROM Products
WHERE ProductID=2;
GO
BEGIN TRANSACTION
INSERT INTO [Order Details] VALUES(10248,2,15.2,27,0);
UPDATE Products
SET UnitsInStock=UnitsInStock-27
WHERE ProductID=2;
COMMIT TRANSACTION
GO
SELECT *
FROM [Order Details]
WHERE OrderID=10248 AND ProductID=2;
GO
SELECT ProductID,ProductName,UnitsInStock
FROM Products
WHERE ProductID=2;
GO
```

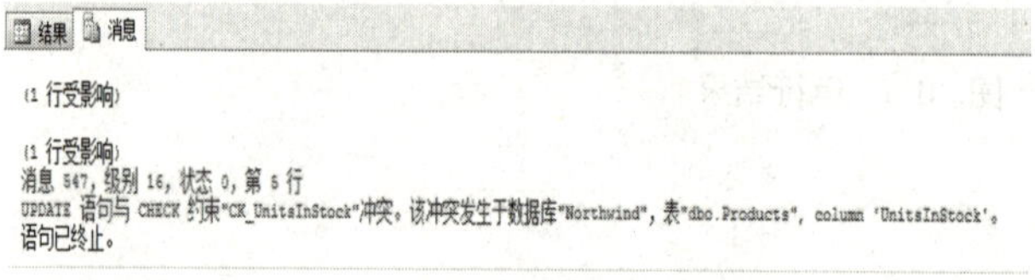

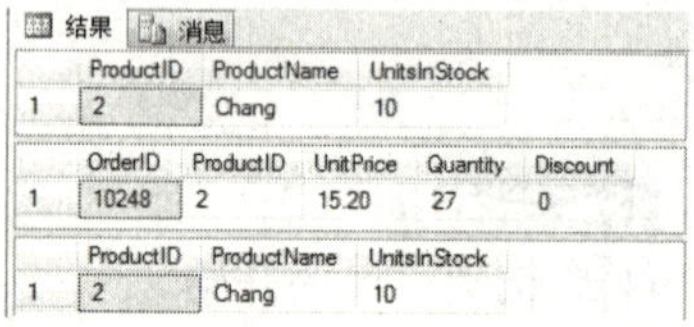

图 16.4　运行结果

由运行结果可知，事务中的 INSERT INTO 语句执行成功了，但事务中的 UPDATE 语句没有被执行。这是因为执行 UPDATE 语句时，发生了运行时错误(违反了 UnitsInStock 列的 CHECK 约束)，事务只回滚产生该错误的 UPDATE 语句，而不会回滚整个事务。

可以使用 SET XACT_ABORT 语句更改此行为。在执行 SET XACT_ABORT ON 语句后，任何运行时语句错误都将导致自动回滚当前事务。例如，运行如下代码，其结果如图 16.5 所示。

```
USE Northwind;
GO
DELETE [Order Details]
WHERE OrderID=10248 AND ProductID=2;
GO
SELECT ProductID,ProductName,UnitsInStock
FROM Products
WHERE ProductID=2;
GO
SET XACT_ABORT ON
GO
BEGIN TRANSACTION
INSERT INTO [Order Details] VALUES(10248,2,15.2,27,0);
UPDATE Products
SET UnitsInStock=UnitsInStock-27
WHERE ProductID=2;
COMMIT TRANSACTION
GO
SELECT *
FROM [Order Details]
WHERE OrderID=10248 AND ProductID=2;
GO
SELECT ProductID,ProductName,UnitsInStock
FROM Products
WHERE ProductID=2;
GO
```

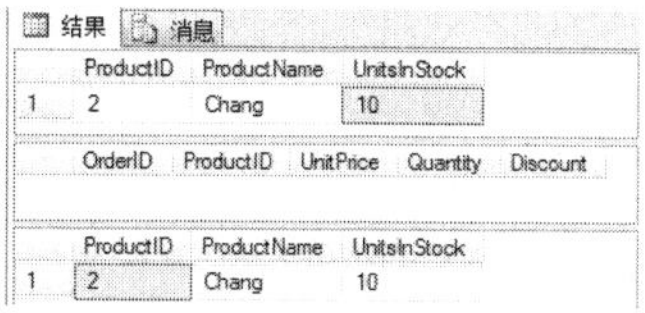

	ProductID	ProductName	UnitsInStock
1	2	Chang	10

OrderID	ProductID	UnitPrice	Quantity	Discount

	ProductID	ProductName	UnitsInStock
1	2	Chang	10

图 16.5 运行结果

由于将 XACT_ABORT 设置为 ON，当事务执行到 UPDATE 语句时，发生运行时错误(违反了 UnitsInStock 列的 CHECK 约束)，事务将回滚到事务的初始状态，事务中的所有语句全都不执行。因此，新的订单项(10248,2,15.2,27,0)没有被插入到[Order Details]表中。运行结果就证明了这一点。

注意： 编译错误(如语法错误)不受 SET XACT_ABORT 的影响。

16.4 使用 ROLLBACK TRANSACTION

ROLLBACK TRANSACTION 用来清除遇到错误的事务。该事务修改的所有数据都返回到事务开始时的状态。事务占用的资源将被释放。

任务 16.2 撤销事务的所有语句和过程

问题描述 对[Order Details]表插入几条记录以记录订单项，如果插入的记录中有的产品已被终止，则撤销插入的所有记录。

分析与设计：根据问题描述，在拒绝或接受每个插入记录时将其作为一个整体。如果某些插入记录不可接受就回滚所有的插入记录。因此，将所有插入记录的操作放到一个事务中，同时，在该事务中检查产品表中插入的产品 ID 值指定的产品的 Discontinued 列值是否为 1，如果是为 1 或者插入的产品 ID 值指定的产品在产品表中根本不存在，就回滚所有的插入操作。

解决方案

(1) 禁用任务 14 中为[Order Details]表创建的触发器 OrderDetailNotDiscontinued 和 conditionalIandU。

```
USE Northwind;
GO
IF OBJECT_ID(N'OrderDetailNotDiscontinued',N'TR') IS NOT NULL
   DISABLE TRIGGER OrderDetailNotDiscontinued ON [Order Details];
IF OBJECT_ID(N'conditionalIandU',N'TR') IS NOT NULL
   DISABLE TRIGGER conditionalIandU ON [Order Details];
```

(2) 创建事务。

```
BEGIN TRANSACTION
INSERT INTO [Order Details] VALUES(10248,3,8,1,0);
INSERT INTO [Order Details] VALUES(10248,4,22,1,0);
INSERT INTO [Order Details] VALUES(10248,5,17,1,0);
INSERT INTO [Order Details] VALUES(10248,6,25,1,0);
IF EXISTS
(
SELECT *
FROM  Products
WHERE Discontinued = 1 AND ProductID IN (3,4,5,6)
)
  ROLLBACK TRAN;
ELSE
  COMMIT TRANSACTION;
GO
```

(3) 编写测试代码，查看事务中的 INSERT INTO 语句的执行情况以及订购的产品是否被终止。

```
SELECT *
FROM [Order Details]
WHERE OrderID=10248 AND ProductID IN (3,4,5,6);
```

```
GO
SELECT ProductID,Discontinued
FROM  Products
WHERE ProductID IN(3,4,5,6);
GO
```

(4) 运行代码，结果如图 16.6 所示。

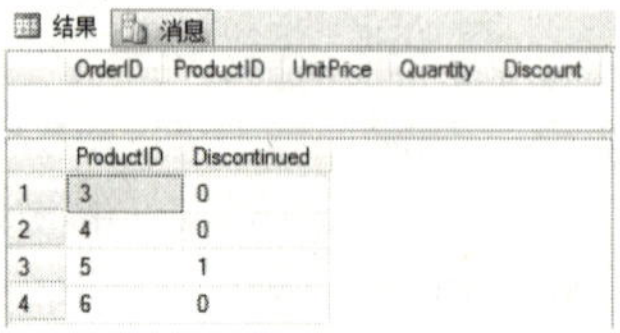

图 16.6 运行结果

分析与讨论

(1) 将事务回滚到事务的起始点或事务内的某个保存点。

如果事务中出现错误，或用户决定取消事务，可使用 ROLLBACK 语句回滚该事务。ROLLBACK 语句通过将数据返回到它在事务开始时所处的状态，来取消事务中的所有修改。ROLLBACK 还释放事务占用的资源。

例如，根据问题的描述，如下插入语句是不可以接受的：

```
INSERT INTO [Order Details] VALUES(10248,5,17,1,0);
```

这是因为产品编号为 5 的产品已经被终止(Discontinued 为 1)。因此，表达式

```
EXISTS (
SELECT *
FROM  Products
WHERE Discontinued = 1 AND ProductID IN (3,4,5,6)
)
```

的值为 TRUE，则执行 ROLLBACK TRAN 语句，回滚事务，将数据返回到事务开始时所处的状态，来取消事务中的所有修改。这样，其他的插入语句的执行也被取消了，尽管这些插入语句插入的产品未被终止。

(2) 上述示例在拒绝或接受每个数据修改事务时将其作为一个整体。如果某些数据修改不可接受就回滚所有的数据修改。

16.5 使用 SAVE TRANSACTION

SAVE TRANSACTION 语句创建保存点，保存点提供了一种机制，用于回滚部分事务。然后执行 ROLLBACK TRANSACTION 语句以回滚到保存点，而不是回滚到事务的起点。

任务 16.3 回滚部分事务

问题描述 对[Order Details]表插入几条记录以记录订单项，如果插入的记录中有的产品已被终止，则撤销插入的第一条记录之后的所有记录。

解决方案

(1) 编写代码。

```
USE Northwind;
GO
BEGIN TRANSACTION myTransaction;
INSERT INTO [Order Details] VALUES(10248,3,8,1,0);
SAVE TRANSACTION mySAVE;
INSERT INTO [Order Details] VALUES(10248,4,22,1,0);
INSERT INTO [Order Details] VALUES(10248,5,17,1,0);
IF EXISTS
(
SELECT *
```

```
FROM  Products
WHERE Discontinued = 1 AND ProductID IN (3,4,5,6)
)
  ROLLBACK TRANSACTION mySAVE;
INSERT INTO [Order Details] VALUES(10248,6,25,1,0);
COMMIT TRANSACTION myTransaction;
GO
SELECT *
FROM [Order Details]
WHERE OrderID=10248 AND ProductID IN (3,4,5,6);
GO
SELECT ProductID,Discontinued
FROM  Products
WHERE ProductID IN(3,4,5,6);
GO
```

(2)　运行代码，结果如图 16.7 所示。

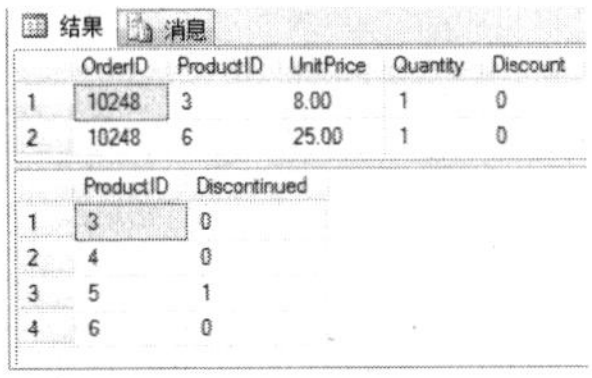
结果　消息

	OrderID	ProductID	UnitPrice	Quantity	Discount
1	10248	3	8.00	1	0
2	10248	6	25.00	1	0

	ProductID	Discontinued
1	3	0
2	4	0
3	5	1
4	6	0

图 16.7　运行结果

分析与讨论

(1)　创建保存点。

用户可以在事务内使用 SAVE TRANSACTION 创建保存点。创建保存点的一般格式为：

```
SAVE TRANSACTION  savepointName
```

其中：

savepointName 为用户给保存点指定的名称，也可以是包含保存点名称的用户定义变量的名称，但必须用 char、varchar、nchar 或 nvarchar 数据类型声明该变量。

在 SAVE TRANSACTION 语句中必须指定保存点名称。

示例：

```
SAVE TRANSACTION mySAVE;
```

(2)　给事务指定名称。

与 SAVE TRANSACTION 指定保存点名称类似，BEGIN TRANSACTION 和 COMMIT TRANSACTION 后也可以给事务指定一个名称。其简单格式为：

```
BEGIN TRANSACTION transactionName
COMMIT TRANSACTION transactionName
```

其中：

transactionName 为给事务指定的名称，也可以是包含事务名称的用户定义变量的名称。

transactionName 通过向程序员指明 COMMIT TRANSACTION 与哪些 BEGIN TRANSACTION 相关联，可作为帮助阅读的一种方法。与 SAVE TRANSACTION 不同，transactionName 可以省略。

示例：

```
BEGIN TRANSACTION myTransaction;
......
COMMIT TRANSACTION myTransaction;
```

(3)　使用 ROLLBACK TRANSACTION 指定将事务回滚到指定的位置。

指定将事务回滚到指定的位置的简单格式为：

```
ROLLBACK TRANSACTION  aName
```

其中：aName 是为 BEGIN TRANSACTION 上的事务分配的名称 transactionName(嵌套事务时，transactionName 必须是最外面的 BEGIN TRANSACTION 语句中的名称)，或者是 SAVE TRANSACTION 语句中的 savepointName。

如果 aName 是 transactionName，则回滚到名称为 transactionName 事务的起始点。

如果 aName 是 savepointName，则回滚到名称为 savepointName 的保存点。

如果 ROLLBACK TRANSACTION 后没有指定名称，则回滚到事务的起点。嵌套事务时，该语句将所有内层事务回滚到最外面的 BEGIN TRANSACTION 语句。

(4) 将事务回滚到事务内的某个保存点。

例如，解决方案中的如下语句，将事务回滚到名称为 mySAVE 的保存点，事务中 mySAVE 保存点以上的语句以及 ROLLBACK TRANSACTION 后的语句会被执行。

```
ROLLBACK TRANSACTION mySAVE;
```

由运行结果可知，事务中 mySAVE 保存点以上的语句以及 ROLLBACK TRANSACTION 后的语句均被成功执行。

(5) 保存点可以定义在按条件取消某个事务的一部分后，该事务可以返回的一个位置。如果将事务回滚到保存点，则根据需要必须完成其他剩余的 Transact-SQL 语句和 COMMIT TRANSACTION 语句。例如，解决方案的事务 myTransaction 中，mySAVE 保存点以上的语句以及 ROLLBACK TRANSACTION 后的语句必须被执行。

注意： 当事务开始后，事务处理期间使用的资源将一直保留，直到事务完成(也就是锁定)。当将事务的一部分回滚到保存点时，将继续保留资源直到事务完成(或者回滚整个事务)。

例如，解决方案中如果不执行 COMMIT TRANSACTION 语句，或者没有 COMMIT TRANSACTION 语句，就会发生问题。

16.6 使用嵌套事务

事务可以嵌套，即一个事务内可以包含另外一个事务。当事务嵌套时，就存在多个事务同时处于活动状态。可以使用@@TRANCOUNT 系统函数获取当前活动事务数。

可以改变@@TRANCOUNT 值的语句有 BEGIN TRANSACTION、COMMIT TRANSACTION 和 ROLLBACK TRANSACTION。具体改变方式如下。

- 每执行一次 BEGIN TRANSACTION 语句将 @@TRANCOUNT 的值加 1。
- 每执行一次 COMMIT TRANSACTION 语句将 @@TRANCOUNT 的值减 1。
- ROLLBACK TRANSACTION 将 @@TRANCOUNT 的值减到 0。
- ROLLBACK TRANSACTION savepointName 不影响 @@TRANCOUNT 的值。

任务 16.4 创建嵌套事务

问题描述 在一个订单系统中，经常需要记录订单，编写程序记录订单。

分析与设计：在订单系统中记录订单的操作是通用的任务，因此，可以创建一个存储过程完成该任务，记录订单的操作包括如下两个操作：

(1) 记录订单的标题。

(2) 记录订单的项目。

这两个操作必须作为一个单元来处理——要么全部执行，要么任何一个也不执行。因此，可以将它们作为一个事务来处理。

解决方案

(1)　创建包含事务的存储过程，该存储过程根据提供的参数的值，向订单表中插入订单的标题，向订单明细表中插入订单项目。

```
CREATE Procedure InsertOrder
(
    @CustomerID nchar(5),
    @OrderDate  datetime,
    @ShipDate   datetime,
    @ProductID  int,
    @UnitPrice  money,
    @Quantity   smallint,
    @OrderID    int OUTPUT
)
AS
BEGIN TRANSACTION AddOrder;
/* 创建订单标题*/
INSERT INTO Orders
(
    CustomerID,
    OrderDate,
    ShippedDate
)
VALUES
(
    @CustomerID,
    @OrderDate,
    @ShipDate
);
SELECT @OrderID = @@Identity;

/* 对给定的订单 ID 将给定购物车中的项复制到订单明细表中*/
INSERT INTO [Order Details]
(
    OrderID,
    ProductID,
    Quantity,
    UnitPrice
)
VALUES
(
    @OrderID,
    @ProductID,
    @Quantity,
    @UnitPrice
);
COMMIT TRANSACTION AddOrder;
GO
```

(2)　编写程序测试存储过程。

```
DECLARE @OrderID int;
BEGIN TRANSACTION OutOfProc;
INSERT INTO Categories(CategoryName)VALUES('ABC');
EXEC InsertOrder 'ALFKI','2011-2-26','2011-2-28',1,36,2,@OrderID OUTPUT;
ROLLBACK TRANSACTION OutOfProc;
SELECT OrderID,CustomerID, OrderDate, ShippedDate
FROM Orders
WHERE OrderID=@OrderID
SELECT *
FROM [Order Details]
WHERE OrderID=@OrderID
SELECT CategoryID,CategoryName
FROM Categories
WHERE CategoryName='ABC'
GO
DECLARE @OrderID int;
EXEC InsertOrder 'ANATR','2011-3-16','2011-1-18',2,20,6,@OrderID OUTPUT;
SELECT OrderID,CustomerID, OrderDate, ShippedDate
FROM Orders
WHERE OrderID=@OrderID
SELECT *
FROM [Order Details]
WHERE OrderID=@OrderID
GO
```

(3) 运行代码，结果如图 16.8 所示。

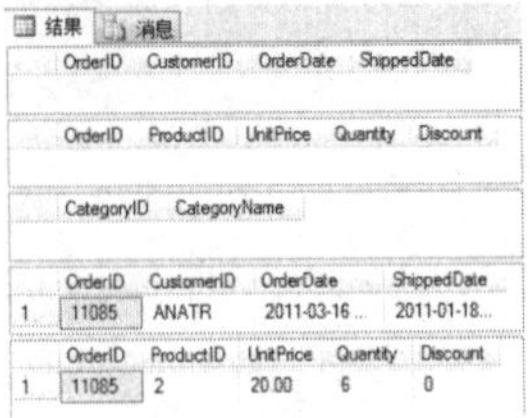

图 16.8　运行结果

分析与讨论

(1) SQL Server 数据库引擎将忽略内部事务的提交。根据最外部事务结束时采取的操作，将提交或者回滚内部事务。如果提交外部事务，也将提交内部嵌套事务。如果回滚外部事务，也将回滚所有内部事务，不管是否单独提交过内部事务。

例如，在解决方案的代码中，InsertOrder 存储过程中的事务 AddOrder 为内部嵌套事务，调用 InsertOrder 存储过程的事务 OutOfProc 为外部事务，外部事务结束时是回滚外部事务，这样，内部事务也将被回滚，存储过程的所有操作被取消，运行结果就证明了这一点。

(2) 存储过程中的事务可以从已在事务中的进程调用，也可以从没有活动事务的进程中调用。InsertOrder 存储过程强制执行其事务，而不管执行事务的进程的事务模式。如果在事务活动时调用 InsertOrder，则根据外部事务采取的最终操作是提交还是回滚，来决定存储过程是提交还是回滚其事务中的 INSERT 语句。如果由不含未完成事务的进程调用 InsertOrder，则在该存储过程结束时，COMMIT TRANSACTION 将有效地提交 INSERT 语句。

例如，解决方案的代码中有两次调用存储过程 InsertOrder：

第一次在一个事务中调用存储过程 InsertOrder，而调用该存储过程的外部事务最终是回滚以结束事务，这样，存储过程中的内部事务也将被回滚。运行结果就证明了这一点。

第二次在一个没有事务的批处理中调用存储过程，在该存储过程结束时，COMMIT TRANSACTION 将有效地提交 INSERT 语句。运行结果就证明了这一点。

(3) 对 COMMIT TRANSACTION 的每个调用都应用于最后执行的 BEGIN TRANSACTION。如果嵌套 BEGIN TRANSACTION 语句，那么 COMMIT 语句只应用于最后一个嵌套的事务，也就是在最内部的事务。即使嵌套事务内部的 COMMIT TRANSACTION transactionName 语句引用外部事务的事务名称，该提交也只应用于最内部的事务。

16.7 独立实践

删除“学生_课程”表的触发器，编写程序，创建事务，向“学生_课程”表中添加 3 行，同时修改对应学生的“已修学分”列的值。

16.8 使用包含回滚或提交的存储过程和触发器

任务 16.4 创建并使用了包含提交的存储过程 InsertOrder，在下面的任务中，将创建一个包含回滚的触发器。

16.8.1 使用包含回滚的触发器

任务 16.5　创建包含回滚的触发器

问题描述 对[Order Details]表创建一个名称为 OrderDetailNotDiscontinued 的触发器。检查尝

试插入的每条记录，如果插入的记录其产品已被终止，则撤销插入的所有记录。

分析与设计：插入的记录的副本存储在 Inserted 表中，要确定插入的记录包含的产品是否被终止，可创建一个连接 Products 表和 Inserted 表的查询，连接条件是 Inserted.ProductID = Products.ProductID，查询条件是 Discontinued = 1。如果该查询存在行，则插入的记录中有产品被终止，于是就撤销所有的插入操作。

解决方案

(1) 创建包含回滚的触发器。

```
USE Northwind;
GO
CREATE TRIGGER OrderDetailNotDiscontinued
ON [Order Details]
FOR INSERT
AS
IF EXISTS
(
SELECT *
FROM Inserted i
JOIN Products p
ON i.ProductID = p.ProductID
WHERE p.Discontinued = 1
)
BEGIN
PRINT('Order Item is discontinued. Transaction Failed.');
ROLLBACK TRAN;
END
GO
```

(2) 创建测试代码。

```
BEGIN TRANSACTION
INSERT INTO [Order Details] VALUES(10248,6,25,1,0);
INSERT INTO [Order Details] VALUES(10248,5,17,1,0);
INSERT INTO [Order Details] VALUES(10248,3,8,1,0);
COMMIT TRANSACTION;
GO
SELECT *
FROM [Order Details]
WHERE OrderID=10248 AND ProductID IN (3,5,6);
GO
SELECT ProductID,Discontinued
FROM  Products
WHERE ProductID IN(3,5,6);
GO
```

(3) 运行代码，结果如图 16.9 所示。

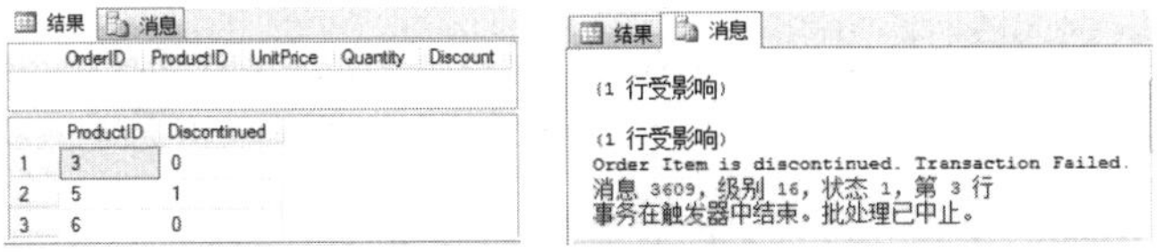

图 16.9　运行结果

分析与讨论

(1) ROLLBACK TRANSACTION 语句的 transactionName 参数引用一组命名嵌套事务的内部事务是非法的，transactionName 只能引用最外部事务的事务名称。如果在一组嵌套事务的任意级别执行使用外部事务名称的 ROLLBACK TRANSACTION transactionName 语句，那么所有嵌套事务都将回滚。如果在一组嵌套事务的任意级别执行没有 transactionName 参数的 ROLLBACK TRANSACTION 语句，那么所有嵌套事务都将回滚，包括最外部事务。

例如，OrderDetailNotDiscontinued 触发器中的 ROLLBACK TRANSACTION 语句没有使用 transactionName 参数，则回滚所有嵌套事务，包括激活触发器的外部事务。

如果在用户定义的事务中触发包含 ROLLBACK TRANSACTION 语句的触发器，则

ROLLBACK TRANSACTION 将回滚整个事务。

(2) 执行触发器时，将开始一个事务。在执行完触发器后，如果 @@TRANCOUNT = 0，则会出现错误 3609 并终止批处理，但该错误信息不影响后面的处理。如果在触发器中发出 BEGIN TRANSACTION 语句，则会创建一个嵌套事务。在这种情况下，执行 COMMIT TRANSACTION 语句时，该语句仅应用于嵌套事务(建议不要将 COMMIT TRANSACTION 语句放置在触发器中)。

例如，OrderDetailNotDiscontinued 触发器中 ROLLBACK TRANSACTION 语句使在执行完触发器后@@TRANCOUNT = 0，出现错误 3609，但该错误不影响后面的处理。

(3) 在触发器中，ROLLBACK TRANSACTION 语句终止包含激活触发器的语句的批处理；不执行批处理中的后续语句。在存储过程中，ROLLBACK TRANSACTION 语句不影响调用该存储过程的批处理中的后续语句；将执行批处理中的后续语句。

例如，如果把解决方案中激活触发器的事务修改为一个批处理，则得到如图 16.10 所示的运行结果。

```
GO
INSERT INTO [Order Details] VALUES(10248,6,25,1,0);
INSERT INTO [Order Details] VALUES(10248,5,17,1,0);
INSERT INTO [Order Details] VALUES(10248,3,8,1,0);
GO
SELECT *
FROM [Order Details]
WHERE OrderID=10248 AND ProductID IN (3,5,6);
GO
SELECT ProductID,Discontinued
FROM  Products
WHERE ProductID IN(3,5,6);
GO
```

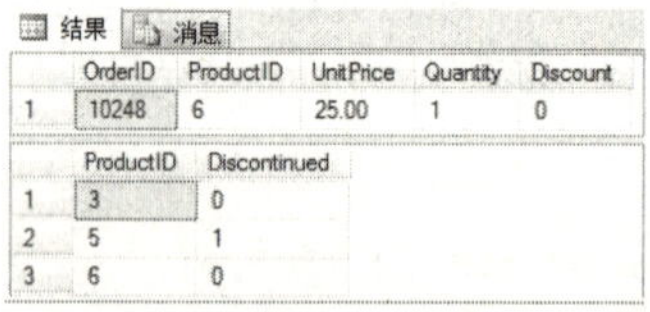

图 16.10 运行结果

由运行结果可知，激活触发器的批处理中，第 1 条语句成功执行，第 2 条语句激活触发器，触发器中的 ROLLBACK TRANSACTION 语句终止该批处理，不执行批处理中的后续的第 3 条 INSERT 语句。

由此可知，当包含 ROLLBACK TRANSACTION 语句的触发器在批处理中执行时，它们会取消整个批处理。在 SQL Server 2008 和 SQL Server 2005 中，也会返回错误。

16.8.2 使用包含回滚的存储过程

任务 16.6 创建包含回滚的存储过程

问题描述在一个订单系统中，除了编写下订单的程序之外，还要编写程序更新订购的产品的库存。由于产品表中库存量 UnitsInStock 列有一个 CHECK 约束，如果 UnitsInStock 小于 0，它就会触发 547 号错误。如果程序更新库存时收到错误信息，就表明库存不足，将回滚该更新以及所下的订单，并将产品的库存量返回给用户，以便用户可以针对现有的库存量重新下订单。如果程序更新库存时没有收到错误信息，就表明库存充足，给用户返回 0，这就使得用户可以确认当前有足够的存货来满足订购需要。编写一存储过程完成这一任务。

分析与设计：根据问题描述，存储过程使用参数的值完成以下任务。

(1) 向 Orders 表添加记录。

(2)　向[Order Details]表添加记录。

(3)　根据订购的产品数量修改产品表的库存量 UnitsInStock 列的值。

(4)　如果有 547 号错误，就取消以上 3 个操作，返回产品的库存量。否则，返回 0。

解决方案

(1)　编写代码检查数据库中是否存在 InsertOrder 存储过程，如果存在则将其删除。

```
USE Northwind;
GO
IF OBJECT_ID(N'InsertOrder',N'P') IS NOT NULL
   DROP Procedure InsertOrder;
GO
```

(2)　编写 InsertOrder 存储过程。

```
CREATE Procedure InsertOrder
(
    @CustomerID nchar(5),
    @OrderDate  datetime,
    @ShipDate   datetime,
    @ProductID  int,
    @UnitPrice  money,
    @Quantity   smallint,
    @OrderID    int OUTPUT
)
AS
DECLARE @ErrorVar int;
SAVE TRANSACTION AddOrder;
/* 创建订单标题*/
INSERT INTO Orders
(
    CustomerID,
    OrderDate,
    ShippedDate
)
VALUES
(
    @CustomerID,
    @OrderDate,
    @ShipDate
);
SELECT @OrderID = @@Identity;

/* 对给定的订单 ID 将给定购物车中的项复制到订单明细表中*/
INSERT INTO [Order Details]
(
    OrderID,
    ProductID,
    Quantity,
    UnitPrice
)
VALUES
(
    @OrderID,
    @ProductID,
    @Quantity,
    @UnitPrice
);
UPDATE Products SET UnitsInStock =UnitsInStock - @Quantity
       WHERE ProductID = @ProductID
SELECT @ErrorVar = @@error;
IF (@ErrorVar = 547)
BEGIN
    ROLLBACK TRANSACTION AddOrder;
    RETURN (SELECT UnitsInStock
              FROM Products
              WHERE productID = @ProductID);
END
ELSE
  RETURN 0;
GO
```

(3)　编写测试存储过程的代码。

```
DECLARE @OrderID int;
DECLARE @Flag int;
BEGIN TRANSACTION ;
INSERT INTO Categories(CategoryName)VALUES('ABC');
EXEC @Flag=InsertOrder 'ALFKI','2011-2-26','2011-2-28',1,36,100,@OrderID OUTPUT;
COMMIT TRANSACTION ;
SELECT @Flag;
SELECT OrderID,CustomerID, OrderDate, ShippedDate
FROM Orders
WHERE OrderID=@OrderID
SELECT *
FROM [Order Details]
WHERE OrderID=@OrderID
SELECT CategoryID,CategoryName
FROM Categories
WHERE CategoryName='ABC'
GO
```

(4) 运行代码，结果如图 16.11 所示。

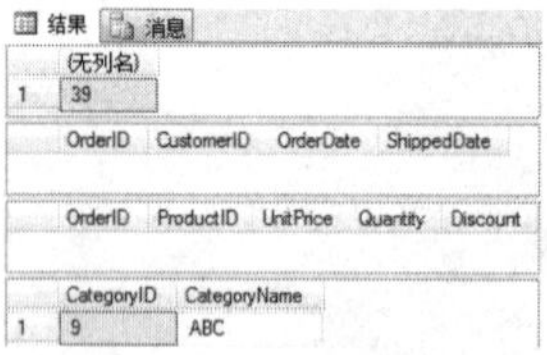

图 16.11　运行结果

分析与讨论

(1) 在存储过程中使用 ROLLBACK TRANSACTION AddOrder 语句以回滚到保存点 AddOrder。其他的语句的执行不受影响。

(2) 在存储过程中，不带 savepointName 和 transactionName 的 ROLLBACK TRANSACTION 语句将所有语句回滚到最外面的 BEGIN TRANSACTION。在存储过程中，ROLLBACK TRANSACTION 语句使 @@TRANCOUNT 在存储过程完成时的值不同于调用此存储过程时的 @@TRANCOUNT 值，并且生成错误消息。该错误消息不影响后面的处理。

(3) 由于订购 1 号产品的数量为 80，而 1 号产品的库存只有 39，因此存储过程中的 UPDATE 语句违反了约束，触发 547 号错误，执行 ROLLBACK TRANSACTION AddOrder 语句，回滚到保存点 AddOrder。

16.8.3 独立实践

(1) 对“学生_课程”表创建一个触发器。检查尝试插入的每条记录，如果插入的记录其学号在学生表中不存在，则撤销插入的所有记录(假设“学生”表和“学生_课程”表没有创建外键约束)。并创建测试程序。

(2) 创建一个存储过程，用 3 个参数指定的值向“学生_课程”表中追加一条记录，成绩列有一个 CHECK 约束，如果插入的成绩的值小于 0，就会触发 547 号错误，则撤销插入的记录。

课题五　运行与管理数据库

- 实现数据库安全性
- 维护数据库

任务 17　实现数据库安全性

17.1　场 景 引 入

问题：在一个公司安全系统中，多个职工在数据库中执行各种任务，每个人负责数据库应用程序的不同方面。少数几个人负责数据库和表的创建，但禁止他们看到其合作者的相关保密人事信息(有时甚至包括他们自己)。有一个夜间值班小组对数据进行备份，但这些工作人员并不需要看到数据，也不需要创建表和数据库。人事部门必须有访问一般职员信息的权限，并且只有人事部门中挑选出的少数几个人才拥有保密职员信息的访问权限。另外还有客户服务职员，他们需要应客户的请求查看产品信息，但不能做任何更改。请提出该问题的解决方案。

要解决以上问题，首先需要创建登录账户(既可以将单个用户创建为登录账户，也可以将 Windows 组创建为登录账户)，再将登录账户映射为数据库用户，然后给数据库用户授权。在给数据库用户授权时，既可给单个数据库用户授权，也可以使用角色，给角色授权，然后将数据库用户添加为角色的成员。角色的成员拥有角色的权限，如表 17.1 所示。

表 17.1　用户信息访问权限表

用户账户	活　动
SH\annej	访问全部数据库
SH\dbadmins	创建数据库
SH\dboperations	进行夜间备份
SH\personnel	对一般职员数据有完全访问权
SH\mikebo、SH\marym、SH\billsm	对保密数据有完全访问权限
SH\custservice	对产品信息有只读访问权限

必须授予 SH\annej 用户账户登录到 Microsoft SQL Server 的权限并将该用户添加到 sysadmin 角色，因为 sysadmin 角色具有对整个服务器的完整权限。必须将 SH\dbadmins Windows 组用户账户添加到 SQL Server 中，并授予其创建数据库的权限。另外还应添加 SH\operations Windows 组，并只授予其 BACKUP DATABASE 权限以允许他们执行备份。

应添加 SH\personnel Windows 组，并授予其只能查看 employees 表中非保密列的权限，以及查看其他表的权限。

用户 SH\mikebo、SH\marym 和 SH\billsm 都是 SH\personnel Windows 组的成员，所以他们已有做大部分工作所需的权限。但是，他们还需要对保密职员信息列的特殊访问权限。若要满足这种需求，可以在 SQL Server 中创建称为 PersonnelSecure 的数据库角色，并授予其查看保密职员信息所需的权限。单个用户在添加到该角色后可获得在 SQL Server 中的特殊权限，也可以直接向其用户账户添加特殊权限。

最后一步是在 SQL Server 中添加 SH\custservice Windows 组的账户，并授予其查看产品信息的权限。

17.2　了解安全机制

可将保护数据库数据的方法视为一系列步骤，它涉及 4 个方面：平台、身份验证、对象(包括数据)及访问系统的应用程序，如图 17.1 所示。

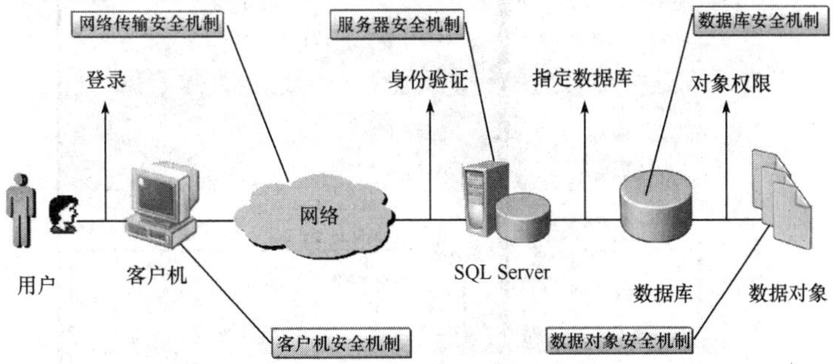

图 17.1　保护数据库数据的示意图

17.2.1　平台与网络安全性

SQL Server 的平台包括操作系统、物理硬件和将客户端连接到数据库服务器的联网系统，以及用于处理数据库请求的二进制文件。

1. 物理安全性

物理安全性的最佳实践是严格限制对物理服务器和硬件组件的接触。例如，将数据库服务器硬件和联网设备放在限制进入的上锁房间。此外，还可通过将备份媒体存储在安全的现场外位置，限制对其接触。

实现物理网络安全首先要防止未经授权的用户访问网络。

2. 操作系统安全性

操作系统 Service Pack 和升级包含重要的安全性增强功能。

防火墙也提供了实现安全性的有效方式。

减少外围应用是一项安全措施，它涉及停止或禁用未使用的组件。减少外围应用后，对系统带来潜在攻击的途径也会减少，从而有助于提高安全性。

3. SQL Server 操作系统文件安全性

SQL Server 使用操作系统文件进行操作和数据存储。文件安全性的最佳实践要求限制对这些文件的访问。

17.2.2　主体与数据库对象安全性

主体是可以请求 SQL Server 资源的实体。主体也是可以分级别的，这些级别包括 Windows 级、SQL Server 级、数据库级和数据库对象级，如图 17.2 所示。

- Windows 级：Windows 域登录名、Windows 本地登录名。
- SQL Server 级：SQL Server 登录名。
- 数据库级：数据库用户、数据库角色、应用程序角色。
- 数据库对象级：表、视图、存储过程、用户自定义函数等。

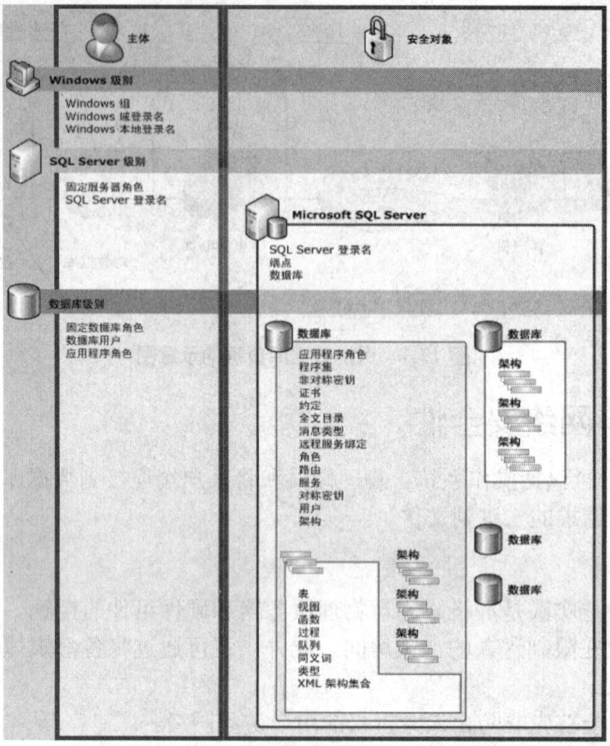

图 17.2 主体与数据库对象安全性

17.2.3 应用程序安全性

“客户端”是前端应用程序，它使用服务器(如 SQL Server 数据库引擎)提供的服务。这种应用程序所驻留的计算机称为“客户端计算机”。借助客户端应用程序，客户端计算机能够连接到网络上的 Microsoft SQL Server 实例。SQL Server 安全性最佳实践包括编写安全客户端应用程序。

本课题的内容是如何实现主体与数据库对象的安全性。

17.3 创建登录账户

用户在连接到 SQL Server 时与登录账户(ID)相关联，登录账户是控制访问 SQL Server 系统的账户。若不先指定有效登录账户，用户就不能连接到 SQL Server。SQL Server 只有在验证了指定的登录账户有效后，才完成连接。这种登录验证称为身份验证。

SQL Server 2000 使用两类身份验证：Windows 身份验证和 SQL Server 身份验证。每种身份验证都有不同类别的登录 ID。

1. Windows 身份验证

使用 Windows 身份验证时，在连接到 SQL Server 时不必指定登录 ID 或密码。用户对 SQL Server 的访问权限由 Windows NT 或 Windows 2000 账户或组控制，登录到客户端的 Windows 操作系统时需接受身份验证。

2. SQL Server 身份验证

使用 SQL Server 身份验证时，登录账户和密码与用户的 Windows 账户或网络账户无关。

登录账户和密码均通过使用 SQL Server 创建并存储在 SQL Server 中。每次连接到 SQL Server 时，用户必须提供 SQL Server 登录账户和密码。系统将通过用户的 SQL Server 登录账户在 SQL Server 中标识用户。

登录 ID 仅能使用户连接到 SQL Server 实例。访问 SQL Server 特定数据库的权限由用户账户控制。登录账户和用户账户是两个不同的概念，只有将用户的登录账户映射到用户有权访问的任何数据库中的用户账户，登录账户才能访问授权访问的数据库。如果数据库中没有用户账户，则即使用户能够连接到 SQL Server 实例，也无法访问该数据库。

17.3.1 创建使用 Windows 身份验证的 SQL Server 登录账户

可以使用 CREATE LOGIN 语句为 Windows 用户或组账户创建 SQL Server 登录账户，以便 Windows 用户能够连接到 SQL Server。

1. 创建 Windows 用户的 SQL Server 登录账户

任务 17.1

问题描述授予 Windows 用户账户 shaopm-PC\wang 登录到 Microsoft SQL Server 的权限，默认数据库为 master。最终效果如图 17.3 所示。

图 17.3　实现效果

解决方案

```
CREATE LOGIN [shaopm-PC\wang]
FROM WINDOWS
WITH DEFAULT_DATABASE=[master], DEFAULT_LANGUAGE=[简体中文]
GO
```

分析与讨论

(1) Windows 用户都需要一个 SQL Server 登录名以便连接到 SQL Server，以上代为 Windows 用户账户 shaopm-PC\wang 创建了一个 SQL Server 登录名， 登录名为 shaopm-PC\wang。

(2) 创建 Windows 身份验证账户。

使用 CREATE LOGIN 可使 Windows 用户或组账户使用 Windows 身份验证连接到 SQL Server。其基本格式为：

```
CREATE LOGIN [loginName]
FROM WINDOWS
WITH DEFAULT_DATABASE = database, DEFAULT_LANGUAGE= [language]
```

其中：

- loginName：是要添加的 Windows 用户或组的名称。Windows 组和用户必须用 Windows 域名限定，格式为“域\用户”，例如 SH\Joeb。

注意： 如果从 Windows 域账户映射 loginName，则 loginName 必须用方括号 ([ ]) 括起来。

● database：为登录的默认数据库(登录后所连接到的数据库)。默认值为 master。

(3) 尽管在执行 CREATE LOGIN 后，用户登录可以连接到 SQL Server，但是，除非在每个登录必须访问的数据库中都创建该登录的用户账户，否则对用户数据库的访问仍会被拒绝。数据库用户将在下一节讨论。

(4) 当用户通过 Windows 用户账户连接时，SQL Server 使用操作系统中的 Windows 用户的账户名和密码。也就是说，用户身份由 Windows 进行确认。SQL Server 不要求提供密码，也不执行身份验证。

2. 创建 Windows 组的 SQL Server 登录账户

任务 17.2

问题描述 授予 Windows 组 shaopm-PC \operations 登录到 Microsoft SQL Server 的权限，默认数据库为 master。

解决方案

```
CREATE LOGIN [shaopm-PC\operations]
FROM WINDOWS
WITH DEFAULT_DATABASE=[master], DEFAULT_LANGUAGE=[简体中文]
GO
```

分析与讨论

(1) 以上代码以上代为 Windows 组 shaopm-PC\operations 创建了一个 SQL Server 登录名：shaopm-PC \operations。

这样 operations 组中的用户可以使用 Windows 身份验证连接到 SQL Server。

(2) 和创建 Windows 用户的 SQL Server 登录账户一样，尽管在执行 CREATE LOGIN 后，operations 组中的用户登录可以连接到 SQL Server，但是，除非在每个登录必须访问的数据库中都创建该登录的用户账户，否则对用户数据库的访问仍会被拒绝。

17.3.2 创建使用 SQL Server 身份验证的 SQL Server 登录账户

使用 CREATE LOGIN 语句创建新的 SQL Server 登录名，使用户连接到使用 SQL Server 身份验证的 SQL Server 实例。

任务 17.3

问题描述 为用户 Victoria 创建一个 SQL Server 身份验证的 SQL Server 登录账户：登录名为 Victoria，密码为 123456。实现效果如图 17.4 所示。

图 17.4 实现效果

解决方案

```
CREATE LOGIN Victoria
WITH PASSWORD = '123456'
GO
```

分析与讨论

(1) 以上代码创建一个 SQL Server 登录账户：登录名为 Victoria，密码为 123456。

(2)　使用 CREATE LOGIN 可使 Windows 用户或组账户使用 Windows 身份验证连接到 SQL Server。其基本格式为：

```
CREATE LOGIN loginName
WITH  PASSWORD = 'password',
DEFAULT_DATABASE = database, DEFAULT_LANGUAGE= [language]
```

其中：

- loginName：是要创建的 SQL Server 登录名。
- password：是 SQL Server 登录账户的密码。

任务 17.4

问题描述为用户 Albert 创建一个 SQL Server 身份验证的 SQL Server 登录账户：登录名为 Albert，密码为 123456。默认数据库为 Northwind。

解决方案

```
CREATE LOGIN Albert
WITH  PASSWORD = '123456',
DEFAULT_DATABASE = Northwind, DEFAULT_LANGUAGE= [简体中文]
```

分析与讨论

(1)　以上代码创建了一个 SQL Server 登录账户：登录名为 Albert，密码为 123456。登录后所连接到的数据库为 Northwind。

(2)　创建 SQL Server 身份验证的 SQL Server 登录名的基本格式为：

```
CREATE LOGIN loginName
WITH  PASSWORD = 'password',
DEFAULT_DATABASE = database, DEFAULT_LANGUAGE= [language]
```

其中：

- database：指定登录的默认数据库(登录后所连接到的数据库)。如果未包括此选项，则默认数据库将设置为 master。
- language：为指派给登录名的默认语言。如果未包括此选项，则默认语言将设置为服务器的当前默认语言。即使将来服务器的默认语言发生更改，登录名的默认语言也仍保持不变。

注意：　关键字 WITH 后的各项之间用逗号分隔。

(3)　如果提供默认数据库的名称，则不用执行 USE 语句就可以连接到指定的数据库。但是，不能使用默认的数据库，除非已经为该登录账户在数据库中创建了用户账户。

17.3.3　修改登录账户

可以使用 ALTER LOGIN 语句修改登录账户。

1. 修改登录名

任务 17.5　更改登录名称

问题描述将 Victoria 登录名称更改为 Victoria1。

解决方案

```
ALTER LOGIN Victoria
WITH NAME = Victoria1;
```

分析与讨论

(1)　以上代码将登录名称更改为 Victoria1，密码更改为 1234567890。

(2)　ALTER LOGIN 最简单的格式为：

```
ALTER LOGIN loginName
WITH
PASSWORD = 'password' ,
DEFAULT_DATABASE = database,
DEFAULT_LANGUAGE = language,
NAME = aloginName
```

其中：

- loginName：指定正在更改的 SQL Server 登录的名称。
- PASSWORD = 'password'：指定正在更改的登录的密码。密码是区分大小写的。
- DEFAULT_DATABASE = database：指定将指派给登录的默认数据库。
- DEFAULT_LANGUAGE = language：指定将指派给登录的默认语言。
- NAME = loginName：正在重命名的登录的新名称。如果是 Windows 登录，则与新名称对应的 Windows 主体的 SID 必须匹配与 SQL Server 中的登录相关联的 SID。SQL Server 登录的新名称不能包含反斜杠字符 (\)。

2. 修改密码

任务 17.6

问题描述将登录名 Victoria1 的密码更改为 abcdef。

解决方案

```
ALTER LOGIN Victoria1
PASSWORD = 'abcdef';
```

分析与讨论

以上代码将登录名 Victoria1 的密码更改为 abcdef。

注意，修改密码仅适用于 SQL Server 登录账户。

3. 删除登录账户

可使用 DROP LOGIN 删除 SQL Server 登录账户。

任务 17.7

问题描述删除登录名 Victoria1。

解决方案

```
DROP LOGIN Victoria1;
GO
```

分析与讨论

(1) 以上代码删除 SQL Server 登录账户 Victoria1。

(2) 删除 SQL Server 登录账户的一般格式为：

```
DROP LOGIN loginName
```

其中，loginName 指定要删除的登录名。

注意，不能删除正在登录的登录名。

17.3.4 使用内置 SQL Server 系统管理员账户

1. 使用 SQL Server 身份验证的 SQL Server 系统管理员账户

sa 是内置的 SQL Server 系统管理员使用 SQL Server 身份验证的登录账户，安装 SQL Server 时，在“账户设置”选项卡中，如果选择“混合模式(Windows 身份验证或 SQL Server 身份验证)”，则强制要求为 sa 账户设置密码。sa 是 SQL Server 系统管理员使用 SQL Server 身份验证的登录名，即当用 sa 登录名登录到 SQL Server 时，能够对 SQL Server 进行任何操作。

在 SQL Server 2008 的设置过程中，会提供一个重命名 SQL Server sa 账户的选项。当系统设置为使用 SQL Server 身份验证时，sa 账户充当 SQL Server 系统管理员账户。如果使用不为外人所知的名称，则当使用 SQL Server 身份验证时系统会更安全。

2．使用 Windows 身份验证的 SQL Server 系统管理员账户

在安装 SQL Server 过程中，无论选择“Windows 身份验证”或“混合模式身份验证”，必须至少指定一个使用 Windows 身份验证的 SQL Server 登录账户。安装 SQL Server 过程中，如果要使运行 SQL Server 安装程序的账户作为使用 Windows 身份验证的 SQL Server 登录账户，则在“账户设置”选项卡中单击“当前用户”按钮。这样，运行 SQL Server 安装程序的账户就是 SQL Server 系统管理员使用 Windows 身份验证的 SQL Server 登录名，当使用该账户登录到 SQL Server 时，能够对 SQL Server 进行任何操作。

当然，在安装 SQL Server 过程中，在“账户设置”选项卡，单击“添加”按钮，也可以把其他 Windows 用户或组账户设置为 SQL Server 系统管理员的登录账户。

3．更改安全身份验证模式

任务 17.8

问题描述将服务器身份验证由“Windows 身份验证模式”改为“SQL Server 和 Windows 身份验证模式”。

解决方案

(1) 在 SQL Server Management Studio 的对象资源管理器中，右击服务器，再在快捷菜单中选择“属性”命令，如图 17.5 所示。

(2) 在“安全性”选项设置界面中的“服务器身份验证”下，选择“SQL Server 和 Windows 身份验证模式”单选按钮，再单击“确定”按钮，如图 17.6 所示。

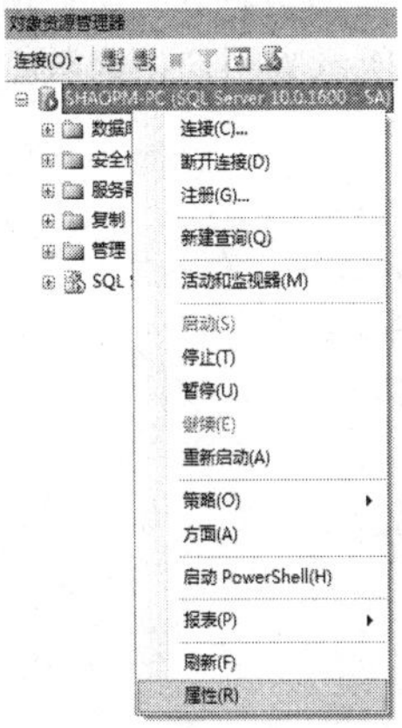

图 17.5　服务器的快捷菜单

图 17.6　“安全性”页

(3) 在 SQL Server Management Studio 对话框中，单击“确定”按钮以确认需要重新启动 SQL Server。

(4) 执行下列语句以启用 sa 密码并分配一个密码。

```
ALTER LOGIN sa ENABLE ;
GO
ALTER LOGIN sa
WITH PASSWORD = '12345678' ;
GO
```

分析与讨论

(1) 如果在安装过程中选择“Windows 身份验证模式”，则 sa 登录将被禁用。如果以后

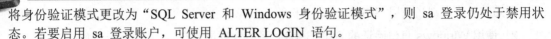

将身份验证模式更改为“SQL Server 和 Windows 身份验证模式”，则 sa 登录仍处于禁用状态。若要启用 sa 登录账户，可使用 ALTER LOGIN 语句。

(2) 启用与禁用登录账户。

当使用 ALTER LOGIN 语句修改指定登录账户时，如果指定账户名称后跟 ENABLE，则启用该账户，如果指定账户名称后跟 DISABLE，则禁用该账户。

以上代码启用 sa 登录账户。

注意： 不能使用带 DISABLE 参数的 ALTER LOGIN 来拒绝对 Windows 组的访问。

17.3.5 独立实践

(1) 授予 Windows 用户账户 RJ\Zhanghao 登录到 Microsoft SQL Server 的权限，默认数据库为“教务管理”。

(2) 授予 Windows 组 RJ \Teachers 登录到 Microsoft SQL Server 的权限，默认数据库为“教务管理”。

(3) 为用户 Zhengy 创建一个 SQL Server 身份验证的 SQL Server 登录账户：登录名为 Zhengy，密码为 123456。

17.4 创建数据库用户

每个用户必须通过登录账户(登录 ID)建立自己的连接能力(身份验证)，以获得对 SQL Server 实例的访问权限。然后，该登录必须映射到用于控制在数据库中执行活动的数据库用户账户。因此，单个登录映射到在该登录正在访问的每个数据库中创建的一个用户账户。如果数据库中没有用户账户，则即使用户能够连接到 SQL Server 实例，也无法访问该数据库。用户所准予的活动由获得数据库访问权限时所使用用户账户的权限控制。图 17.7 所示为用户访问数据库的示意图。

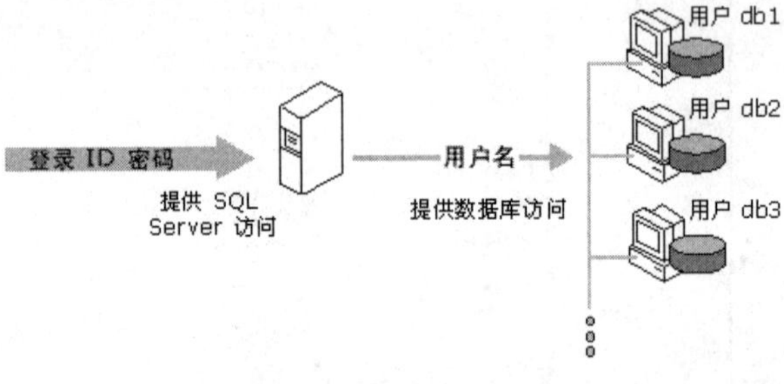

图 17.7 访问数据库示意图

数据库用户标识符(ID)用于在数据库内标识用户。在数据库内，对象的全部权限和所有权由数据库用户账户控制，数据库用户账户与数据库相关。sales 数据库中的 xyz 用户账户不同于 inventory 数据库中的 xyz 用户账户，即使这两个账户有相同的 ID。

登录 ID 本身并不提供访问数据库对象的用户权限。一个登录 ID 必须与每个数据库中的一个用户 ID 相关联后，用这个登录 ID 连接的用户才能访问数据库中的对象。如果登录 ID 没有与数据库中的任何用户 ID 显式关联，就与 guest 用户 ID 相关联。如果数据库没有 guest 用户账户，则该登录 ID 就不能访问该数据库。

用户 ID 在定义时便与一个登录 ID 相关联。默认情况下，登录 ID 和用户 ID 相同。

17.4.1　创建 SQL Server 登录的数据库用户

任务 17.9

问题描述 在 Northwind 数据库中，创建一个数据库用户 Albert，并使数据库用户 Albert 与 SQL Server 登录账户 Albert 关联。

解决方案

```
USE Northwind;
CREATE USER Albert
FOR LOGIN Albert;
```

分析与讨论

(1) 以上代码为 SQL Server 登录名 Albert 在当前数据库中创建一个用户账户 Albert。

(2) 为 SQL Server 登录名或 Windows 用户或组名在当前数据库中创建一个用户账户的最简单格式为：

```
CREATE USER username
FOR LOGIN loginname;
```

其中：

- username：为数据库中新创建的用户账户的名称。
- loginname：为当前数据库中新创建的用户账户的登录名。Windows 组和用户必须用 Windows 域名限定，格式为“域\用户”，例如 SH\Joeb。登录时不能使用数据库中已有的用户账户作为别名。

注意：SQL Server 用户名可以包含 1 ～ 128 个字符，包括字母、符号和数字。但是，用户名不能含有反斜杠符号 (\)；不能为 NULL，或为空字符串 ('')。

如果没有 FOR LOGIN 子句，则新的数据库用户将被映射到同名的 SQL Server 登录名。

(3) 在使用数据库用户账户访问数据库之前，必须授予它对当前数据库的访问权。

(4) 不能使用 CREATE USER 创建 guest 用户，因为每个数据库中均已存在 guest 用户。

(5) sa 登录名不能添加到数据库中。

(6) 数据库中的用户由用户 ID 而非登录 ID 标识。例如，在每个数据库中，sa 是映射到特殊用户账户 dbo(数据库所有者)的登录账户。如果使每个用户的登录 ID 和用户 ID 都相同，就不容易混淆权限的管理和理解，但不必非得这样做。

17.4.2　创建 Windows 登录的数据库用户

任务 17.10

问题描述 在 NewDataBase 数据库中，创建一个数据库用户 shaopm-PC\wang，并使数据库用户 shaopm-PC\wang 与 Windows 登录账户 shaopm-PC\wang 关联。

解决方案

```
USE NewDataBase;
CREATE USER [shaopm-PC\wang]
FOR LOGIN [shaopm-PC\wang];
```

分析与讨论

以上代码为 Windows 身份验证用户 shaopm-PC\wang 在当前数据库中创建一个数据库用户账户 shaopm-PC\wang。

注意：Windows 组和用户必须用 Windows 域名限定，格式为“域\用户”，如 shaopm-PC\wang。

17.4.3 修改数据库用户

可以使用 ALTER USER 重命名数据库用户或更改与数据库用户关联的登录名。

1. 更改数据库用户的名称

任务 17.11

问题描述 在 NewDataBase 数据库中，将数据库用户 shaopm-PC\wang 的名称更改为 wang。

解决方案

```
USE NewDataBase;
ALTER USER [shaopm-PC\wang]
WITH NAME = wang;
```

分析与讨论

(1) 以上代码将 NewDataBase 数据库中名称为 shaopm-PC\wang 的用户名重命名为 wang。

(2) 使用 ALTER USER 更改数据库用户的名称的简单格式为：

```
ALTER USER userName
WITH NAME = newUserName;
```

其中：

- userName：指定要修改的数据库用户的名称。
- newUserName：指定 userName 指定用户的新名称。newUserName 不能已存在于当前数据库中。

2. 更改数据库用户的登录名

使用 ALTER USER 语句的 WITH LOGIN 子句可以将用户重新映射到一个不同的登录名。

任务 17.12

问题描述 在 Northwind 数据库中，使数据库用户 Albert 与 SQL Server 登录名 Victoria 关联。

解决方案

```
USE Northwind;
ALTER USER Albert
WITH LOGIN Victoria;
```

分析与讨论

(1) 以上代码将数据库用户 Albert 重新映射到一个不同的登录名 Victoria。

(2) 更改数据库用户的登录名的简单格式为：

```
ALTER USER userName
WITH LOGIN loginName;
```

其中：

- userName：指定数据库用户的名称。
- loginName：更改为另一个登录名，使数据库用户重新映射到该登录名。

(3) 使用 WITH LOGIN 子句可以将用户重新映射到一个不同的登录名。但不能使用此子句重新映射不具有登录名的用户。只能重新映射 SQL 用户和 Windows 用户(或组)。不能使用 WITH LOGIN 子句更改用户类型，例如将 Windows 账户更改为 SQL Server 登录名。

(4) 如果满足以下条件，则用户的名称会自动重命名为登录名。

① 用户是一个 Windows 用户。

② 名称是一个 Windows 名称(包含反斜杠)。

③ 未指定新名称。

④ 当前名称不同于登录名。

如果不满足上述条件，则不会重命名用户，除非调用方另外调用了 NAME 子句。

17.4.4　删除数据库用户

使用 DROP USER 语句从当前数据库中删除用户。

任务 17.13

问题描述从 Northwind 数据库中，删除数据库用户 Albert。

解决方案

```
USE Northwind;
DROP USER Albert;
```

分析与讨论

(1)　使用 DROP USER 语句从当前数据库中删除用户时必须指定数据库用户名，如 Albert。而且该数据库用户必须存在于当前数据库中。

(2)　不能从数据库中删除拥有安全对象的用户。必须先删除或转移安全对象的所有权，才能删除拥有这些安全对象的数据库用户。

17.4.5　使用内置数据库用户

在 SQL Server 数据库中，有两个特殊的数据库用户，它们分别是 dbo 和 guest。这两个数据库用户存在于每一个数据库中。创建数据库时，该数据库默认包含 dbo 和 guest 用户。

dbo 是数据库的创建者和拥有者，是数据库的管理员。dbo 对应于创建该数据库的登录账户。每个数据库的 dbo 是 sa 登录账户的数据库用户。dbo 数据库用户是不能被删除的。

如果登录账户没有与数据库中的任何其他用户关联，就与 guest 用户相关联。不能删除 guest 用户。如果用户使用 USE database 语句访问的数据库中没有与此用户关联的账户，此用户就与 guest 用户相关联。

任务 17.14　禁用 guest 用户

问题描述禁用 Northwind 数据库中 guest 用户。

解决方案

```
USE Northwind;
REVOKE CONNECT
TO GUEST;
GO
```

分析与讨论

(1)　guest 用户。

创建数据库时，该数据库默认包含 guest 用户。授予 guest 用户的权限由在数据库中没有用户账户的用户继承。guest 用户可以查看使用 Northwind 数据库中的任何表。

例如，前面任务中创建的登录 shaopm-PC\wang、Albert，当它们没有与任何数据库用户关联时，它们就与 guest 用户关联。因此，shaopm-PC\wang、Albert 登录的用户可以查看使用 Northwind 数据库中的任何表，但在没有授权的情况下，是不可以查看其他用户数据库的。可进行如下操作。

①　单击 ，以 Albert 用户名登录，连接到 Microsoft SQL Server 数据库引擎实例，如图 17.8 所示。

②　展开“数据库”，再展开 Northwind 数据库，然后展开“表”节点，如图 17.9 所示。

(2)　禁用 guest 用户。

不能删除 guest 用户，但可通过撤销该用户的 CONNECT 权限将其禁用。可以通过在 master 或 tempdb 以外的任何数据库中执行 REVOKE CONNECT TO GUEST 来撤销 CONNECT 权限。

图 17.8　连接到服务器

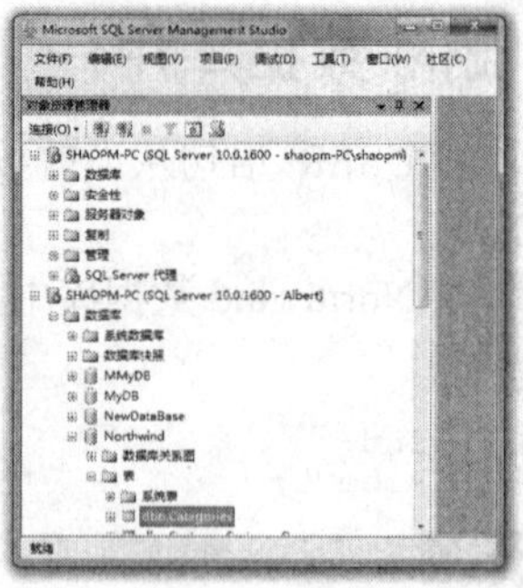

图 17.9　展开表

例如，当执行了解决方案的代码后，Northwind 中的 guest 用户被禁用。可进行如下操作：

① 选择 SHAOPM-PC(SQL Server10.0.1600-Albert) 数据库引擎实例，按 F5 键刷新服务器。

② 展开 SQL Server10.0.1600-Albert 服务器的 “数据库”。再展开“Northwind”，则显示无法访问数据库 Northwind 的信息，如图 17.10 所示。

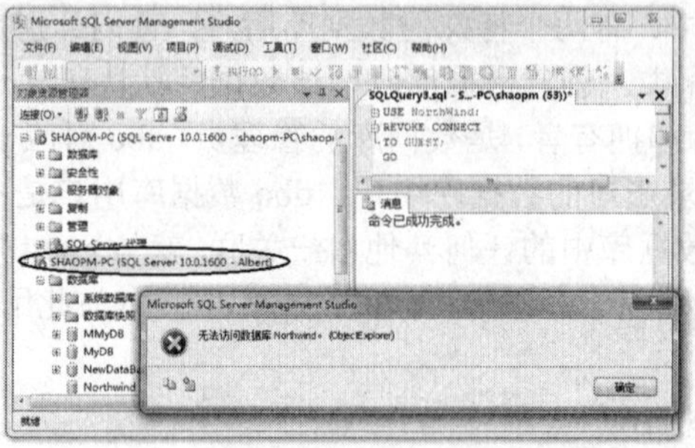

图 17.10　无法访问数据库提示

17.4.6　独立实践

(1)　在“教务管理”数据库中，创建一个数据库用户 Zhengy，并使数据库用户 Zhengy 与 SQL Server 登录账户 Zhengy 关联。

(2)　在“教务管理”数据库中，创建一个数据库用户 RJ\Zhanghao，并使数据库用户 RJ\Zhanghao 与 Windows 登录账户 RJ\Zhanghao 关联。

(3)　在“教务管理”数据库中，创建一个数据库用户 RJ \Teachers，并使数据库用户 RJ \Teachers 与 Windows 登录账户 RJ \Teachers 关联。

17.5　授 予 权 限

当用户经过一系列安全性检查(如图 17.11 所示)连接到 SQL Server 实例后，可以执行的活动由授予用户账户的权限(授予用户的安全账户的权限或授予用户的安全账户所属角色的权限)确定。

数据库用户若要进行任何涉及更改数据库定义或访问数据的活动，则必须拥有相应的权限。用户权限包括以下权限。

- 处理数据和执行过程(对象权限)。
- 创建数据库或数据库中的项目(语句权限)。

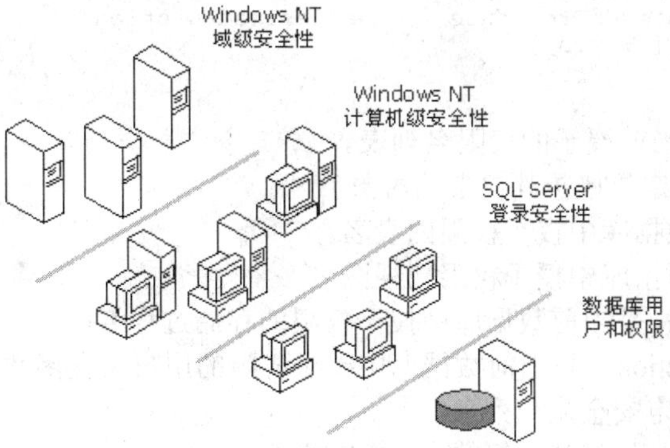

图 17.11　安全性检查

17.5.1　授予用户对象权限

处理数据或执行过程时需要称为对象权限的权限类别如表 17.2 所示。

表 17.2　对象权限的权限类别

数据库对象	权　限
表	DELETE、INSERT、REFERENCES、SELECT、UPDATE
视图	DELETE、INSERT、REFERENCES、SELECT、UPDATE
存储过程	EXECUTE
标量函数	EXECUTE、REFERENCES
表值函数	DELETE、INSERT、REFERENCES、SELECT、UPDATE

由表 17.2 可知：

(1)　SELECT、INSERT、UPDATE 和 DELETE 语句权限可以应用到整个表或视图中。

(2)　SELECT 和 UPDATE 语句权限可以有选择地应用到表或视图中的单个列上。

(3)　SELECT 权限可以应用到用户定义函数。

(4)　INSERT 和 DELETE 语句权限会影响整行，因此只能应用到表或视图中，而不能应用到单个列上。

(5)　EXECUTE 语句权限可以影响存储过程和函数。

1．授权允许访问

可以使用 GRANT 语句授予对象权限。

任务 17.15　授予对表的 SELECT 权限

问题描述 向 Northwind 数据库中的用户账户 wang 和 Albert 授予[Order Subtotals]视图上的 SELECT 对象权限，以允许用户 wang 和 Albert 查看[Order Subtotals]。

解决方案

```
USE Northwind;
GRANT SELECT
ON [Order Subtotals]
TO wang, Albert;
GO
```

分析与讨论

(1)　以上 GRANT 语句向数据库用户 wang 和 Albert 对数据库对象[Order Subtotals]视图授予 SELECT 操作权限。也就是说，授予用户 wang 和 Albert 查看[Order Subtotals]视图的权限。

(2)　GRANT 语句最简单的格式为：

```
GRANT permission [ ,...n ]
ON table | view | storedProcedure  | userDefinedFunction
TO securityAccount [ ,...n ]
```

其中：

- permission：是当前授予的权限名列表。
- ON 关键字：指定要授予其权限的对象。
- table：是当前数据库中授予权限的表名。
- view：是当前数据库中授予权限的视图名。
- storedProcedure：是当前数据库中授予权限的存储过程名。
- userDefinedFunction：是当前数据库中授予权限的用户定义函数名。
- TO 关键字：指定安全账户列表。
- securityAccount：是对其授权的安全账户名列表。

注意：ON 关键字指定要授予其权限的对象。一次只能够指定一个对象，不可以一次指定多个对象。对于每一个对象，permission 可能的值如表 17.1 所示。

解决方案的代码中 ON 关键字指定要授予其权限的对象是视图[Order Subtotals]，授予的权限 permission 为 SELECT。securityAccount 安全账户名列表为 wang，Albert。

(3) 如果要对指定对象授予多个权限，权限名与权限名之间用逗号分隔。如果要对多个数据库用户授权，数据库用户名与数据库用户名之间用逗号分隔。

任务 17.16 授予对表的多个权限

问题描述 向 Northwind 数据库中的用户账户 WangH 授予 Customers 表上的 SELECT、INSERT、UPDATE、DELETE 对象权限，以允许用户 WangH 查看、添加、修改和删除 Customers 表的数据。

解决方案

```
USE Northwind;
GRANT SELECT,INSERT, UPDATE, DELETE
ON Customers
TO WangH;
GO
```

分析与讨论

(1) 以上 GRANT 语句向数据库用户 WangH 对数据库对象 Customers 表授予 SELECT、INSERT、UPDATE、 DELETE 操作权限。也就是说，授予用户 WangH 查看、添加、修改和删除 Customers 表的数据的权限。

(2) 一次可以向数据库用户授予指定数据库对象的多个权限。注意：GRANT 语句中多个权限之间用逗号分隔。

例如，以上解决方案使用 GRANT 语句一次向用户授予 SELECT、INSERT、 UPDATE、DELETE 4 个权限。

任务 17.17 授予对表的指定列的权限

问题描述 授予 Northwind 数据库中 zhang 用户查看 Products 表的 Discontinued 和 ReorderLevel 列以及修改 Products 表的 ReorderLevel 列的权限。

解决方案

```
USE Northwind;
GO
GRANT  SELECT
ON Products(Discontinued, ReorderLevel)
TO zhang
GO
GRANT  UPDATE (ReorderLevel)
ON Products
TO zhang
GO
```

分析与讨论

(1) 以上代码第一条 GRANT 语句向 zhang 用户对 Products 表的 Discontinued 和 ReorderLevel 列授予 SELECT 操作权限。第二条 GRANT 语句向 zhang 用户对 Products 表的 ReorderLevel 列授予 UPDATE 操作权限。

(2) 如果 ON 关键字后指定的数据库对象是表或视图或表值函数，则可以对指定表或视图或表值函数中指定的列授予指定的操作权限。其最简单的一般格式为：

```
GRANT permission [ ,...n ]
ON table | view |userDefinedFunction [ ( column [ ,...n ] ) ]
TO securityAccount [ ,...n ]
```

或者

```
GRANT permission [ ,...n ] [ ( column [ ,...n ] ) ]
ON table | view |userDefinedFunction
TO securityAccount [ ,...n ]
```

其中：

column 指定表、视图或表值函数中要授予其权限的列的名称。

注意： ① 列的名称需要使用括号“( )”括起来。

② 只能授予对列的 SELECT、REFERENCES 及 UPDATE 权限。也就是说 permission 只能是 SELECT、REFERENCES 及 UPDATE。

③ column 可以在权限子句中指定(例如解决方案中第二条 GRANT 语句)，也可以在数据库对象名之后指定(例如解决方案中第一条 GRANT 语句)。

任务 17.18 授予对存储过程的 EXECUTE 权限

问题描述 授予 Northwind 数据库中名为 zhang 的用户对存储过程 ProductsByCategory 的 EXECUTE 权限。

解决方案

```
USE Northwind;
GO
GRANT  EXECUTE
ON ProductsByCategory
TO zhang
GO
```

分析与讨论

以上 GRANT 语句向数据库用户 zhang 对数据库对象 ProductsByCategory 存储过程授予 EXECUTE 操作权限。也就是说，授予用户 WangH 执行 ProductsByCategory 存储过程的权限。

2. 拒绝权限防止访问

可以使用 DENY 语句拒绝权限。拒绝权限可以限制某些用户的权限，也可以删除以前授予用户的权限。

任务 17.19 拒绝对表的 SELECT 权限

问题描述 非本公司职员在参与数据库中的短期项目时有 Windows 的账户。为此，可以拒绝这些人的个人用户账户查看、添加、修改和删除 Customers 表的权限，编写代码拒绝这些人的个人用户账户 TempWorkerL、TempWorkerS 和 TempWorkerZ 查看、添加、修改和删除 Customers 的权限。

解决方案

```
USE Northwind;
GO
DENY SELECT,INSERT, UPDATE, DELETE
ON Customers
```

```
TO TempWorkerL ,TempWorkerS ,TempWorkerZ
GO
```

分析与讨论

(1) 以上 DENY 语句向数据库用户 TempWorkerL、TempWorkerS、TempWorkerZ 对数据库对象 Customers 表拒绝 SELECT 操作权限。也就是说，拒绝用户 TempWorkerL，TempWorkerS，TempWorkerZ 查看 Customers 表的权限。

(2) DENY 语句最简单的格式为：

```
DENY permission [ ,...n ]
ON table | view | storedProcedure  | userDefinedFunction
TO securityAccount [ ,...n ]
```

其中参数的含义同 GRANT 中的相似。

(3) 对于当前数据库中的对象，只可以在当前数据库中对用户账户拒绝权限。

任务 17.20　删除以前授予用户对表的指定列的权限

问题描述 在任务 17.15 中，授予了 Northwind 数据库中 zhang 用户查看 Products 表的 Discontinued 和 ReorderLevel 列以及修改 Products 表的 ReorderLevel 列的权限。现在用户 zhang 调换了工作部门，编写代码删除授予用户 zhang 的这些权限。

解决方案

```
USE Northwind;
GO
DENY  SELECT
ON Products(Discontinued, ReorderLevel)
TO zhang
GO
DENY  UPDATE (ReorderLevel)
ON Products
TO zhang
GO
```

分析与讨论

(1) 以上代码第一条 GRANT 语句向 zhang 用户对 Products 表的 Discontinued 和 ReorderLevel 列拒绝 SELECT 操作权限。第二条 GRANT 语句向 zhang 用户对 Products 表的 ReorderLevel 列拒绝 UPDATE 操作权限。

(2) 如果 ON 关键字后指定的数据库对象是表或视图或表值函数，则可以对指定表或视图或表值函数中指定的列拒绝指定的操作权限。其最简单的一般格式为：

```
DENY permission [ ,...n ]
ON table | view |userDefinedFunction [ ( column [ ,...n ] ) ]
TO securityAccount [ ,...n ]
```

或者

```
DENY permission [ ,...n ] [ ( column [ ,...n ] ) ]
ON table | view |userDefinedFunction
TO securityAccount [ ,...n ]
```

其中：

column：指定表、视图或表值函数中要拒绝其权限的列的名称。

注意：① 列的名称需要使用括号“( )”括起来。

② column 可以在权限子句中指定(例如解决方案中第二条 GRANT 语句)，也可以在数据库对象名之后指定(例如解决方案中第一条 GRANT 语句)。

3．取消对象上的权限

可以取消以前授予或拒绝的权限。取消类似于拒绝，因为二者都是在同一级别上删除已授予的权限。但是，取消权限是删除已授予的权限，并不妨碍用户、组或角色从更高级别继承已

授予的权限。因此，如果取消用户查看表的权限，不一定能防止用户查看该表，因为已将查看该表的权限授予了用户所属的角色。

17.5.2　授予语句权限

创建数据库或数据库中的项(如表或存储过程)所涉及的活动要求另一类称为语句权限的权限。例如，如果用户要在数据库中创建表，则应向该用户授予 CREATE TABLE 语句权限。语句权限(如 CREATE DATABASE)适用于语句自身，而不适用于数据库中定义的特定对象。

语句权限包括：

```
CREATE DATABASE
CREATE DEFAULT
CREATE FUNCTION
CREATE PROCEDURE
CREATE RULE
CREATE TABLE
CREATE VIEW
BACKUP DATABASE
BACKUP LOG
```

1. 向用户授予数据库中的语句权限

可使用 GRANT 命令授予语句权限。

任务 17.21　授予创建表和视图的权限

问题描述 授予数据库用户 wang 和 Albert 对 Northwind 数据库的 CREATE TABLE 和 CREATE VIEW 权限。

解决方案

```
USE Northwind;
GO
GRANT CREATE TABLE, CREATE VIEW
TO wang, Albert;
GO
```

分析与讨论

(1)　以上 GRANT 语句给数据库用户 wang 和 Albert 授予 CREATE TABLE 和 CREATE VIEW 两个语句权限。

(2)　可使用 GRANT 命令授予语句权限。其格式为：

```
GRANT { ALL | statement [ ,...n ] }
TO securitAccount [ ,...n ]
```

其中：

- statement：是被授予权限的语句。语句列表可以包括：

BACKUP DATABASE

BACKUP LOG

CREATE DATABASE

CREATE DEFAULT

CREATE FUNCTION

CREATE PROCEDURE

CREATE RULE

CREATE TABLE

CREATE VIEW。

- 授予 ALL 等同于授予上列的所有语句权限。
- securityAccount：是对其授权的数据库用户名列表。

2. 拒绝用户在数据库中的语句权限

可使用 DENY 命令拒绝语句权限。

任务 **17.22** 拒绝语句权限

问题描述 拒绝数据库用户 wang 和 Albert 对 Northwind 数据库的 CREATE TABLE 和 CREATE VIEW 权限。

解决方案

```
USE Northwind;
GO
DENY CREATE TABLE, CREATE VIEW
TO wang, Albert;
GO
```

分析与讨论

(1) 以上 GRANT 语句对数据库用户 wang 和 Albert 拒绝多个语句权限。用户不能使用 CREATE VIEW 和 CREATE TABLE 语句，除非给他们显式授予权限。

(2) 可使用 GRANT 命令授予语句权限。其格式为：

```
DENY { ALL | statement [ ,...n ] }
TO securitAccount [ ,...n ]
```

其中参数的含义与 GRANT 语句类似。

17.5.3 独立实践

(1) 向“教务管理”数据库中的数据库用户 Zhengy、RJ\Zhanghao 和 RJ\Teachers 授予“学生_课程”表上的 SELECT 对象权限，以允许用户 Zhengy、RJ\Zhanghao 和 RJ \Teachers 查看“学生_课程”表。

(2) 向“教务管理”数据库中的数据库用户 RJ \Teachers 授予“学生_课程”表上的 SELECT、INSERT、DELETE 和 UPDATE 对象权限，以允许用户 RJ \Teachers 的查看、添加、删除和修改“学生_课程”表。

(3) 授予数据库用户 RJ \Teachers 对“教务管理”数据库的 CREATE TABLE、CREATE PROCEDURE 和 CREATE VIEW 权限。

17.6 使用和创建角色

角色是一个强大的工具，能够将用户集中到一个单元中，然后对该单元应用权限。对一个角色授予、拒绝或废除的权限适用于该角色的任何成员。可以建立一个角色来代表单位中一类工作人员所执行的工作，然后给这个角色授予适当的权限。当工作人员开始工作时，只需将他们添加为该角色成员；当他们离开工作时，将他们从该角色中删除即可。而不必在每个人接受或离开工作时，反复授予、拒绝和废除其权限。权限在用户成为角色成员时自动生效。

如果根据工作职能定义了一系列角色，并给每个角色指派了适合这项工作的权限，则很容易在数据库中管理这些权限。之后，不用管理各个用户的权限，而只需在角色之间移动用户即可。如果工作职能发生改变，则只需更改一次角色的权限，并使更改自动应用于角色的所有成员，操作比较容易。

在 SQL Server 中，提供两个级别的角色：服务器级角色和数据库级角色。服务器级角色的作用范围为服务器，数据库级角色的作用范围为数据库。某用户连接上 SQL Server 服务器后，若要对 SQL Server 服务器执行管理任务(如管理登录和管理每个数据库)，则该用户必须是服务器角色的成员。

17.6.1　使用服务器角色

服务器角色也称为"固定服务器角色"，这是因为用户不能够创建新的服务器角色，只能够使用 SQL Server 中预先定义的几个服务器角色，这些预先定义的服务器角色称为固定服务器角色。表 17.3 显示了预先定义的服务器级角色及其能够执行的操作。

表 17.3　固定服务器角色

固定服务器角色	描　述
Sysadmin	可以在 SQL Server 中执行任何活动
Serveradmin	可以设置服务器范围的配置选项，关闭服务器
Setupadmin	可以管理链接服务器和启动过程
Securityadmin	可以管理登录和 CREATE DATABASE 权限，还可以读取错误日志和更改密码
Processadmin	可以管理在 SQL Server 中运行的进程
Dbcreator	可以创建、更改和删除数据库
Diskadmin	可以管理磁盘文件
Bulkadmin	可以执行 BULK INSERT 语句

1. 为登录用户分配服务器角色

可以使用 sp_addsrvrolemember 将登录名添加为某个服务器角色的成员。

任务 17.23　将登录名添加为服务器角色的成员

问题描述将 Windows 登录名 shaopm-PC\zhang 添加到 sysadmin 固定服务器角色中。

解决方案

```
EXEC sp_addsrvrolemember 'shaopm-PC\zhang', 'sysadmin';
GO
```

分析与讨论

(1)　使用 sp_addsrvrolemember。

以上代码调用 sp_addsrvrolemember 存储过程将 Windows 登录名 shaopm-PC\zhang 添加为服务器角色 sysadmin 的成员。这样，shaopm-PC\zhang 用户成为 SQL Server 系统管理员。

以上语句与下面语句等效：

```
EXEC sp_addsrvrolemember
@loginame='shaopm-PC\zhang', @rolename = 'sysadmin';
```

(2)　将登录名添加为服务器角色的成员。

执行 sp_addsrvrolemember 存储过程可将登录名添加为服务器角色的成员。sp_addsrvrolemember 的一般格式为：

```
sp_addsrvrolemember [ @loginame= ] 'login',[ @rolename = ] 'role'
```

其中：

- login：为添加到固定服务器角色中的登录名。login 可以是 SQL Server 登录或 Windows 登录。如果未向 Windows 登录授予对 SQL Server 的访问权限，则将自动授予该访问权限。login 必须存在。
- role：为要添加登录的固定服务器角色的名称。必须为下列值之一：
    - sysadmin
    - securityadmin
    - bulkadmin
    - setupadmin

- ◆ serveradmin
- ◆ processadmin
- ◆ diskadmin
- ◆ dbcreator

2. 从服务器角色中删除 SQL Server 登录名、Windows 用户或组

可以使用 sp_dropsrvrolemember 从服务器角色中删除 SQL Server 登录名、Windows 用户或组。

任务 **17.24** 删除服务器角色中的成员

问题描述 从 sysadmin 固定服务器角色中删除登录名 shaopm-PC\zhang。

解决方案

```
EXEC sp_dropsrvrolemember 'shaopm-PC\zhang', 'sysadmin';
GO
```

分析与讨论

(1) 使用 sp_dropsrvrolemember。

以上代码调用 sp_dropsrvrolemember 存储过程从服务器角色 sysadmin 中删除 Windows 用户 shaopm-PC\zhang。

以上语句与下面语句等效：

```
EXEC sp_dropsrvrolemember
@loginame='shaopm-PC\zhang', @rolename = 'sysadmin';
```

(2) 从服务器角色中删除 SQL Server 登录名、Windows 用户或组。

执行 sp_dropsrvrolemember 存储过程可将登录名添加为服务器角色的成员。sp_dropsrvrolemember 的一般格式为：

```
sp_dropsrvrolemember [ @loginame= ] 'login',[ @rolename = ] 'role'
```

其中：

- login：为将要从固定服务器角色删除的登录名称。login 可以是 SQL Server 登录、Windows 用户或组。login 必须存在。
- role：为要删除登录的固定服务器角色的名称。必须为下列值之一：
  - ◆ sysadmin
  - ◆ securityadmin
  - ◆ bulkadmin
  - ◆ setupadmin
  - ◆ serveradmin
  - ◆ processadmin
  - ◆ diskadmin
  - ◆ dbcreator

17.6.2 使用和创建数据库角色

与在服务器级别有固定服务器角色一样，在数据库级别也有预先定义的数据库角色，这些在数据库级别预先定义的数据库角色称为固定数据库角色(见表 17.4)，固定数据库角色存在于每个数据库中。但和服务器级别的服务器角色不同，在数据库级别，数据库角色不只有数据库中预定义的“固定数据库角色”，还可以有自己创建的“灵活数据库角色”。也就是说 SQL Server 中有两种类型的数据库级角色：数据库中预定义的“固定数据库角色”和用户可以创建的“灵

活数据库角色”。

虽然每个数据库中都存在名称相同的角色，但各个角色的作用域只是在特定的数据库内。例如，如果 Database1 和 Database2 中都有名为 UserX 的用户 ID，将 Database1 中的 UserX 添加到 Database1 的 db_owner 固定数据库角色中，对 Database2 中的 UserX 是否是 Database2 的 db_owner 角色成员没有任何影响。

表 17.4　固定数据库角色

固定数据库角色	描　述
db_owner	在数据库中有全部权限
db_accessadmin	可以添加或删除用户 ID
db_securityadmin	可以管理全部权限、对象所有权、角色和角色成员资格
db_ddladmin	可以执行 ALL DDL，但不能执行 GRANT、REVOKE 或 DENY 语句
db_backupoperator	可以执行 DBCC、CHECKPOINT 和 BACKUP 语句
db_datareader	可以选择数据库内任何用户表中的所有数据
db_datawriter	可以更改数据库内任何用户表中的所有数据
db_denydatareader	不能选择数据库内任何用户表中的任何数据
db_denydatawriter	不能更改数据库内任何用户表中的任何数据

数据库中的每个用户都属于 public 数据库角色。如果想让数据库中的每个用户都能拥有某个特定的权限，则将该权限指派给 public 角色。如果没有给用户专门授予对某个对象的权限，他们就使用指派给 public 角色的权限。

1. 创建数据库角色

使用 CREATE ROLE 语句在当前数据库中创建新的角色。

任务 17.25　创建角色

问题描述 公司要求向所有终身职员提供访问数据库中若干个表的权限，但分布于整个组织内的几个新职员例外，要防止他们看到 Employees 表。

为此，为公司内的每个部门创建一个角色，并将所有职员都添加到相应的部门角色中。然后可以创建一个公司范围的 Corporate 角色，将每个单独的部门角色添加到其中，并授予查看表的权限。此时，公司中的每个职员都可以看到所有表，因为他们通过自己的部门角色从 Corporate 角色继承了权限。

若要有选择性地防止职员查看 Employees，则可创建 Nonsecure 角色，将不应该看到 Employees 表的每个职员都添加到此角色中。当对 Nonsecure 拒绝查看 Employees 的权限时，将从 Nonsecure 的所有成员中删除该访问权限，而公司中的其他职员不受影响。

根据以上要求，请为销售部创建一个角色 salers，并创建 Corporate 角色和 Nonsecure 角色。

解决方案

(1)　创建登录账户。

```
CREATE LOGIN Lil
WITH  PASSWORD = '123456',
DEFAULT_DATABASE = Northwind;
GO
CREATE LOGIN Chengz
WITH  PASSWORD = '123456',
DEFAULT_DATABASE = Northwind;
GO
CREATE LOGIN Lul
WITH  PASSWORD = '123456',
DEFAULT_DATABASE = Northwind;
GO
CREATE LOGIN Shaop
WITH  PASSWORD = '123456',
DEFAULT_DATABASE = Northwind;
GO
```

(2) 创建数据库用户。

```
USE Northwind;
GO
CREATE USER Lil
FOR LOGIN Lil
GO
CREATE USER Chengz
FOR LOGIN Chengz;
GO
CREATE USER Shaop
FOR LOGIN Shaop;
GO
```

(3) 创建角色。

```
USE Northwind;
GO
CREATE ROLE Corporate
GO
CREATE ROLE Nonsecure
AUTHORIZATION Lil;
GO
CREATE ROLE salers
AUTHORIZATION Corporate;
GO
```

分析与讨论

(1) 创建由创建角色的用户拥有的数据库角色。

解决方案中的第一条CREATE ROLE语句创建数据库角色Corporate。创建角色的用户将拥有该角色。

(2) 创建由数据库用户拥有的数据库角色。

解决方案中的第二条CREATE ROLE语句将创建用户Lil 拥有的数据库角色Nonsecure。

(3) 创建由数据库角色拥有的数据库角色。

解决方案中的第三条CREATE ROLE语句将创建Corporate数据库角色拥有的数据库角色salers。

(4) CREATE ROLE语句。

CREATE ROLE语句在当前数据库中创建新的数据库角色。其一般格式为：

```
CREATE ROLE roleName
[ AUTHORIZATION ownerName ]
```

其中：

- roleName：指定待创建角色的名称。
- ownerName：指定将拥有新角色的数据库用户或角色。如果未指定用户，则执行CREATE ROLE 的用户将拥有该角色。

(5) 数据库角色要么在创建角色时由明确指定为所有者的用户所拥有，要么在未指定所有者时为创建角色的用户所拥有。角色的所有者决定可以在角色中添加或删除用户。但是，因为角色不是数据库对象，不能在同一数据库中创建由不同用户所拥有的多个同名角色。

注意： 无法创建新的服务器角色。只能在数据库级别上创建角色。

其语法为：

```
sp_addrole [ @rolename = ] 'role'
[ , [ @ownername = ] 'owner' ]
```

其中：

- [@rolename =] 'role'：为新角色的名称。role 的数据类型为 sysname，没有默认值。role

必须是有效标识符，并且不能已经存在于当前数据库中。

- [@ownername =] 'owner'：为新角色的所有者。owner 的数据类型为 sysname，默认值为 dbo。owner 必须是当前数据库中的某个用户或角色。当指定 Windows 用户时，应指定该 Windows 用户在数据库中可被识别的名称(用 sp_grantdbaccess 添加)。

在添加角色之后，可以使用 sp_addrolemember 添加安全账户，使其成为该角色的成员。当使用 GRANT 语句将权限应用于角色时，角色的成员将继承这些权限，就像将权限直接应用于其账户一样。

下例将名为 Managers 的新角色添加到当前数据库中。

```
sp_addrole 'Managers'
```

2. 给数据库角色授权

可使用 GRANT 语句给角色授权，其语法和给用户授权的语法一样，只需将用户名改为角色名即可。

任务 17.26　给角色授权

问题描述向 Northwind 数据库中的 Corporate 角色授予 Employees 表上的 SELECT 对象权限，以允许 Corporate 角色的成员可以查看 Employees 表。

解决方案

```
USE Northwind;
GRANT SELECT
ON Employees
TO Corporate;
GO
```

分析与讨论

以上 GRANT 语句向数据库 Corporate 角色对数据库对象 Employees 表授予 SELECT 操作权限。也就是说，授予 Corporate 角色的成员查看 Employees 表的权限。

3. 拒绝数据库角色权限

任务 17.27　拒绝角色权限

问题描述向 Northwind 数据库中的对 Nonsecure 角色拒绝查看 Employees 表的权限。

解决方案

```
USE Northwind;
DENY SELECT
ON Employees
TO Nonsecure;
GO
```

分析与讨论

(1) 使用 DENY 语句拒绝角色权限。

以上代码使用 DENY 语句拒绝 Nonsecure 角色对 Employees 表的 SELECT 操作权限。这样，Nonsecure 角色的每个成员都不能够对 Employees 表进行 SELECT 操作了。

(2) 如果想限制某些用户或角色的权限，可使用 DENY 拒绝权限。拒绝权限包括：

① 删除以前授予用户、组或角色的权限。

② 停用从其他角色继承的权限。

③ 确保用户、组或角色将来不继承更高级别的组或角色的权限。

4. 取消权限

可以使用 REVOKE 语句取消以前授予或拒绝的权限。

任务 17.28　取消以前授予的权限

问题描述在 Northwind 数据库中，假定以前已给 Nonsecure 角色授予了对 Employees 表的

SELECT 权限。现要求取消对 Nonsecure 角色授予的查看 Employees 表的权限。

解决方案

```
USE Northwind;
REVOKE SELECT
ON Employees
TO Nonsecure;
GO
```

分析与讨论

(1) 使用 REVOKE 语句取消以前授予的权限。

以上代码使用 DENY 语句取消以前授予的 Nonsecure 角色对 Employees 表的 SELECT 操作权限。

(2) 取消和拒绝的比较。

例如，可使用 REVOKE 语句取消 Nonsecure 角色对 Employees 表的 SELECT 访问权限将删除该权限，从而使 Nonsecure 不能再使用该表。如果 Nonsecure 是 Corporate 角色的成员，由于已经将 Employees 上的 SELECT 权限授予了 Corporate，则 Nonsecure 的成员可以通过 Corporate 中的成员资格看到该表。

但是，如果对 Nonsecure 拒绝权限，则即使向 Corporate 授予该权限，Nonsecure 也不会继承该权限，因为拒绝权限不能由另一级别上的权限撤销。

类似地，通过取消对权限的拒绝也可以删除已拒绝的权限。但是，如果用户在组或角色级别有其他已拒绝权限，则其访问权限仍被拒绝。

任务 17.29 取消以前拒绝的权限

问题描述在 Northwind 数据库中，Nonsecure 角色的成员也是 Corporate 角色的成员，Corporate 角色的成员已授予查看 Employees 表的权限，以前在任务 17.25 已对 Nonsecure 角色拒绝查看 Employees 表的权限，以防止 Nonsecure 角色的成员查看 Employees 表。现在 Nonsecure 角色的成员已是公司的终身职员，因此，公司要求取消对 Nonsecure 角色拒绝查看 Employees 表的权限，请提出解决方案。

解决方案

```
USE Northwind;
REVOKE SELECT
ON Employees
TO Nonsecure;
GO
```

分析与讨论

使用 REVOKE 语句取消以前拒绝的权限。

以上代码使用 REVOKE 语句取消以前使用 DENY 语句拒绝 Nonsecure 角色对 Employees 表的 SELECT 操作权限。这样，通过适用于 Corporate 角色的 SELECT 权限，Nonsecure 角色的成员可以查看 Employees 表。因为 Nonsecure 角色的成员也是 Corporate 角色的成员。

任务 17.30 禁用 guest 用户

问题描述禁用 Northwind 数据库中 guest 用户。

解决方案

```
USE Northwind;
REVOKE CONNECT
TO GUEST;
GO
```

5. 更改数据库角色的名称

可以使用 ALTER ROLE 语句更改数据库角色的名称。

任务 17.31　更改数据库角色的名称

问题描述 将 Northwind 数据库中的数据库角色 salers 的名称更改为 salesperson。

解决方案

```
USE Northwind;
ALTER ROLE salers
WITH NAME = salesperson;
GO
```

分析与讨论

(1)　使用 ALTER ROLE。

以上代码使用 ALTER ROLE 语句将数据库角色 salers 的名称更改为 salesperson。

(2)　ALTER ROLE 语句的格式：

```
ALTER ROLE roleName
WITH NAME = newName
```

其中：

- roleName：指定要更改的数据库角色的名称。
- newName：指定角色的新名称。数据库中不得已存在此名称。

(3)　固定服务器角色和固定数据库角色不能够修改。

6. 删除数据库角色

可以使用 DROP ROLE 语句删除数据库角色。

任务 17.32　删除数据库角色

问题描述 从数据库 Northwind 中删除数据库角色 personnel。

解决方案

```
USE Northwind;
DROP ROLE personnel;
GO
```

分析与讨论

(1)　使用 DROP ROLE 语句删除数据库角色。

以上 DROP ROLE 语句删除数据库角色 personnel。

(2)　不能够从数据库删除拥有成员的角色。

若要删除拥有成员的角色，必须首先删除角色的成员。

(3)　不能够从数据库删除拥有安全对象的角色。

若要删除拥有安全对象的数据库角色，必须首先转移这些安全对象的所有权，或从数据库删除它们。

(4)　不能使用 DROP ROLE 删除固定数据库角色。

17.6.3　向数据库角色添加和删除用户

可使用 sp_addrolemember 向数据库角色添加成员，使用 sp_droprolemember 从角色中删除成员。

1. 添加 Windows 用户

任务 17.33　添加 Windows 用户

问题描述 Windows 用户 Corporate\Chenman 是公司的新职员，该职员属于销售部，他只能查看产品表，不能查看雇员表。Windows 用户 Corporate\Zhangxiang 是公司的终身职员，他既可以查看产品表，也可以查看雇员表。结合任务 17.23、17.24、17.25 及其解决方案，请提出该问题的解决方案。

问题分析 根据任务的问题描述，首先要使 Windows 用户 Corporate\Chenman 和 Corporate\Zhangxiang 成为数据库用户 Chenman、Zhangxiang，然后，将这两个数据库用户添加到角色 salers 中，再将角色 salers 添加到 Corporate 角色中，最后将数据库用户 Chenman 添加到角色 Nonsecure 中。Corporate 和 salers 角色已在前面任务中授权。

解决方案

(1) 创建登录名称。

```
CREATE LOGIN Corporate\Chenman
FROM WINDOWS
DEFAULT_DATABASE = Northwind;
GO
CREATE LOGIN Corporate\Zhangxiang
FROM WINDOWS
DEFAULT_DATABASE = Northwind;
GO
```

(2) 将登录用户映射为数据库用户。

```
USE Northwind;
GO
CREATE USER Chenman
FOR LOGIN Corporate\Chenman;
GO
CREATE USER Zhangxiang
FOR LOGIN Corporate\Zhangxiang;
GO
```

(3) 向角色添加 Windows 用户。

```
sp_addrolemember 'salers', 'Chenman';
GO
sp_addrolemember 'salers', 'Zhangxiang';
GO
sp_addrolemember 'Corporate', 'salers';
GO
sp_addrolemember 'Nonsecure', 'Chenman';
GO
```

(4) 给角色授权。

```
USE Northwind;
DENY SELECT
ON Employees
TO Nonsecure;
GO
```

分析与讨论

(1) 将用户添加到角色。

使用 sp_addrolemember 将用户添加到指定的数据库角色中，使该用户成为该角色的成员。其语法为：

```
sp_addrolemember [ @rolename = ] 'role' ,
    [ @membername = ] 'security_account'
```

其中：

- [@rolename =] 'role'：为当前数据库中角色的名称。没有默认值。
- [@membername =] 'security_account'：为添加到角色的安全账户。security_account 可以是所有有效的 SQL Server 用户、SQL Server 角色或是所有已授权访问当前数据库的 Microsoft Windows 用户或组。当添加 Windows 用户或组时，应指定在数据库中用来识别该 Windows 用户或组的名称。

由于 Windows 用户 Corporate\Chenman 和 Corporate\Zhangxiang 在 Northwind 数据库中被当作是用户 Chenman 和 Zhangxiang，所以必须使用 sp_addrolemember 来指定用户名 Chenman 和 Zhangxiang。

说明： 当使用 sp_addrolemember 将安全账户添加到角色时，新成员将继承所有应用到角色的权限。

(2) 在添加 SQL Server 角色，使其成为另一个 SQL Server 角色的成员时，不能创建循环角色。例如，如果 YourRole 已经是 MyRole 的成员，就不能将 MyRole 添加成为 YourRole 的成员。此外，也不能将固定数据库或固定服务器角色，或者 dbo 添加到其他角色。例如，不能将 db_owner 固定数据库角色添加成用户定义的角色 YourRole 的成员。

只能使用 sp_addrolemember 将成员添加到数据库角色。在 SQL Server 中，将成员添加到 Windows 组是不可能的。

2. 添加 SQL Server 用户

任务 17.34

问题描述 Longyuhua 是公司的终身职员，他属于销售部。编写代码使 Longyuhua 成为 Northwind 数据库角色 salers 的成员，使他具有销售部人员访问数据库的权限。编写代码完成该任务。

问题分析 根据问题描述，首先创建 SQL Server 登录名 Longyuhua，使 Longyuhua 可以登录数据库，然后将 SQL Server 登录名 Longyuhua 映射为数据库用户 Longyuhua，再将数据库用户 Longyuhua 添加到数据库角色 salers。这样 Longyuhua 就具有角色 salers 的权限。

解决方案

(1) 创建 SQL Server 登录名。

```
CREATE LOGIN Longyuhua
WITH PASSWORD = '123456'
GO
```

(2) 将登录映射为数据库用户。

```
USE Northwind;
GO
CREATE USER Longyuhua
FOR LOGIN Longyuhua;
GO
```

(3) 向数据库角色添加 SQL Server 用户。

```
sp_addrolemember 'salers', 'Longyuhua';
GO
```

分析与讨论

以上代码使用 sp_addrolemember 将 SQL Server 用户 Longyuhua 添加到当前数据库中的 salers 角色。

3. 从角色中删除用户

任务 17.35

问题描述 Windows 用户 Corporate\Chenman 已成为公司的新职员终身职员，为此需要从 Nonsecure 角色中删除 Corporate\Chenman 数据库用户。编写代码完成该任务。

解决方案

```
sp_droprolemember 'Nonsecure', 'Corporate\Chenman';
GO
```

分析与讨论

(1) 以上代码使用 sp_droprolemember 从 Nonsecure 角色中删除数据库用户 Corporate\Chenman。

(2) 从角色中删除用户。

从角色中删除用户的一般格式为：

```
sp_droprolemember [@rolename=]'role' ,[@membername=] 'security_account'
```

其中：

- [@rolename =] 'role'：指定删除成员角色的名称。role 角色必须存在于当前数据库中。
- [@membername =] 'security_account'：指定将从角色中删除的安全账户的名称。security_account 可以是数据库用户、其他数据库角色、Windows 登录名或 Windows 组。security_account 必须存在于当前数据库中。

(3) 不能从任何角色中删除 dbo。

17.6.4 独立实践

在"教务管理"数据库系统中，多人在数据库中执行各种任务，每个人负责数据库应用程序的不同方面。少数几个人负责数据库和表的创建，但禁止他们添加和修改学生成绩的数据。有一个夜间值班小组对数据进行备份，但这些工作人员并不需要看到数据，也不需要创建表和数据库。教务处必须有访问学生信息和学生成绩的权限，并且只有教务处挑选出的少数几个人才拥有修改成绩的权限。另外还有学生，他们可以查看学生的成绩，但不能做任何更改。用户信息访问权限如表 17.5 所示。

表 17.5 用户信息访问权限表

用户账户	活　动
SH\annej	访问全部数据库
SH\dbadmins	创建数据库
SH\dboperations	进行夜间备份
SH\personnel	对学生及成绩数据有只读访问权限
SH\hejingx、SH\wangk、SH\chengz	对成绩数据有完全访问权限
SH\ Students	对成绩信息有只读访问权限

请提出该问题的解决方案。

任务 18　维护数据库

18.1　场 景 引 入

问题：公司的数据库有可能发生故障，这些故障包括：

- 病毒。破坏性病毒会破坏系统软件、硬件和数据。
- 用户操作错误(例如，误删除了某个表)。
- 硬件故障(例如，磁盘驱动器损坏或服务器报废)。
- 自然灾难。

当数据库发生这些故障时，如何恢复数据库？

另外，公司要求能够将数据库从一台服务器复制到另一台服务器，请提出解决这些问题的解决方案。

SQL Server 的备份和还原组件使用户能够创建数据库的副本。可将此副本存储在某个位置，以便数据库出现故障时使用。如果运行 SQL Server 实例的服务器出现故障，或者数据库遭到某种程度的损坏，可以用备份副本重新创建或还原。

通过备份一台计算机上的数据库，将该数据库还原到另一台计算机上，从而快速轻松地生成数据库的副本。

通过还原数据库，只用一步即可完成从数据库备份重新创建整个数据库的过程。

任务 18 将完成数据库的备份和数据库的还原等任务。

18.2　了解数据库备份和还原的概念

SQL Server 中的备份和还原为存储在 SQL Server 数据库中的关键数据提供了重要的保护手段。备份包括 18.2.1 节提到的几种类型，在实际应用中，究竟采用哪种类型的备份在某种程度上取决于数据库的恢复模式。

18.2.1　理解数据库备份类型

备份类型有数据库完整备份、差异备份和事务日志备份。

1. 数据库完整备份

完整数据库备份是对整个数据库进行备份，它表示备份完成时的数据库。

完整数据库备份易于使用。完整数据库备份包含数据库中的所有数据，对于可以快速备份的小数据库而言，最佳方法就是使用完整数据库备份。但是，随着数据库的不断增大，完整备份需花费更多时间才能完成，并且需要更多的存储空间。因此，对于大型数据库而言，可以用差异备份来补充完整数据库备份。

如果只做完整数据库备份，则数据库只能还原到最近数据库备份的末尾。如果发生故障，则在最近数据库备份之后所做的更新便会全部丢失。

图 18.1 中存在 5 个完整数据库备份，但只需要还原最近的备份(在 t5 时点执行的备份)。还原此备份会将数据库恢复到 t5 时点。由 t6 框表示的所有后续更新都将丢失。

图 18.2 显示了仅使用数据库完整备份的备份计划的工作丢失风险。此策略仅适用于可经常备份的小型数据库。

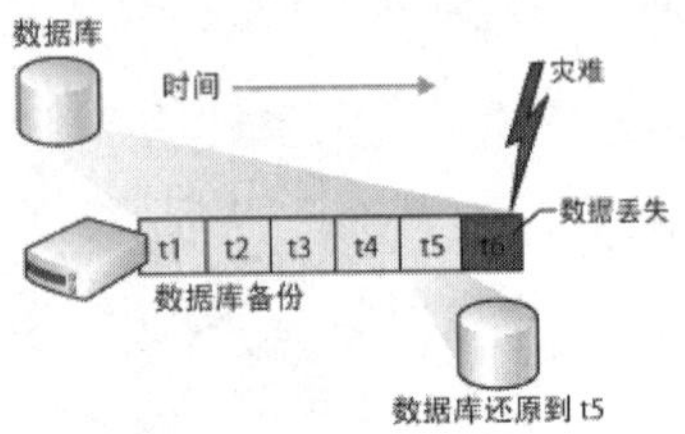

图 18.1　数据库完整备份

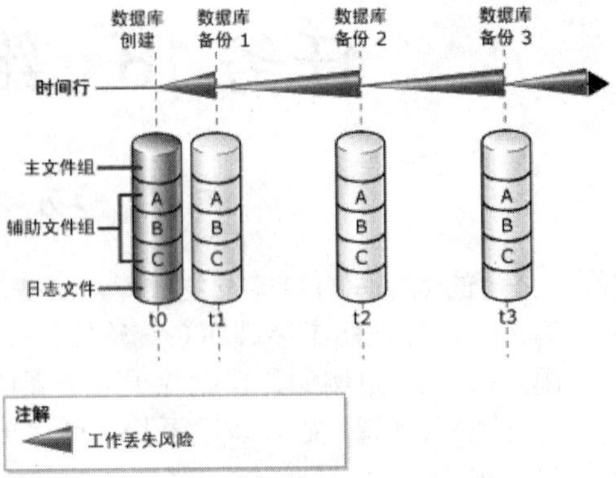

图 18.2　使用数据库完整备份风险

2. 数据库差异备份

数据库差异备份基于数据库的最新完整备份。与数据库完整备份不同的是，数据库差异备份仅包括自上次数据库完整备份以来所做的更改。因此，在创建第一个数据库差异备份之前，必须先创建数据库完整备份，该数据库完整备份是数据库差异备份的基准。还原数据库差异备份时，必须先还原之前最新的数据库完整备份(该最新的数据库完整备份称为差异基准或基准备份)，然后还原数据库差异备份。

通常，建立基准备份之后很短时间内执行的差异备份比数据库完整备份(基准备份)更小，创建速度也更快。因此，使用差异备份可以加快进行频繁备份的速度，从而降低数据丢失的风险。通常，一个差异基准会由若干个相继的差异备份使用。还原时，首先还原完整备份，然后再还原最新的差异备份。

图 18.3 显示的备份策略通过使用差异数据库备份对数据库完整备份进行补充，从而减少了工作丢失风险。在第一个数据库完整备份完成后，会接着进行三个差异数据库备份。第三个差异备份足够大，因而下一个备份为完整数据库备份。该数据库备份将成为新的差异基准。

3. 事务日志备份

每个数据库都具有事务日志，用于记录所有事务以及每个事务对数据库所做的修改。事务日志备份也称日志备份。

在创建第一个事务日志备份之前，必须先创建完整备份。

每个日志备份都包括创建备份时处于活动状态的部分事务日志，以及先前日志备份中未备份的所有日志记录。不间断的日志备份序列包含数据库的完整(即连续不断的)日志链。连续不断的日志链可以将数据库还原到任意时间点。

如果可以在发生严重故障后备份活动日志，就可将数据库一直还原到没有发生数据丢失的故障点处。

日志链从数据库的完整备份开始。若要将数据库还原到故障点，必须保证日志链是完整的。也就是说，事务日志备份的连续序列必须能够延续到故障点。

还原日志备份将前滚事务日志中记录的更改，使数据库恢复到开始执行日志备份操作时的状态。还原数据库时，必须先还原完整数据库备份，然后还原在所还原完整数据库备份之后创建的日志备份。通常情况下，在还原最新数据或差异备份后，必须还原一系列日志备份直到到达恢复点。

图 18.4 中，已完成了完整数据库备份 Db_1 以及两个例行日志备份 Log_1 和 Log_2。在 Log_2 日志备份后的某个时间，数据库出现数据丢失。在还原这三个备份前，必须备份活动日

志(日志尾部)。然后还原 Db_1、Log_1 和 Log_2。接着还原结尾日志备份。这将把数据库恢复到故障点，从而恢复所有数据。

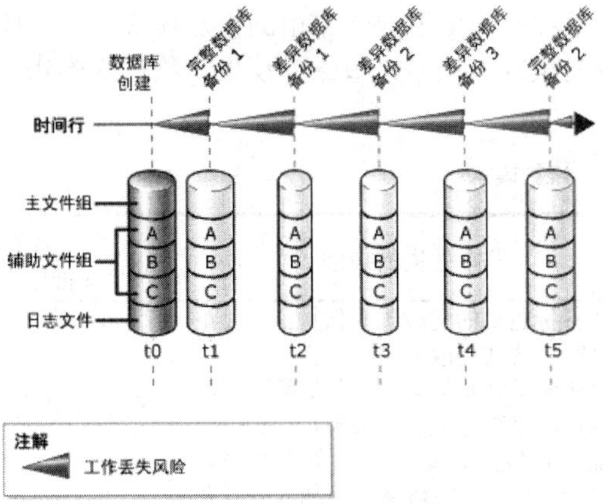

图 18.3　使用数据库差异备份风险

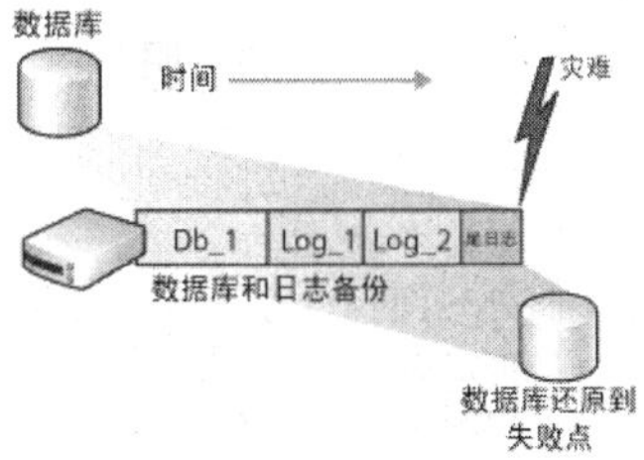

图 18.4　事务日志备份

可以使用一系列日志备份将数据库前滚到其中一个日志备份中的任意时点。注意，为了最大程度地缩短还原时间，可以对相同数据进行一系列差异备份以补充完整备份。

图 18.5 显示的备份策略使用差异数据库备份及一系列例行日志备份来补充完整数据库备份。使用事务日志备份可缩短潜在的工作丢失风险的存在时间，使该风险仅在最新日志备份之后存在。在第一个数据库备份完成后，会接着进行三个差异数据库备份。第三个差异备份很大，于是下一个备份创建为完整数据库备份。该完整数据库备份将成为新的差异基准。

出现故障后，可以尝试备份“日志尾部”(尚未备份的日志)。如果结尾日志备份成功，则可以通过将数据库还原到故障点来避免任何工作丢失。

图 18.5 中的第一个数据库备份创建之前，数据库存在潜在的工作丢失风险(从时间 t0 到时间 t1)。该备份建立之后，例行日志备份将工作丢失的风险降为丢失自最近日志备份之后所做的更改(在此图中，最近备份的时间为 t14)。如果发生工作丢失，则应该立即尝试备份活动日志(日志尾部)。如果此“结尾日志备份”成功，则数据库可以还原到故障点。

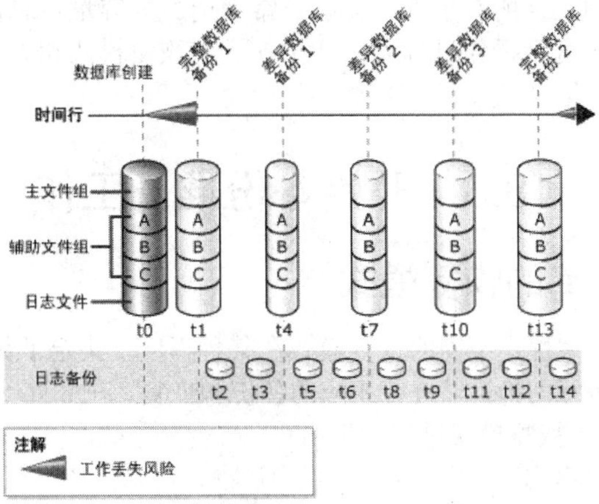

图 18.5　使用日志备份和数据库差异备份风险

使用日志备份的缺点是它们需要使用存储空间并会增加还原时间和复杂性。如果使用日志备份的好处不足以抵消为管理备份所带来的开销，则建议使用简单恢复模式。

18.2.2 理解恢复模式

在实际应用中，采用何种类型的备份，在某种程度上取决于采用的恢复模式。恢复模式有简单恢复模式、完整恢复模式和大容量日志恢复模式。通常，数据库使用完整恢复模式或简单恢复模式。表 18.1 概述了这些恢复模式。

表 18.1 恢复模式

恢复模式	说 明	工作丢失的风险	能否恢复到时点
简单恢复模式	无日志备份。 自动回收日志空间以减少空间需求，实际上不再需要管理事务日志空间	最新备份之后的更改不受保护。在发生灾难时，这些更改必须重做。 因此在简单恢复模式下，备份间隔应尽可能短，以防止大量丢失数据。但是，间隔的长度应该足以避免备份开销影响生产工作。在备份策略中加入差异备份可有助于减少开销	只能恢复到备份的结尾
完整恢复模式	需要日志备份。 数据文件丢失或损坏不会导致丢失工作。 可以恢复到任意时点	正常情况下没有。 如果日志尾部损坏，则必须重做自最新日志备份之后所做的更改	如果备份在接近特定的时点完成，则可以恢复到该时点
大容量日志恢复模式	需要日志备份。 是完整恢复模式的附加模式，允许执行高性能的大容量复制操作。 通过使用最小方式记录大多数大容量操作，减少日志空间使用量	如果在最新日志备份后发生日志损坏或执行大容量日志记录操作，则必须重做自上次备份之后所做的更改。 否则不丢失任何工作	可以恢复到任何备份的结尾。不支持时点恢复

通常，对于用户数据库，简单恢复模式用于测试和开发数据库，或用于主要包含只读数据的数据库(如数据仓库)。简单恢复模式并不适合生产系统，因为对生产系统而言，丢失最新的更改是无法接受的。在这种情况下，我们建议使用完整恢复模式。

对于定期使用完整恢复模式的数据库，可以通过暂时使用大容量日志恢复模式来优化某些大容量操作。大容量日志恢复模式会带来多种限制，因此不适合用于日常使用。

完整恢复模式完整地记录所有事务，适合正常使用。大容量日志恢复模式适合在大容量操作过程中临时使用。在大容量操作过程中，如果在完整恢复模式和大容量日志恢复模式之间切换，则大容量操作的日志记录也会相应更改。

18.3 开始备份准备工作

18.3.1 切换数据库的恢复模式

恢复模式是数据库的属性，不同的恢复模式在某种程度上决定了数据库的备份策略。有时，需要对数据库恢复模式进行切换，以进行相应的备份和恢复。在 SQL Server 中，可通过 ALTER DATABASE 命令对数据库恢复模式进行切换。

任务 18.1 更改恢复模式

问题描述 用 Transact-SQL 命令将 Northwind 数据库的恢复模式设置为简单恢复模式。

解决方案

```
USE master;
ALTER DATABASE Northwind SET RECOVERY SIMPLE;
```

分析与讨论

(1)　以上代码将 Northwind 数据库的恢复模式设置为简单恢复模式。

(2)　设置数据库恢复模式。

设置数据库恢复模式的一般格式为：

```
ALTER DATABASE Northwind SET RECOVERY Value
```

其中：

Value 为 FULL(完整恢复模式)，或 BULK_LOGGED(大容量日志恢复模式)，或 SIMPLE(简单恢复模式)。

默认恢复模式由 model 数据库的恢复模式决定，在 SQL Server 2008 中默认值为 FULL。

任务 18.2　查看数据库恢复模式

问题描述 用 Transact-SQL 命令查看用户数据库 Northwind 和系统数据库 model 的恢复模式。

解决方案

(1)　输入如下代码：

```
USE master;
SELECT name AS 数据库 ,recovery_model_desc AS 恢复模式
FROM sys.databases
WHERE name IN('model', 'Northwind');
```

(2)　运行代码，结果如图 18.6 所示。

结果　消息

	数据库	恢复模式
1	model	FULL
2	Northwind	SIMPLE

图 18.6　运行结果

分析与讨论

以上查询获得数据库 Northwind 和系统数据库 model 的恢复模式。可通过查看系统目录视图 sys.databases 来获得数据库的恢复信息。

18.3.2　创建备份设备

在备份操作过程中，将要备份的数据(即“备份数据”)写入物理备份设备。“物理备份设备”是操作系统提供的磁盘文件。可以将备份数据写入 1～64 个备份设备。

“逻辑备份设备”是指向特定物理备份设备(磁盘文件)的可选用户定义名称。通过逻辑备份设备，可以在引用相应的物理备份设备时使用“逻辑备份设备”名称。

可使用 sp_addumpdevice 存储过程创建“逻辑备份设备”。

1. 创建备份设备

任务 18.3　使用磁盘文件创建“逻辑备份设备”

问题描述 创建一个逻辑名为 mydiskdump 的磁盘备份设备，使其对应磁盘文件 c:\dump\dump1.bak。c:\dump\dump1.bak 是磁盘备份设备的物理名称。

解决方案

```
USE master;
GO
EXEC sp_addumpdevice 'disk', 'mydiskdump', 'c:\dump\dump1.bak';
```

分析与讨论

(1)　以上代码调用存储过程 sp_addumpdevice 创建了一个磁盘备份设备，该磁盘备份设备的逻辑名称为 mydiskdump，物理名称为 c:\dump\dump1.bak。

此后在 BACKUP 和 RESTORE 语句中就可以使用 mydiskdump 来访问磁盘文件 c:\dump\dump1.bak。

(2) 创建“逻辑备份设备”。

创建“逻辑备份设备”的一般格式为：

```
sp_addumpdevice [ @devtype = ] 'disk'
       , [ @logicalname = ] 'logical_name'
       , [ @physicalname = ] 'physical_name'
```

其中：

- logical_name：为备份设备的逻辑名称。该逻辑名称在 BACKUP 和 RESTORE 语句中使用。无默认值，且不能为 NULL。
- physical_name：为备份设备的物理名称。物理名称必须遵从操作系统文件名规则或网络设备的通用命名约定，并且必须包含完整路径。无默认值，且不能为 NULL。

在远程网络位置上创建备份设备时，请确保启动数据库引擎时所用的名称对远程计算机有相应的写权限。

(3) sp_addumpdevice 不执行对物理设备的任何访问。只有在执行 BACKUP 或 RESTORE 语句后才会访问指定的设备。创建一个逻辑备份设备可简化 BACKUP 和 RESTORE 语句，在这种情况下指定设备名称将代替使用 "DISK =" 子句指定设备路径。

(4) 在创建“逻辑备份设备”时，并不检查所使用的物理设备是否正确，因此此时如果物理设备不正确，SQL Server 也不会给出任何错误提示。只有在 BACKUP 和 RESTORE 语句中使用“逻辑备份设备”，如果对应的物理设备不正确，这时才会给出错误提示。

2. 查看逻辑备份设备

sys.backup_devices 系统目录视图保存了逻辑备份设备的有关信息，通过查询该系统目录视图可获取逻辑备份设备的有关情况。

任务 18.4　查看逻辑备份设备

问题描述 查看服务器上已经创建的所有逻辑备份设备的信息。

解决方案

(1) 输入如下代码：

```
SELECT *
FROM sys.backup_devices;
```

(2) 运行代码，结果如图 18.7 所示。

结果 | 消息

	name	type	type_desc	physical_name
1	mydiskdump	2	DISK	c:\dump\dump1.bak

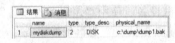

图 18.7　运行结果

分析与讨论

(1) 通过查询 sys.backup_devices 系统目录视图可获取服务器上已经创建的所有逻辑备份设备的信息。其中：

- name 列是备份设备的逻辑名称。
- type 列是备份设备的类型，2 表示是磁盘。
- type_desc 列是备份设备类型的说明。DISK 表示是磁盘备份设备。
- physical_name 列是备份设备的物理名称。

(2) 通过查询 sys.backup_devices 系统目录视图可判断指定备份设备是否存在，这在创建备份设备时经常用到。

3. 删除逻辑备份设备

通过调用系统存储过程 sp_dropdevice 可删除备份设备。

任务 18.5　删除逻辑备份设备

问题描述 如果逻辑备份设备 mydiskdump 存在，则将其删除，重新创建一个名为 mydiskdump 的逻辑备份设备。

解决方案

```
IF EXISTS(SELECT * FROM sys.backup_devices WHERE name='mydiskdump')
EXEC sp_dropdevice 'mydiskdump';
GO
EXEC sp_addumpdevice 'disk', 'mydiskdump', 'D:\SH\dump1.bak';
```

分析与讨论

(1) 以上代码首先判断 mydiskdump 逻辑备份设备是否存在，如果存在，就调用 sp_dropdevice 系统存储过程删除 mydiskdump 逻辑备份设备。然后调用 sp_addumpdevice 系统存储过程重新创建一个名为 mydiskdump 的逻辑备份设备。

(2) 删除备份设备的一般格式为：

```
sp_dropdevice [ @logicalname = ] 'device'
    [ , [ @delfile = ] 'delfile' ]
```

其中：

- device 为备份设备的逻辑名称。
- [@delfile =] 'delfile' 指定物理备份设备文件是否应删除。如果指定为 delfile，则删除物理备份设备磁盘文件。

18.3.3 独立实践

1. 更改恢复模式

用 Transact-SQL 命令将“教务管理”数据库的恢复模式设置为简单恢复模式。

2. 使用磁盘文件创建“逻辑备份设备”

创建一个逻辑名为 jwglbakData 的磁盘备份设备，使其对应磁盘文件 d:\ jwglbakData \ jwglbakData.bak。

18.4 创建数据库备份

所有的恢复模式都允许创建完整数据库备份或差异数据库备份。完整数据库备份包含数据库中的所有数据。对于可以快速备份的小数据库而言，最佳方法就是使用完整数据库备份。但是，随着数据库的不断增大，完整备份需花费更多时间才能完成，并且需要更多的存储空间。因此，对于大型数据库而言，可以用差异备份来补充完整数据库备份。

下面将完成创建完整数据库备份和部分数据库备份的任务。

18.4.1 创建完整数据库备份

可使用 BACKUP DATABASE 语句创建完整数据库备份。

任务 18.6　创建完整数据库备份

问题描述 创建完整数据库备份，将整个 Northwind 数据库备份到磁盘文件 'C:\MyBackups\Northwind.Bak'。

解决方案 1

```
USE Northwind;
GO
BACKUP DATABASE Northwind
TO DISK = 'C:\MyBackups\Northwind.Bak'
   WITH FORMAT;
GO
```

解决方案 2

```
USE master;
GO
EXEC sp_addumpdevice 'disk','NorthwinBak','C:\MyBackups\Northwind.Bak';
GO
BACKUP DATABASE Northwind
TO NorthwinBak
   WITH FORMAT;
GO
```

分析与讨论

(1) 创建完整数据库备份。

解决方案 1 在 BACKUP DATABASE 语句中使用物理备份设备'C:\MyBackups\Northwind.Bak'，将整个数据库 Northwind 备份到指定的物理设备上。DISK 指定物理备份设备为磁盘。

解决方案 2 先创建一个逻辑备份设备 NorthwinBak，然后在 BACKUP DATABASE 语句中使用逻辑备份设备 NorthwinBak，将整个数据库备份到逻辑备份设备所引用的物理设备上。

(2) BACKUP DATABASE 语句中当指定 DISK 时，应输入完整的路径和文件名。例如，'C:\MyBackups\Northwind.Bak'。而且完整的路径必须存在。例如，在执行以上 BACKUP 语句之前，C 盘必须存在，且 C 盘中必须有 MyBackups 文件夹，否则就会发生错误。

```
DISK = 'physicalBackupDeviceName'
```

但在执行 BACKUP 语句之前不必存在指定的物理设备。如果存在物理设备且 BACKUP 语句中没有指定 FORMAT 选项，则备份将追加到该设备。

(3) BACKUP DATABASE 语句使用 WITH FORMAT 覆盖任意现有备份并创建新媒体集，从而创建一个完整数据库备份。

(4) 创建完整数据库备份的基本格式为：

```
BACKUP DATABASE databaseName TO backupDevice WITH FORMAT
```

其中：

- databaseName 指定要备份的数据库名称。
- backupDevice 指定备份设备。如果直接使用物理备份设备，则必须指定 DISK。例如，DISK = 'C:\MyBackups\Northwind.Bak'，此时，必须输入完整的路径和文件名，而且完整的路径必须存在。

如果备份设备为逻辑设备，则 backupDevice 指定逻辑设备名称即可，例如 NorthwinBak。

18.4.2 创建差异数据库备份

在 BACKUP DATABASE 语句中使用 WITH DIFFERENTIAL 子句创建差异数据库备份。

任务 18.7 创建差异数据库备份

问题描述 备份 Northwind 数据库。首先创建完整数据库备份，将整个 Northwind 数据库备份到磁盘文件 C:\MySQLServerBackups\Northwind.bak，然后给 Northwind 数据库表 Shippers 添加一条记录，最后，给 Northwind 数据库创建差异数据库备份。

解决方案 1

```
USE master;
--将恢复模式设置为简单模式.
ALTER DATABASE Northwind SET RECOVERY SIMPLE;
GO
--创建完整数据库备份.
BACKUP DATABASE Northwind
  TO DISK = 'C:\MySQLServerBackups\Northwind.bak'
  WITH FORMAT;
GO
--添加数据.
INSERT INTO Shippers (CompanyName, Phone)
    VALUES('顺风','4008111111'),
          ('申通','(0571)82122222'),
          ('圆通','(021)69777888');
GO
--创建差异数据库备份.
BACKUP DATABASE Northwind
   TO DISK = 'C:\MySQLServerBackups\Northwind.bak'
   WITH DIFFERENTIAL;
GO
```

解决方案 2

```
USE master;
--将恢复模式设置为简单模式.
ALTER DATABASE Northwind SET RECOVERY SIMPLE;
GO
EXEC sp_addumpdevice 'disk','myNorthwinBak','C:\MySQLServerBackups \Northwind.Bak';
GO
--创建完整数据库备份.
BACKUP DATABASE Northwind
TO myNorthwinBak
   WITH FORMAT;
GO
--添加数据.
INSERT INTO Shippers (CompanyName, Phone)
    VALUES('顺风','4008111111'),
          ('申通','(0571)82122222'),
          ('圆通','(021)69777888');
GO
--创建差异数据库备份.
BACKUP DATABASE Northwind
   TO myNorthwinBak
   WITH DIFFERENTIAL;
```

分析与讨论

(1) 在创建第一个差异数据库备份之前，必须先创建完整数据库备份，该完整数据库备份是差异数据库备份的基准。

(2) 创建差异数据库备份。

在解决方案 1 中最后一个批处理使用 BACKUP DATABASE 语句及其 WITH DIFFERENTIAL 子句创建一个差异数据库备份，将差异数据备份到磁盘文件'C:\MySQLServerBackups\Northwind.bak'中。

解决方案 2 中最后一个批处理在创建差异数据库备份时使用的是先前创建的逻辑设备名称。

(3) 创建差异数据库备份的基本格式：

```
BACKUP DATABASE databaseName
TO backupDevice
WITH DIFFERENTIAL
```

其中：

- databaseName 指定要备份的数据库的名称。
- backupDevice 指定写入完整数据库备份的备份设备。
- DIFFERENTIAL 子句，用于指定仅备份自上次创建完整数据库备份之后已更改的数据库部分。

backupDevice 既可以是物理备份设备，也可以是创建的逻辑备份设备。如果是物理备份设备，必须指定 TDISK 和完整的路径和文件名，例如：DISK = 'C:\MySQLServerBackups\Northwind.bak'。

18.4.3 创建新媒体集并追加备份集

包含一个或多个备份媒体的集合的备份构成一个媒体集。“媒体集”是“备份媒体”(磁盘文件)的有序集合，使用固定数量的备份设备向其写入一个或多个备份操作。例如，与媒体集关联的备份设备可能是一个磁盘文件，也可能是 3 个磁盘文件。

成功的备份操作将向媒体集中添加一个“备份集”。通常，创建媒体集后，后续备份操作将依次向媒体集追加其备份集。备份集按照其在媒体集中的位置依次编号，从而使用户能够指定还原哪个备份集。

1. 创建媒体集

要创建新媒体集，必须格式化备份媒体(一个或多个磁盘文件)。如果要创建新媒体集，就要使用 BACKUP 语句的 FORMAT 子句。

任务 18.8　创建媒体集

问题描述 备份 Northwind 数据库。首先创建完整数据库备份，将整个 Northwind 数据库备份到磁盘文件 C:\MyBackups1\Northwind.bak，并创建一个新媒体集 NorthwindMediaSet1，再给 Northwind 数据库表 Shippers 添加一条记录，接下来，给 Northwind 数据库创建差异数据库备份，并将该备份添加到媒体集 NorthwindMediaSet1，再给 Northwind 数据库表 Shippers 添加一条记录，最后，给 Northwind 数据库创建差异数据库备份，并将此备份添加到媒体集 NorthwindMediaSet1。

解决方案

```
USE master;
--将恢复模式设置为简单模式.
ALTER DATABASE Northwind SET RECOVERY SIMPLE;
GO
USE Northwind;
--创建完整数据库备份.
BACKUP DATABASE Northwind
  TO DISK = 'C:\MyBackups1\Northwind.bak'
  WITH
   FORMAT,
   DESCRIPTION='完整备份数据库 Northwind',--对备份集的简要说明
   NAME='NwindBackupSet1',              -- 指定备份集的名称
--对媒体集的简要说明
   MEDIADESCRIPTION='保存于磁盘文件 C:\MyBackups1\Northwind.bak',    MEDIANAME =
'NorthwindMediaSet1';                   --指定媒体集的名称
GO
--添加数据.
INSERT INTO Shippers (CompanyName, Phone)
VALUES('圆通','(021)69777888');
GO
--创建差异数据库备份.
BACKUP DATABASE Northwind
 TO DISK = 'C:\MyBackups1\Northwind.bak'
   WITH
   DESCRIPTION='差异备份数据库 Northwind', --对备份集的简要说明
   NAME='NwindBackupSet2',                -- 指定备份集的名称
--对媒体集的简要说明
   MEDIADESCRIPTION='保存于磁盘文件 C:\MyBackups1\Northwind.bak',    MEDIANAME =
'NorthwindMediaSet1',                     --指定媒体集的名称
   DIFFERENTIAL;
GO
--添加数据.
INSERT INTO Shippers (CompanyName, Phone)
VALUES('申通','(0571)82122222');
GO
--创建差异数据库备份.
```

```
BACKUP DATABASE Northwind
 TO DISK = 'C:\MyBackups1\Northwind.bak'
   WITH
   DESCRIPTION='差异备份数据库 Northwind', --对备份集的简要说明
   NAME='NwindBackupSet3',              -- 指定备份集的名称
--对媒体集的简要说明
   MEDIADESCRIPTION='保存于磁盘文件 C:\MyBackups1\Northwind.bak',     MEDIANAME =
'NorthwindMediaSet1',    --指定媒体集的名称
   DIFFERENTIAL;
GO
```

分析与讨论

(1)　创建新媒体集。

以上代码的第一个备份操作(差异数据库备份)(在第二个批处理中)通过使用 FORMAT 创建一个名为 NorthwindMediaSet1 的新媒体集，将整个 Northwind 数据库备份到磁盘文件 C:\MyBackups1\Northwind.bak，向媒体集 NorthwindMediaSet1 添加一个名为 NwindBackupSet1 备份集。这样就建立了文件 C:\MyBackups1\Northwind.bak 与媒体集 NorthwindMediaSet1 之间的联系。

(2)　向媒体集追加备份集。

通常，创建媒体集后，后续备份操作将依次向媒体集追加其备份集。后续备份操作 BACKUP DATABASE 必须保证文件(如 C:\MyBackups1\Northwind.bak)与媒体集名称(如 NwindBackupSet1)的匹配。

以上代码的第二个备份操作(差异数据库备份)将向媒体集 NorthwindMediaSet1 追加备份集，备份集的名称为 NwindBackupSet2。

以上代码的第三个备份操作(差异数据库备份)将向媒体集 NorthwindMediaSet1 追加名称为 NwindBackupSet3 的另一个备份集。

2. 查看备份集

一个媒体集中可包含多个备份集，备份集按照其在媒体集中的位置依次编号，可以使用 RESTORE HEADERONLY 查看指定备份设备中所有备份集的有关信息。

任务 18.9　查看备份集信息

问题描述 查看任务 18.8 中备份设备 DISK = 'C:\MyBackups1\Northwind.bak'中所有备份集的信息。

解决方案

(1)　输入如下代码。

```
RESTORE HEADERONLY
From DISK = 'C:\MyBackups1\Northwind.bak';
```

(2)　运行代码，结果如图 18.8 所示。

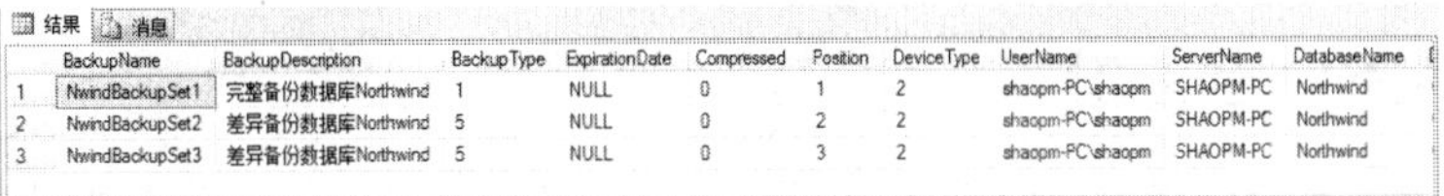

	BackupName	BackupDescription	BackupType	ExpirationDate	Compressed	Position	DeviceType	UserName	ServerName	DatabaseName
1	NwindBackupSet1	完整备份数据库Northwind	1	NULL	0	1	2	shaopm-PC\shaopm	SHAOPM-PC	Northwind
2	NwindBackupSet2	差异备份数据库Northwind	5	NULL	0	2	2	shaopm-PC\shaopm	SHAOPM-PC	Northwind
3	NwindBackupSet3	差异备份数据库Northwind	5	NULL	0	3	2	shaopm-PC\shaopm	SHAOPM-PC	Northwind

图 18.8　运行结果

分析与讨论

(1)　使用 RESTORE HEADERONLY 查看指定备份设备中的所有备份集。

其基本格式为：

```
RESTORE HEADERONLY
FROM backupDevice
```

其中：

backupDevice 指定用于备份操作的逻辑备份设备或物理备份设备。

解决方案中 FROM 子句指定的是物理备份设备 DISK = 'C:\MyBackups1\Northwind.bak'。如果指定创建的逻辑设备，则用备份设备的逻辑名称即可。

(2) RESTORE HEADERONLY 语句返回的结果集主要部分列的含义如表 18.2 所示。

表 18.2 RESTORE HEADERONLY FROM 结果集部分列的含义

列 名	含 义
BackupName	备份集名称
BackupDescription	备份集说明
BackupType	备份类型：1 = 数据库 2 = 事务日志 5 = 差异数据库
ExpirationDate	备份集的过期时间
Position	备份集在卷中的位置(用于 FILE = 选项)
UserName	执行备份操作的用户名
ServerName	写入备份集的服务器名称
DatabaseName	已备份的数据库名称

注意：通过 Position 的值可以使用户能够知道还原哪个备份集。

18.4.4 独立实践

1. 创建完整数据库备份

创建完整数据库备份，将整个“教务管理”数据库备份到磁盘文件 d:\JMyBackups\jwgl.Bak。

2. 创建差异数据库备份

备份“教务管理” 数据库。首先创建完整数据库备份，将整个“教务管理”数据库备份到磁盘文件 d:\JMySQLServerBackups\ jwgl.bak，然后给“教务管理”数据库中“学生表”添加一条记录，最后给“教务管理”数据库创建差异数据库备份。

3. 创建媒体集

备份“教务管理”数据库。首先创建完整数据库备份，将整个“教务管理”数据库备份到磁盘文件 D:\JMyBackups1\Jwgl.bak，并创建一个新媒体集 JwglMediaSet1，再给“教务管理”数据库中“学生表”添加一条记录，接下来，给“教务管理”数据库创建差异数据库备份，并将该备份添加到媒体集 JwglMediaSet1，再给“教务管理”数据库中“学生表”添加一条记录，最后，给“教务管理”数据库创建差异数据库备份，并将此备份添加到媒体集 JwglMediaSet1。

18.5 创建事务日志备份

18.5.1 事务日志备份

事务日志备份包括创建备份时处于活动状态的部分事务日志，以及先前日志备份中未备份的所有事务日志记录。

任务 18.10 事务日志备份

问题描述 备份 Northwind 数据库，首先将 Northwind 数据库改为使用完整恢复模式。接下来，创建一个逻辑备份设备以备份数据 (NorthwindData)，并创建另一个逻辑备份设备以备份日志 (NorthwindLog)。然后，对 NorthwindData 创建完整数据库备份，并在一段更新活动过后，将日志备份到 NorthwindLog。

解决方案

```
-- 将数据库恢复模式设置为完整恢复模式.
USE master;
```

```
GO
ALTER DATABASE Northwind
   SET RECOVERY FULL;
GO
-- 创建 NorthwindData 和 NorthwindLog 逻辑设备.
USE master
GO
EXEC sp_addumpdevice 'disk', 'NorthwindData',
'C:\NorthwindBackups\NorthwindData.bak';
GO
EXEC sp_addumpdevice 'disk', 'NorthwindLog',
'D:\NorthwindBackups\NorthwindLog.bak';
GO

-- 创建完整数据库备份.
BACKUP DATABASE Northwind TO NorthwindData;
GO
USE Northwind;
GO
-- 更新 Products 表.
UPDATE Products
SET UnitPrice = UnitPrice * 1.1;
GO
-- 创建日志备份.
BACKUP LOG Northwind
   TO NorthwindLog;
GO
```

分析与讨论

(1)　创建事务日志备份的条件。

只有在完整恢复模式或大容量日志恢复模式下，才能够创建事务日志备份。

在执行任何事务日志备份之前，必须至少创建一个完整数据库备份。通常，在还原数据库之前，应尝试备份事务日志尾部。

(2)　创建事务日志备份。

创建事务日志备份的基本格式如下：

```
BACKUP LOG databaseName TO backupDevice
```

其中：

- databaseName 指定要备份的事务日志所属的数据库的名称。
- backupDevice 指定写入事务日志备份的备份设备。备份设备既可以是物理备份设备(如'D:\NorthwindBackups\NorthwindLog.bak')，也可以是先前创建的逻辑备份设备(如 NorthwindLog)。

解决方案中的最后一个批处理对 Northwind 数据库创建事务日志备份，将事务日志备份到逻辑设备 NorthwindLog 引用的物理设备中。

(3)　日志备份顺序的工作方式。

数据库管理员通常会定期(例如每周)创建完整数据库备份。数据库管理员还可以选择以较短间隔(例如每天)创建差异备份，并比较频繁地(例如每隔 10 分钟)创建事务日志备份。最恰当的备份间隔取决于一系列因素，如数据的重要性、数据库的大小和服务器的工作负荷。

如果事务日志损坏，则最新日志备份以后执行的工作将丢失。因此应注意将日志文件存储在容错的存储设备中。

事务日志备份的序列与完整数据库备份无关。可以创建事务日志备份的序列，然后定期创建用于启动还原操作的完整数据库备份。例如，假设有如表 18.3 所示的事件顺序。

表 18.3　事件顺序

时　间	事　件
上午 8:00	备份数据库以创建完整数据库备份
中午	备份事务日志

续表

时　间	事　件
下午 4:00	备份事务日志
下午 6:00	备份数据库以创建完整数据库备份
晚上 8:00	备份事务日志
晚上 9:45	出现故障

晚上 8:00 创建的事务日志备份包含从下午 4:00 到晚上 8:00 的事务日志记录，跨越了在下午 6:00 创建完整数据库备份的时间。从上午 8:00 创建的初始完整数据库备份一直到晚上 8:00 创建的最后事务日志备份，事务日志备份序列保持连续。

若要将数据库还原到晚上 9:45(故障点)时的状态，可以使用以下两种备选过程。

备选过程一：使用最新的完整数据库备份还原数据库。

(1) 出现故障时创建当前活动事务日志的结尾日志备份。

(2) 不要还原上午 8:00 的完整数据库备份。相反，应还原下午 6:00 的这一时间更近的完整数据库备份。

(3) 还原晚上 8:00 的日志备份。

(4) 还原晚上 9:45 的事务结尾日志备份。

备选过程二：使用较早的完整数据库备份还原数据库。

(1) 出现故障时创建当前活动事务日志的结尾日志备份。

(2) 还原上午 8:00 的完整数据库备份，然后按顺序还原所有 4 个事务日志备份。所有完成的事务都将前滚到晚上 9:45。

此备选过程指出了冗余安全性，该安全性通过维护一系列完整数据库备份中的事务日志链备份来获得。

18.5.2 独立实践

创建事务日志备份

备份“教务管理”数据库，首先将“教务管理”数据库改为使用完整恢复模式。接下来，创建一个逻辑备份设备以备份数据 (JwglData)，并创建另一个逻辑备份设备以备份日志(JwglLog)。然后，对 JwglData 创建完整数据库备份，并在一段更新活动过后，将日志备份到JwglLog。

18.6 实现数据库还原

数据库还原是从一个或多个备份中还原数据并在还原最后一个备份后恢复数据库的过程。

18.6.1 设计简单恢复模式下还原数据库方案

在简单恢复模式下，数据库完整还原涉及还原完整数据库备份或差异数据库备份(如果有)。具体取决于是否需要还原差异数据库备份。

如果只使用完整数据库备份，则只需还原最近的备份，如图 18.9 所示。

如果除了使用完整数据库备份外，还使用差异数据库备份，则应还原最近的完整数据库备份而不恢复数据库，然后还原最近的差异数据库备份并恢复数据库。图 18.10 显示了这一过程。

还原整个数据库时，应当使用单一的还原顺序。

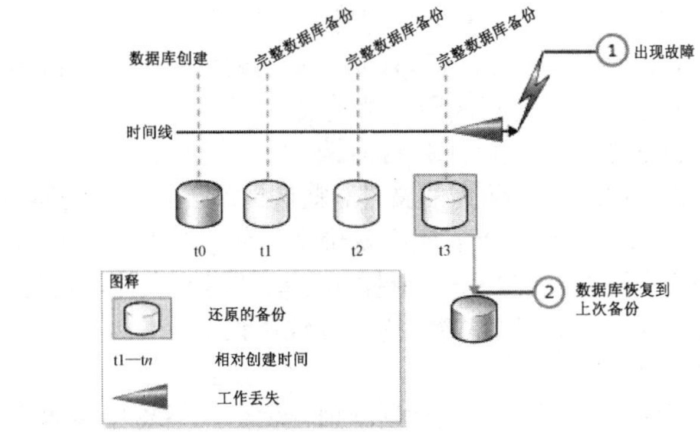

图 18.9　简单恢复模式下数据库备份和还原过程(1)

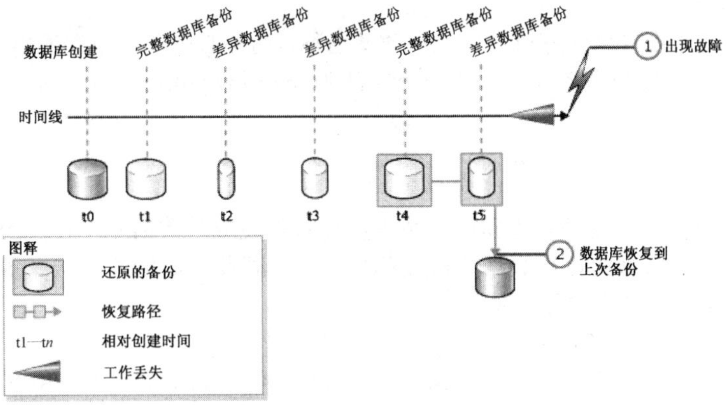

图 18.10　简单恢复模式下数据库备份和还原过程(2)

18.6.2　还原完整数据库备份

在实现数据库还原时，首先必须还原完整数据库备份。可使用 RESTORE 语句还原完整数据库备份。

任务 18.11　还原完整数据库备份

问题描述 由于人为原因，数据库 Northwind 不小心被删除，使用任务 18.6 创建的完整数据库备份'C:\MyBackups\Northwind.Bak'，还原 Northwind 数据库。

解决方案

```
--还原完整数据库备份.
RESTORE DATABASE Northwind FROM DISK = 'C:\MyBackups\Northwind.Bak';
```

分析与讨论

(1) 还原完整数据库备份。

如果数据库完整还原只涉及还原完整数据库备份，则还原完整数据库备份的基本格式为：

```
RESTORE DATABASE databaseName FROM backupDevice
```

其中：

- databaseName 指定要还原的数据库的名称。
- backupDevice 指定从中还原完整数据库备份的备份设备。备份设备既可以是物理备份设备(如 DISK = 'C:\MyBackups\Northwind.Bak')，也可以是先前创建的引用物理设备的逻辑备份设备(如任务 18.6 创建的 NorthwinBak)。

解决方案中代码与以下代码等效：

```
RESTORE DATABASE Northwind FROM NorthwinBak;
```

(2) 如果只做完整数据库备份，则数据库只能还原到最近数据库备份的末尾。如果发生故障，则在最近数据库备份之后所做的更新便会全部丢失。

(3) 可以将数据库备份还原到另一台计算机上。

还原数据库将自动创建还原数据库所需的文件。默认情况下，还原进程中 SQL Server 创建的文件的名称和路径与源计算机上原始数据库中备份文件的名称和路径相同。若要避免出现错误和意外结果，则在执行还原操作之前找出还原操作自动创建的文件，这是因为：

- 计算机上可能已经存在这些文件名，这会导致错误。
- 目标位置可能空间不足。
- 计算机上可能不存在目录结构或驱动器映射。例如，备份中包含一个需要还原到驱动器 E 的文件，而计算机上没有驱动器 E。

(4) 更改数据库名称。

在将数据库还原到目标计算机时可以更改其名称，而不必先还原数据库再手动更改其名称。例如，可能有必要将数据库名称由 Northwind 改为 NorthwindCopy 来表示这是数据库的一个副本。

```
RESTORE DATABASE  NorthwindCopy
FROM DISK = 'C:\MyBackups\Northwind.Bak';
```

(5) 还原完整数据库备份将重新创建数据库和备份完成时数据库中存在的所有相关文件。但是，自创建备份后所做的任何数据库修改都将丢失。若要还原创建数据库备份后所发生的事务，必须使用事务日志备份或差异备份。

(6) 还原数据库时，SQL Server：

① 将备份中的所有数据复制到数据库中。数据库的其余部分作为未用空间创建。

② 回滚数据库备份中任何未完成的事务以确保数据库保持一致。

③ 为防止意外重写数据库，还原操作自动执行安全检查。如果发生下列情况，还原操作将失败：

- 还原操作中的数据库名称与备份集中记录的数据库名称不匹配。
- 还原操作中命名的数据库已在服务器上，但是与数据库备份中包含的数据库不是同一个数据库。例如，数据库名称虽相同，但是各个数据库的创建方式不同。
- 需要通过还原操作自动创建一个或多个文件，但已有同名的文件存在。

18.6.3 还原差异数据库备份

差异数据库备份只记录自上次完整数据库备份后更改的数据。因此要还原差异数据库备份时，必须先还原上次完整数据库备份，然后再还原差异数据库备份。

任务 18.12 还原数据库和差异数据库备份

问题描述 由于人为原因，数据库 Northwind 不小心被删除，使用任务 18.8 创建媒体集中创建的数据库备份'C:\MyBackups1\Northwind.bak'，还原完整数据库 Northwind。

解决方案

```
--还原完整数据库备份 (从第 1 个备份集).
RESTORE DATABASE Northwind
FROM DISK = 'C:\MyBackups1\Northwind.bak'
WITH FILE=1, NORECOVERY;
--还差异整数据库备份 (从第 3 个备份集).
RESTORE DATABASE Northwind
FROM DISK = 'C:\MyBackups1\Northwind.bak'
WITH FILE=3, RECOVERY;
GO
```

分析与讨论

(1) 还原完整数据库备份。

还原完整数据库备份的基本格式为：

```
RESTORE DATABASE databaseName
FROM backupDevice
WITH NORECOVERY
```

其中：

- databaseName 指定要还原的数据库的名称。
- backupDevice 指定从中还原完整数据库备份的备份设备。
- NORECOVERY 子句，前提是在还原完整数据库备份之后，还要还原差异数据库备份或事务日志备份。否则应指定 RECOVERY 子句或省略该子句。
- 可选的 FILE 选项，指定要还原的备份集。备份集按照其在媒体集中的位置依次编号，从而使用户能够指定还原哪个备份集。

(2) 还原差异数据库备份。

还原差异数据库备份的基本格式为：

```
RESTORE DATABASE databaseName
FROM backupDevice
WITH RECOVERY
```

其中：

- databaseName 指定要还原的数据库的名称。
- backupDevice 指定从中还原完整数据库备份的备份设备。
- RECOVERY 子句，前提是在还原完整数据库备份之后，不需要还原事务日志备份或差异数据库备份。否则应指定 NORECOVERY 子句。
- 可选的 FILE 选项，指定要还原的备份集。备份集按照其在媒体集中的位置依次编号，从而使用户能够指定还原哪个备份集。

任务 18.8 的 3 次备份都是将数据备份到同一个媒体集 C:\MyBackups1\Northwind.bak，因而该媒体集有 3 个备份集，它们的位置 Position 属性值依次为 1、2、3。RESTORE 语句通过 FILE 指定还原哪个位置的备份集。

如下语句还原媒体集中第 3 个备份集，该备份集是任务 18.8 中完成的第 3 个备份操作。

```
--还原差异整数据库备份（从第 3 个备份集）.
RESTORE DATABASE Northwind
FROM DISK = 'C:\MyBackups1\Northwind.bak'
WITH FILE=3, RECOVERY;
```

如果要将数据库恢复至任务 18.8 中第 2 个备份操作时的状态，则可以使用如下代码实现：

```
--还原完整数据库备份（从第 1 个备份集）.
RESTORE DATABASE Northwind
FROM DISK = 'C:\MyBackups1\Northwind.bak'
WITH FILE=1, NORECOVERY;
--还差异整数据库备份（从第 2 个备份集）.
RESTORE DATABASE Northwind
FROM DISK = 'C:\MyBackups1\Northwind.bak'
WITH FILE=2, RECOVERY;
GO
```

该代码恢复数据库后，Shippers 表没有'申通'，'(0571)82122222'这条记录。

任务 18.12 解决方案的代码恢复数据库后，Shippers 表有'申通'，'(0571)82122222'这条记录。这是因为任务 18.8 中第 2 个备份操作后，执行了如下语句：

```
--添加数据.
INSERT INTO Shippers (CompanyName, Phone)
VALUES('申通','(0571)82122222');
GO
```

然后进行第 3 个备份操作。

因此如果将数据库恢复至任务 18.8 中第 2 个备份操作时的状态，则 Shippers 表丢失了一行数据。

(3) 注意，后面的备份集可以覆盖前面的备份集。例如，就任务 18.12 而言，下面的两段代码是等效的(因为备份集 3 覆盖了备份集 2，最终起作用的是备份集 3)。

```
--还原完整数据库备份 (从第 1 个备份集).
RESTORE DATABASE Northwind
FROM DISK = 'C:\MyBackups1\Northwind.bak'
WITH FILE=1, NORECOVERY;
--还原差异整数据库备份 (从第 2 个备份集).
RESTORE DATABASE Northwind
FROM DISK = 'C:\MyBackups1\Northwind.bak'
WITH FILE=2, NORECOVERY;
GO
--还原差异整数据库备份 (从第 3 个备份集).
RESTORE DATABASE Northwind
FROM DISK = 'C:\MyBackups1\Northwind.bak'
WITH FILE=3, RECOVERY;
GO
```

等效于：

```
--还原完整数据库备份 (从第 1 个备份集).
RESTORE DATABASE Northwind
FROM DISK = 'C:\MyBackups1\Northwind.bak'
WITH FILE=1, NORECOVERY;
--还原差异整数据库备份 (从第 3 个备份集).
RESTORE DATABASE Northwind
FROM DISK = 'C:\MyBackups1\Northwind.bak'
WITH FILE=3, RECOVERY;
GO
```

18.6.4 设计完全恢复模式下还原数据库方案

在完全恢复模式下，将数据库恢复到故障点，通常，还原操作只需要一个完整数据库备份、一个差异数据库备份和后续日志备份。例如，若要将整个数据库还原到故障点，首先备份活动事务日志(日志的“尾部”)。然后，按备份的创建顺序还原最新的完整数据库备份、最新的差异备份(如果有)以及所有后续日志备份。

以下是将数据库恢复到故障点的基本步骤。

(1) 备份活动事务日志(日志尾部)。此操作将创建结尾日志备份。如果活动事务日志不可用，则该日志部分的所有事务都将丢失。

(2) 还原最新完整数据库备份而不恢复数据库 (RESTORE DATABASE databaseName FROM backupDevice WITH NORECOVERY)。

(3) 如果存在差异数据库备份，则还原最新的差异数据库备份而不恢复数据库 (RESTORE DATABASE databaseName FROM backupDevice WITH NORECOVERY)。

(4) 从还原备份后创建的第一个事务日志备份开始，使用 NORECOVERY 依次还原日志 (RESTORE LOG databaseName FROM backupDevice WITH NORECOVERY)。

(5) 恢复数据库 (RESTORE DATABASE databaseName WITH RECOVERY)。此步骤也可以与还原上一次日志备份结合使用。

图 18.11 显示了这一过程。故障发生后①，将创建结尾日志备份②。接着，将数据库还原到该故障点③。这涉及还原完整数据库备份、后续差异数据库备份以及在差异数据库备份后执行的每个日志备份，包括结尾日志备份。

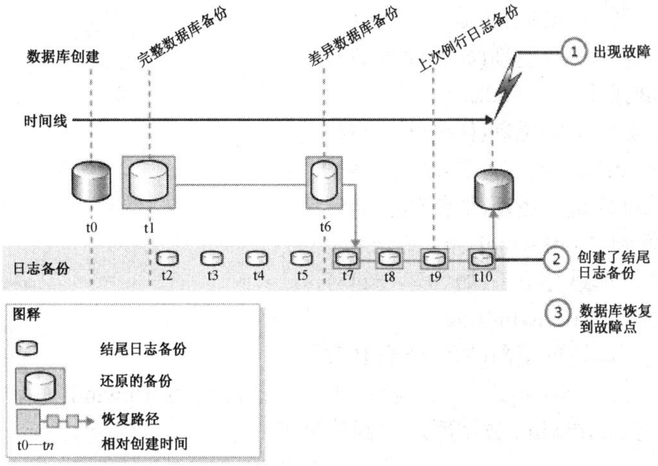

图 18.11　完全恢复模式下数据库备份和还原基本过程

18.6.5　还原事务日志备份

必须满足以下条件才能还原事务日志备份：

(1) 先还原事务日志备份之前的数据库备份或差异数据库备份。

(2) 除非自备份数据库或差异数据库以后创建的所有前面的事务日志都首先被应用。

任务 18.13　备份和还原数据库

问题描述按图 18.12 所示的顺序进行数据备份，并按图 18.11 所设计还原方案还原数据库。具体要求如下：

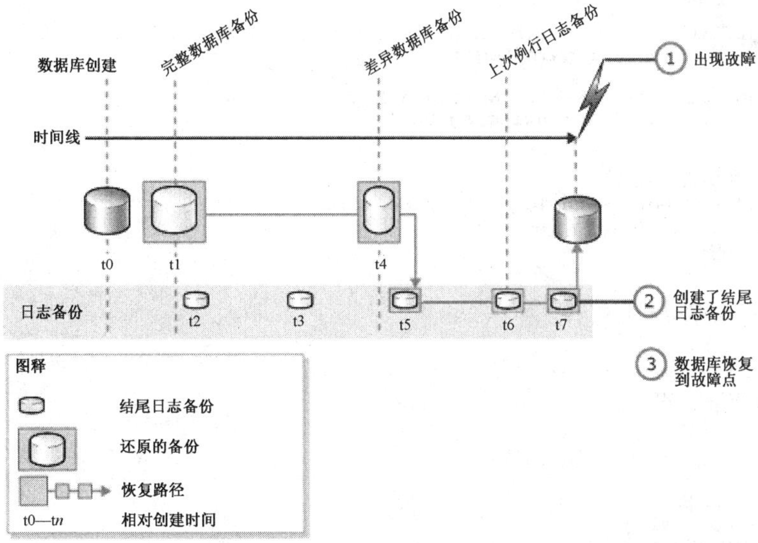

图 18.12　完全恢复模式下数据库备份和还原设计方案

(1)　编写代码完成如下任务。

t1 时备份 Northwind 数据库，首先将 Northwind 数据库改为使用完整恢复模式。接下来，创建一个逻辑备份设备以备份数据 (NorthwindData)，并创建另一个逻辑备份设备以备份日志 (NorthwindLog)。然后，对 NorthwindData 创建完整数据库备份。

t1～t2 中间对数据库进行更新(如创建表 t12)。

t2 时将日志备份到 NorthwindLog。

t2～t3 中间对数据库进行更新(如创建表 t23)。

t3 时将日志备份到 NorthwindLog。

t3～t4 中间对数据库进行更新(如创建表 t34)。

t4 时对 NorthwindData 创建差异数据库备份。

t4～t5 中间对数据库进行更新(如创建表 t45)。

t5 时将日志备份到 NorthwindLog。

t5～t6 中间对数据库进行更新(如创建表 t45)。

t6 时将日志备份到 NorthwindLog。

t6～t7 中间对数据库进行更新(如创建表 t67)。

t7 时出现故障，创建结尾日志备份，将结尾日志备份到 NorthwindLog。

(2) 编写代码将 Northwind 数据库还原到故障点。

解决方案

(1) 创建数据备份。

```
-- 将数据库恢复模式设置为完整恢复模式.
USE master;
GO
ALTER DATABASE Northwind
   SET RECOVERY FULL;
GO
-- 创建 NorthwindData 和 NorthwindLog 逻辑设备.
USE master
GO
IF EXISTS(SELECT * FROM sys.backup_devices WHERE name='NorthwindData')
EXEC sp_dropdevice 'NorthwindData';
GO
EXEC sp_addumpdevice 'disk', 'NorthwindData',
'C:\NorthwindBackups1\NorthwindData.bak';
GO
IF EXISTS(SELECT * FROM sys.backup_devices WHERE name='NorthwindLog')
EXEC sp_dropdevice 'NorthwindLog';
GO
EXEC sp_addumpdevice 'disk', 'NorthwindLog',
'D:\NorthwindBackups1\NorthwindLog.bak';
GO

--t1 创建完整数据库备份.
BACKUP DATABASE Northwind TO NorthwindData;
GO
USE Northwind;
GO
-- 创建表 t12.
CREATE TABLE t12(a int ,b int);
GO
-- t2 创建日志备份.
BACKUP LOG Northwind
   TO NorthwindLog;
GO
-- 创建表 t23.
CREATE TABLE t23(a int ,b int);
GO
-- t3 创建日志备份.
BACKUP LOG Northwind
   TO NorthwindLog;
GO
-- 创建表 t34.
CREATE TABLE t34(a int ,b int);
GO
--t4 创建差异数据库备份.
BACKUP DATABASE Northwind TO NorthwindData
WITH DIFFERENTIAL;
GO
-- 创建表 t45.
CREATE TABLE t45(a int ,b int);
GO
```

```
-- t5 创建日志备份.
BACKUP LOG Northwind
   TO NorthwindLog;
GO
-- 创建表 t56.
CREATE TABLE t56(a int ,b int);
GO
-- t6 创建日志备份.
BACKUP LOG Northwind
   TO NorthwindLog;
GO
-- 创建表 t67.
CREATE TABLE t67(a int ,b int);
GO
USE master;
GO
--t7 创建结尾日志备份
BACKUP LOG Northwind
TO NorthwindLog
WITH NORECOVERY;
GO
```

(2)　将数据库还原到故障点。

```
-- 还原完整数据库备份 (从 NorthwindData 中的第 1 个备份集).
RESTORE DATABASE Northwind
  FROM NorthwindData
  WITH FILE=1, NORECOVERY;
GO
--还原差异整数据库备份(从 NorthwindData 中的第 2 个备份集).
RESTORE DATABASE Northwind
FROM NorthwindData
WITH FILE=2, NORECOVERY;
GO

--还原事务日志备份(从 NorthwindLog 中的第 3 个备份集).
RESTORE LOG Northwind
  FROM NorthwindLog
  WITH FILE=3, NORECOVERY;
GO
--还原事务日志备份(从 NorthwindLog 中的第 4 个备份集).
RESTORE LOG Northwind
  FROM  NorthwindLog
  WITH FILE=4, NORECOVERY;
GO
--还原结尾事务日志备份(从 NorthwindLog 中的第 5 个备份集).
RESTORE LOG Northwind
  FROM  NorthwindLog
  WITH FILE=5, NORECOVERY;
GO
--恢复数据库
RESTORE DATABASE Northwind WITH RECOVERY;
GO
```

分析与讨论

(1)　还原事务日志备份。

还原事务日志备份的基本格式如下：

```
RESTORE LOG databaseName FROM backupDevice WITH NORECOVERY。
```

其中：

- databaseName：指定要还原的数据库的名称。
- backupDevice：指定从中还原日志备份的备份设备。备份设备既可以是物理备份设备(如 DISK = D:\NorthwindBackups1\NorthwindLog.bak)，也可以是先前创建的引用物理设备的逻辑备份设备(如 NorthwindLog)。
- NORECOVERY 子句，前提是在还原事务日志备份之后，还要还原事务日志备份或恢复数据库。否则应指定 RECOVERY 子句。
- 可选的 FILE 选项，指定要还原的备份集。备份集按照其在媒体集中的位置依次编号，从而使用户能够指定还原哪个备份集。

(2) 使用还原事务日志备份还原数据库的还原顺序。

① 还原最新完整数据库备份。

```
RESTORE DATABASE databaseName FROM backupDevice WITH NORECOVERY
```

② 如果存在差异数据库备份，则还原最新的差异数据库备份。

```
RESTORE DATABASE databaseName FROM backupDevice WITH NORECOVERY
```

③ 从还原备份后创建的第一个事务日志备份开始，使用 NORECOVERY 依次还原日志。还原的日志链不能够有间断。

```
RESTORE LOG databaseName FROM backupDevice WITH NORECOVERY
```

④ 恢复数据库。

```
RESTORE DATABASE databaseName WITH RECOVERY
```

注意：步骤④也可以与还原上一次日志备份结合使用。恢复数据库可以执行下列操作之一：步骤③中最后一个 RESTORELOG 语句的一部分恢复数据库：

```
RESTORE LOG databaseName FROM backupDevice WITH RECOVERY
```

等待使用单独的 RESTORE DATABASE 语句恢复数据库(此时所有的 RESTORE LOG 语句使用 WITH NORECOVERY 子句)：

```
RESTORE DATABASE databaseName WITH RECOVERY
```

建议在每个 RESTORE 语句中显式指定 WITH NORECOVERY 或 WITH RECOVERY 以消除混淆。

(3) 事务日志备份包括创建备份时处于活动状态的部分事务日志，以及先前日志备份中未备份的所有事务日志记录，因此，事务日志备份的序列与部分数据库备份无关(也与第一个完整数据库备份后创建的其他完整数据库备份无关)。可以创建事务日志备份的序列，然后定期创建用于启动还原操作的完整数据库备份。

在 t5 创建的事务日志备份包含 t3 到 t5 的事务日志记录，跨越了在 t4 创建差异数据库备份的时间。从 t1 创建的初始完整数据库备份一直到 t6 创建的最后事务日志备份，事务日志备份序列保持连续。

因此，任务 18.13 将 Northwind 数据库还原到故障点的还原方案还可以使用如下方案：

① 出现故障时创建当前活动事务日志的结尾日志备份。

② 还原 t1 的完整数据库备份，然后按顺序还原所有 5 个事务日志备份。所有完成的事务都将前滚到 t7。

还原数据的代码如下：

```
-- 还原完整数据库备份 (从 NorthwindData 中的第 1 个备份集).
RESTORE DATABASE Northwind
  FROM NorthwindData
  WITH FILE=1, NORECOVERY;
GO
--还原事务日志备份(从 NorthwindLog 中的第 1 个备份集).
RESTORE LOG Northwind
  FROM NorthwindLog
  WITH FILE=1, NORECOVERY;
GO
--还原事务日志备份(从 NorthwindLog 中的第 2 个备份集).
RESTORE LOG Northwind
  FROM NorthwindLog
  WITH FILE=2, NORECOVERY;
GO
--还原事务日志备份(从 NorthwindLog 中的第 3 个备份集).
RESTORE LOG Northwind
  FROM NorthwindLog
  WITH FILE=3, NORECOVERY;
GO
```

```
--还原事务日志备份(从 NorthwindLog 中的第 4 个备份集).
RESTORE LOG Northwind
  FROM  NorthwindLog
  WITH FILE=4, NORECOVERY;
GO
--还原结尾事务日志备份(从 NorthwindLog 中的第 5 个备份集).
RESTORE LOG Northwind
  FROM  NorthwindLog
  WITH FILE=5, NORECOVERY;
GO
--恢复数据库
RESTORE DATABASE Northwind WITH RECOVERY;
GO
```

注意：使用事务日志备份来还原数据库时，要依次还原各个事务日志备份，其中不能间断、颠倒事务日志备份的还原顺序(这是与差异数据库备份的最大不同点)。例如，如果将上述代码改写为：

```
-- 还原完整数据库备份 (从 NorthwindData 中的第 1 个备份集).
RESTORE DATABASE Northwind
  FROM NorthwindData
  WITH FILE=1, NORECOVERY;
GO
--还原事务日志备份(从 NorthwindLog 中的第 4 个备份集).
RESTORE LOG Northwind
  FROM  NorthwindLog
  WITH FILE=4, NORECOVERY;
GO
--还原结尾事务日志备份(从 NorthwindLog 中的第 5 个备份集).
RESTORE LOG Northwind
  FROM  NorthwindLog
  WITH FILE=5, NORECOVERY;
GO
--恢复数据库
RESTORE DATABASE Northwind WITH RECOVERY;
GO
```

当执行到还原备份集 4 时，将会出现错误，原因在于还原备份集 4 时还没有还原在之前的其他事务日志备份。这个例子同时说明了事务日志备份与差异数据库备份的主要区别：

事务日志备份是记录自最近一次事务日志备份(不是完整数据库备份)以来所进行的操作。而差异数据库备份记录的是最近一次完整数据库备份以来更改的数据。

18.6.6　独立实践

备份和还原数据库

按图 18.11 所示的顺序进行数据备份。并按图 18.11 所设计还原方案还原数据库。具体要求如下。

(1)　编写代码完成如下任务。

t1 时备份“教务管理”数据库，首先将“教务管理”数据库改为使用完整恢复模式。接下来，创建一个逻辑备份设备以备份数据 (JwglData)，并创建另一个逻辑备份设备以备份日志(JwglLog)。然后，对 JwglData 创建完整数据库备份。

t1～t2 中间对数据库进行更新。

t2 时将日志备份到 JwglLog。

t2～t3 中间对数据库进行更新。

t3 时将日志备份到 JwglLog。

t3～t4 中间对数据库进行更新。

t4 时对 JwglData 创建差异数据库备份。

t4～t5 中间对数据库进行更新。

t5 时将日志备份到 JwglLog。

t5～t6 中间对数据库进行更新。

t6 时将日志备份到 JwglLog。

t6～t7 中间对数据库进行更新。

t7 时出现故障，创建结尾日志备份，将结尾日志备份到 JwglLog。

(2) 编写代码将“教务管理”数据库还原到故障点。

18.7 分离和附加数据库

SQL Server 允许分离数据库的数据和事务日志文件，然后将其重新附加到另一台服务器，甚至同一台服务器上。分离数据库将从 SQL Server 删除数据库，但是保持组成该数据库的数据和事务日志文件完好无损。然后这些数据和事务日志文件可以用来将数据库附加到任何 SQL Server 实例上，包括从中分离该数据库的服务器。

如果想按以下方式移动数据库，则分离和附加数据库很有用：从一台计算机移到另一台计算机，而不必重新创建数据库；移到另一物理磁盘上，例如，当包含该数据库文件的磁盘空间已用完。

18.7.1 分离数据库

可执行 sp_detach_db 存储过程分离数据库。

任务 18.14 分离 Northwind 数据库

问题描述 从 SQL Server 分离 Northwind 数据库。

解决方案

```
sp_detach_db Northwind;
GO
```

分析与讨论

(1) 以上代码将数据库 Northwind 从 SQL Server 实例中移去，但数据库的数据和事务日志文件存在且位置不变。

(2) 分离数据库的基本格式为：

```
EXEC sp_detach_db databaseName
```

其中：databaseName 指定要分离的数据库的名称。

18.7.2 附加数据库

可通过 CREATE DATABASE databaseName FOR ATTACH 语句附加已经分离的数据库。

任务 18.15 附加 Northwind 数据库

问题描述 在另一物理磁盘 D 上创建目录 NorthwindData，将分离的 Northwind 数据库的数据文件和日志文件移到该目录。试编写代码将 Northwind 数据库附加到 SQL Server。

解决方案

```
CREATE DATABASE Northwind
ON ( FILENAME ='e:\NorthwindData\northwind.mdf'),
( FILENAME ='e:\NorthwindData\northwind.ldf')
FOR ATTACH;
GO
```

分析与讨论

(1) 以上代码使用分离的 Northwind 数据库的两个文件将分离的 Northwind 数据库附加到 SQL Server。

(2) FOR ATTACH 子句指定通过附加一组现有的操作系统文件来创建数据库。必须有一个指定主文件的文件项。至于其他文件项，只需要指定与第一次创建数据库或上一次附加数据库时路径不同的文件的那些项即可。

上例中，由于将数据库的所有文件移到了另一个磁盘文件目录，与第一次创建数据库或上一次附加数据库时路径不同，所以附加数据库时要指定所有的文件项。

如果再次执行如下语句分离数据库：

```
sp_detach_db Northwind;
GO
```

则使用如下语句可附加数据库：

```
CREATE DATABASE Northwind
ON ( FILENAME ='e:\NorthwindData\northwind.mdf')
FOR ATTACH;
GO
```

这是因为分离和附加数据库时，文件的路径没有变化，但必须有一个指定主文件的文件项。

(3) 使用分离和附加操作移动数据库。其基本步骤为：

① 分离数据库。

② 将数据库文件移到另一服务器或磁盘。

③ 通过指定移动文件的新位置附加数据库。

18.7.3 独立实践

1. 分离“教务管理”数据库

从 SQL Server 分离“教务管理”数据库。

2. 附加“教务管理”数据库

在另一物理磁盘 D 上创建目录 JwglData，将分离的“教务管理”数据库的数据文件和日志文件移到该目录。试编写代码将“教务管理”数据库附加到 SQL Server。

课题六　操作 SSMS 实现数据库和维护数据库

- 创建数据库和表
- 创建约束和表的关系
- 实现数据库安全性
- 维护数据库

任务 19　创建数据库和表

19.1　场 景 引 入

问题：使用 SSMS 完成任务 3、任务 7 和任务 8 中的每个任务。

任务 19 提出完成任务 3、任务 7 和任务 8 中的各项任务的基于 SSMS 的解决方案。

19.2　创建数据库

19.2.1　创建简单数据库

任务 19.1　创建简单数据库

问题描述使用 SSMS 创建名为 MDataBase、Mtemp 和 Mtest 的 3 个数据库。

解决方案

(1)　打开 SQL Server Management Studio。在对象资源管理器中，连接到 SQL Server 数据库引擎实例，再展开该实例。

(2)　右击“数据库”，然后选择“新建数据库”命令，如图 19.1 所示。

(3)　在“新建数据库”中输入数据库名称 MDataBase，单击“确定”按钮，如图 19.2 所示。

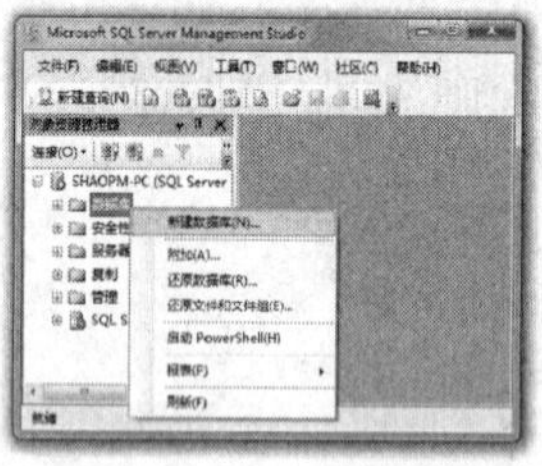

图 19.1　步骤 2

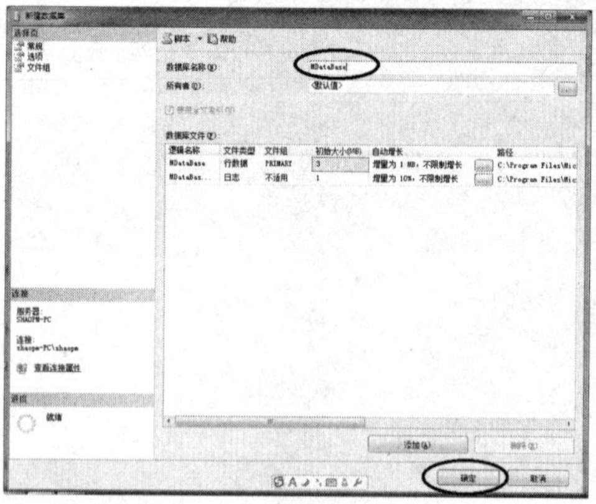

图 19.2　步骤 3

按同样的方法可创建名称为 Mtemp 和 Mtest 数据库。

19.2.2　创建指定数据和事务日志文件的数据库

任务 19.2　创建指定数据和事务日志文件的数据库

问题描述使用 SSMS 创建名称为 MCustomers 的数据库。该数据库的主要数据文件逻辑文件名称为 MyCustomers，物理文件名称为 Customers.mdf，初始大小为 10 MB，最大空间为 50 MB 且每次以 5 MB 步长增长。该数据库的事务日志文件逻辑文件名称为 MyCustomers_log，物理文件名称为 Customers.ldf，初始大小为 1 MB，最大空间为 10 MB 且每次以 1 MB 步长增长。物理文件位置为 D:\data(事先在操作系统下创建该文件夹)。其他项使用系统默认值。

解决方案

(1)　在对象资源管理器中，连接到 SQL Server 数据库引擎实例，再展开该实例。

(2)　右击“数据库”，然后选择“新建数据库”命令。

(3)　在“新建数据库”窗口中，输入数据库名称。

(4)　更改主数据文件和事务日志文件的默认值，在“数据库文件”窗格中单击相应的单元并输入新值，如图 19.3 所示。

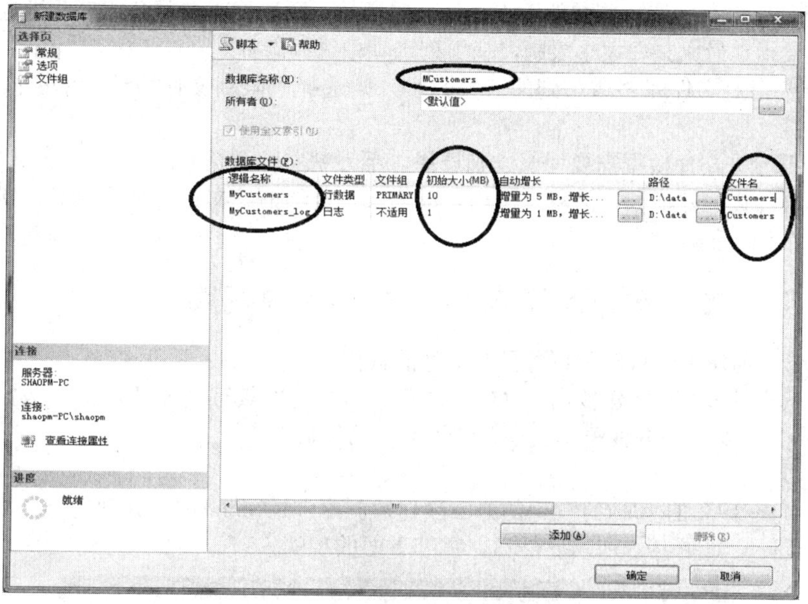

图 19.3　“新建数据库”窗口

- 在“逻辑名称”列分别输入主要数据文件(逻辑文件名称 MyCustomers)和事务日志文件(逻辑文件名称 MyCustomers_log)。
- 在“初始大小”列分别输入主要数据文件初始大小 10 和事务日志文件初始大小 1。
- 在“路径”列分别输入每个文件位置的路径 D:\data。指定的路径必须存在才能添加文件。或在“路径”列中单击“浏览”按钮，选择文件的路径。
- 在“文件名”列分别输入主要数据文件(物理文件名称 Customers)和事务日志文件(物理文件名称 Customers)。

(5)　指定主要数据文件的增长方式，在“自动增长”列中单击“浏览”按钮，弹出“更改 MyCustomers 的自动增长设置”对话框，如图 19.4 所示。

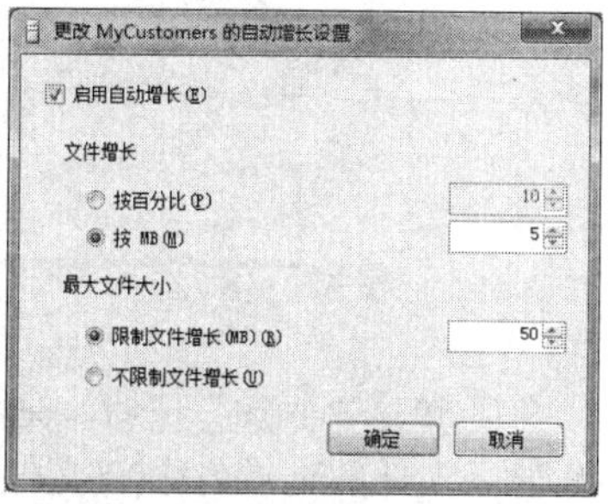

图 19.4　自动增长设置对话框

选中“启用自动增长”复选框，然后从下列选项中进行选择。

- 指定文件按固定增量增长，选择“按 MB”单选按钮，并输入值 5。
- 指定文件能够增长到的最大大小，选择“限制文件增长”单选按钮，并输入值 50。

按同样的方法设置事务日志文件最大空间为 10 MB，且每次以 1MB 步长增长。

(6) 单击“确定”按钮。

分析与讨论

若要指定文件的增长方式，在“自动增长”列中单击“浏览”按钮，从下列选项中进行选择。

(1) 若要允许当前选中的文件根据数据空间量的需求增加而增长，则选中“启用自动增长”复选框，然后从下列选项中进行选择：

- 若要指定文件按固定增量增长，则选择“按 MB”并指定一个值。
- 若要指定文件按当前文件大小的百分比增长，则选择“按百分比”并指定一个值。

(2) 若要指定最大文件大小限制，从下列选项中进行选择。

- 若要指定文件能够增长到的最大大小，则选择“限制文件增长”单选按钮并指定一个值。
- 若要允许文件根据需要增长，则选择“不限制文件增长”。

(3) 若要防止文件增长，清除“启用自动增长”复选框。文件大小不会增长到超过“初始大小”列中指定的值。

19.2.3 创建多个数据和事务日志文件的数据库

任务 19.3 创建多个数据和事务日志文件的数据库

问题描述 使用 SSMS 创建数据库 MOrdersDB，该数据库具有 3 个 100 MB 数据文件和两个 100 MB 事务日志文件，并使每个文件存储于不同的磁盘上。

解决方案

(1) 按任务 19.2 的步骤(1)～(5)的方法创建数据库 MOrdersDB，并创建一个数据文件和一个事务日志文件，如图 19.5 所示。然后，继续下面的步骤。

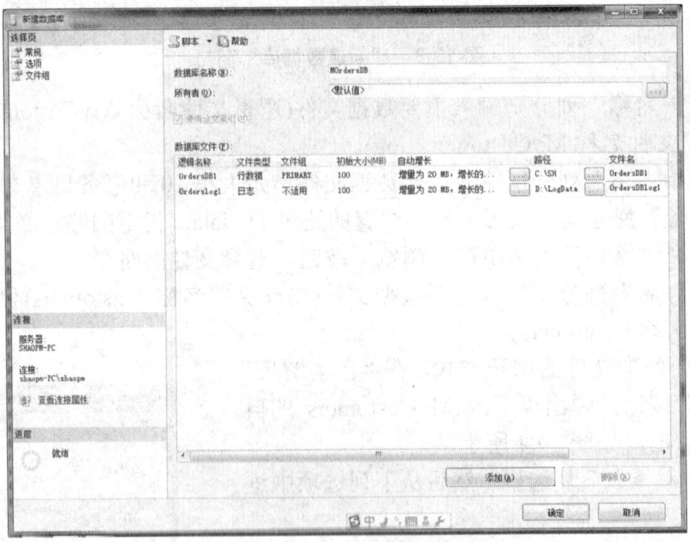

图 19.5 创建数据库

(2) 单击“添加”按钮。在“数据库文件”窗格中添加一行，为该行的每列输入或选择值。

输入文件的逻辑名称(该文件名在数据库中必须唯一)。

选择文件类型：数据或日志。

对于数据文件，从列表中选择文件应属于的文件组。事务日志不能放在文件组中。

指定文件的初始大小。

指定文件的增长方式(在“自动增长”列中单击“浏览”按钮。在自动增长设置对话框选择和指定值，方法同任务 19.2 的步骤(5))。

指定文件位置的路径。指定的路径必须存在才能添加文件。

输入文件的物理名称。

按照这种方法添加 2 个数据文件和 1 个日志文件。

(3)　单击“确定”按钮。

19.2.4　创建自定义文件组的数据库

任务 19.4　创建多个文件组的数据库

问题描述 使用 SSMS 创建数据库 MyDB，该数据库具有如下文件组。

- 主文件组：包含主要数据文件 MyDBPrimary 和次要数据文件 MyDBFDat。
- 自定义文件组 MyDBFG1：包含 MyDBFG1Dat1 和 MyDBFG1Dat2 两个次要数据文件。
- 自定义文件组 MyDBFG2：包含 MyDBFG2Dat1 和 MyDBFG2Dat2 两个次要数据文件。

解决方案

(1)　按任务 19.3 的步骤(1)～(2)的方法创建数据库 MyDB，并创建主要数据文件 MyDBPrimary、次要数据文件 MyDBFDat 和一个事务日志文件 MyDBlog。然后，继续下面的步骤。

(2)　单击“添加”按钮。在“数据库文件”窗格中添加一行，为该行的每列输入或选择值，如图 19.6 所示。

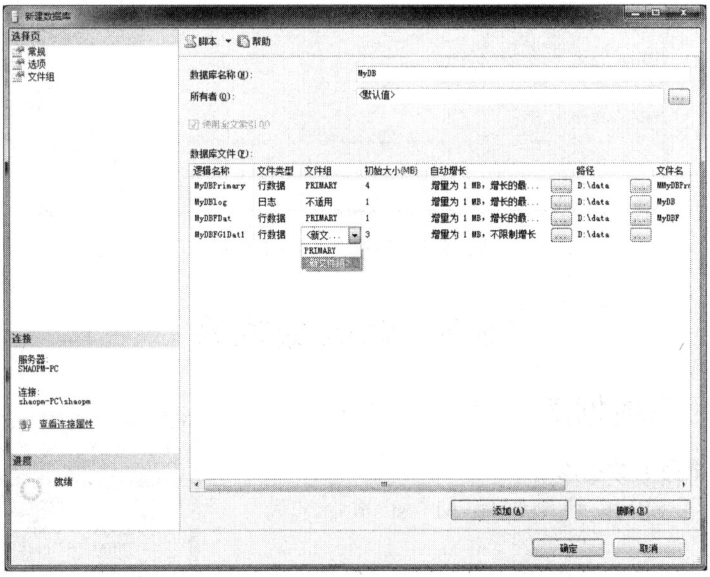

图 19.6　创建数据库 MyDB

输入文件的逻辑名称 MyDBFG1Dat1。

选择文件类型：行数据。

对于文件组，从列表中选择“新文件组”选项。在弹出的“MyDB 的新建文件组”对话框中输入新建文件组的名称 MyDBFG1，单击“确定”按钮，如图 19.7 所示。

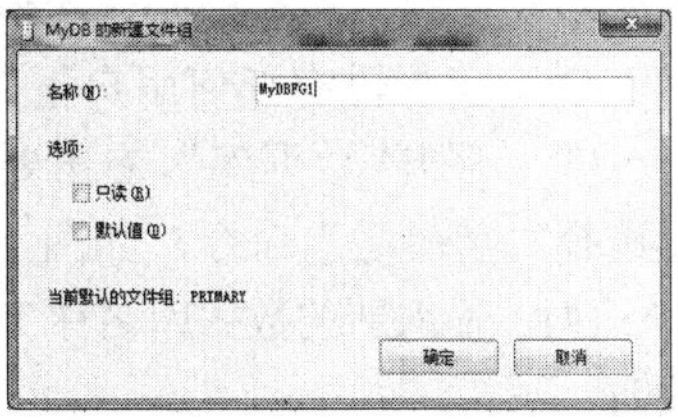

图 19.7　新建文件组对话框

按学过的方法给该行的其他列设置值。

(3)　单击“添加”按钮。在“数据库文件”网格中添加一行，为该行的每列输入或选择值，如图 19.8 所示。

- 输入文件的逻辑名称 MyDBFG1Dat2。
- 选择文件类型：行数据。
- 对于文件组，从列表中选择“MyDBFG1”文件组。
- 指定文件的初始大小。
- 指定文件的增长方式。
- 指定文件位置的路径。
- 输入文件的物理名称。

(4) 按照同样的方法添加自定义文件组 MyDBFG2，该文件组包含 MyDBFG2Dat1 和 MyDBFG2Dat2 两个次要数据文件。

(5) 单击“确定”按钮。

图 19.8 创建次要数据文件

19.3 修改数据库

19.3.1 重命名数据库

任务 19.5 重命名数据库

问题描述 使用 SSMS 将数据库 MTest 重命名为 TestData 。

解决方案

(1) 在对象资源管理器中，连接到 SQL Server 数据库引擎实例，然后展开该实例。

(2) 确保没有任何用户正在使用数据库。

(3) 展开“数据库”，右击要重命名的数据库 MTest，再选择“重命名”命令，如图 19.9 所示。

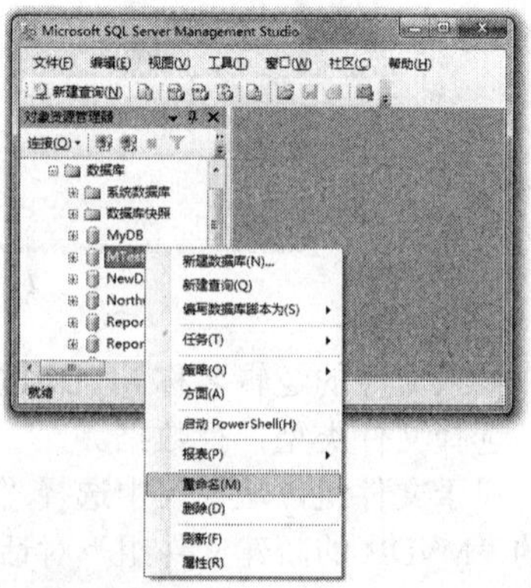

图 19.9 重命名数据库

(4) 输入新的数据库名称 TestData，再单击“确定”按钮。

19.3.2　删除数据库

任务 19.6　删除数据库

问题描述 使用 SSMS 删除 TestData 数据库。

解决方案

(1)　在对象资源管理器中，连接到 SQL Server 数据库引擎实例，然后展开该实例。

(2)　展开“数据库”，右击要删除的数据库，再选择“删除”命令，如图 19.10 所示。

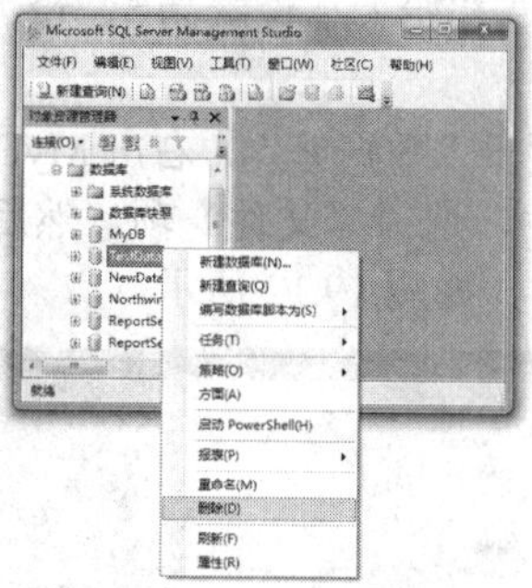

图 19.10　删除数据库

(3)　确认选择了正确的数据库，再单击“确定”按钮。

19.3.3　修改数据库文件大小

任务 19.7　修改数据库文件大小

问题描述 修改任务 19.4 中创建的数据库 MyDB 的文件 MyDBPrimary 的大小，将其初始大小设置为 8，最大空间设置为 90 MB。

解决方案

(1)　在对象资源管理器中，连接到 SQL Server 数据库引擎实例，然后展开该实例。

(2)　展开“数据库”，右击 MyDB 数据库，再选择“属性”命令。

(3)　在“数据库属性”窗口中，选择“文件”项。

(4)　修改 MyDBPrimary 文件“初始大小 (MB)”列中的值为 8，如图 19.11 所示。

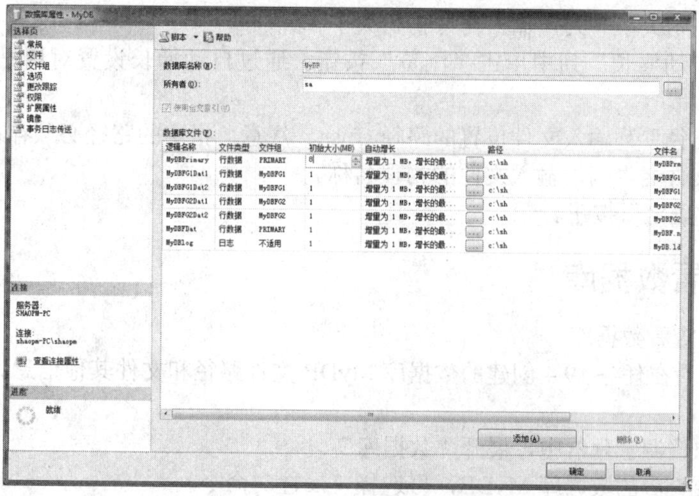

图 19.11　修改数据库文件大小

(5) 设置 MyDBPrimary 文件“自动增长”列的值。

单击“浏览”按钮，通过自动增长设置对话框将最大空间设置为 90。

(6) 在“数据库属性”窗口中，单击“确定”按钮。

19.3.4 向数据库中添加数据或日志文件

任务 19.8 向数据库中添加数据或日志文件

问题描述 在任务 19.4 中创建的数据库 MyDB 中，向自定义文件组 MyDBFG1 中添加一个 MyDBFG1Dat3 次要数据文件，将其初始大小设置为 5，最大空间设置为 50 MB。

解决方案

(1) 在对象资源管理器中，展开“数据库”，右击 MyDB 数据库，然后选择“属性”命令。

(2) 在“数据库属性”窗口中，选择“文件”项。然后单击“添加”按钮。在“数据库文件”网格添加的行中进行如下操作，如图 19.12 所示。

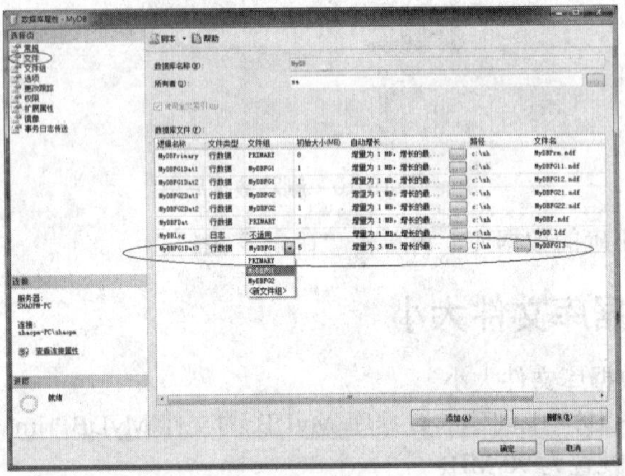

图 19.12 向数据库中添加数据文件

- 在“逻辑名称”列，输入文件的逻辑名称 MyDBFG1Dat3。
- 在“文件类型”列，选择“行数据”选项。
- 在“文件组”列，从列表中选择文件应属于的文件组 MyDBFG1。注意，如果要添加新的文件组，则选择“新文件组”以创建新的文件组。
- 在“初始大小”列，输入文件初始大小 5。
- 在“自动增长”列中单击“浏览”按钮。通过自动增长设置对话框将最大空间设置为 50。
- 在“路径”列输入文件位置的路径 C:\sh。注意，指定的路径必须存在。
- 在“文件名”列，输入文件的物理名称。

(3) 单击“确定”按钮。

19.3.5 查看数据库

任务 19.9 查看数据库

问题描述 查看在任务 19.4 创建的数据库 MyDB 文件路径和文件其他信息。

解决方案

(1) 在对象资源管理器中，展开“数据库”。

(2) 右击要查看的数据库 MyDB，再选择“属性”命令。

(3) 在“数据库属性”窗口中，选择“文件”项可以查看数据和日志文件的信息。

注意：在“数据库属性”窗口中选择其他页，可以查看数据库的其他信息。

19.4 创建与修改表

19.4.1 创建表

任务 19.10 创建表

问题描述 使用 SSMS 在 MyDB 数据库中创建表 Employees，该表记录公司中所有雇员的信息。

解决方案

(1) 在对象资源管理器中，右击 MyDB 数据库的“表”节点，再选择“新建表”命令，如图 9.13 所示。

(2) 表设计器将打开，表的列都作为网格中的行出现，并且光标放置在“列名”列的第一个空白单元中，输入表的列名，选择数据类型，并选择列是否允许空值，如图 19.14 所示。

在“列名”列，输入表的列名。

在“数据类型”列，选择表列的数据类型。

在“允许 Null 值”列，选择是否允许空值。如果允许空值，选择复选框。

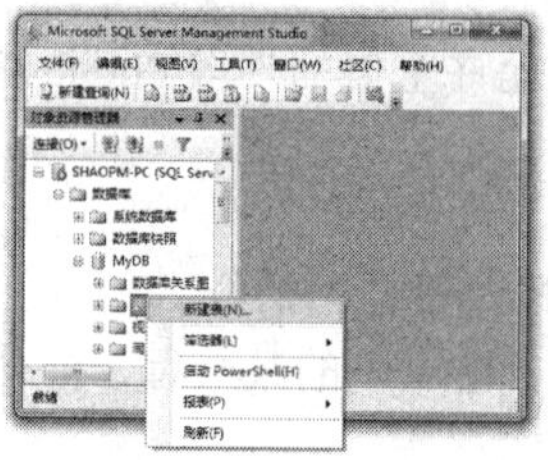

图 19.13 新建表

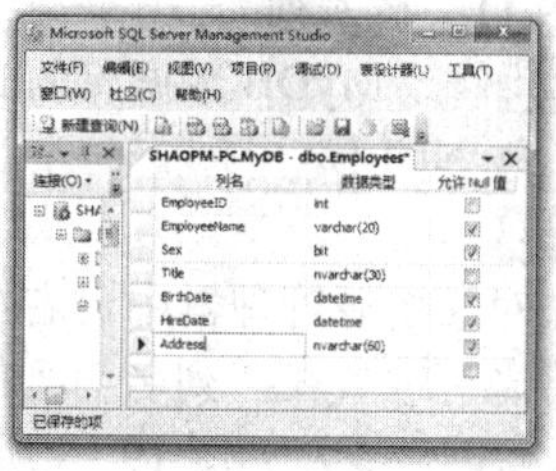

图 19.14 表设计器

(3) 按 Ctrl+ S 组合键，保存表。

(4) 在“选择名称”对话框中，为该表输入一个名称“Employees”，再单击“确定”按钮。

19.4.2 修改表

在 SQL Serve 2008 中，当使用 SSMS 修改表的结构，例如添加一个新列、删除列、更改列为 NULL 性、更改列的顺序、更改列的数据类型时，禁止用户进行此类操作，若要强行修改，会出现如图 19.15 所示的对话框。

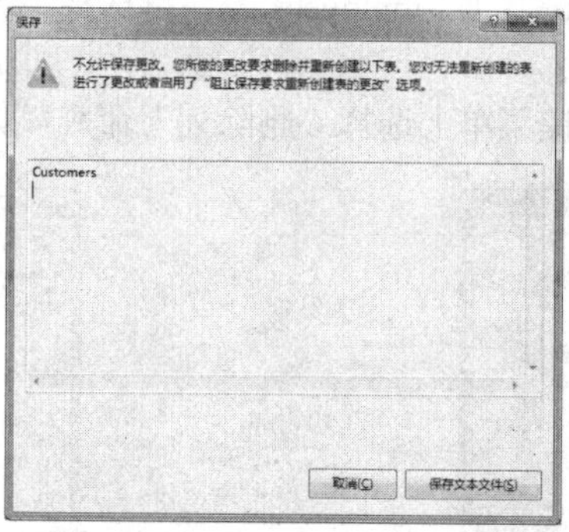

图 19.15 禁止更改提示对话框

若要允许用户修改表结构，则进行如下操作。

(1) 在 SQL Server Management Studio 中，选择“工具”菜单，再选择“选项”命令，如图 19.16 所示。

(2) 在“选项”对话框中，展开 Designers，选择“表设计器和数据库设计器”选项。

(3) 在表选项中取消选中“阻止保存要求重新创建表的更改”复选框，单击“确定”按钮，如图 19.17 所示。

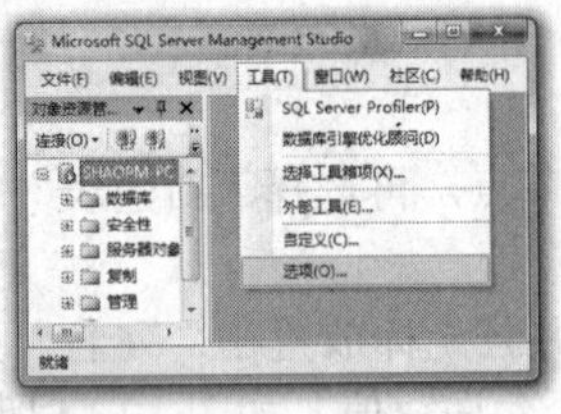

图 19.16 “工具”菜单

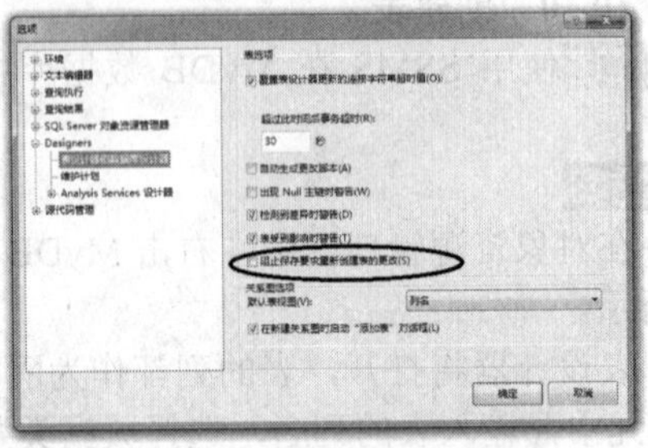

图 19.17 “选项”对话框

1. 向表中插入列

任务 19.11 插入列

问题描述 修改 MyDB 数据库的 Employees 表，添加一个允许空值的字段 Phone。各行的 Phone 字段的值将为 NULL。

解决方案

(1) 在对象资源管理器中，右击 Employees 表，再选择“设计”命令。

(2) 将光标放置在“列名”列的空白单元中。也可以右击表中的某一行，并从快捷菜单中选择“插入列”命令，如图 19.18 所示。

- 在“列名”列的单元格中输入列名 Phone。
- 按 Tab 键转到“数据类型”单元格，再从下拉列表中选择数据类型 nvarchar(20)。
- 在“允许 Null 值”列，设置允许空值。

(3) 按 Ctrl+ S 组合键保存表。

2. 从表中删除列

任务 19.12 删除列

问题描述 修改 MyDB 数据库的 Employees 表，删除列 Phone。

解决方案

(1) 在对象资源管理器中，右击 Employees 表，再选择“设计”命令。

(2) 选择要删除的列。

(3) 右击该列，然后从快捷菜单上选择“删除列”命令，如图 19.19 所示。

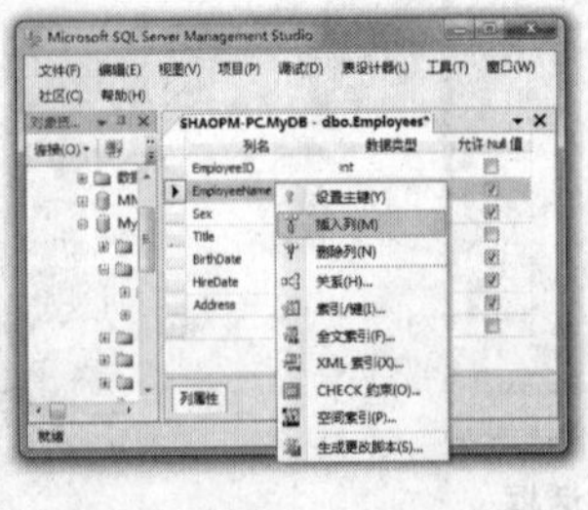

图 19.18 插入列

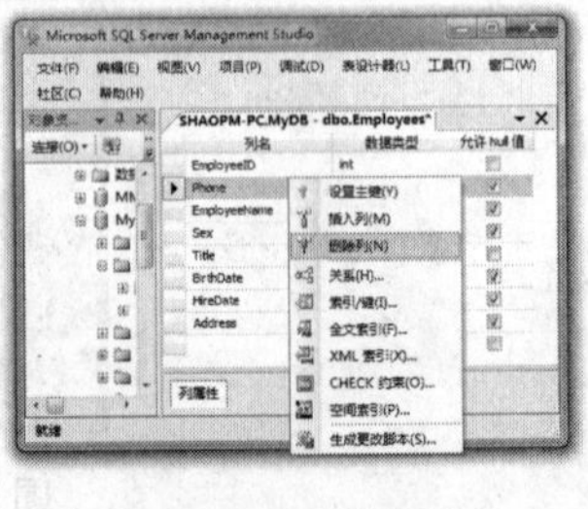

图 19.19 删除列

(4)　按 Ctrl+ S 组合键保存表。

3．修改列

任务 19.13　修改列

问题描述修改 MyDB 数据库的 Employees 表，修改 Sex 列，将列重命名为 Gender，不允许为空。修改 EmployeeID 列，将其数据类型修改为 varchar，长度为 30。

解决方案

(1)　在对象资源管理器中，右击要更改的表，再选择“设计”命令。

此时，将在表设计器中打开该表。在表设计器中，表的列都作为网格中的行出现。

(2)　选择 EmployeeID 所在行的数据类型列，选择 varchar，并将长度设置为 30。

(3)　选择 Sex，将其重命名为 Gender。在“允许 Null 值”列，取消选中“允许 Null 值”复选框，如图 19.20 所示。

(4)　按 Ctrl+ S 组合键保存表。

4．重命名表

任务 19.14　修改表的名称

问题描述将 MyDB 数据库的 Employees 表重命名为 MyEmployees。

解决方案

(1)　在对象资源管理器中，右击要重命名的 MyEmployees 表，再选择“重命名”命令，如图 19.21 所示。

图 19.20　修改列

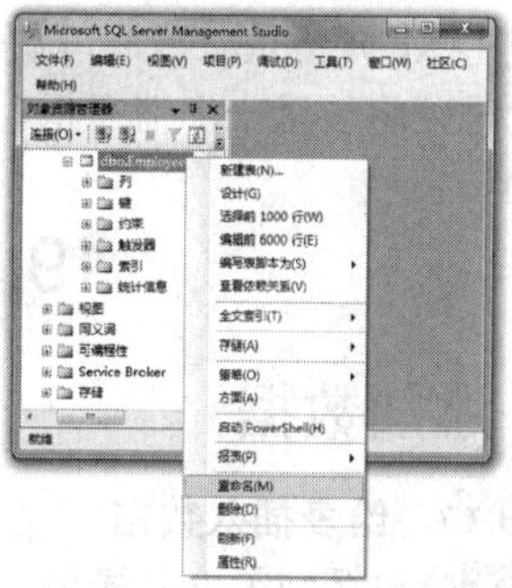

图 19.21　重命名表

(2)　输入表的新名称 MyEmployees。

5．复制表结构

任务 19.15　复制表结构

问题描述将 MyDB 数据库的 MyEmployees 表结构复制到新建的表 NewEmployees 中。

解决方案

(1)　在对象资源管理器中，右击 MyDB 数据库的“表”节点，再选择“新建表”命令。

(2)　在对象资源管理器中，右击要复制的表 MyEmployees，再选择“设计”命令。

此时，将在另一个表设计器窗口中打开该表。

(3)　在表设计器中，表的列都作为网格中的行出现。

如图 19.22 所示，选择 MyEmployees 表设计器网格中的所有行，在“编辑”菜单上选择“复制”命令。

(4)　切换回新表，单击行左侧的按钮选择第一行，如图 19.23 所示。

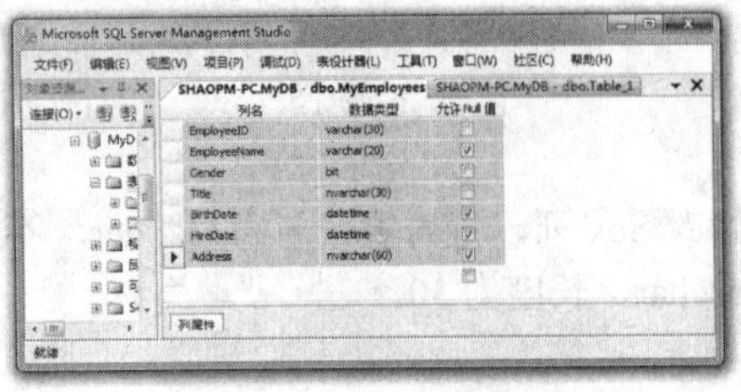

图 19.22　复制表

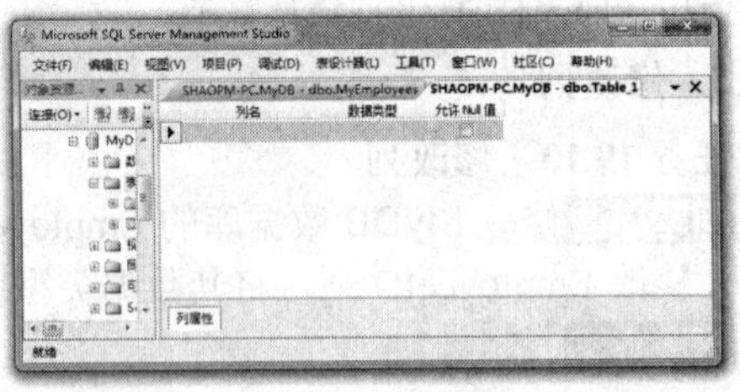

图 19.23　选择表的第一行

(5) 在“编辑”菜单上，选择“粘贴”命令，如图 19.24 所示。

(6) 按 Ctrl+ S 组合键保存新建的表。

(7) 在“选择名称”对话框中，为该表输入一个名称 NewEmployees，再单击“确定”按钮。

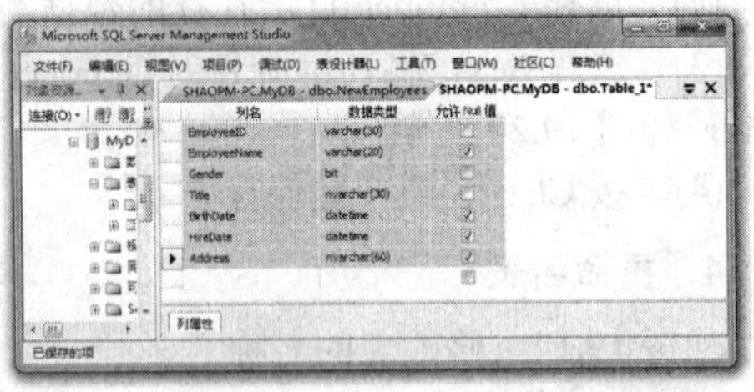

图 19.24　粘贴

6. 删除表

任务 19.16　删除表

问题描述 删除 MyDB 数据库的表 NewEmployees。

解决方案

(1) 在对象资源管理器中选择要删除的表 NewEmployees。

(2) 右击 NewEmployees，再从快捷菜单中选择“删除”命令。

(3) 此时，将显示一个消息框，提示确认删除。单击“确定”按钮。

19.5　操作表的数据

19.5.1　添加数据

任务 19.17　给表插入数据

问题描述 公司新到了一名雇员，请将该雇员的信息添加到 MyEmployees 表中。

解决方案

(1) 打开 MyEmployees 表。右击表 MyEmployees，再选择“编辑前 200 行”命令。

(2) 定位到 MyEmployees 表的窗格底部，此处有一个可用于添加新数据行的空白行，所有列的初始值都为 NULL，如图 19.25 所示。

(3) 为新行的每列输入数据。

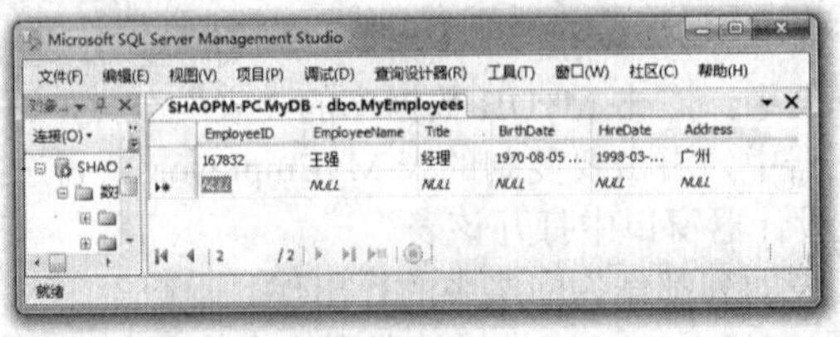

图 19.25　添加新行

(4) 光标离开该行可以将其提交到数据库。

如果在保存行时出错，将显示一条消息，然后返回到所编辑的行。这时可以通过对该行进行进一步的编辑来解决错误，或者按 Esc 键取消编辑。如果在已经进行了更改的某个单元格中按 Esc 键，则将取消对该单元格所做的更改。如果在未进行更改的单元格中按 Esc 键，则将取消对整个行所做的更改。

任务 19.18　复制表的数据

问题描述 将 Northwind 数据库的 Categories 表结构复制到 MyDB 数据库新建的表 MyCategories，并将 Categories 表的数据复制到 MyCategories 表。

解决方案

(1) 按照任务 19.15 复制表结构的方法创建新表 MyCategories。

(2) 打开 Categories 表，按 Ctrl 键并单击行左侧的按钮选择所有行。

(3) 在选择行中，右击，选择“复制”命令，如图 19.26 所示。

(4) 切换回 MyCategories 表，单击新行左侧的按钮选择新行。

(5) 在“编辑”菜单上，选择“粘贴”命令，如图 19.27 所示。

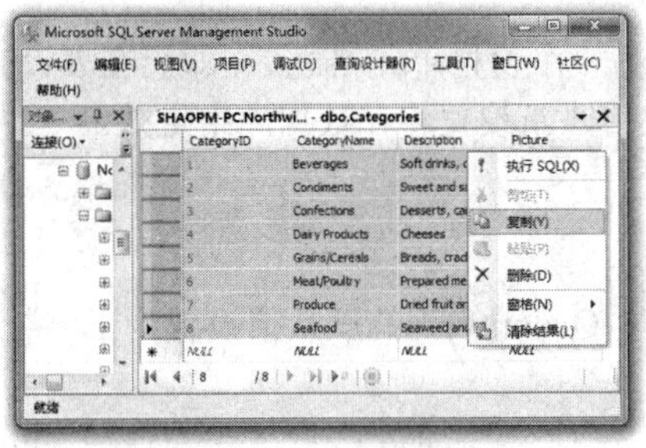

图 19.26　复制数据

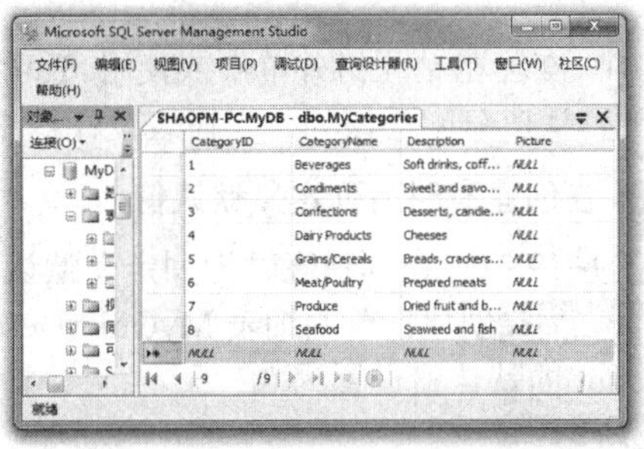

图 19.27　粘贴数据

19.5.2　修改数据

任务 19.19　将列的所有值修改为同一值

问题描述 将公司中雇员编号为 167832 的雇员的职务修改为“销售代表”，将地址信息修改为 NULL，如图 19.28 所示。

解决方案

(1) 打开 MyEmployees 表。

(2) 将鼠标定位到要更改的数据所在的单元格。

(3) 输入新数据。

(4) 鼠标移出该行即可保存更改。

图 19.28　修改数据

19.5.3　从表中删除行

任务 19.20　删除行

问题描述 在 MyDB 数据库中，删除 CategoryID 值为 8 的类别信息。

解决方案

(1) 打开 MyDB 数据库的 MyCategories。

(2) 在表的窗格中，单击 CategoryID 值为 8 的行左侧的按钮选择行。若要删除多行，选择多行。

(3) 按 Delete 键。

(4) 在要求确认的消息框中单击“是”按钮。

19.6 设置列的属性和约束

19.6.1 设置默认值

1. 为已有的列定义默认值

任务 19.21　为已有的列定义默认值

问题描述 给 MyEmployees 表的 HireDate 列定义 DEFAULT，默认值为当前日期。

解决方案

(1) 在对象资源管理器中，右击 MyEmployees 表，再选择“设计”命令。

(2) 选择要为其指定默认值的列 HireDate。

(3) 在“列属性”选项卡中，在“默认值或绑定”属性中输入默认值 getdate()，如图 19.29 所示。

(4) 在窗格单元格外单击或使用 Tab 键移动到另一个窗格单元格之后，即会在表设计器中将新的默认值分配给该列。当在表设计器中保存更改后，新设置将在数据库中生效。

2. 在创建表时为列定义默认值

任务 19.22　在创建表时为列定义默认值

问题描述 创建订单明细表 MyOrderDetails，将数量(Quantity)列的默认值设置为 1，将折扣率(Discount)的默认值设置为 0。

解决方案

(1) 右击 MyDB 数据库的“表”节点，再选择“新建表”命令。

(2) 输入列的名称，选择数据类型，并选择列是否允许空值。

(3) 选择 Quantity 列。

(4) 在“列属性”选项卡中，在“默认值或绑定”属性中输入默认值 1，如图 19.30 所示。

图 19.29　为已有的列设置默认值

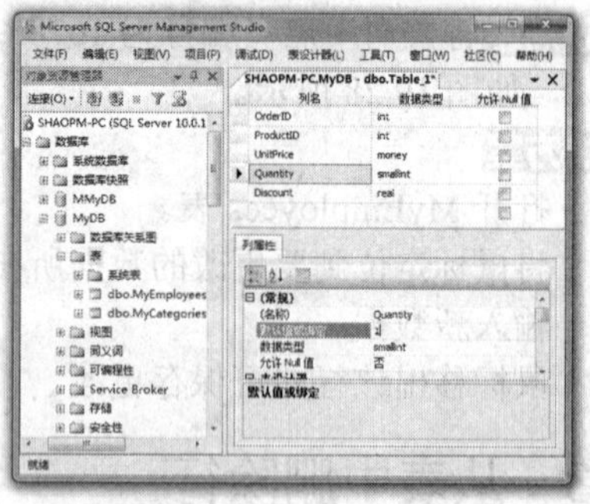

图 19.30　设置默认值

(5) 选择 Discount，在“列属性”选项卡中，在“默认值或绑定”属性中输入默认值 0。

(6) 按 Ctrl+ S 组合键保存表。

(7) 在“选择名称”对话框中，为该表输入一个名称“MyOrderDetails”，再单击“确定”按钮。

3. 修改列定义默认值

任务 19.23　修改列定义默认值

问题描述 将订单明细表 MyOrderDetails 的数量(Quantity)列的默认值修改为 2。

解决方案

(1) 在对象资源管理器中，右击 MyOrderDetails 表，再选择“设计”命令。

(2) 选择 Quantity 列。

(3) 在“列属性”选项卡中，在“默认值或绑定”属性中输入新的默认值 2。

(4) 按 Ctrl+ S 组合键保存表。

4. 删除默认值

任务 19.24 删除默认值

问题描述删除订单明细表 MyOrderDetails 的数量(Quantity)列的默认值。

解决方案

(1) 在对象资源管理器中，右击 MyOrderDetails 表，再选择“设计”命令。

(2) 选择 Quantity 列。

(3) 在“列属性”选项卡中，将“默认值或绑定”属性的值清空。

(4) 按 Ctrl+ S 组合键保存表。

19.6.2 设置精度和小数位数

任务 19.25 设置精度和小数位数

问题描述将订单明细表 MyOrderDetails 的单价(UnitPrice)列的数据类型修改为 decimal(10, 2)。

解决方案

(1) 在对象资源管理器中，右击 MyOrderDetails 表，再选择“设计”命令。

(2) 选择 UnitPrice 列。

(3) 在“列属性”选项卡中，单击“精度”属性对应的网格单元格，并输入精度值 10。在“小数位数”属性中输入新值 2，如图 19.31 所示。

(4) 按 Ctrl+ S 组合键保存表。

19.6.3 创建标识符列

1. 创建自动编号标识符列

任务 19.26 创建自动编号标识符列

问题描述创建送货商 Shippers 表，将送货商 ID(ShipperID)列创建为标识符列。从 1000 开始并以值 10 递增。

解决方案

(1) 右击 MyDB 数据库的“表”节点，再选择“新建表”命令。

(2) 输入列的名称，选择数据类型，并选择列是否允许空值。

(3) 选择 ShipperID 列，并取消选中“允许 Null 值”复选框，如图 19.32 所示。

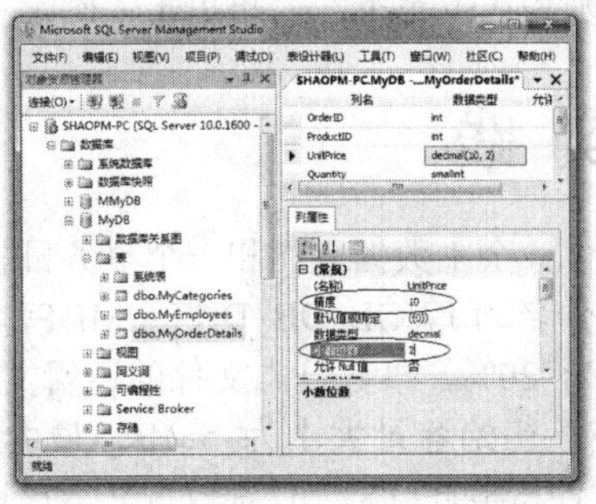

图 19.31 精度和小数位数

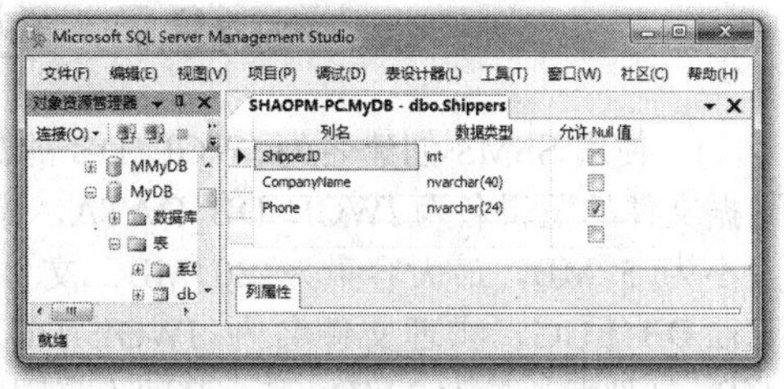

图 19.32 创建表

(4) 在“列属性”选项卡中，展开“标识规范”属性。

(5) 单击“是标识”子属性的网格单元格，然后从下拉列表中选择“是”选项。

如果表已存在标识列，则在另一列上设置“是标识”属性，会将原始列上的属性重置为“否”而不会出现警告。

(6) 在“标识种子”单元格中输入值 1000。此值将赋给表中的第 1 行。默认情况下将赋值 1。

(7) 在“标识增量”单元格中输入值 10。此值是基于“标识种子”依次为每个后续行增加的增量。默认情况下将赋值 1。

如果更改表的任何标识属性，则将保留现有的标识值。新的设置值仅应用于添加到表中的新行。

(8) 按 Ctrl+ S 组合键保存表。

(9) 在“选择名称”对话框中，为该表输入一个名称“Shippers”，再单击“确定”按钮。

2. 创建全局唯一标识符列

任务 19.27 创建全局唯一标识符列

问题描述 在 MyDB 数据库中创建客户表，将 CustomerID 创建为全局唯一标识符列。

解决方案

(1) 右击 MyDB 数据库的“表”节点，再选择“新建表”命令。

(2) 输入列的名称，选择数据类型，并选择列是否允许空值，如图 19.33 和图 19.34 所示。

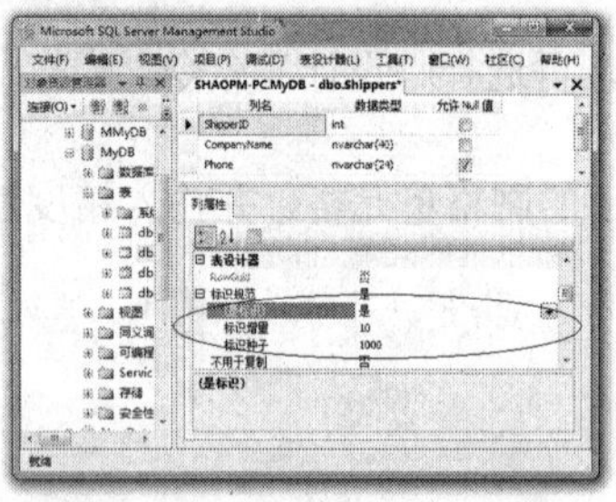

图 19.33 创建自动编号标识符列

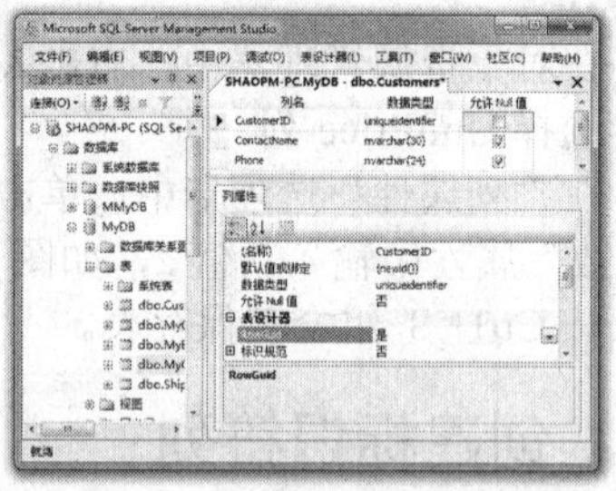

图 19.34 创建全局唯一标识符列

(3) 选择 CustomerID 列，选择其数据类型为 uniqueidentifier，并取消选中“允许 Null 值”复选框。

(4) 在“列属性”选项卡中，进行如下操作。

- 在“数据类型”属性中从下拉列表中选择 uniqueidentifier 数据类型。
- 在“默认值或绑定”属性中输入默认值 newid()。
- 展开“表设计器”，从“RowGuid”属性的下拉列表中选择“是”选项。

(5) 按 Ctrl+ S 组合键保存表。

(6) 在“选择名称”对话框中，为该表输入一个名称“Customers”，再单击“确定”按钮。

19.7 独立实践

(1) 使用 SSMS 创建名为 JWGL_DB 的数据库，包含一个主数据文件和一个事务日志文件。主数据文件的逻辑名为 JWGL_DB_DATA，操作系统文件名为 JWGL_DB_DATA.MDF，初始容量大小为 5 MB，最大容量为 20 MB，文件的增长量为 20%。事务日志文件的逻辑文件名为 JWGL_DB_LOG，物理文件名为 JWGL_DB_LOG.LDF，初始容量大小为 5MB，最大容量为 10 MB，文件增长量为 2 MB，最大空间不受限制。数据文件与事务日志文件都放在 F 盘根目录下。

(2) 根据在 6.6 节独立实践中设计的每个表，使用 SSMS 实现它们。

任务 20　创建约束和表的关系

20.1　场 景 引 入

问题：将公司中所有产品的信息存储于 Products 表中，如图 20.1 所示。要求保证实体完整性，所谓实体完整性就是将行定义为特定的唯一实体，也就是每一行表示一个特定的产品，ProductID 的值不允许有重复值。如果输入了 ProductID 值为 1 的产品，则数据库不允许其他产品拥有同值的 ID。同时还要求域完整性，所谓域完整性是指特定列的项的有效性。要求 UnitPrice 列的值范围是大于或等于 0，数据库不接受此范围以外的值。ProductName 列必须输入值，不允许有空值。如果向 Products 表中添加一行数据，但没有给该行的 UnitPrice 列指定值，则数据库引擎自动将 0 插入到没有指定值的 UnitPrice 列中。请提出此问题的解决方案。

SHAOPM-PC.Northwind - dbo.Products

ProductID	ProductName	UnitPrice	UnitsInStock	SupplierID	CategoryID	QuantityPerUnit
1	Chai	18.0000	39	1	1	10 boxes x 20 b...
2	Chang	19.0000	17	1	1	24 - 12 oz bottles
3	Aniseed Syrup	10.0000	13	1	2	12 - 550 ml bottles
4	Chef Anton's Ca...	22.0000	53	2	2	48 - 6 oz jars
5	Chef Anton's Gu...	21.3500	0	2	2	36 boxes
6	Grandma's Boys...	25.0000	120	3	2	12 - 8 oz jars
7	Uncle Bob's Org...	30.0000	15	3	7	12 - 1 lb pkgs.
8	Northwoods Cra...	40.0000	6	3	2	12 - 12 oz jars

图 20.1　Products 表

以上问题中涉及数据完整性，数据完整性可保证数据库中数据的正确性和一致性。数据完整性包括实体完整性和域完整性。实体完整性可通过创建 UNIQUE 约束或 PRIMARY KEY 约束实现，这样强制确保表的关键字值是唯一的。域完整性可通过限制类型(通过使用数据类型)、限制格式(通过使用 CHECK 约束)或限制可能值的范围(通过使用 CHECK 约束、DEFAULT 定义、NOT NULL 定义)来实现。

任务 20 中要完成的主要任务有创建 PRIMARY KEY 约束、UNIQUE 约束和 CHECK 约束以及创建表的关系。

20.2　创 建 约 束

20.2.1　创建 PRIMARY KEY 约束

1. 创建 PRIMARY KEY 约束

任务 20.1　创建 PRIMARY KEY 约束

问题描述为 MyDB 数据库的 MyEmployees 表的 EmployeeID 列创建 PRIMARY KEY 约束。

解决方案

(1)　右击 MyEmployees 表，再选择“设计”命令。

(2)　单击 EmployeeID 列所在行左侧的按钮以选择行，然后右击，选择“设置主键”命令，如图 20.2 所示。

(3)　按 Ctrl+ S 组合键保存表。

分析与讨论

在创建表时创建 PRIMARY KEY 约束、为现有表添加具有 PRIMARY KEY 约束的新列与为已有的列定义 PRIMARY KEY 约束的方法是一样的。

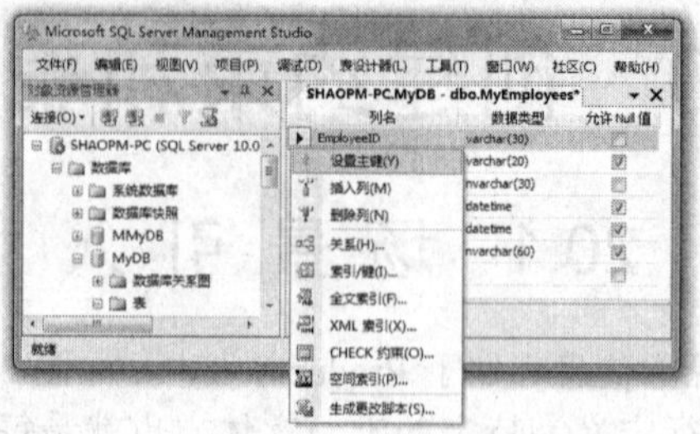

图 20.2　设置主键

2. 给 PRIMARY KEY 约束重命名

任务 20.2　创建 PRIMARY KEY 约束

问题描述 当创建主键约束时，约束将自动创建名为“PK_+表名”。试将 EmployeeID 列主键约束名称修改为 column_EmployeeID_pk。

解决方案

(1)　右击 MyEmployees 表，再选择“设计”命令。

(2)　在此表设计器中单击右键，再选择“索引/键”命令。

(3)　在“索引/键”对话框中，从“选定的主/唯一键或索引”列表中选择 PK_MyEmployees。

(4)　在“名称”框中输入新名称 column_EmployeeID_pk，如图 20.3 所示。确保新名称不与“选定的主/唯一键或索引”列表中的名称重复。

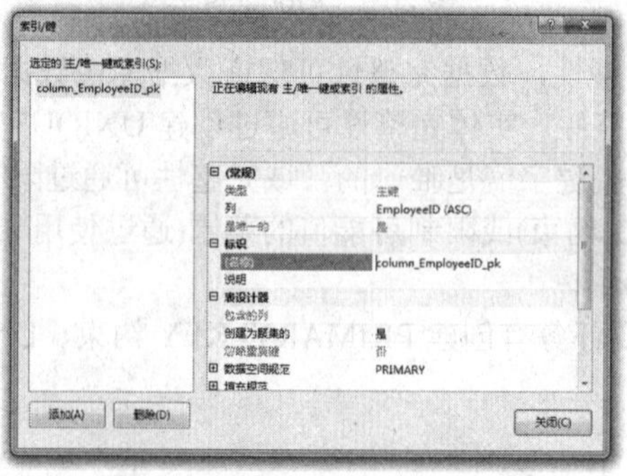

图 20.3　为主键约束重命名

(5)　单击“关闭”按钮。

(6)　按 Ctrl+ S 组合键保存表。

分析与讨论

如果已存在 PRIMARY KEY 约束，则可以修改或删除它。例如，可以让表的 PRIMARY KEY 约束引用其他列。

例如，使 MyEmployees 表 PRIMARY KEY 约束引用 EmployeeName 列，可进行如下操作。

(1)　在 MyEmployees 表设计器中右击，再选择“索引/键”命令。

(2)　在“索引/键”对话框中，从“选定的主/唯一键或索引”列表中选择 column_EmployeeID_pk。

(3)　单击“列”属性右边的 ... 按钮，如图 20.4 所示。

(4)　在“索引列”对话框中，单击“列名”下拉列表，选择 EmployeeName 选项，然后单击“确定”按钮，如图 20.5 所示。

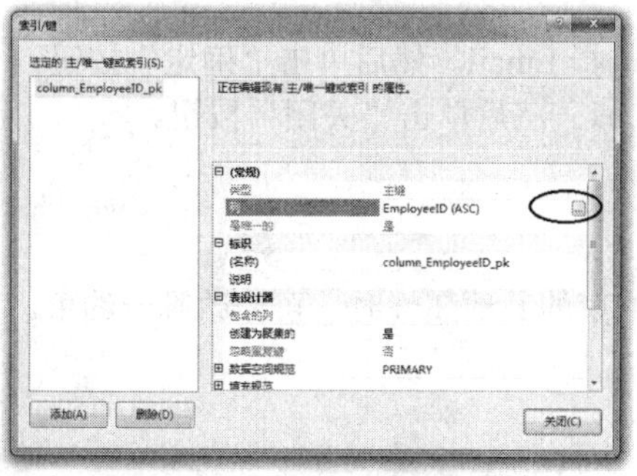

图 20.4　“索引/键”对话框

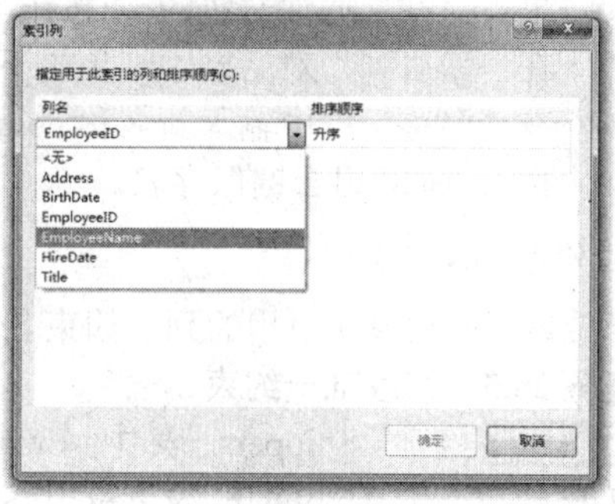

图 20.5　“索引列”对话框

(5)　单击“关闭”按钮。

(6)　按 Ctrl+ S 键保存表。

也可在“索引/键”对话框中，从“选定的主/唯一键或索引”列表中选择 column_EmployeeID_pk。然后单击“删除”按钮，将此约束删除。

3. 删除主键约束

任务 20.3　删除约束

问题描述删除 MyEmployees 表 PRIMARY KEY 主键约束。

解决方案

(1)　在对象资源管理器中，右击 MyEmployees 表，再选择“设计”命令。

(2)　在表网格中右击包含主键的行，再选择“删除主键”命令。

(3)　按 Ctrl+ S 键保存表。

20.2.2　创建 UNIQUE 约束

1. 创建唯一约束

任务 20.4　添加新列并为其创建 UNIQUE 约束

问题描述向 Shippers 表中添加具有 UNIQUE 约束的新列 Email。

解决方案

(1)　在对象资源管理器中，右击表 Shippers，再选择“设计”命令。

(2)　给表添加一新列 Email。

(3)　在表网格中右击，然后选择“索引/键”命令，如图 20.6 所示。

(4)　在“索引/键”对话框中，单击“添加”按钮。

(5)　在网格中单击“类型”，再从属性右侧的下拉列表框中选择“唯一键”，如图 20.7 所示。

图 20.6　选择“索引/键”命令

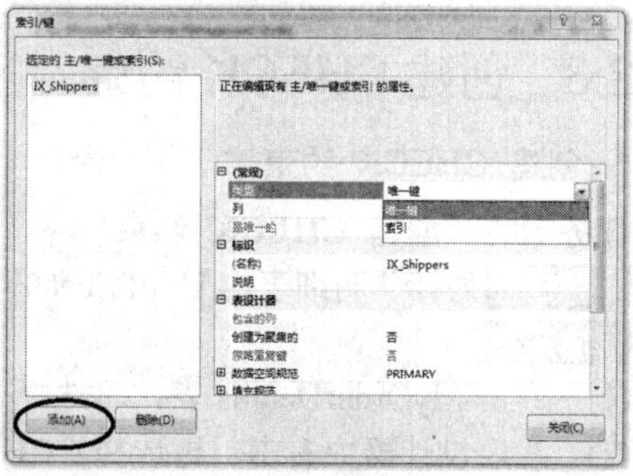

图 20.7　设置唯一键

(6) 单击“列”属性右边的[...]按钮。

(7) 在“索引列”对话框中，单击下拉列表，选择 Email。然后单击“确定”按钮。

(8) 在“名称”框中输入新名称 column_email_uk。然后单击“关闭”按钮。

(9) 按 Ctrl+ S 组合键保存表。

2. 修改 UNIQUE 约束

当希望更改约束所引用的列、约束名称或设置约束的其他属性时，可修改唯一约束。

任务 20.5 修改唯一约束

问题描述 修改 Shippers 表中 Email 列的 UNIQUE 约束，使 UNIQUE 约束引用 ShipperID 列，并将约束名称修改为 column_ShipperID_uk，如图 20.8 所示。

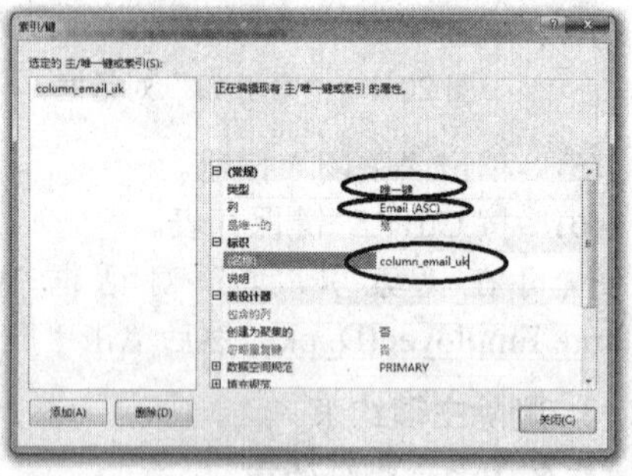

图 20.8 修改唯一约束

解决方案

(1) 右击 Shippers 表，再选择“设计”命令。

(2) 在表设计器中右击，再选择“索引/键”命令。

(3) 在“索引/键”对话框的“选定的主/唯一键或索引”列表中，选择 column_email_uk 约束。

(4) 在网格中，单击“列”，再单击属性右侧的[...]按钮。

(5) 在“索引列”对话框中，单击下拉列表，选择 ShipperID。然后单击“确定”按钮。

(6) 在“名称”框中输入新名称 column_ShipperID_uk。然后单击“关闭”按钮。

(7) 按 Ctrl+ S 组合键保存表。

3. 删除 UNIQUE 约束

任务 20.6 删除约束

问题描述 删除 Shippers 表名为 column_ShipperID_uk 的约束，如图 20.9 所示。

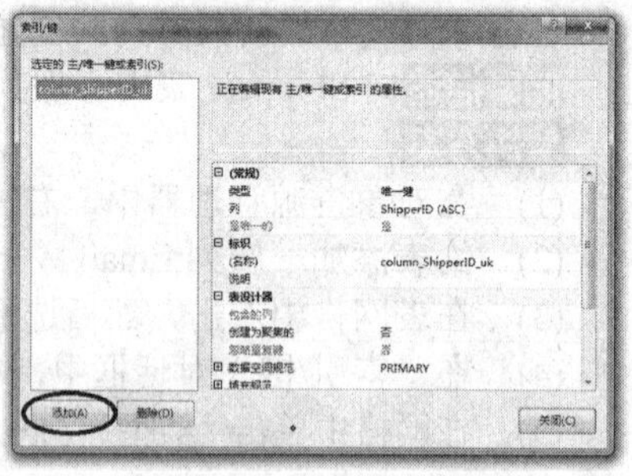

图 20.9 删除唯一约束

解决方案

(1) 右击 Shippers 表，再选择“设计”命令。

(2) 在表设计器中右击，再选择“索引/键”。

(3) 在“索引/键”对话框中的“选定的主/唯一键或索引”下，选择 column_ShipperID_uk 约束。

(4) 单击“删除”按钮，然后单击“关闭”按钮。

(5) 按 Ctrl+ S 组合键保存表。

20.2.3 创建 CHECK 约束

1. 创建 CHECK 约束

任务 20.7 创建 CHECK 约束

问题描述 为订单明细表的 UnitPrice(单价)和 Quantity(数量)列创建 CHECK 约束。

解决方案

(1) 右击 MyOrderDetails 表，再选择“设计”命令。

(2) 在表设计器中右击，再选择“CHECK 约束”。

(3) 在“CHECK 约束”对话框中，进行如下操作，如图 20.10 所示。

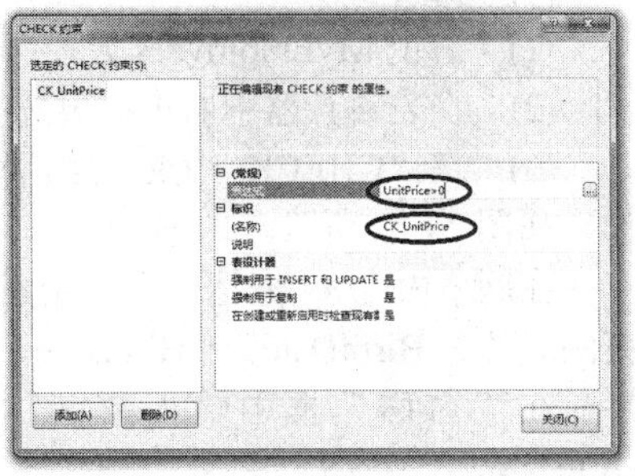

图 20.10　创建 CHECK 约束

在网格内的“表达式”字段中，输入 CHECK 约束的表达式：UnitPrice>0。

在“名称”框中输入新名称 CK_UnitPrice。

(4) 单击“添加”按钮。然后进行如下操作。

在网格内的 “表达式”框中，输入 CHECK 约束的表达式：Quantity >0。

在“名称”框中输入新名称 CK_ Quantity。

(5) 单击“关闭”按钮。

(6) 按 Ctrl+ S 组合键保存表。

2. 修改 CHECK 约束

任务 20.8　修改 CHECK 约束

问题描述 修改订单明细表的为 UnitPrice 创建 CHECK 约束，将约束的表达式修改为 Quantity >=0，将约束名称修改为 column_UnitPrice_CK，如图 20.11 所示。

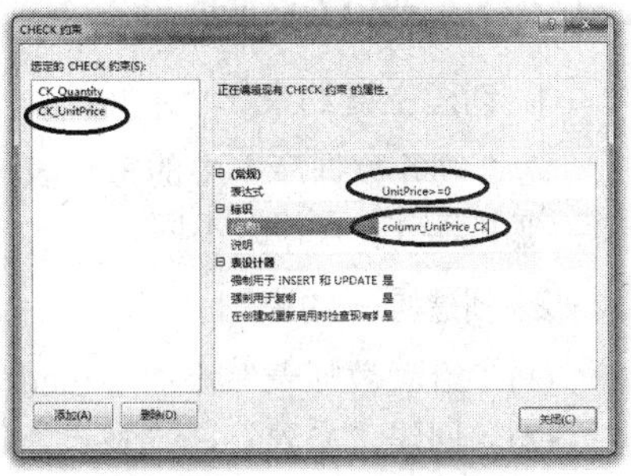

图 20.11　修改 CHECK 约束

解决方案

(1)　右击 MyOrderDetails 表，再选择“设计”命令。

(2)　在表设计器中右击，再选择“CHECK 约束”。

(3)　在“CHECK 约束”对话框的“选定的 CHECK 约束”列表中，选择 CK_UnitPrice 约束，进行如下操作。

在网格内的 “表达式”字段中，输入 CHECK 约束新的表达式 UnitPrice>=0。

在“名称”框中输入新名称 column_UnitPrice_CK。

(4) 单击“关闭”按钮。

(5) 按 Ctrl+ S 组合键保存表。

3. 删除 CHECK 约束

任务 20.9　删除 CHECK 约束

问题描述 删除 MyOrderDetails 表的名为 column_UnitPrice_CK 的约束。

解决方案

(1)　右击 MyOrderDetails 表，再选择“设计”命令。

(2)　在表设计器中右击，再选择“CHECK 约束”命令。

(3)　在“CHECK 约束”对话框中的“选定的 CHECK 约束”下，选择 column_UnitPrice_CK 约束。

(4)　单击“删除”按钮，然后单击“关闭”按钮。

(5)　按 Ctrl+ S 组合键保存表。

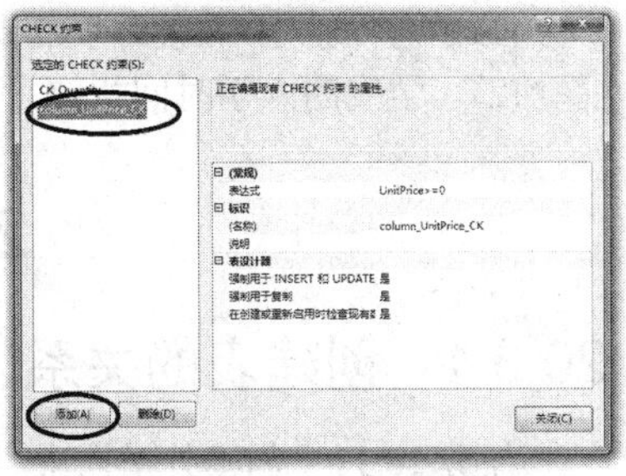

图 20.12　删除 CHECK 约束

20.2.4　创建表约束

任务 20.10　创建引用多个列的约束

问题描述为 MyEmployees 表定义 CHECK 约束，强制输入到 HireDate 列的日期必须大于 BirthDate 列的日期。

解决方案

(1) 右击 MyEmployees 表，再选择“设计”命令。

(2) 在表设计器中右击，再选择“CHECK 约束”。

(3) 在“CHECK 约束”对话框中，进行如下操作，如图 20.13 所示。

在网格内的 “表达式”框中，输入 CHECK 约束的表达式 BirthDate ＜HireDate。

在“名称”框中输入新名称 CK_ BirthDate_ HireDate。

(4) 单击“关闭”按钮。

(5) 按 Ctrl+ S 组合键保存表。

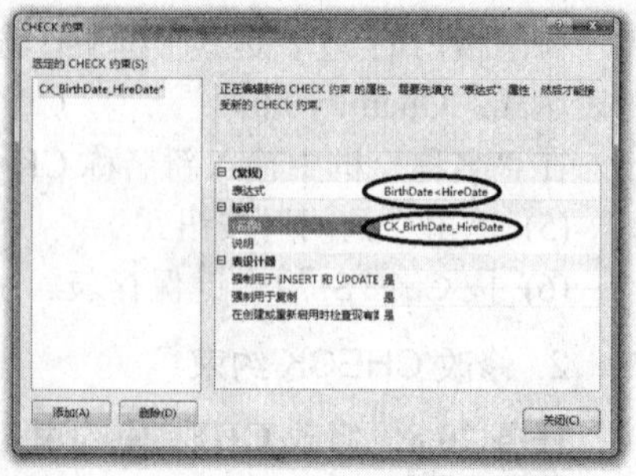

图 20.13 创建引用多个列的约束

20.2.5 独立实践

1. 创建主键约束

为“教务数据库”中的每个表创建一个主键约束，并添加或修改数据验证创建主键约束和未创建主键约束有什么不同。

2. 创建唯一约束

(1) 给“教师表”添加 E-mail 和电话列，并分别为这两列创建唯一约束。

(2) 创建“系表”，“系表”的列有系编号、系名称和备注。并为“系编号”列创建名称为“系编号_PK”的主键约束，为“系名称”创建唯一约束。并添加或修改数据验证创建唯一约束和未创建唯一约束有什么不同，同时验证主键约束和唯一约束的不同。

3. 创建检查约束

(1) “教师表”中性别列的值要么为“男”，要么为“女”，据此，为“教师表”中性别列创建检查约束。

(2) “学生表”中，已修学分列的值不能够小于 0，也不能够大于 160。据此，为“学生表”中已修学分列创建检查约束。

4. 创建表的约束

(1) 为“学生_课程”表的课程编号和学号列的组合创建主键约束。

(2) 学生的入学时间肯定大于出生日期，据此，为“学生表”创建表的约束。

20.3 创建表的关系

20.3.1 创建表的关系

任务 20.11 创建外键约束

问题描述 创建 MyCategories 表和 MyProducts 表，并创建它们之间的一对多的联系。

解决方案

(1) 在 MyDB 数据库中创建如图 20.14 所示的 MyProducts 表。

(2) 在对象资源管理器中，右击将位于关系的外键方的表 MyProducts，再选择“设计”命令。

(3) 在表设计器中右击，再选择“关系”命令。

(4) 在“外键关系”对话框中，单击“添加”按钮。

“选定的关系”列表中将显示关系以及系统提供的名称，格式为 FK_<tablename>_<tablename>，其中 tablename 是外键表的名称。

(5)　在“选定的关系”列表中单击该关系。

(6)　单击右侧网格中的“表和列规范”，再单击该属性右侧的 ... 按钮，如图 20.15 所示。

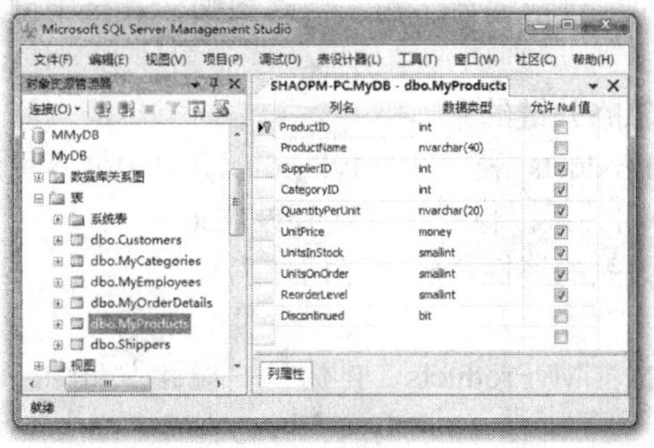

图 20.14　MyProducts 表

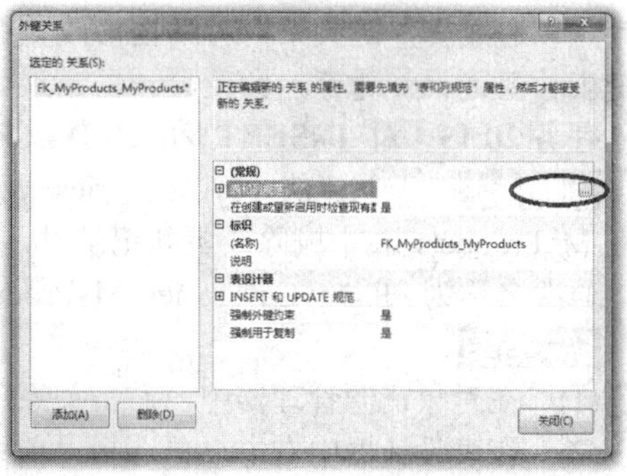

图 20.15　外键关系

(7)　在“表和列”对话框中，从“主键”下拉列表中选择要位于关系主键方的表 MyCategories。

(8)　在“主键表”的网格中，选择主键表 MyCategories 的主键的列 CategoryID。在“外键表”网格单元格中，选择外键表 MyProducts 的相应外键列 ProductID。

(9)　在“关系名”文本框中更改关系名称为 FK_MyCategories_MyProducts，如图 20.16 所示。

(10) 单击“确定”按钮。

(11) 单击“关闭”按钮。

(12) 按 Ctrl+ S 组合键保存表。

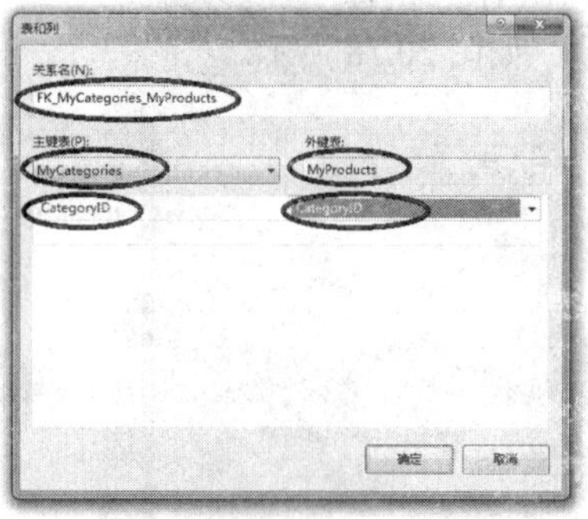

图 20.16　“表和列”对话框

20.3.2　创建级联规则

任务 20.12　创建级联规则

问题描述 对任务 20.11 创建的 MyCategories 表和 MyProducts 表关系 FK_MyCategories_MyProducts，创建级联更新规则和级联删除规则。

解决方案

(1)　在对象资源管理器中，右击关系所涉及的表 MyCategories，再选择“设计”命令。

(2)　在表设计器中右击，再选择“关系”命令。

(3)　在“外键关系”对话框中，从“选定的关系”列表中选择关系 FK_MyCategories_MyProducts。

(4)　展开 INSERT 和 UPDATE 规范：

- 选择“更新规则”，然后单击其右边的下三角按钮，在下拉列表中选择“级联”。
- 选择“删除规则”，然后单击其右边的下三角按钮，在下拉列表中选择“级联”选项。

(5)　单击“确定”按钮。

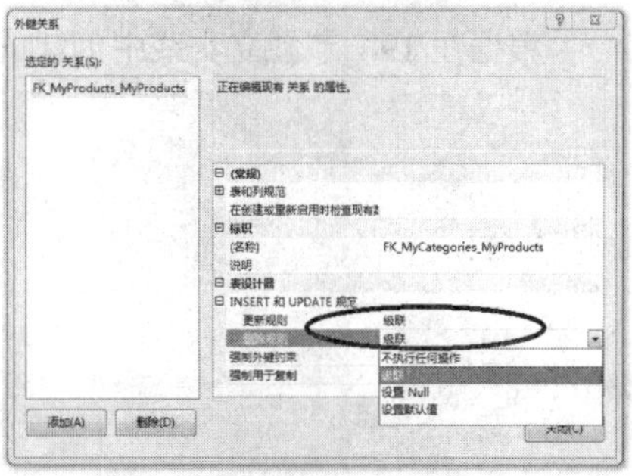

图 20.17　创建级联规则

(6) 单击“关闭”按钮。

(7) 按 Ctrl+ S 组合键保存表。

20.3.3 修改关系属性

可以通过“外键关系”对话框修改关系的属性，包括关系名称、级联规则，甚至主键表，外键表、主键、外键等。

任务 20.13 对 INSERT 和 UPDATE 语句忽略外键约束

问题描述 对于创建的 MyCategories 表和 MyProducts 表，在 MyProducts 表中插入记录时和在 MyProducts 表中删除或更新记录时，忽略表间关系，也就是忽略外键约束。

修改名称为 FK_MyCategories_MyProducts 的关系的属性，解决该问题。

解决方案

(1) 在对象资源管理器中，右击关系所涉及的表 MyProducts，再选择“设计”命令。

(2) 在表设计器中右击，再选择“关系”。

(3) 在“外键关系”对话框中，从“选定的关系”列表中选择关系 FK_MyCategories_MyProducts。

(4) 选择“强制外键约束”，然后单击其右边的下三角按钮，在下拉列表中选择“否”选项，如图 20.18 所示。

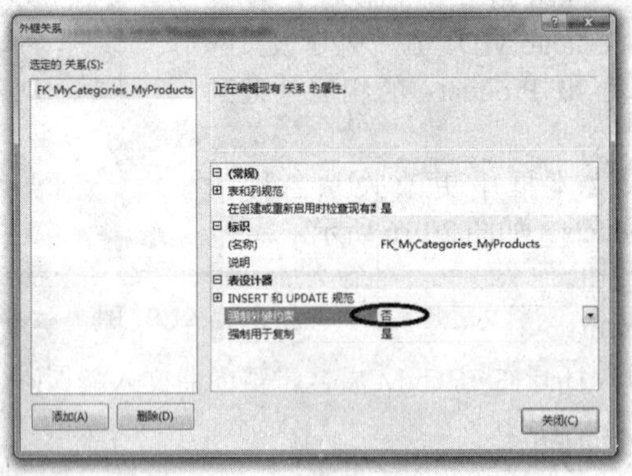

图 20.18 修改关系属性

(5) 单击“关闭”按钮。

(6) 按 Ctrl+ S 组合键保存表。

20.3.4 独立实践

根据在 19.7 节独立实践中创建的表，使用 SSMS 创建表的关系。

任务 21　实现数据库安全性

21.1　场 景 引 入

问题：使用 SSMS 完成任务 17 中的每一个子任务。

任务 21 将使用 SSMS 提出完成任务 17 中的各项任务的解决方案。

21.2　创建登录账户

21.2.1　创建使用 Windows 身份验证的 SQL Server 登录账户

1．创建 Windows 用户的 SQL Server 登录账户

任务 21.1　创建 Windows 用户的 SQL Server 登录账户

问题描述 创建 Windows 用户账户 shaopm-PC\wangM，并授予 Windows 用户账户 shaopm-PC\wangM 登录到 Microsoft SQL Server 的权限，默认数据库为 master。

解决方案

(1) 创建新的 Windows 账户。

① 依次选择“开始”→“运行”命令，在“打开”文本框中，输入 %SystemRoot%\system32\compmgmt.msc /s，再单击“确定”按钮，打开“计算机管理”窗口。

② 在“系统工具”下，展开“本地用户和组”，右击“用户”，再选择“新用户”命令，如图 21.1 所示。

③ 在“用户名”文本框中输入 wangM。

④ 在“密码”和“确认密码”文本框中，输入密码 123456，再单击“创建”按钮，创建新的本地 Windows 用户，如图 21.2 所示。

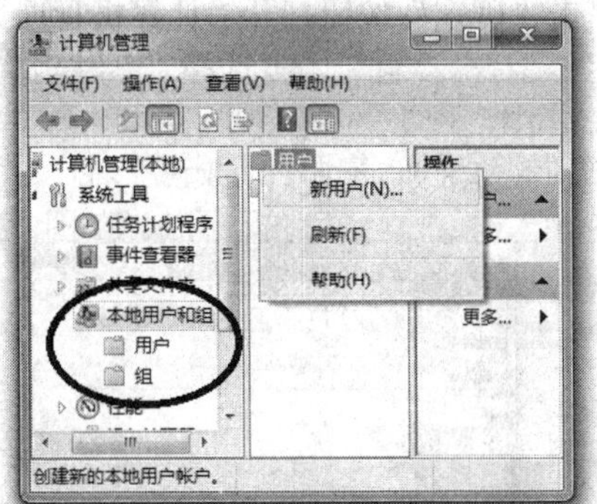

图 21.1　“计算机管理”窗口

图 21.2　“新用户”对话框

⑤ 单击“关闭”按钮。

(2) 创建 Windows 用户登录名。

① 在对象资源管理器中，右击“安全性”文件夹，依次选择“新建”→“登录”命令，如图 21.3 所示。

② 在“常规”页上进行如下操作，如图 21.4 所示。

选择“Windows 身份验证”。

在“登录名”文本框中输入一个 Windows 用户名 SHAOPM-PC\wangM。

图 21.3 “安全性”快捷菜单

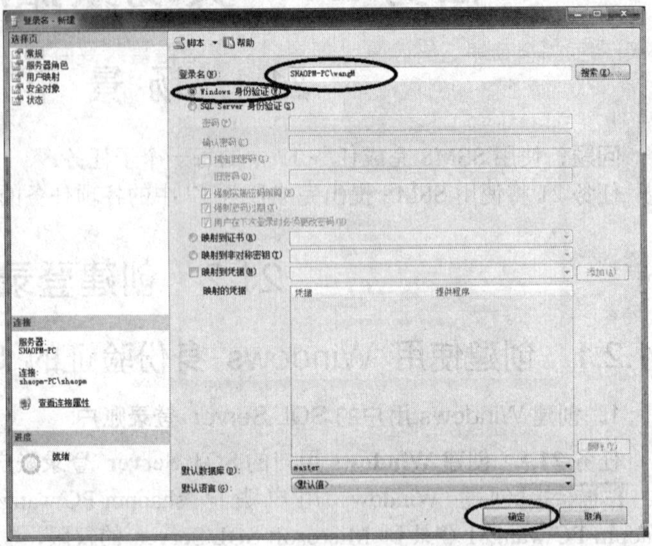

图 21.4 “登录名”对话框

③ 单击“确定”按钮。

2. 创建 Windows 组的 SQL Server 登录账户

任务 21.2

问题描述 创建 Windows 组 shaopm-PC \operationsM，并授予 Windows 组 shaopm-PC\operationsM 登录到 Microsoft SQL Server 的权限，默认数据库为 master。

解决方案

(1) 创建新 Windows 组。

① 依次选择“开始”→“运行”命令，在“打开”框中，输入 %SystemRoot%\system32\compmgmt.msc /s，再单击“确定”按钮打开“计算机管理”窗口。

② 在“系统工具”下，展开“本地用户和组”，右击“组”，再选择“新建组”命令，如图 21.5 所示。

③ 在“组名”文本框中，输入 operationsM，如图 21.6 所示。

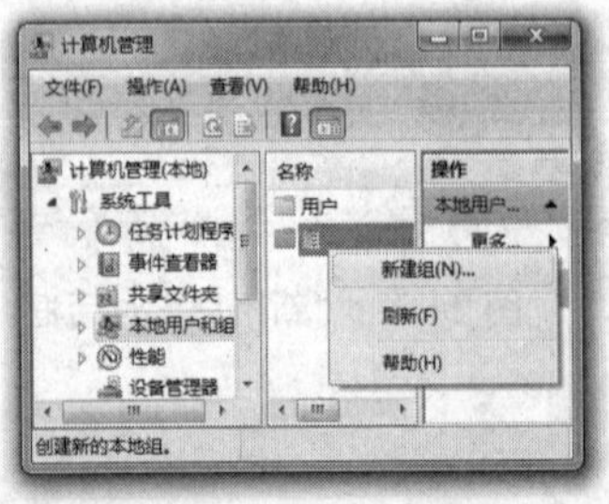

图 21.5 “组”的快捷菜单

图 21.6 “新建组”对话框

④　单击“关闭”按钮。

(2)　创建 Windows 组 SQL Server 登录名。

①　在对象资源管理器中，右击“安全性”文件夹，依次选择“新建”→“登录”命令。

②　在“常规”选项界面中进行如下操作。

选择“Windows 身份验证”。

在“登录名”文本框中输入一个 Windows 用户名 SHAOPM-PC \operationsM。

③　单击“确定”按钮。

21.2.2　创建使用 SQL Server 身份验证的 SQL Server 登录账户

任务 21.3

问题描述 为用户 VictoriaM 创建一个 SQL Server 身份验证的 SQL Server 登录账户：登录名为 Victoria，密码为 123456。

解决方案

(1)　在对象资源管理器中，右击“安全性”文件夹，依次选择“新建”→“登录”命令。

(2)　在“常规”选项界面中进行如下操作，如图 21.7 所示：

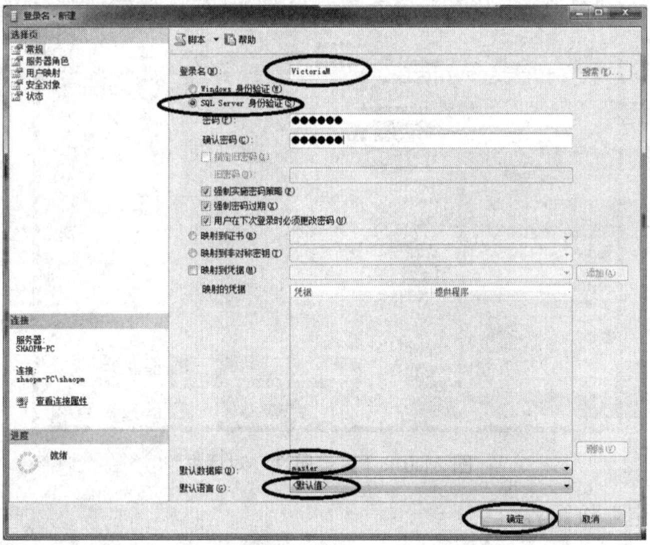

图 21.7　“登录名”对话框

选择“SQL Server 身份验证”。

在“登录名”文本框中输入一个新登录名的名称 VictoriaM。

在“密码”和“确认密码”文本框中，输入密码 123456。

(3)　单击“确定”按钮。

21.2.3　修改登录账户

1. 修改登录名

任务 21.4　更改登录名称

问题描述 使用 SSMS 将 AVictoriaM 登录名称更改为 AVM。

解决方案

(1)　在对象资源管理器中，连接到 SQL Server 数据库引擎实例，然后展开该实例。

(2) 展开“安全性”，再展开“登录名”。

(3) 右击 AVictoriaM 登录名，再选择“重命名”命令，如图 21.8 所示。将登录名改为 AVM。

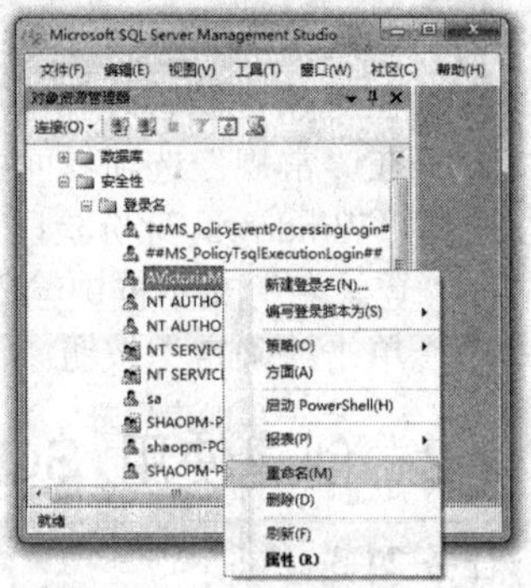

图 21.8 登录名快捷菜单

2．修改密码

任务 21.5 更改登录密码

问题描述将登录名 AVM 的密码更改为 abcdef。

解决方案

(1) 在对象资源管理器中，连接到 SQL Server 数据库引擎实例，然后展开该实例。

(2) 展开“安全性”，再展开“登录名”。

(3) 右击 AVM 登录名，再选择“属性”命令。

(4) 在“密码”和“确认密码”文本框中分别输入密码 abcdef，如图 21.9 所示。

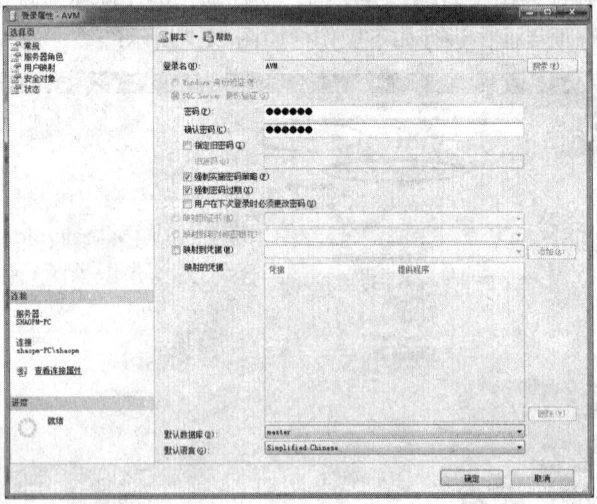

图 21.9 “登录属性”对话框

(5) 单击“确定”按钮。

3．删除登录账户

任务 21.6 删除登录名

问题描述删除登录名 AVM。

解决方案

(1) 在对象资源管理器中，连接到 SQL Server 数据库引擎实例，然后展开该实例。

(2) 展开“安全性”，再展开“登录名”。

(3) 右击 AVM 登录名，再选择“删除”命令。

4．更改安全身份验证模式

任务 21.7

问题描述将服务器身份验证由“Windows 身份验证模式”改为“SQL Server 和 Windows 身份验证模式”。

解决方案

(1) 在对象资源管理器中，右击服务器，再选择“属性”命令，如图 21.10 所示。

(2) 在“安全性”页的“服务器身份验证”选项区中，选中“SQL Server 和 Windows 身份验证模式”单选按钮，如图 21.11 所示，再单击“确定”按钮。

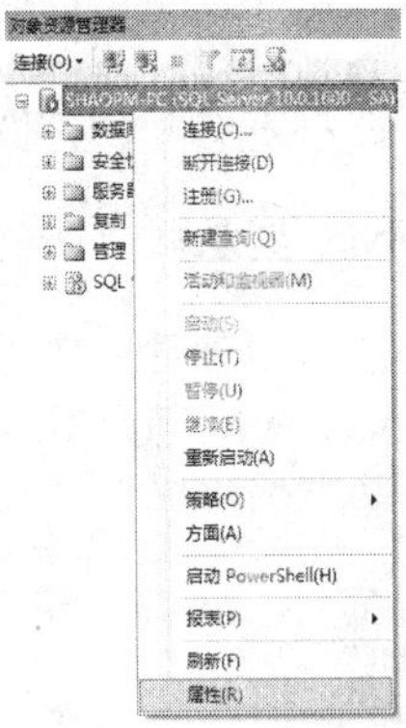

图 21.10　服务器的快捷菜单

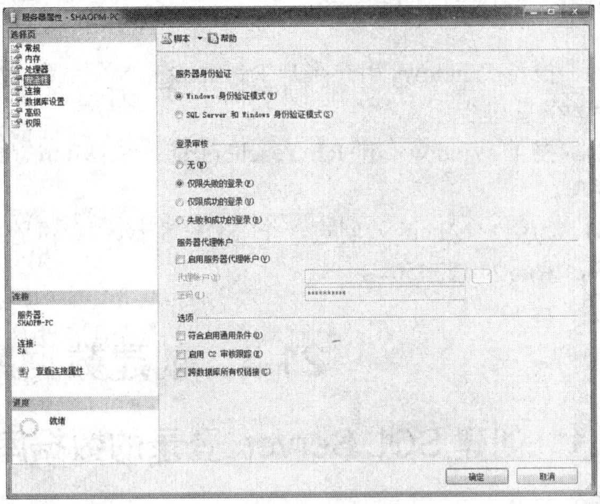

图 21.11　“服务器属性”对话框

(3) 在 SQL Server Management Studio 对话框中，单击“确定”按钮以确认需要重新启动 SQL Server。

任务 21.8　启用 sa 登录账户

问题描述 如果在安装过程中选择“Windows 身份验证模式”，则 sa 登录将被禁用。如果以后将身份验证模式更改为“SQL Server 和 Windows 身份验证模式”，则 sa 登录仍处于禁用状态。试提出启用 sa 登录账户的解决方案。

解决方案

(1) 在对象资源管理器中，连接到 SQL Server 数据库引擎实例，然后展开该实例。

(2) 展开“安全性”，再展开“登录名”。

(3) 右击 sa 登录名，再选择“属性”命令。

(4) 将选择页切换至“状态”选项界面，进行如下操作，如图 21.12 所示。

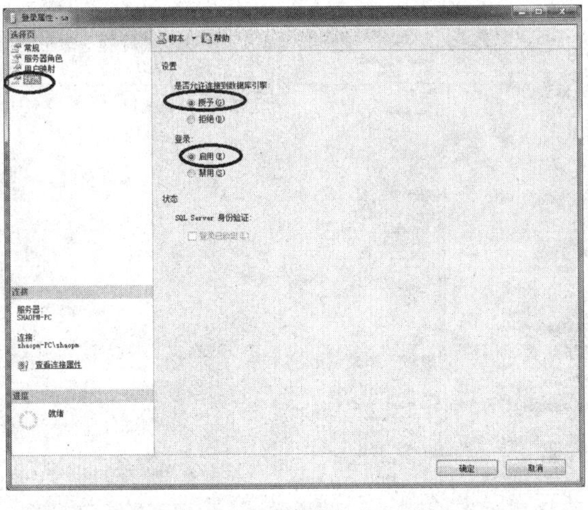

图 21.12　“状态”选项界面

在“登录”选项区，选中“启用”单选按钮。

在“是否允许连接到数据库引擎”选项区，选中“授予”单选按钮。

(5) 单击“确定”按钮。

21.2.4 独立实践

(1) 授予 Windows 用户账户 RJ\Zhanghao 登录到 Microsoft SQL Server 的权限，默认数据库为“教务管理”。

(2) 授予 Windows 组 RJ \Teachers 登录到 Microsoft SQL Server 的权限,默认数据库为“教务管理”。

(3) 为用户 Zhengy 创建一个 SQL Server 身份验证的 SQL Server 登录账户：登录名为 Zhengy，密码为 123456。

21.3 创建数据库用户

21.3.1 创建 SQL Server 登录的数据库用户

任务 21.9

问题描述创建 SQL Server 登录账户 AlberM。在 NewDataBase 数据库中，创建一个数据库用户 AlbertM，并使数据库用户 AlberM 与 SQL Server 登录账户 AlbertM 关联。

解决方案

(1) 创建 SQL Server 登录名 AlberM。

(2) 在 SQL Server Management Studio 中,打开对象资源管理器并展开要在其中创建新登录名 AlberM 的服务器实例。

(3) 在对象资源管理器中，展开“数据库”，并展开 NewDataBase 数据库。

(4) 在 NewDataBase 数据库中，右击“安全性”文件夹，依次选择“新建”→“用户”命令，如图 21.13 所示。

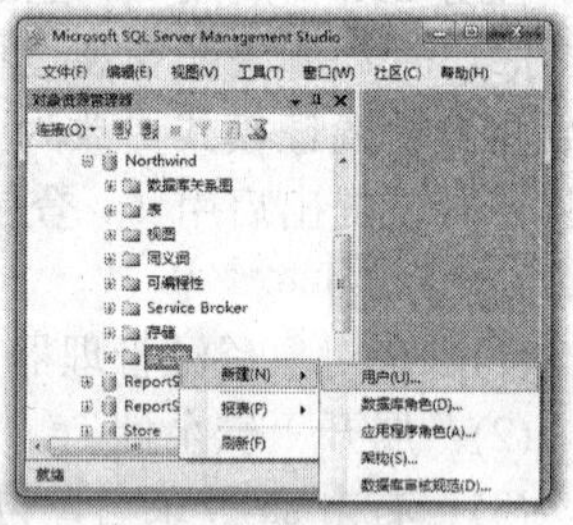

图 21.13 新建用户

(5) 在“数据库用户-新建”对话框中，进行如下操作，如图 21.14 所示。

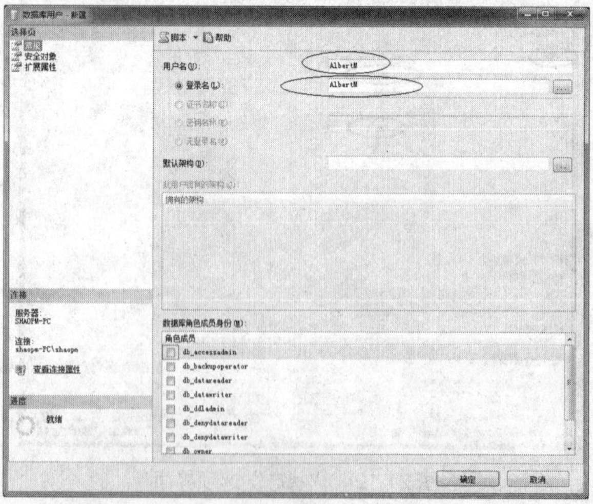

图 21.14 “数据库用户-新建”对话框

在“用户名”文本框中输入新的数据库用户名 AlberM。

在“登录名”文本框中输入存在的登录名 AlberM。

注意：　SQL Server 中必须存在 AlberM 登录名。用户名可以与登录名不同。

(6)　单击“确定”按钮。

21.3.2　创建 Windows 登录的数据库用户

任务 21.10　创建 Windows 登录的数据库用户

问题描述 在 NewDataBase 数据库中，创建一个数据库用户 shaopm-PC\wangM，并使数据库用户 shaopm-PC\wangM 与 Windows 登录账户 shaopm-PC\wangM 关联。

解决方案

(1)　在 SQL Server Management Studio 中，打开对象资源管理器并展开要在其中创建新登录名 shaopm-PC\wangM 的服务器实例。

(2)　在对象资源管理器中，展开“数据库”，并展开 NewDataBase 数据库。

(3)　在 NewDataBase 数据库中，右击“安全性”文件夹，依次选择“新建”→“用户”命令。

(4)　在“数据库用户-新建”对话框中，进行如下操作，如图 21.15 所示。

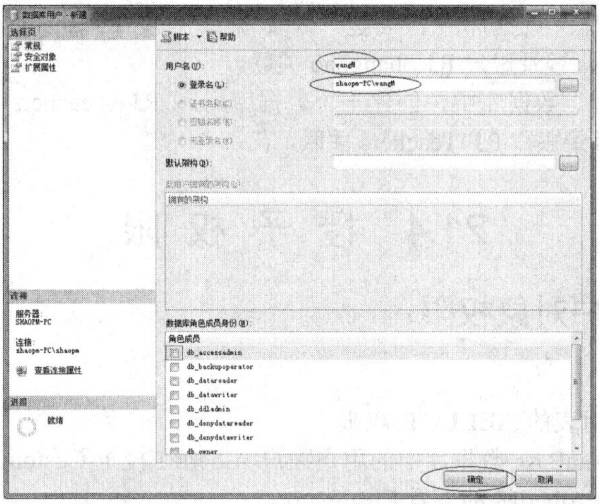

图 21.15　“数据库用户-新建”对话框

在“用户名”文本框中输入新的数据库用户名：wangM。
在“登录名”文本框中输入存在的登录名 shaopm-PC\wangM。

注意：　SQL Server 中必须存在 shaopm-PC\wangM 登录名。用户名可以与登录名不同，也可以相同。

(5)　单击“确定”按钮。

注意：　Windows 组和用户必须用 Windows 域名限定，格式为“域\用户”，如 shaopm-PC\wangM。

21.3.3　修改数据库用户

任务 21.11

问题描述 在 NewDataBase 数据库中，将数据库用户 wangM 的名称更改为 wangMM。

解决方案

(1) 在对象资源管理器中，展开“数据库”，再展开 NewDataBase 数据库。

(2) 在 NewDataBase 数据库中，展开“安全性”文件夹，再展开“用户”。

(3) 右击 wangM 用户，再选择“重命名”命令。输入新的用户名 wangMM。

21.3.4 删除数据库用户

任务 21.12 删除数据库用户

问题描述从 NewDataBase 数据库中，删除数据库用户 wangMM。

解决方案

(1) 在对象资源管理器中，展开“数据库”，再展开 NewDataBase 数据库。

(2) 在 NewDataBase 数据库中，展开“安全性”文件夹，再展开“用户”。

(3) 右击 wangMM 用户名，再选择“删除”命令。

21.3.5 独立实践

(1) 在“教务管理”数据库中，创建一个数据库用户 Zhengy，并使数据库用户 Zhengy 与 SQL Server 登录账户 Zhengy 关联。

(2) 在“教务管理”数据库中，创建一个数据库用户 RJ\Zhanghao，并使数据库用户 RJ\Zhanghao 与 Windows 登录账户 RJ\Zhanghao 关联。

(3) 在“教务管理”数据库中，创建一个数据库用户 RJ \Teachers，并使数据库用户 RJ\Teachers 与 Windows 登录账户 RJ \Teachers 关联。

21.4 授予权限

21.4.1 授予用户对象权限

1. 授权允许访问

任务 21.13 授予对表的 SELECT 权限

问题描述向 NewDataBase 数据库中的用户账户 AlbertM 授予 Customers 视图上的 SELECT 对象权限，以允许用户 AlbertM 的查看 Customers。

解决方案

(1) 在对象资源管理器中，展开“数据库”，再展开 NewDataBase 数据库。

(2) 在 NewDataBase 数据库中，展开“安全性”文件夹，再展开“用户”。

(3) 右击 AlbertM 用户，再选择“属性”命令。

(4) 在“数据库用户”对话框的选择页中，选择“安全对象”页。再单击“搜索”按钮，如图 21.16 所示。

(5) 在出现的“添加对象”对话框中，选择“特定对象”，如图 21.17 所示，再单击“确定”按钮。

(6) 在出现的“选择对象”对话框中，单击“对象类型”按钮，如图 21.18 所示。在“选择对象类型”对话框中，选择“表”，如图 21.19 所示。再单击“确定”按钮。

(7) 单击“浏览”按钮，如图 21.20 所示。在“查找对象”对话框中，选择 Customers，如图 21.21 所示。再单击“确定”按钮。

(8) 返回“选择对象”对话框，单击“确定”按钮。

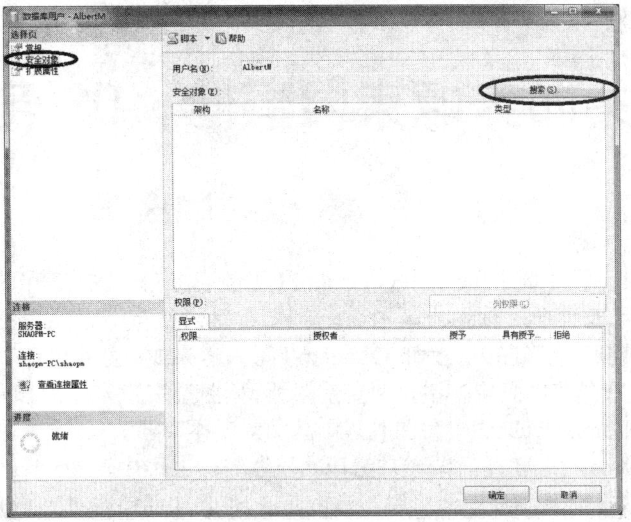

图 21.16　“安全对象”选项界面

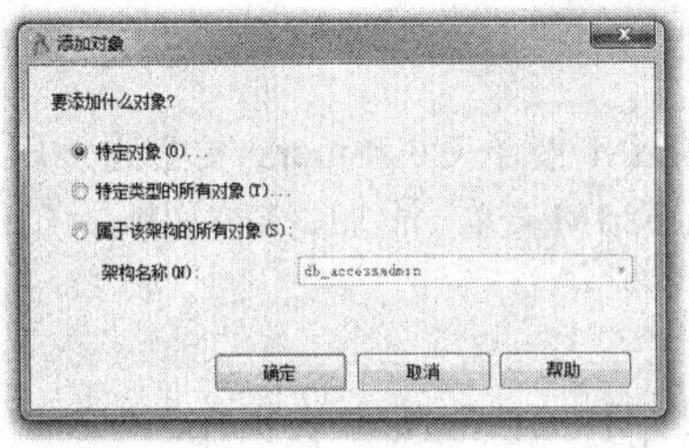

图 21.17　“添加对象”对话框

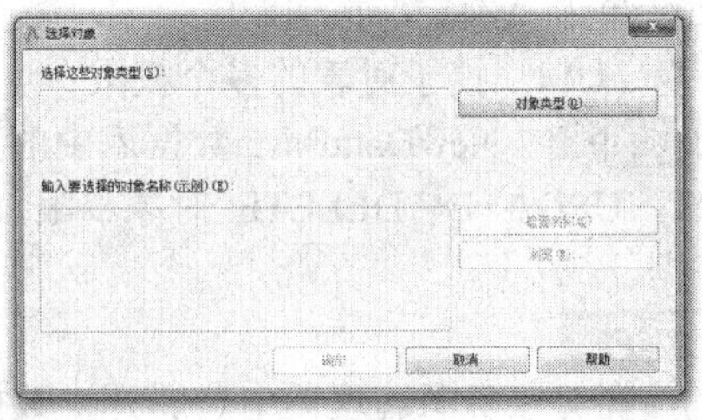

图 21.18　“选择对象”对话框

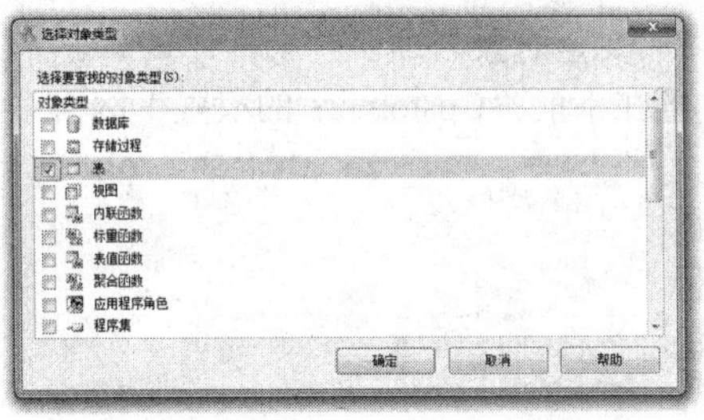

图 21.19　“选择对象类型”对话框

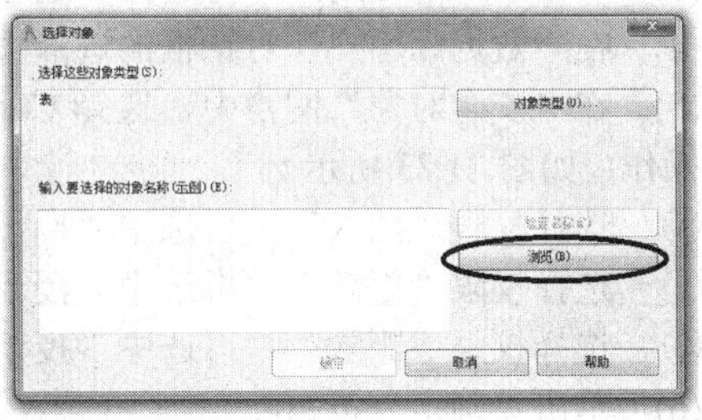

图 21.20　“选择对象”对话框

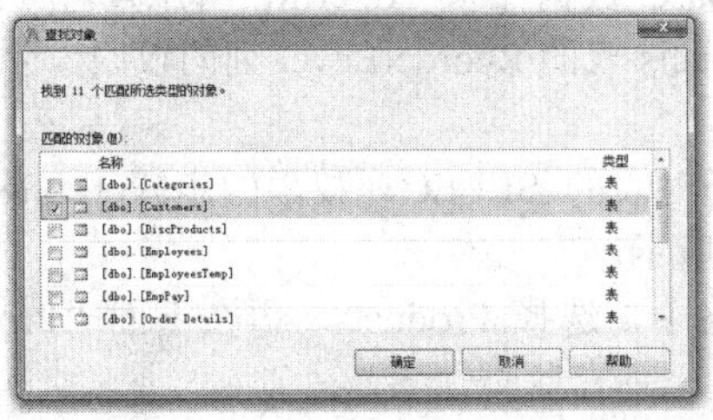

图 21.21　“查找对象”对话框

(9)　在“安全对象”网格中，选择 Customers。在下面“Customers 的权限”网格中，选择权限“选择”，再选中“授予”复选框，如图 21.22 所示。

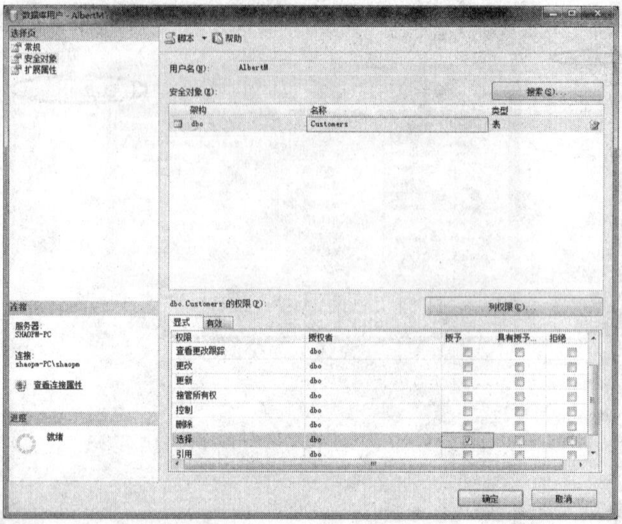

图 21.22　“安全对象”选项界面

(10) 单击“确定”按钮。

任务 21.14　授予对表的多个权限

问题描述向 NewDataBase 数据库中的用户账户 AlbertM 授予 Customers 表上的 SELECT、INSERT、UPDATE、DELETE 对象权限，以允许用户 AlbertM 查看、添加、修改和删除 Customers 表的数据。

解决方案

(1)　在对象资源管理器中，展开“数据库”，再展开 NewDataBase 数据库。

(2)　在 NewDataBase 数据库中，展开“安全性”文件夹，再展开“用户”。

(3)　右击 AlbertM 用户，再选择“属性”命令。

(4)　在“数据库用户”对话框的选择页中，选择“安全对象”项。

(5)　在“安全对象”网格中，选择 Customers，再在下面“Customers 的权限”网格中进行如下操作，如图 21.23 所示。

①　选择权限“插入”，再选中“授予”复选框。

②　选择权限“更新”，再选中“授予”复选框。

③　选择权限“删除”，再选中“授予”复选框。

(6)　单击“确定”按钮。

任务 21.15　授予对表的指定列的权限

问题描述授予 NewDataBase 数据库中 AlbertM 用户查看 Products 表的 Discontinued 和 ReorderLevel 列以及修改 Products 表的 ReorderLevel 列的权限。

解决方案

(1)　按照任务 21.13 授予对表的 SELECT 权限的步骤(1)～(8)的方法将 Products 表添加到安全对象网格中，如图 21.24 所示。

(2)　在“安全对象”网格中，选择 Products。再在下面“Products 的权限”网格进行如下操作。

①　选择权限“选择”，再单击“列权限”按钮。

在出现的“列权限”对话框中进行如下操作，如图 21.25 所示。

选择列 Discontinued，再选中“授予”复选框。

选择列 ReorderLevel，再选中“授予”复选框。

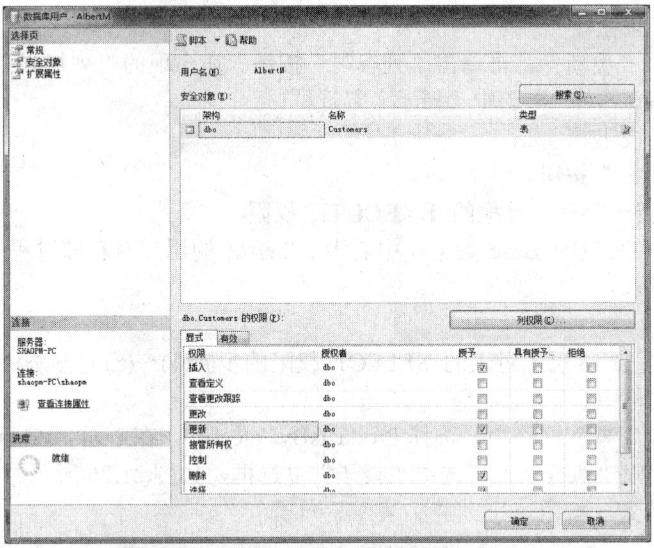

图 21.23　“安全对象”选项界面

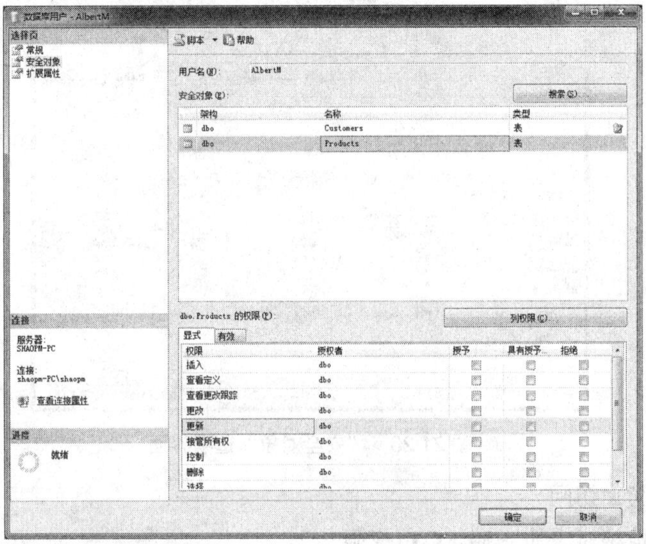

图 21.24　“安全对象”选项界面

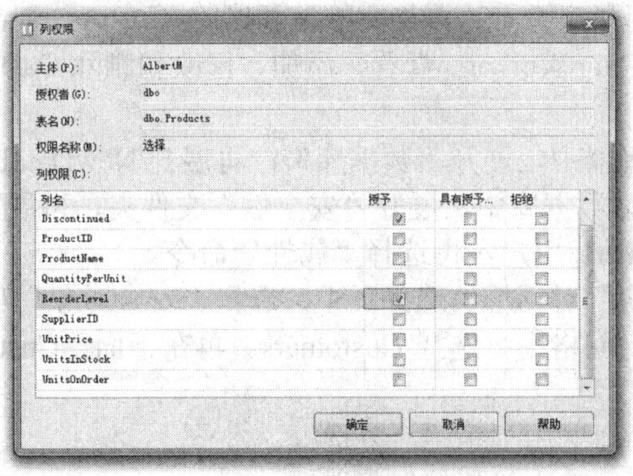

图 21.25　“列权限”对话框

单击“确定”按钮。

② 选择权限“更新”，再单击“列权限”按钮。在出现的“列权限”对话框中：

选择列 ReorderLevel，再选中“授予”复选框。

单击“确定”按钮。

(3) 单击“确定”按钮。

任务 21.16 授予对存储过程的 EXECUTE 权限

问题描述 授予 NewDataBase 数据库中名为 AlbertM 的用户对存储过程 ProductsByCategory 的 EXECUTE 权限。

解决方案

(1) 按照任务 21.13 授予对表的 SELECT 权限的步骤(1)～(8)的方法将 ProductsByCategory 添加到安全对象网格中。

(2) 在“安全对象”网格中，选择 ProductsByCategory。在下面“ProductsByCategory 的权限”网格中选择权限“执行”，再选中“授予”复选框，如图 21.26 所示。

(3) 单击“确定”按钮。

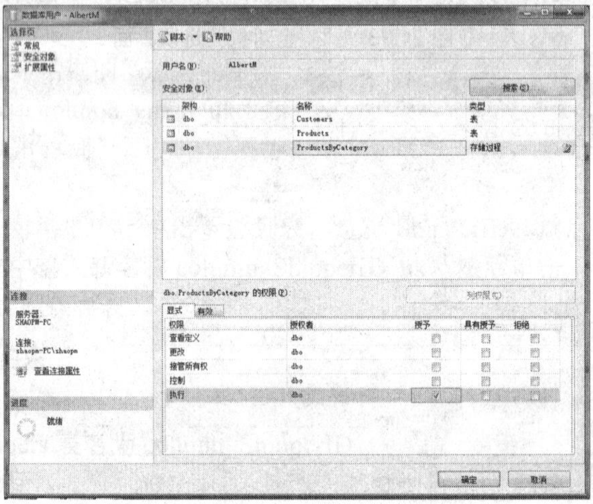

图 21.26 “安全对象”选项界面

2. 拒绝权限防止访问

任务 21.17 拒绝对表的 SELECT 权限

问题描述 非本公司职员在参与数据库中的短期项目时有 Windows 的账户。为此，可以拒绝这些人的数据库个人用户账户查看、添加、修改和删除 Customers 表的权限，试使用 SSMS 拒绝数据库个人用户账户 TempWorkerL 查看、添加、修改和删除 Customers 的权限。

解决方案

(1) 在对象资源管理器中，展开“数据库”，再展开 NewDataBase 数据库。

(2) 在 NewDataBase 数据库中，展开“安全性”文件夹，再展开“用户”。

(3) 右击 TempWorkerL 用户，再选择“属性”命令。

(4) 在“数据库用户”对话框的选择页中，选择“安全对象”项。

(5) 在“安全对象”网格中，选择 Customers。再在下面“Customers 的权限”网格进行如下操作，如图 21.27 所示。

选择权限“插入”，再选中“拒绝”复选框。

选择权限“更新”，再选中“拒绝”复选框。

选择权限“删除”，再选中“拒绝”复选框。

选择权限“选择”，再选中“拒绝”复选框。

(6)　单击“确定”按钮。

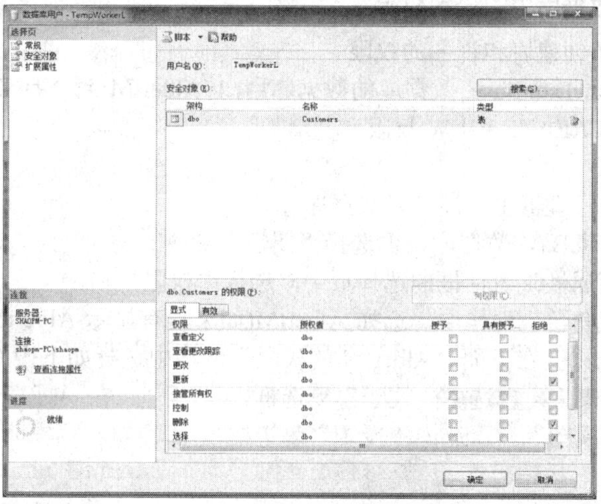

图 21.27　“安全对象”选项界面

任务 21.18　删除以前授予用户对表的指定列的权限

问题描述在任务 21.15 中，授予了 NewDataBase 数据库中 AlbertM 用户查看 Products 表的 Discontinued 和 ReorderLevel 列以及修改 Products 表的 ReorderLevel 列的权限。现在用户 AlbertM 调换了工作部门，试使用 SSMS 删除授予用户 AlbertM 的这些权限。

解决方案

(1)　按照任务 21.13 授予对表的 SELECT 权限的步骤(1)～(4)打开 AlbertM 用户“安全对象”选项界面。

(2)　在“安全对象”网格中，选择 Products。再在下面“Products 的权限”网格中进行如下操作，如图 21.28 所示。

选择权限“更新”，再选中“拒绝”复选框。

选择权限“选择”，再选中“拒绝”复选框。

(3) 单击“确定”按钮。

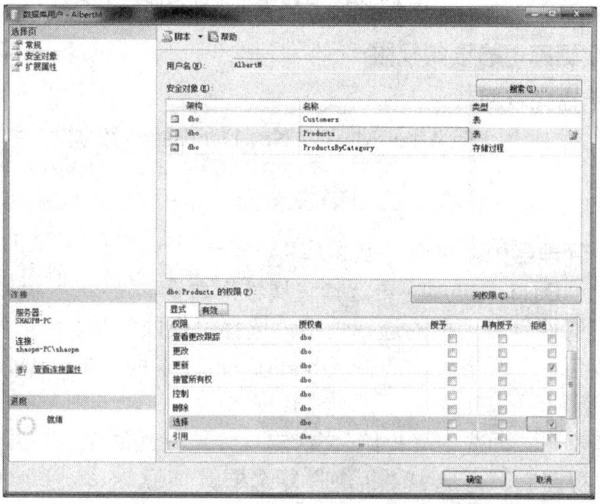

图 21.28　“安全对象”选项界面

21.4.2 授予语句权限

1. 向用户授予数据库中的语句权限

任务 21.19　授予创建表和视图的权限

问题描述 授予 NewDataBase 数据库的数据库用户 AlbertM 对 NewDataBase 数据库具有的 CREATE TABLE 和 CREATE VIEW 权限。

解决方案

(1) 在对象资源管理器中，展开“数据库”。

(2) 右击 NewDataBase 数据库，再选择“属性”命令。

(3) 在“数据库属性”对话框的选择页中，选择“权限”项。

(4) 在“用户或角色”网格中，选择 AlbertM(如果没有显示 AlbertM 用户，单击“搜索”按钮添加 AlbertM 用户)。在下面“AlbertM 的权限”网格中进行如下操作，如图 21.29 所示。

选择权限“创建表”，再选中“授予”复选框。

选择权限“创建视图”，再选中“授予”复选框。

(5) 单击“确定”按钮。

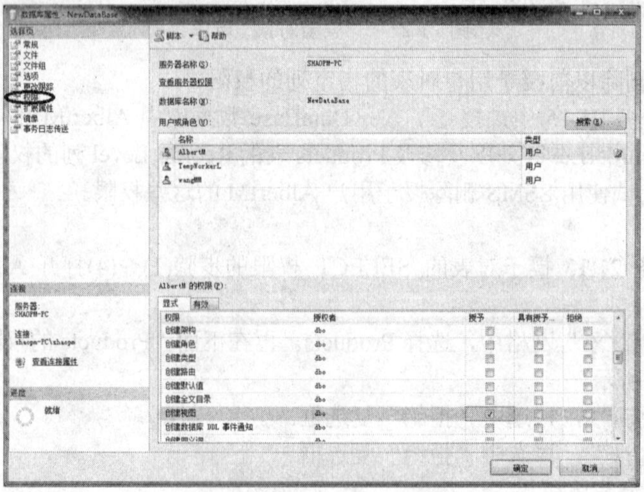

图 21.29　“权限”选项界面

2. 拒绝用户在数据库中的语句权限

任务 21.20　拒绝语句权限

问题描述 拒绝数据库用户 AlbertM 对 NewDataBase 数据库的 CREATE TABLE 和 CREATE VIEW 权限。

解决方案

(1) 在对象资源管理器中，展开“数据库”。

(2) 右击 NewDataBase 数据库，再选择“属性”命令。

(3) 在“数据库属性”对话框的选择页中，选择“权限”项。

(4) 在“用户或角色”网格中，选择 AlbertM。再在下面“AlbertM 的权限”网格中进行如下操作，如图 21.30 所示。

选择权限“创建表”，再选中“拒绝”复选框。

选择权限“创建视图”，再选中“拒绝”复选框。

(5) 单击“确定”按钮。

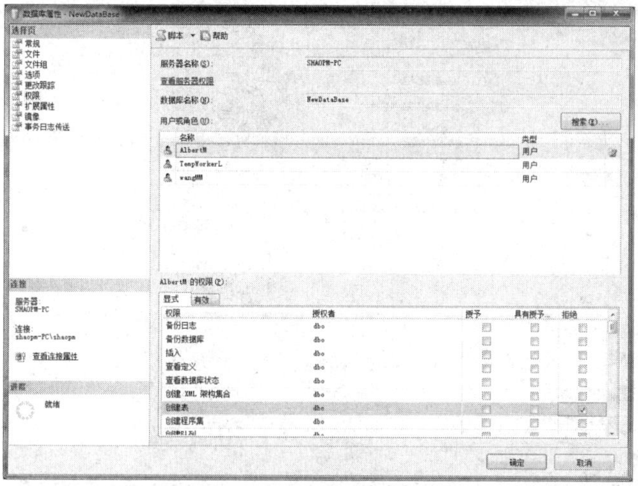

图 21.30　“权限”选项界面

21.4.3　独立实践

(1)　向“教务管理”数据库中的数据库用户 Zhengy 和 RJ\Zhanghao 授予“学生_课程”表上的 SELECT 对象权限，以允许用户 Zhengy、RJ\Zhanghao 和 RJ \Teachers 查看“学生_课程”表。

(2)　向“教务管理”数据库中的数据库用户 RJ \Teachers 授予“学生_课程”表上的 DELETE、INSERT、SELECT、UPDATE 对象权限，以允许用户 RJ \Teachers 查看、添加和修改“学生_课程”表。

(3)　授予数据库用户 RJ \Teachers 对“教务管理”数据库的 CREATE TABLE、CREATE PROCEDURE 和 CREATE VIEW 权限。

21.5　使用和创建角色

21.5.1　使用服务器角色

1. 为登录用户分配服务器角色

任务 21.21　将登录名添加为服务器角色的成员

问题描述将 Windows 登录名 shaopm-PC\wangM 添加到 sysadmin 固定服务器角色中。

解决方案

(1)　在对象资源管理器中，连接到 SQL Server 数据库引擎实例，然后展开该实例。

(2)　展开“安全性”，再展开“ 服务器角色”。

(3)　右击 sysadmin 服务器角色，再选择“属性”命令。

(4)　在“服务器角色属性”对话框中，单击“添加”按钮，如图 21.31 所示。

(5)　在“选择登录名”对话框中，单击“浏览”按钮，如图 21.32 所示。

(6) 在“查找对象”对话框中，选中 shaopm-PC\wangM，如图 21.33 所示，再单击“确定”按钮。

(7)　在“选择登录名”对话框中，单击“确定”按钮。

(8)　单击“确定”按钮。

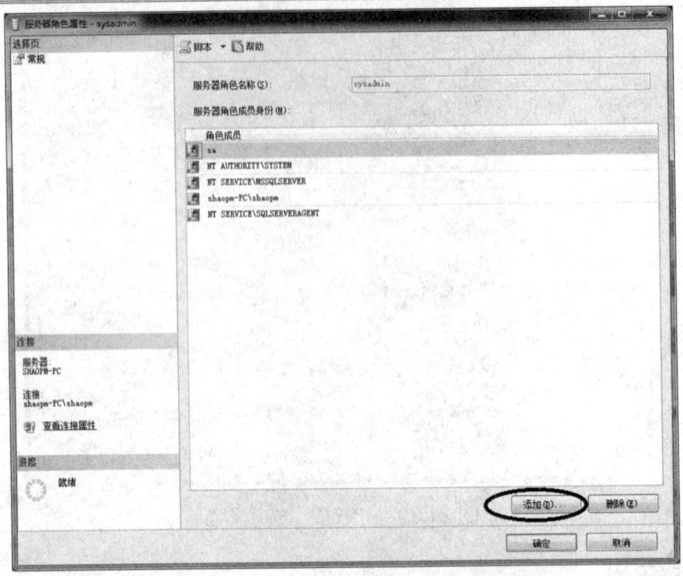

图 21.31 “服务器角色属性”对话框

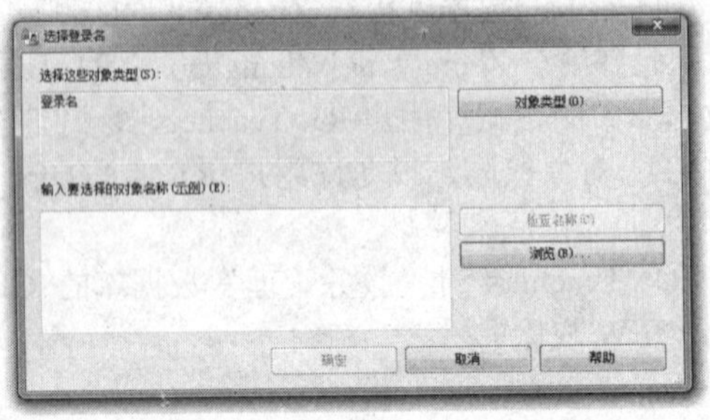

图 21.32 “选择登录名”对话框

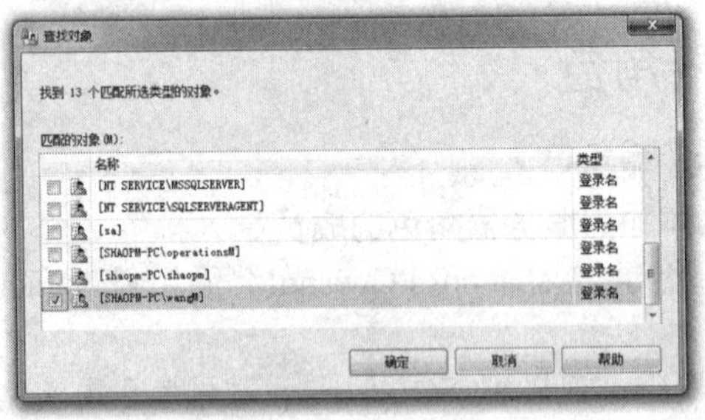

图 21.33 “查找对象”对话框

2. 从服务器角色中删除 SQL Server 登录名、Windows 用户或组。

任务 **21.22** 删除服务器角色中的成员

问题描述 从 sysadmin 固定服务器角色中删除登录 shaopm-PC\wangM。

解决方案

(1) 按照任务 21.21 将登录名添加为服务器角色的成员的步骤(1)～(3)打开“服务器角色属性”对话框。

(2) 选择“角色成员”shaopm-PC\wangM，再单击“删除”按钮，如图 21.34 所示。

(3) 单击“确定”按钮。

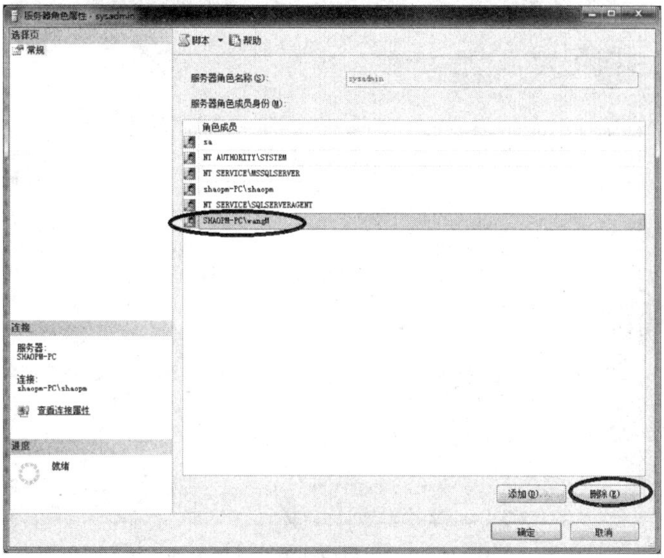

图 21.34　“服务器角色属性”对话框

21.5.2　创建和使用数据库角色

1. 创建数据库角色

任务 21.23　创建数据库角色

问题描述 公司要求向所有终身职员提供访问数据库中若干个表的权限，但分布于整个组织内的几个新职员例外，希望防止他们看到 Employees 表。

为此，为公司内的每个部门创建一个角色，并将所有职员都添加到相应的部门角色中。然后可以创建一个公司范围的 Corporate 角色，将每个单独的部门角色添加到其中，并授予查看表的权限。此时，公司中的每个职员都可以看到所有表，因为他们通过自己的部门角色从 Corporate 角色继承了权限。

若要有选择性地防止职员查看 Employees，则可创建 Nonsecure 角色，将不应该看到 Employees 表的每个职员都添加到此角色中。当对 Nonsecure 拒绝查看 Employees 的权限时，将从 Nonsecure 的所有成员中删除该访问权限，而公司中的其他职员不受影响。

根据以上要求，请为销售部创建一个角色 Salers，并创建 Corporate 角色和 Nonsecure 角色。

解决方案

(1)　创建 SQL Server 登录名同时将同名的数据库用户映射到此登录名。

①　在对象资源管理器中，右击“安全性”文件夹，依次选择“新建”→“登录”命令。

②　在“常规”页上进行如下操作：

选择“SQL Server 身份验证”。

在“登录名”框中输入一个新登录名 LilM。

在“密码”和“确认密码”文本框中，输入密码 123456。

③　在“登录名-新建”对话框的选择页中，选择“用户映射”项，如图 21.35 所示。

④　选中 NewDataBase 数据库的“映射”复选框。

⑤　单击“确定”按钮。

按同样的方法创建两个 SQL Server 登录名 ChengzM 和 ShaohM 并映射到名称与此登录名相同的 NewDataBase 数据库用户。

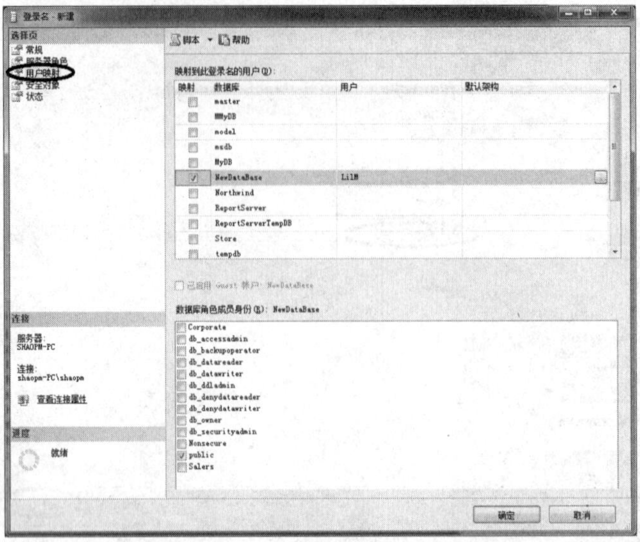

图 21.35 “用户映射”选项界面

(2) 创建数据库角色

① 创建由创建角色的用户拥有的数据库角色。

在对象资源管理器中，展开“数据库”，并展开 NewDataBase 数据库。

在 NewDataBase 数据库中，右击“安全性”文件夹，依次选择“新建”→“数据库角色”命令，如图 21.36 所示。

在“数据库角色”对话框中，在“角色名称”文本框中输入新的数据库角色的名称 Corporate，如图 21.37 所示。

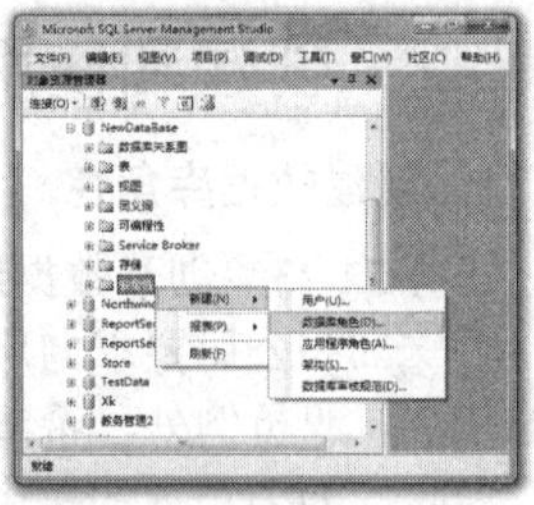

图 21.36 新建数据库角色

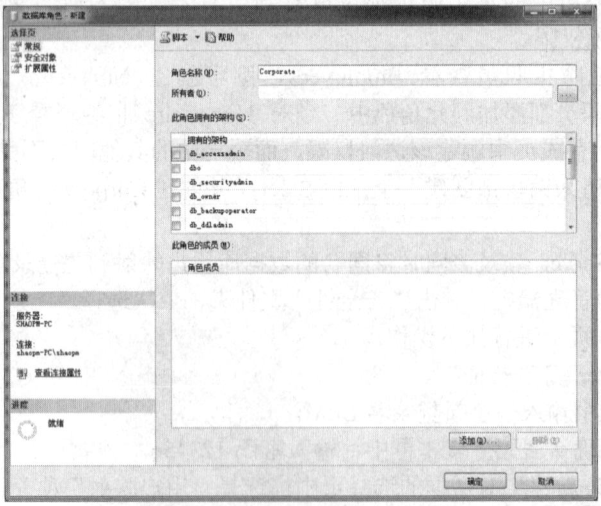

图 21.37 “数据库角色”对话框

单击“确定”按钮。

② 创建由数据库用户拥有的数据库角色。

在对象资源管理器中，展开“数据库”，并展开 NewDataBase 数据库。

在 NewDataBase 数据库中，右击“安全性”文件夹，依次选择“新建”→“数据库角色”命令。

在“数据库角色”对话框中，进行如下操作，如图 21.38 所示。

- 在“角色名称”框中输入新的数据库角色的名称 Nonsecure。
- 在“所有者”框中输入数据库用户名称 ChengzM。

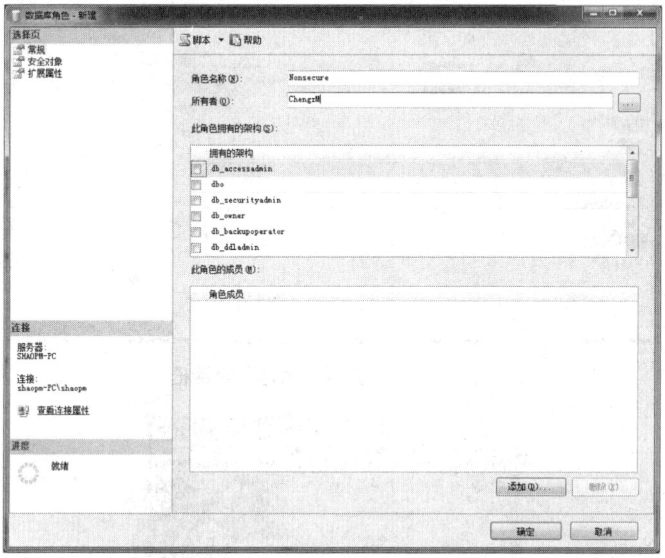

图 21.38 “数据库角色”对话框

单击“确定”按钮。

③ 创建由数据库角色拥有的数据库角色。

在对象资源管理器中，展开“数据库”，并展开 NewDataBase 数据库。

在 NewDataBase 数据库中，右击“安全性”文件夹，依次选择“新建”→“数据库角色”命令。

在“数据库角色”对话框中，进行如下操作，如图 21.39 所示。

- 在角色名称文本框中输入新的数据库角色的名称 Salers。
- 在所有者文本框中输入已有的数据库角色名称 Corporate。

单击“确定”按钮。

任务 21.24 向数据库角色添加成员

问题描述 向数据库角色 Corporate 添加数据库用户 ChengzM，ShaohM 和数据库角色 Nonsecure，Salers。向数据库角色 Nonsecure 添加数据库用户 LilM。

解决方案

(1) 在对象资源管理器中，展开“数据库”，再展开 NewDataBase 数据库。

(2) 在 NewDataBase 数据库中，展开“安全性”文件夹，再展开“角色”，然后展开“数据库角色”。

(3) 右击 Corporate 数据库角色，再选择“属性”命令，如图 21.40 所示。

(4) 在“数据库角色属性”对话框中，单击“添加”按钮，如图 21.41 所示。

(5) 在“选择数据库用户或角色”对话框中，单击“浏览”按钮，如图 21.42 所示。

(6) 在“查找对象”对话框中，选择数据库用户 LilM、ChengzM、ShaohM 和数据库角色 Nonsecure，如图 21.43 所示，再单击“确定”按钮。

(7) 单击“确定”按钮。

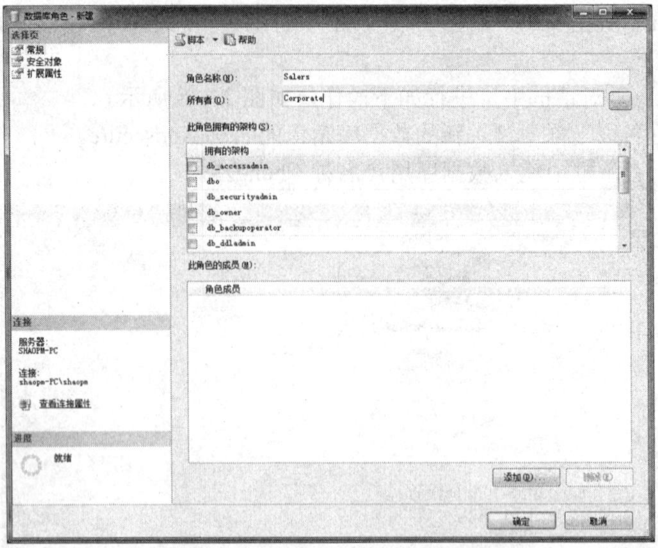

图 21.39 “数据库角色”对话框

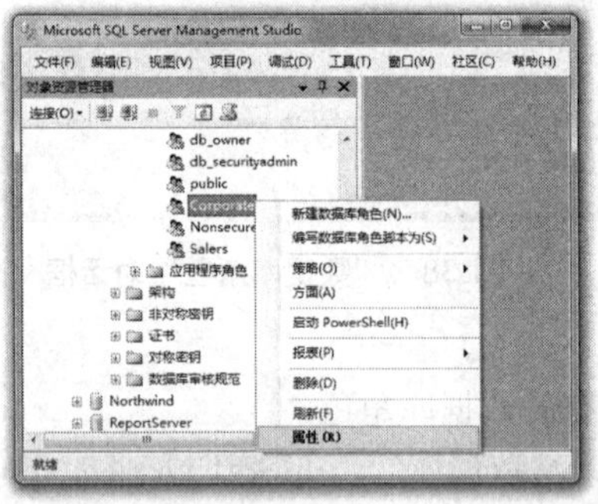

图 21.40 数据库角色快捷菜单

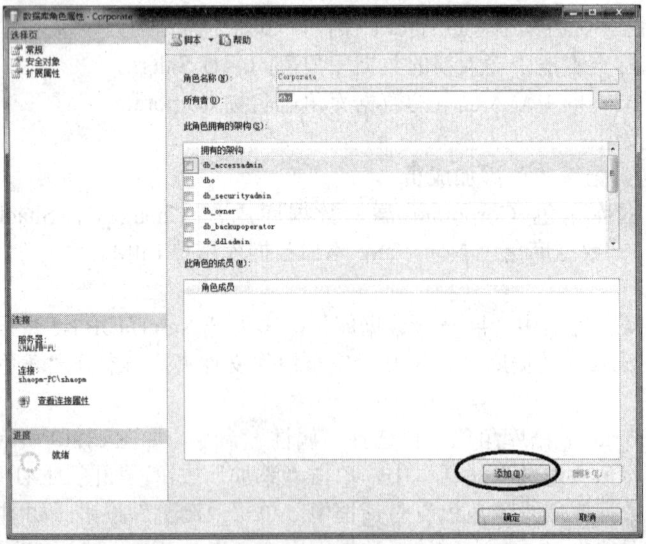

图 21.41 “数据库角色”对话框

(8) 返回“数据库角色属性”对话框，单击“确定”按钮，如图 21.44 所示。

按照同样的方法向数据库角色 Nonsecure 添加数据库用户 LilM。

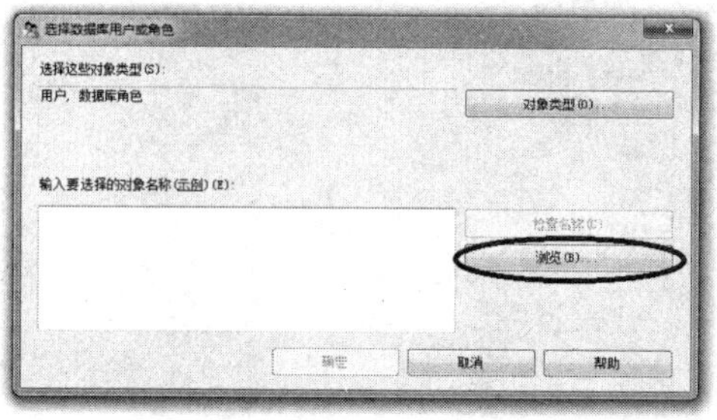

图 21.42　“选择数据库用户或角色”对话框

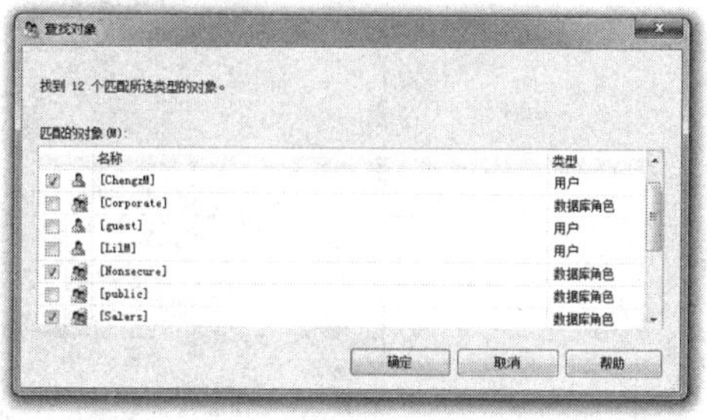

图 21.43　“查找对象”对话框

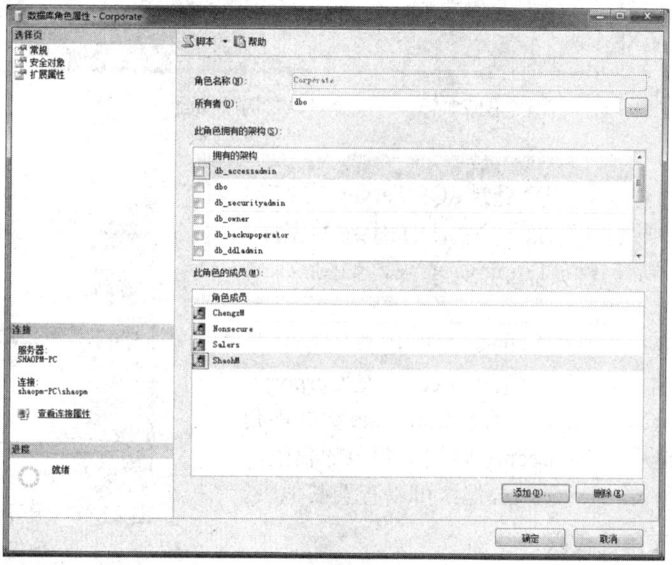

图 21.44　“数据库角色属性”对话框

2．给数据库角色授权

任务 21.25　给角色授权

问题描述 向 NewDataBase 数据库中的 Corporate 角色授予 Employees 表上的 SELECT 对象权限，以允许 Corporate 角色的成员查看 Employees 表。

解决方案

(1)　在对象资源管理器中，展开“数据库”，再展开 NewDataBase 数据库。

(2)　在 NewDataBase 数据库中，展开“安全性”文件夹，再展开“角色”，然后展开“数据库角色”。

(3)　右击 Corporate 数据库角色，再选择“属性”命令。

(4)　在“数据库角色属性”对话框的选择页中，选择“安全对象”项。然后，按照任务 21.13 授予对表的 SELECT 权限步骤(4)～(9)所述的方法给“安全对象”网格中添加 Employees 表。再在下面“Employees 的权限”网格中，选择权限“选择”，再选中“授予”复选框，如图 21.45 所示。

(5)　单击“确定”按钮。

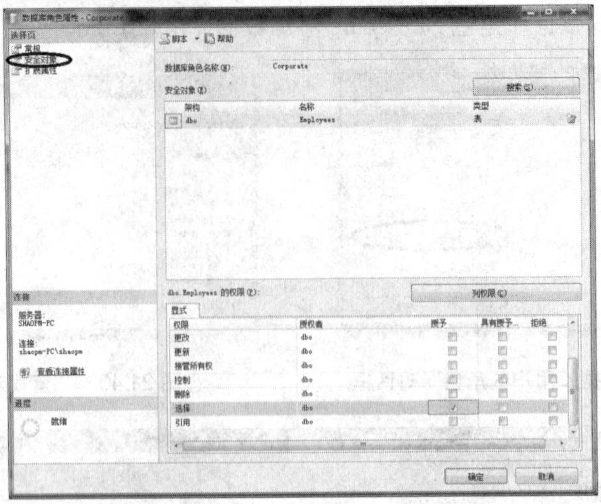

图 21.45 “安全对象”选项界面

分析与讨论

以 SQL Server 登录名 LilM 登录 SQL Server。在 LilM 登录的 SQL Server 服务器下，展开 NewDataBase 数据库，再展开“表”，可以查看到 Employees 表，如图 21.46 所示。

这是因为 LilM 登录映射的数据库用户 LilM 是 Nonsecure 数据库角色的成员，而 Nonsecure 是 Corporate 数据库角色的成员，Nonsecure 继承了 Corporate 数据库角色的权限，LilM 继承了 Nonsecure 数据库角色的权限，因此 LilM 可以查看 Employees 表，但不可以查看其他表。

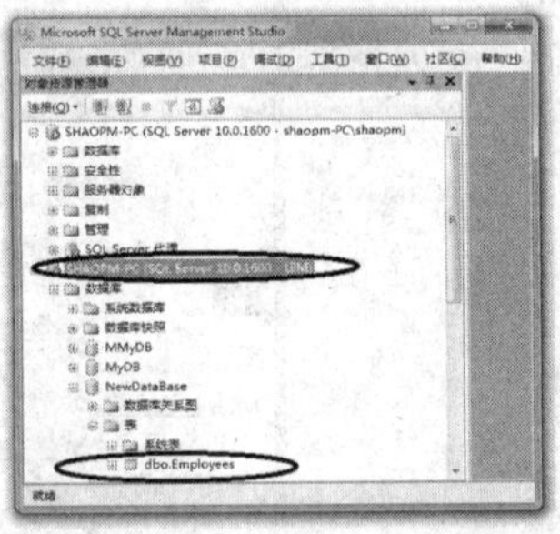

图 21.46 展开 NewDataBase 数据库下的“表”

3. 拒绝数据库角色权限

任务 21.26 拒绝角色权限

问题描述 向 NewDataBase 数据库中的 Nonsecure 角色拒绝查看 Employees 表的权限。

解决方案

(1) 在对象资源管理器中，展开“数据库”，再展开 NewDataBase 数据库。

(2) 在 NewDataBase 数据库中，展开“安全性”文件夹，再展开“角色”，然后展开“数据库角色”。

(3) 右击 Nonsecure 数据库角色，再选择“属性”命令。

(4) 在“数据库角色属性”对话框的选择页中，选择“安全对象”项。然后，按照任务 21.13 授予对表的 SELECT 权限步骤(4)～(9)所述的方法给“安全对象”网格中添加 Employees 表。再在下面“Employees 的权限”网格中，选择权限“选择”，再选中“拒绝”复选框，如图 21.47 所示。

(5) 单击“确定”按钮。

分析与讨论

以 SQL Server 登录名 LilM 登录 SQL Server。在 LilM 登录的 SQL Server 服务器下，展开 NewDataBase 数据库，再展开“表”，没看到 Employees 表，如图 21.48 所示。

这是因为 LilM 登录映射的数据库用户 LilM 也是 Nonsecure 数据库角色的成员，如果对 Nonsecure 拒绝权限，则即使向 Corporate 授予该权限，Nonsecure 也不会继承该权限，因为拒绝权限不能由另一级别上的权限取消。

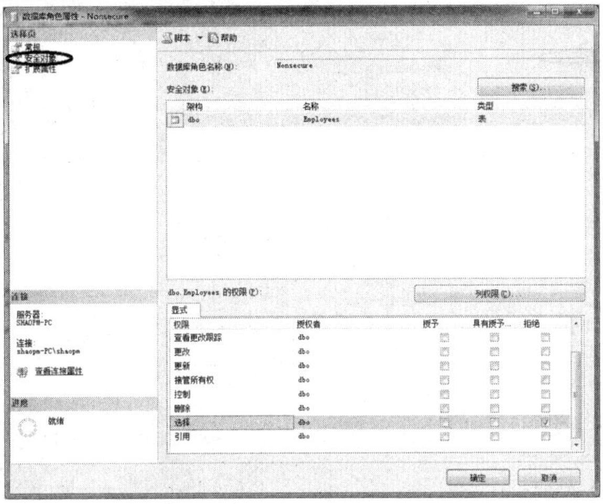

图 21.47　“安全对象”选项界面

4．取消权限

可以使用 REVOKE 语句取消以前授予或拒绝的权限。

任务 21.27　取消以前授予的权限

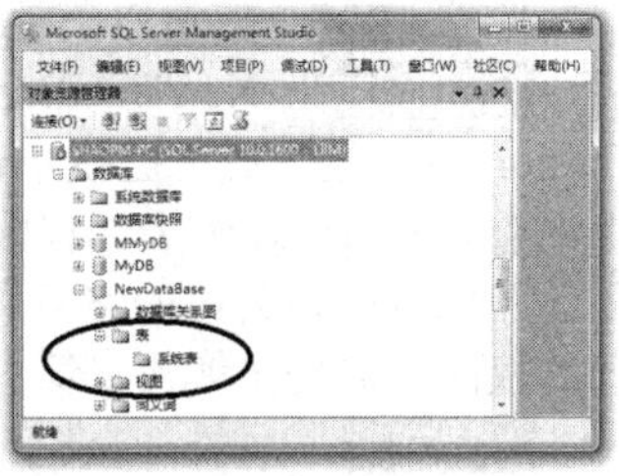

图 21.48　展开 NewDataBase 数据库下的“表”

问题描述 在 NewDataBase 数据库中，假定以前已给 Nonsecure 角色授予了对 Employees 表的 SELECT 权限。现要求取消对 Nonsecure 角色授予的查看 Employees 表的权限。

解决方案

(1)　在对象资源管理器中，展开“数据库”，再展开 NewDataBase 数据库。

(2)　在 NewDataBase 数据库中，展开“安全性”文件夹，再展开“角色”，然后展开“数据库角色”。

(3)　右击 Nonsecure 数据库角色，再选择“属性”命令。

(4)　在“数据库角色属性”对话框的选择页中，选择“安全对象”页。然后，按照任务 21.14 授予对表的 SELECT 权限步骤(4)～(9)所述的方法给“安全对象”网格中添加 Employees 表。再在下面“Employees 的权限”网格中，选择权限“选择”，再取消选中的“授予”复选框，如图 21.49 所示。

(5)　单击“确定”按钮。

分析与讨论

取消类似于拒绝，因为二者都是在同一级别上删除已授予的权限。但是，取消权限是删除已授予的权限，并不妨碍用户、组或角色从更高级别继承已授予的权限。因此，如果取消用户查看表的权限，不一定能防止用户查看该表，因为已将查看该表的权限授予了用户所属的角色。

例如，可使用 SMSS 取消 Nonsecure 角色对 Employees 表的 “选择”访问权限将删除该权限，从而使 Nonsecure 不能再查看该表。如果 Nonsecure 是 Corporate 角色的的成员，由于已经将 Employees 上的 “选择” 权限授予了 Corporate，则 Nonsecure 的成员可以通过 Corporate 中的成员资格看到该表。如果以 SQL Server 登录名 LilM 登录 SQL Server，在 LilM 登录的 SQL Server 服务器下，展开 NewDataBase 数据库，再展开“表”，可以查看到 Employees 表。

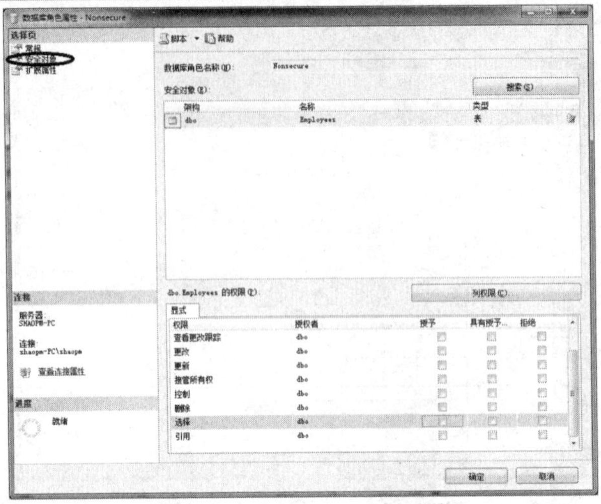

图 21.49 “安全对象”选项界面

任务 21.28 取消以前拒绝的权限

问题描述 在 NewDataBase 数据库中，Nonsecure 角色的成员也是 Corporate 角色的成员，Corporate 角色的成员已授予查看 Employees 表的权限，以前在任务 21.26 已对 Nonsecure 角色拒绝查看 Employees 表的权限，以防止 Nonsecure 角色的成员查看 Employees 表。现在 Nonsecure 角色的成员已是公司的终身职员，因此，公司要求取消对 Nonsecure 角色拒绝查看 Employees 表的权限，请提出解决方案。

解决方案

(1) 在对象资源管理器中，展开“数据库”，再展开 NewDataBase 数据库。

(2) 在 NewDataBase 数据库中，展开“安全性”文件夹，再展开“角色”，然后展开“数据库角色”。

(3) 右击 Nonsecure 数据库角色，再选择“属性”命令。

(4) 在“数据库角色属性”对话框的选择页中，选择“安全对象”项。然后，按照任务 21.13 授予对表的 SELECT 权限步骤(4)～(9)所述的方法给“安全对象”网格中添加 Employees 表。再在下面“Employees 的权限”网格中选择权限“选择”，再取消选中“拒绝”复选框。

(5) 单击“确定”按钮。

分析与讨论

可以使用 SSMS 取消以前拒绝 Nonsecure 角色对 Employees 表的“选择”操作权限。这样，通过适用于 Corporate 角色的“选择”权限，Nonsecure 角色的成员可以查看 Employees 表。因为 Nonsecure 角色的成员也是 Corporate 角色的成员。

5. 删除数据库角色

任务 21.29 删除数据库角色

问题描述 在数据库 NewDataBase 中，创建数据库角色 personnel，然后从数据库 NewDataBase 中删除数据库角色 personnel。

解决方案

(1) 创建数据库角色 personnel。

按照任务 21.23 创建角色的方法创建数据库角色 personnel。

(2) 删除数据库角色 personnel。

① 在对象资源管理器中，展开“数据库”，再展开 NewDataBase 数据库。

② 在 NewDataBase 数据库中，展开“安全性”，再展开“角色”，然后展开“数据库

角色”。

③　右击 personnel 数据库角色，再选择“删除”命令，如图 21.50 所示。

图 21.50　选择“删除”命令

21.5.3　向数据库角色添加和删除用户

1. 添加 Windows 用户

任务 21.30　添加 Windows 用户

问题描述Windows 用户 Corporate\Chenman 是公司的新职员，该职员属于销售部，他只能查看产品表，不能查看雇员表。Windows 用户 Corporate\Zhangxiang 是公司的终身职员，他既可以查看产品表，也可以查看雇员表。结合任务 17.22、17.23、17.24 及其解决方案，请提出该问题的解决方案。

分析与设计：

根据任务的问题描述，首先要使 Windows 用户 Corporate\Chenman 和 Corporate\Zhangxiang 成为数据库用户 Chenman、Zhangxiang，然后，将这两个数据库用户添加到角色 salers 中，再将角色 salers 添加到 Corporate 角色中，最后将数据库用户 Chenman 添加到角色 Nonsecure 中。Corporate 和 salers 角色已在前面任务中授权。

解决方案

(1)　创建 Windows 用户和 Windows 用户的 SQL Server 登录名。

按照任务 21.1 创建 Windows 用户的 SQL Server 登录账户的方法创建 Windows 用户 Corporate\Chenman、Corporate\Zhangxiang 及其 SQL Server 登录名 Corporate\Chenman、Corporate\Zhangxiang。

(2)　创建 Windows 登录的数据库用户。

按照任务 21.10 创建 Windows 登录的数据库用户的方法，将 SQL Server 登录名 Corporate\Chenman、Corporate\Zhangxiang 映射为 NewDataBase 数据库用户 Chenman、Zhangxiang。

(3)　向数据库角色添加数据库用户。

按照任务 21.24 向数据库角色添加成员的方法将数据库用户 Chenman，Zhangxiang 添加到角色数据库 salers 中。将数据库用户 Chenman 添加到角色 Nonsecure 中。

(4)　给数据库角色 salers 授权。

按照任务 21.25 给角色授权的方法给数据库角色 salers 对 Products 表授予“选择”权限，如图 21.51 所示。

按照任务 21.26 拒绝角色权限的方法给数据库角色 Nonsecure 对 Employees 表拒绝“选择”权限，如图 21.52 所示。

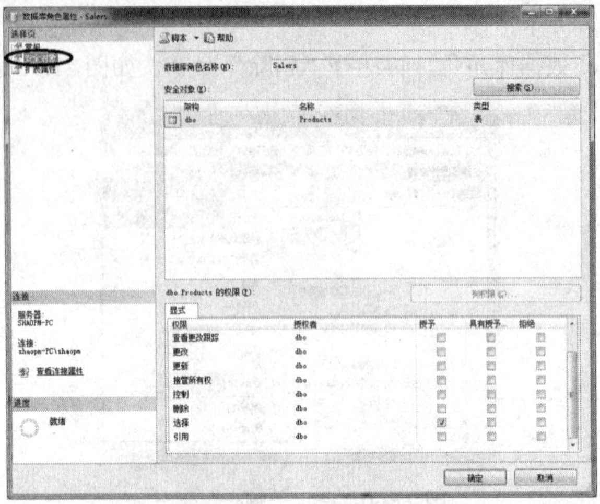

图 21.51 “安全对象”选项界面

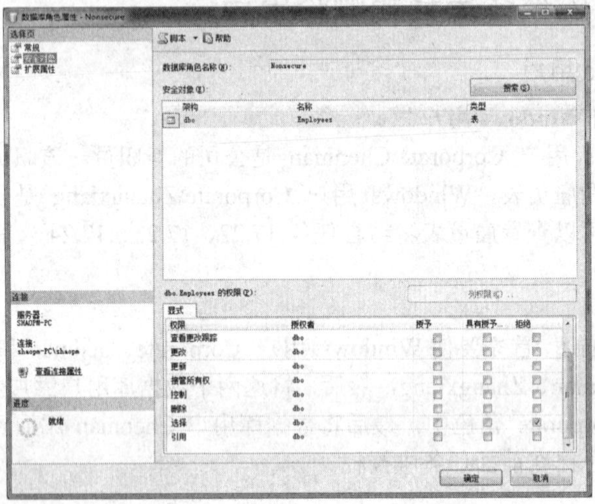

图 21.52 “安全对象”选项界面

2. 添加 SQL Server 用户

任务 21.31 添加 SQL Server 用户

问题描述 LongyuhuaM 是公司的终身职员，他属于销售部。编写代码使 LongyuhuaM 成为 NewDataBase 数据库角色 salers 的成员，以使他具有销售部人员访问数据库的权限。使用 SSMS 完成该任务。

分析与设计：

根据问题描述，首先创建 SQL Server 登录名 LongyuhuaM，以使 LongyuhuaM 可以登录数据库，然后将 SQL Server 登录名 LongyuhuaM 映射为数据库用户 LongyuhuaM，再将数据库用户 LongyuhuaM 添加到数据库角色 salers。这样 LongyuhuaM 就具有角色 salers 的权限。

解决方案

(1) 创建 SQL Server 身份验证的 SQL Server 登录名。

按照任务 21.3 创建 SQL Server 身份验证的的 SQL Server 登录账户的方法创建创建 SQL Server 身份验证的 SQL Server 登录名 LongyuhuaM。

(2) 创建 SQL Server 登录的数据库用户。

按照任务 21.9 创建 SQL Server 登录的数据库用户的方法，将 SQL Server 登录名 LongyuhuaM 映射为 NewDataBase 数据库用户 LongyuhuaM。

(3)　向数据库角色添加数据库用户。

按照任务 21.24 向数据库角色添加成员的方法将数据库用户 LongyuhuaM 添加到角色数据库 salers 中。

3. 从角色中删除用户

任务 21.32　从角色中删除 SQL Server 用户

问题描述 Windows 用户 Corporate\Chenman 已成为公司的新职员终身职员，为此需要从 Nonsecure 角色中删除 Chenman 数据库用户。使用 SSMS 完成该任务。

解决方案

(1)　在对象资源管理器中，展开“数据库”，再展开 NewDataBase 数据库。

(2)　在 NewDataBase 数据库中，展开“安全性”，再展开“角色”，然后展开“数据库角色”。

(3)　右击 Nonsecure 数据库角色，再选择“属性”命令。

(4)　在“数据库角色属性”对话框中，选择角色成员 Chenman，如图 21.53 所示，单击“删除”按钮。

(5)　单击“确定”按钮。

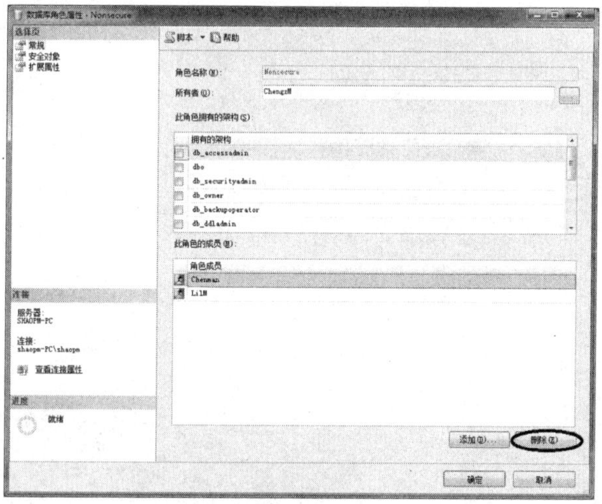

图 21.53　“数据库角色属性”对话框

21.5.4　独立实践

在“教务管理”数据库系统中，多人在数据库中执行各种任务，每个人负责数据库应用程序的不同方面。少数几个人负责数据库和表的创建，但禁止他们添加和修改学生成绩的数据。有一个夜间值班小组对数据进行备份，但这些工作人员并不需要看到数据，也不需要创建表和数据库。教务处必须有访问学生信息和学生成绩的权限，并且只有教务处中挑选出的少数几个人才拥有修改成绩的权限。另外还有学生，他们可以查看学生的成绩，但不能做任何更改。用户信息访问权限如表 21.1 所示。

表 21.1 用户信息访问权限表

用户账户	活 动
SH\annej	访问全部数据库
SH\dbadmins	创建数据库
SH\dboperations	进行夜间备份
SH\personnel	对学生及成绩数据有只读访问权限
SH\hejingx、SH\wangk、SH\chengz	对成绩数据有完全访问权限
SH\ Students	对成绩信息有只读访问权限

请提出该问题的解决方案。

任务 22　维护数据库

22.1　场 景 引 入

问题：使用 SSMS 完成任务 18 中的每一个子任务。

任务 22 将使用 SSMS 提出完成任务 18 中的各项任务的解决方案。

22.2　开始备份准备工作

22.2.1　查看和切换数据库的恢复模式

任务 22.1　更改恢复模式

问题描述使用 SSMS 查看 Northwind 数据库的恢复模式，并将其恢复模式切换为简单恢复模式。

解决方案

(1)　在对象资源管理器中，连接到 SQL Server 数据库引擎实例，然后展开该实例。

(2)　展开“数据库”，右击 Northwind 数据库，再选择“属性”命令。

(3)　在“数据库属性”对话框中，选择“选项”页。在该页可以通过“恢复模式”选项查看和修改数据库的恢复模式，如图 22.1 所示。

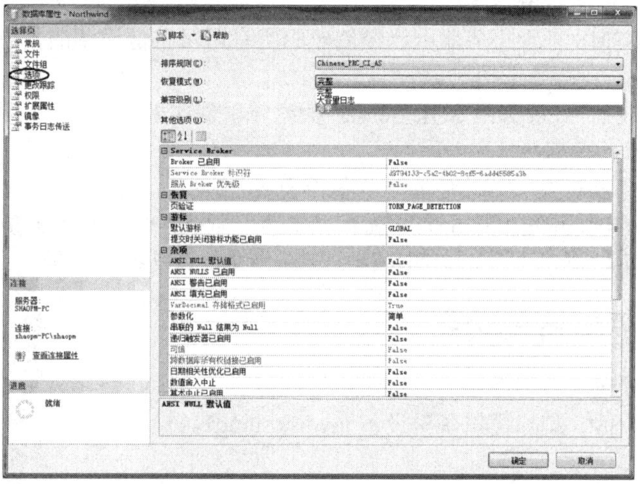

图 22.1　“选项”选项界面

(4)　单击“恢复模式”选项的下三角按钮，从下拉列表中选择“简单”选项。

(5)　单击“确定”按钮。

22.2.2　创建备份设备

任务 22.2　使用磁盘文件创建“逻辑备份设备”

问题描述使用 SSMS 创建一个逻辑名为 mydiskdump1 的磁盘备份设备，使其对应磁盘文件 c:\dump1\dump1.bak。c:\dump1\dump1.bak 是磁盘备份设备的物理名称。

解决方案

(1) 连接到相应的 Microsoft SQL Server 数据库引擎实例之后，在对象资源管理器中，单击服务器名称以展开服务器树。

(2) 展开“服务器对象”，然后右击“备份设备”，选择“新建备份设备”命令，如图 22.2 所示。

(3) 在打开的“备份设备”对话框中，输入设备名称：mydiskdump1。输入文件名并指定该文件的完整路径：c:\dump1\dump1.bak，如图 22.3 所示。

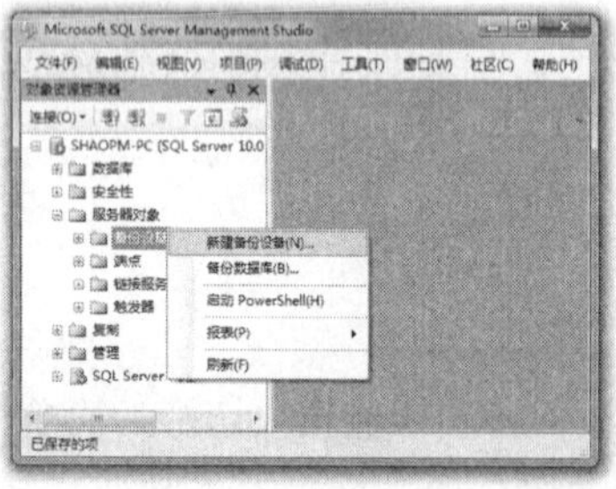

图 22.2 快捷菜单

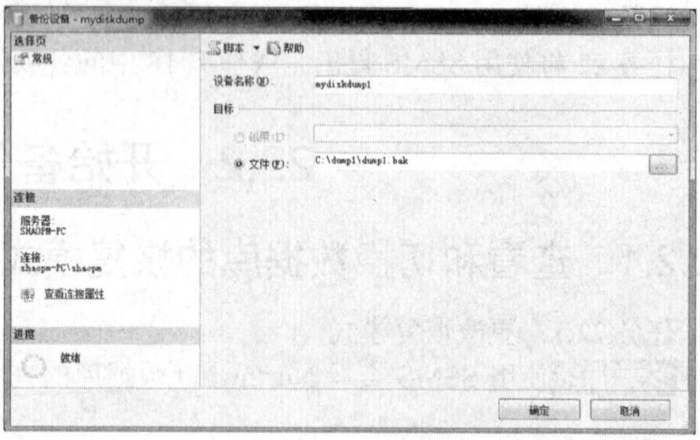

图 22.3 “备份设备”对话框

(4) 单击“确定”按钮。

22.2.3 查看逻辑备份设备

任务 22.3 查看逻辑备份设备

问题描述 使用 SSMS 查看服务器上已经创建的所有逻辑备份设备的信息。

解决方案

(1) 连接到相应的 Microsoft SQL Server 数据库引擎实例之后，在对象资源管理器中，单击服务器名称以展开服务器树。

(2) 展开“服务器对象”，然后展开“备份设备”。

(3) 右击设备(例如 mydiskdump1)并选择“属性”命令，将打开“备份设备”对话框。

(4) “常规”页将显示设备名称和目标，目标为文件及文件的路径。

22.2.4 删除逻辑备份设备

任务 22.4 删除逻辑备份设备

问题描述 使用 SSMS 删除逻辑备份设备 mydiskdump1。

解决方案

(1) 连接到相应的 Microsoft SQL Server 数据库引擎实例之后，在对象资源管理器中，单击服务器名称以展开服务器树。

(2) 展开“服务器对象”，然后展开“备份设备”。

(3) 右击要删除的设备 mydiskdump1 并选择“删除”命令，将打开“删除对象”对话框。

(4) 在右窗格中，验证“对象名称”列中显示正确的设备名称。

(5) 单击“确定”按钮。

任务 22.5 将数据库设置为单用户模式

问题描述 在维护数据库(例如还原数据库)时，有时发生如图 22.4 所示的错误提示。

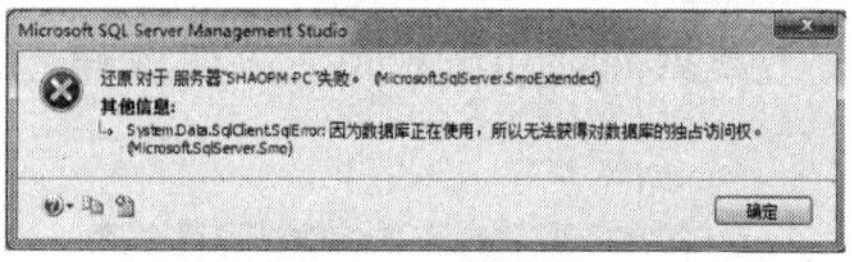

图 22.4　错误提示

请提出此问题的解决方案。

解决方案

(1)　在对象资源管理器中，连接到 SQL Server 数据库引擎实例，然后展开该实例。

(2)　右击要更改的数据库(如 Northwind)，再选择“属性”命令。

(3)　在“数据库属性”对话框中，如图 22.5 所示，打开“选项”选项界面。

(4)　在“限制访问”选项中，选择 SINGLE_USER。

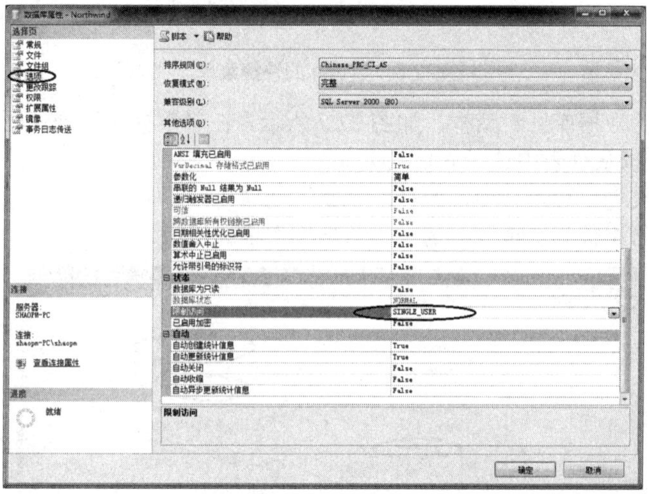

图 22.5　“数据库属性”对话框

22.2.5　独立实践

1. 更改恢复模式

使用 SSMS 将“教务管理”数据库的恢复模式设置为简单恢复模式。

2. 使用磁盘文件创建“逻辑备份设备”

使用 SSMS 创建一个逻辑名为 jwglbakData 的磁盘备份设备，使其对应磁盘文件 d:\jwglbakData\jwglbakData.bak。

22.3　创建数据库备份

22.3.1　创建完整数据库备份

任务 22.6　创建完整数据库备份

问题描述 创建完整数据库备份，将整个 Northwind 数据库备份到磁盘文件 C:\MyBackupsM\Northwind.Bak。

解决方案 1

(1)　在对象资源管理器中，单击服务器名称以展开服务器树。

(2) 展开“数据库”，右击数据库 Northwind，依次选择“任务”→“备份”命令，如图 22.6 所示。

图 22.6 数据库的快捷菜单

(3) 打开“备份数据库”对话框，如图 22.7 所示。在“数据库”列表框中，验证数据库名称 Northwind。也可以从列表中选择其他数据库。

(4) 在“备份类型”列表框中，选择“完整”选项。

(5) 对于“备份组件”选项区，选中“数据库”单选按钮。

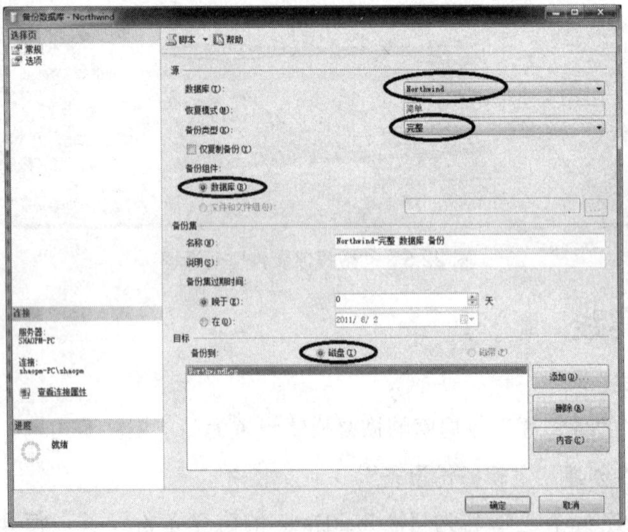

图 22.7 “备份数据库”对话框

(6) 选中“磁盘”单选按钮。

(7) 若“备份到”列表框中的项不是指定的备份设备，则选择该项，单击“删除”按钮。

(8) 单击“添加”按钮。

(9) 在“选择备份目标”对话框中，选中“文件名”单选按钮。在“文件名”文本框中输入文件名及完整的路径 C:\MyBackupsM\Northwind.Bak，如图 22.8 所示。然后单击“确定”按钮。

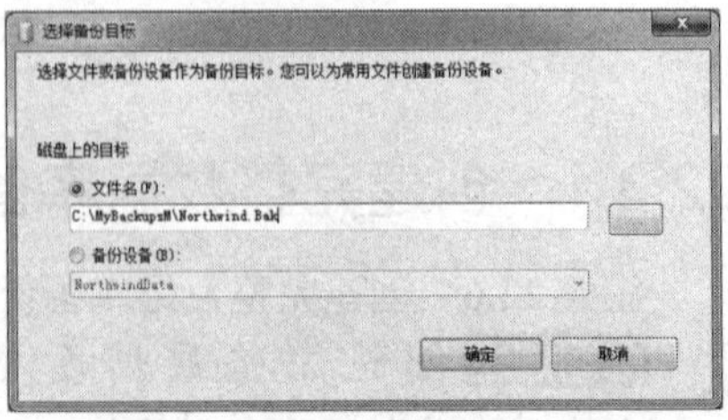

图 22.8 “选择备份目标”对话框

注意： 文件的路径必须存在。

(10) 单击“确定”按钮。

解决方案 2

(1) 按照任务 22.2 使用磁盘文件创建逻辑备份设备的方法创建逻辑备份设备 NorthwinBakM，其引用的物理设备为 C:\MyBackupsM\Northwind.Bak。

(2) 执行解决方案 1 的步骤(1)～(8)。

(3) 在“选择备份目标”对话框中，选择“备份设备”单选按钮，在其下拉列表框中选择逻辑备份设备 NorthwinBakM，如图 22.9 所示。然后单击“确定”按钮。

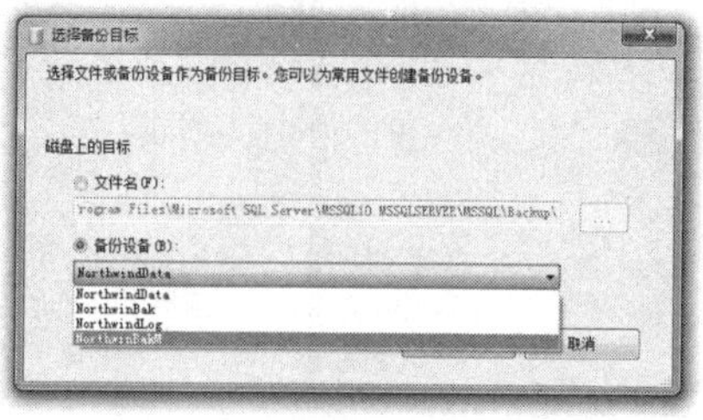

图 22.9　“选择备份目标”对话框

(4) 单击“确定”按钮。

22.3.2　创建差异数据库备份

再次强调，在创建第一个数据库差异备份之前，必须先创建数据库完整备份，该数据库完整备份是数据库差异备份的基准。

任务 22.7　创建差异数据库备份

问题描述 备份 Northwind 数据库。首先创建完整数据库备份，将整个 Northwind 数据库备份到磁盘文件 C:\MySQLServerBackupsM\Northwind.bak，然后给 Northwind 数据库中的表 Region 添加一条记录，最后给 Northwind 数据库创建差异数据库备份。

解决方案

(1) 将恢复模式设置为简单模式。

(2) 按照任务 22.6 创建完整数据库备份方法将整个 Northwind 数据库备份到磁盘文件 C:\MySQLServerBackupsM\Northwind.bak。

(3) 给 Northwind 数据库的 Region 表中添加一行，如图 22.10 所示。

图 22.10　向表中添加一行

(4) 创建差异数据库备份。

① 在对象资源管理器中，单击服务器名称以展开服务器树。

② 展开“数据库”，右击数据库 Northwind，依次选择“任务”→“备份”命令，打开“备份数据库”对话框，如图 22.11 所示。

③ 在“数据库”列表框中，验证数据库名称 Northwind。也可以从列表中选择其他数据库。

④ 在“备份类型”列表框中，选择“差异”选项。

⑤ 对于“备份组件”选项区，选中“数据库”单选按钮。

⑥ 选中“磁盘”单选按钮。

⑦ 确认“备份到”列表框中的项是指定的备份设备 C:\MySQLServerBackupsM\Northwind.bak。

若不是，则选择“备份到”列表框中的项，单击“删除”按钮。然后单击“添加”按钮。在“选择备份目标”对话框中，选中“文件名”单选按钮。在“文件名”文本框中输入文件名及完整的路径 C:\MySQLServerBackupsM\Northwind.bak。然后单击“确定”按钮。

⑧ 单击“确定”按钮。

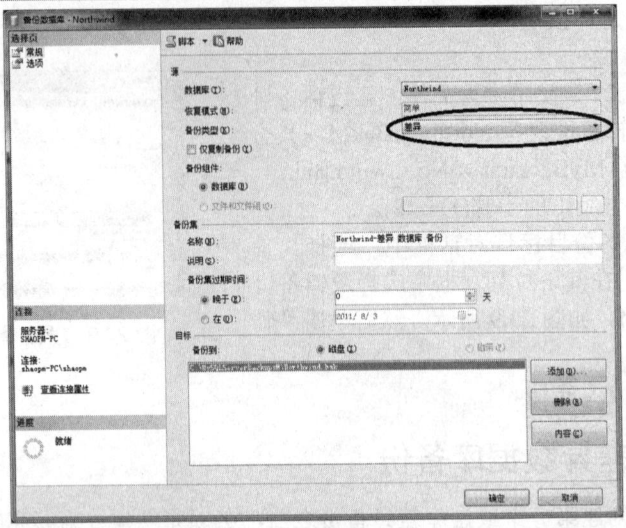

图 22.11 "备份数据库"对话框

22.3.3 创建新媒体集并追加备份集

1. 创建媒体集

任务 22.8 创建媒体集

问题描述 备份 Northwind 数据库。首先创建完整数据库备份，将整个 Northwind 数据库备份到磁盘文件 C:\MyBackups1M\Northwind.bak，并创建一个新媒体集 NorthwindMediaSet1，再给 Northwind 数据库的表 Region 添加一条记录，接下来，给 Northwind 数据库创建差异数据库备份，并将该备份添加到媒体集 NorthwindMediaSet1，再给 Northwind 数据库的表 Region 添加一条记录，最后，给 Northwind 数据库创建差异数据库备份，并将此备份添加到媒体集 NorthwindMediaSet1。

解决方案

(1) 将恢复模式设置为简单模式。

(2) 创建完整数据库备份。

① 在对象资源管理器中，单击服务器名称以展开服务器树。

② 展开"数据库"，右击数据库 Northwind，依次选择"任务"→"备份"命令。打开"备份数据库"对话框，如图 22.12 所示。

- 在"数据库"列表框中，验证数据库名称 Northwind。也可以从列表中选择其他数据库。
- 在"备份类型"列表框中，选择"完整"选项。
- 对于"备份组件"选项区，选中"数据库"单选按钮。
- 选中"磁盘"单选按钮。
- 在备份集的"名称"文本框中输入备份集的名称 NwindBackupSet1。
- 在"说明"文本框中输入备份集的说明"完整备份数据库 Northwind"。

③ 若"备份到"列表框中的项不是指定的备份设备，则选择该项，单击"删除"按钮。

④ 单击"添加"按钮。

⑤ 在"选择备份目标"对话框中，选中"文件名"单选按钮。在"文件名"文本框中输入文件名及完整的路径 C:\MyBackups1M\Northwind.bak。然后单击"确定"按钮。

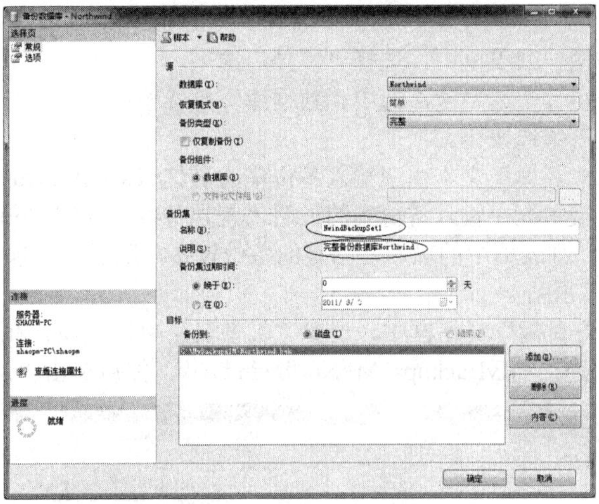

图 22.12　“备份数据库”对话框

⑥　在“选择页”窗格中选择“选项”，如图 22.13 所示。

⑦　选中“备份到新媒体集并清除所有现有备份集”单选按钮。

- 在“新建媒体集名称”文本框中输入新建媒体集的名称 NorthwindMediaSet1。
- 在“新建媒体集说明”文本框中输入新媒体集的说明“保存于磁盘文件 C:\MyBackups1M\Northwind.bak”。

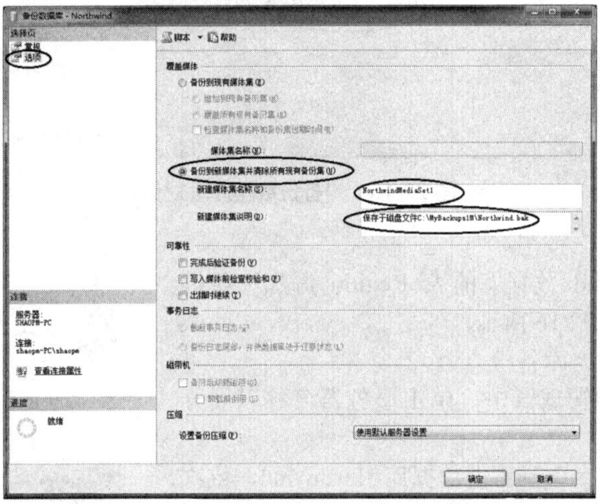

图 22.13　“选项”选项界面

⑧　单击“确定”按钮。

(3) 给 Northwind 数据库的表 Region 添加一条记录，并保存表，如图 22.14 所示。

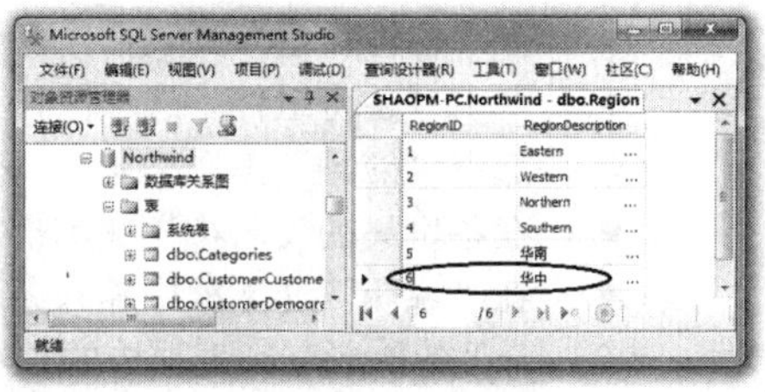

图 22.14　向表中添加一行

(4) 创建差异数据库备份。

① 在对象资源管理器中，单击服务器名称以展开服务器树。

② 展开“数据库”，右击数据库 Northwind，依次选择“任务”→“备份”命令，打开“备份数据库”对话框，如图 22.15 所示。

- 在“数据库”列表框中，验证数据库名称 Northwind。也可以从列表中选择其他数据库。
- 在“备份类型”列表框中，选择“差异”选项。
- 对于“备份组件”选项区，选中“数据库”单选按钮。
- 选中“磁盘”单选按钮。
- 在备份集的“名称”文本框中输入备份集的名称 NwindBackupSet2。
- 在“说明”文本框中输入备份集的说明“差异备份数据库 Northwind”。

③ 若“备份到”列表框中的项不是指定的备份设备，则选择该项，单击“删除”按钮。

④ 单击“添加”按钮。

⑤ 在“选择备份目标”对话框中，选中“文件名”单选按钮。在“文件名”文本框中输入文件名及完整的路径 C:\MyBackups1M\Northwind.bak。然后单击“确定”按钮。

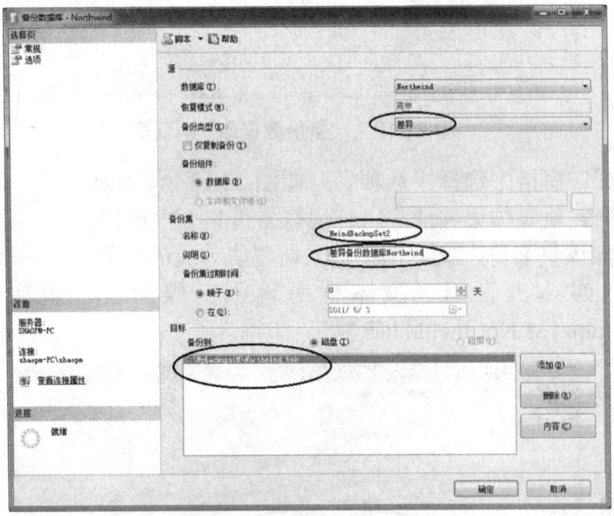

图 22.15 “备份数据库”对话框

⑥ 单击“确定”按钮。

(5) 给 Northwind 数据库的表 Region 添加一条记录，并保存表，如图 22.16 所示。

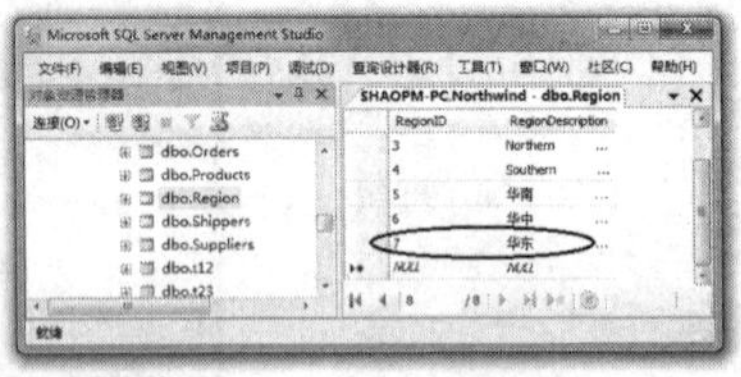

图 22.16 向表中添加一行

(6) 创建差异数据库备份。

① 在对象资源管理器中，单击服务器名称以展开服务器树。

② 展开“数据库”，右击数据库 Northwind，依次选择“任务”→“备份”命令，打开“备份数据库”对话框。

- 在“数据库”列表框中，验证数据库名称 Northwind。也可以从列表中选择其他数据库。
- 在“备份类型”列表框中，选择“差异”选项。
- 对于“备份组件”选项区，选中“数据库”单选按钮。
- 选中“磁盘”单选按钮。
- 在备份集的“名称”文本框中输入备份集的名称 NwindBackupSet3。
- 在“说明”文本框中输入备份集的说明“差异备份数据库 Northwind”。

③ 若“备份到”列表框中的项不是指定的备份设备，则选择该项，单击“删除”按钮。

④ 单击“添加”按钮。

⑤ 在“选择备份目标”对话框中，选中“文件名”单选按钮。在“文件名”文本框中输

入文件名及完整的路径 C:\MyBackups1M\Northwind.bak。然后单击“确定”按钮。

⑥　单击“确定”按钮。

2. 查看备份集

任务 22.9　查看备份集信息

问题描述 查看任务 22.8 中备份设备'C:\MyBackups1M\Northwind.bak'中所有备份集的信息。

解决方案

(1)　在对象资源管理器中，单击服务器名称以展开服务器树。

(2)　展开“数据库”，右击数据库 Northwind，依次选择“任务”→“备份”命令，打开“备份数据库”对话框，如图 22.17 所示。

(3)　单击“添加”按钮。

(4)　在“选择备份目标”对话框中，选中“文件名”单选按钮。在“文件名”文本框中输入文件名及完整的路径 C:\MyBackups1M\Northwind.bak。然后单击“确定”按钮。

(5)　在“备份到”列表框中，选择 C:\MyBackups1M\Northwind.bak。

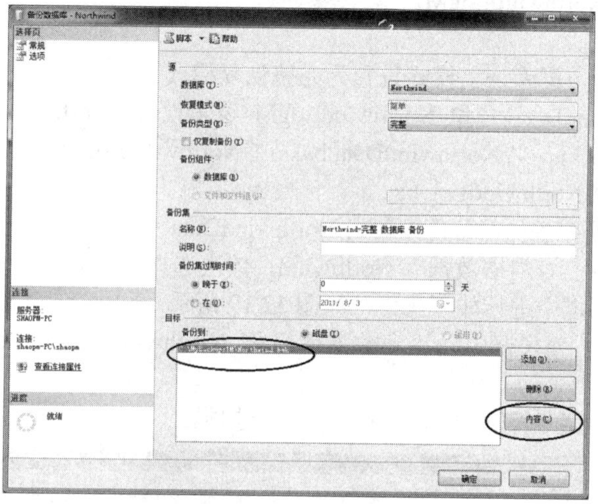

图 22.17　“备份数据库”对话框

(6)　单击“内容”按钮，打开“设备内容”对话框，从中可查看备份集信息，如图 22.18 所示。

(7)　单击“关闭”按钮，然后单击“确定”按钮。

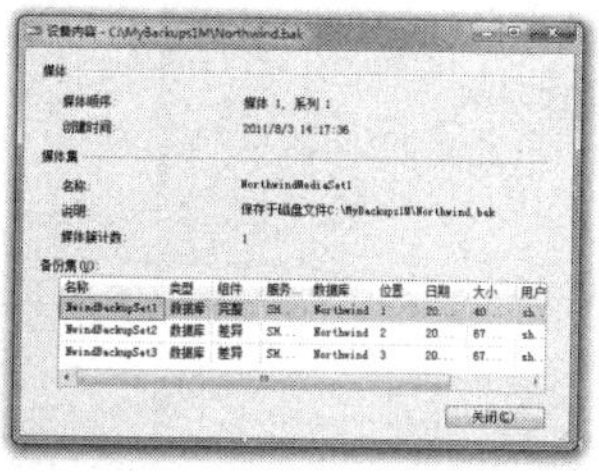

图 22.18　“设备内容”对话框

22.3.4　独立实践

1. 创建完整数据库备份

创建完整数据库备份，将整个“教务管理” 数据库备份到磁盘文件 d:\JMyBackups\jwgl.Bak。

2. 创建差异数据库备份

备份“教务管理” 数据库。首先创建完整数据库备份，将整个“教务管理” 数据库备份到磁盘文件 d:\JMySQLServerBackups\jwgl.bak，然后给“教务管理”数据库表“学生”表添加一条记录，最后，给“教务管理”数据库创建差异数据库备份。

3. 创建媒体集

备份“教务管理”数据库。首先创建完整数据库备份，将整个“教务管理”数据库备份到磁盘文件 D:\JMyBackups1\Jwgl.bak，并创建一个新媒体集 JwglMediaSet1，再给“教务管理”数据库“学生”表添加一条记录，接下来，给“教务管理”数据库创建差异数据库备份，并将该备份添加到媒体集 JwglMediaSet1，再给“教务管理”数据库表“学生”表添加一条记录，最后给“教务管理”数据库创建差异数据库备份，并将此备份添加到媒体集 JwglMediaSet1。

22.4 创建事务日志备份

再次强调，在创建第一个事务日志备份之前，必须先创建完整备份。在简单恢复模式下，不能创建事务日志备份。

任务 22.10 创建事务日志备份

问题描述 备份 Northwind 数据库，首先将 Northwind 数据库改为使用完整恢复模式。接下来，创建一个逻辑备份设备以备份数据 (NorthwindDataM)，并创建另一个逻辑备份设备以备份日志 (NorthwindLogM)。然后，对 NorthwindDataM 创建完整数据库备份，并在一段更新活动过后，将日志备份到 NorthwindLogM。

解决方案

(1) 将 Northwind 数据库恢复模式设置为完整恢复模式。

(2) 创建 NorthwindDataM 和 NorthwindLogM 逻辑设备。NorthwindDataM 引用的物理设备为 C:\NorthwindBackupsM\NorthwindData.bak。NorthwindLogM 引用的物理设备为 D:\NorthwindBackupsM\NorthwindLog.bak。

(3) 创建完整数据库备份，备份设备为 NorthwindData。

① 展开“数据库”，右击数据库 Northwind，依次选择“任务”→“备份”命令。在打开的“备份数据库”对话框中进行如下操作，如图 22.19 所示。

- 在“数据库”列表框中，验证数据库名称 Northwind。也可以从列表中选择其他数据库。
- 在“备份类型”列表框中，选择“完整”选项。

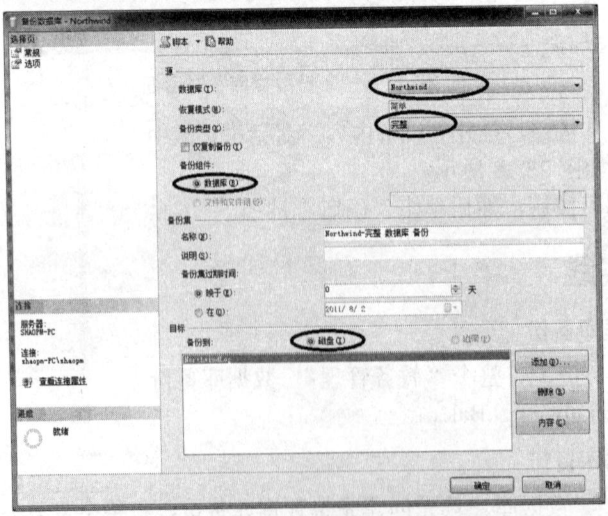

图 22.19 “备份数据库”对话框

- 对于“备份组件”选项区，选中“数据库”单选按钮。
- 选中“磁盘”单选按钮。

② 若“备份到”列表框中的项不是指定的备份设备，则选择该项，单击“删除”按钮。

③ 单击“添加”按钮。

④ 在“选择备份目标”对话框中，选中“备份设备”单选按钮。在其下拉列表框中选择NorthwindDataM，如图 22.20 所示。然后单击“确定”按钮。返回到“备份数据库”对话框。

⑤ 单击“确定”按钮。

(4) 给 Northwind 数据库的表 Region 添加一条记录，如图 22.21 所示。

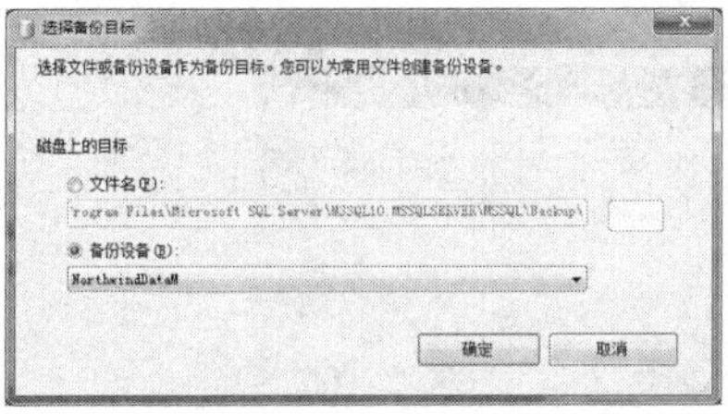

图 22.20 “选择备份目标”对话框

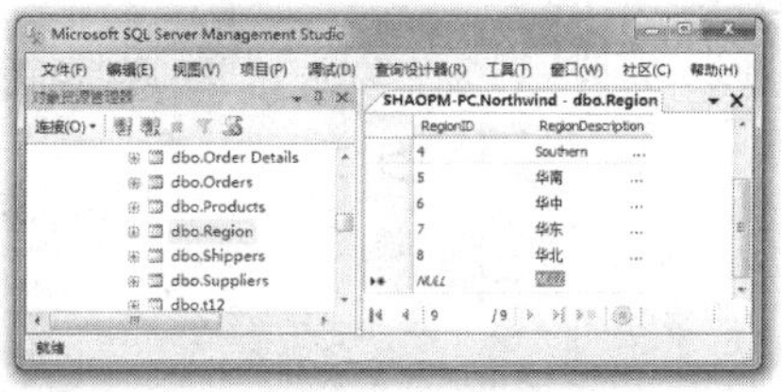

图 22.21 向表中添加一行

(5) 创建事务日志备份。

① 在对象资源管理器中，单击服务器名称以展开服务器树。

② 展开“数据库”，右击数据库 Northwind，依次选择“任务”→“备份”命令，将打开“备份数据库”对话框。

- 在“数据库”列表框中，验证数据库名称 Northwind。也可以从列表中选择其他数据库。
- 在“备份类型”列表框中，选择“事务日志”选项。
- 对于“备份组件”选项区，选中“数据库”单选按钮。
- 选中“磁盘”单选按钮。

③ 若“备份到”列表框中的项不是指定的备份设备，则选择该项，单击“删除”按钮。

④ 单击“添加”按钮。

⑤ 在“选择备份目标”对话框中，选中“备份设备”单选按钮。在其下拉列表框中选择逻辑备份设备 NorthwindLog，如图 22.22 所示。然后单击“确定”按钮。

⑥ 单击“确定”按钮。

任务 22.11 创建结尾日志备份

问题描述 在完整恢复模式或大容量日志恢复模式下，必须先备份活动事务日志(称为日志尾部)，然后才能在 SQL Server Management Studio 中还原数据库。为此，为了还原任务 22.10 创建的事务日志备份，必须先创建结尾日志备份，请提出创建此结尾日志备份的解决方案。

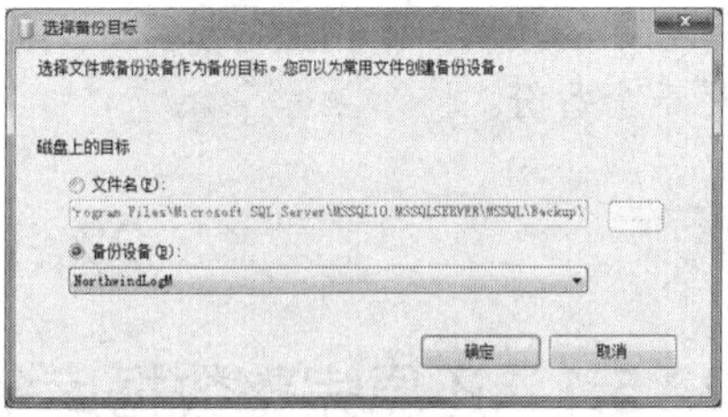

图 22.22 “选择备份目标”对话框

解决方案

(1) 将 Northwind 数据库恢复模式设置为完整恢复模式。

(2) 展开“数据库”，右击数据库 Northwind，依次选择“任务”→“备份”命令。将打开“备份数据库”对话框。

- 在“数据库”列表框中，验证数据库名称 Northwind。也可以从列表中选择其他数据库。
- 在“备份类型”列表框中，选择“事务日志”选项。
- 对于“备份组件”选项区，选中“数据库”单选按钮。
- 选中“磁盘”单选按钮。

(3) 若“备份到”列表框中的项不是指定的备份设备，则选择该项，单击“删除”按钮。

(4) 单击“添加”按钮。

(5) 在“选择备份目标”对话框中，选中“备份设备”单选按钮。在其下拉列表框中选择逻辑备份设备 NorthwindLog。然后单击“确定”按钮。

(6) 在“选择页”窗格中选择“选项”。

(7) 在“事务日志”选项区中，选中“备份日志尾部，并使数据库处于还原状态”单选按钮，如图 22.23 所示。

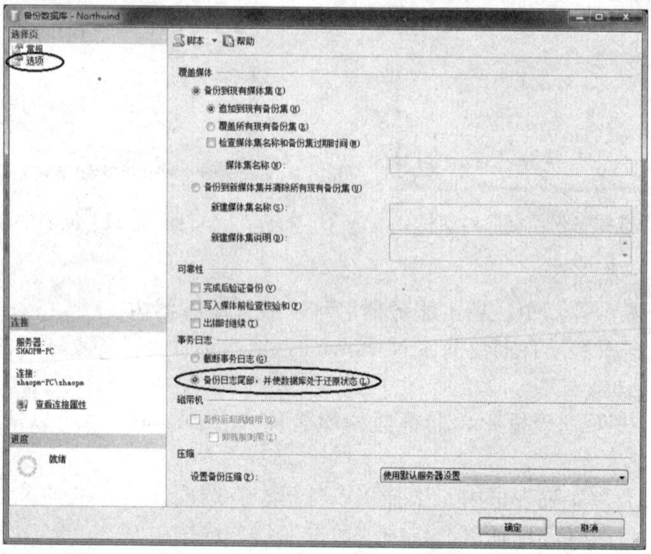

图 22.23 “选项”选项界面

(8) 单击“确定”按钮。

分析与讨论

SQL Server 2005 及更高版本通常要求在开始还原数据库前执行结尾日志备份。结尾日志备份可以防止工作丢失并确保日志链的完整性。将数据库恢复到故障点时，结尾日志备份是恢复计划中的最后一个相关备份。如果无法备份日志尾部，则只能将数据库恢复为故障前创建的最后一个备份。

22.5 实现数据库还原

22.5.1 还原完整数据库备份

任务 22.12 还原完整数据库备份

问题描述 由于人为原因，数据库 Northwind 不小心被删除，使用任务 22.6 创建的完整数据库备份 'C:\MyBackupsM\Northwind.Bak'，还原 Northwind 数据库。

解决方案

(1) 连接到相应的 Microsoft SQL Server 数据库引擎实例之后，在对象资源管理器中，单击服务器名称以展开服务器树。

(2) 右击“数据库”，再选择“还原数据库”命令，如图 22.24 所示，打开“还原数据库”对话框。

或者展开“数据库”，右击 Northwind 数据库，依次选择“任务”→“还原”→“数据库”命令，如图 22.25 所示，打开“还原数据库”对话框。

图 22.24　选择“还原数据库”命令

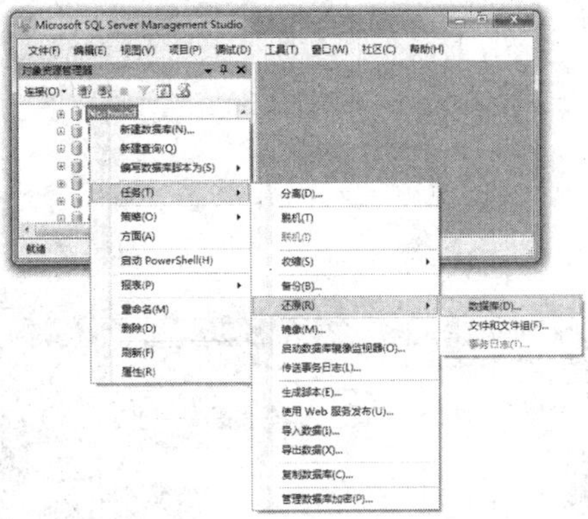

图 22.25　选择“还原数据库”命令

(3)　在“常规”选项界面中，在“目标数据库”列表框中输入还原数据库的名称或输入新的名称，如图 22.26 所示。

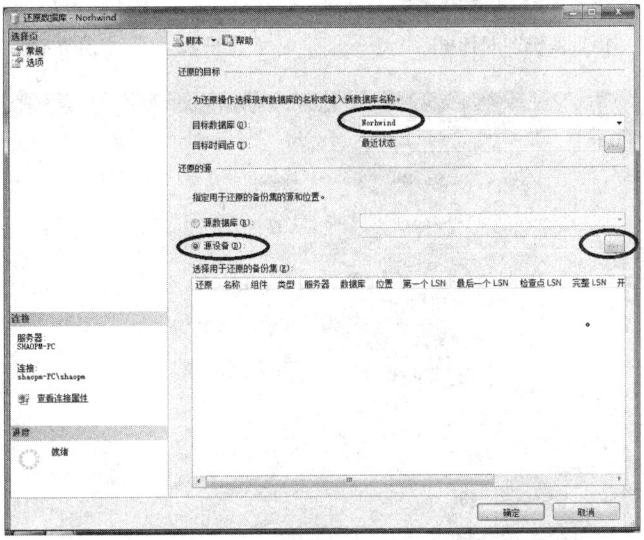

图 22.26　“还原数据库”对话框

(4)　在“指定用于还原的备份集的源和位置”选项区，选中“源设备”单选按钮。单击“浏览”按钮[...]，打开“指定备份”对话框。

(5)　在“备份媒体”列表框中，从列出的设备类型选择“文件”选项，如图 22.27 所示。

(6)　单击“添加”按钮，出现“定位备份文件”对话框，如图 22.28 所示。

(7)　在“定位备份文件”对话框中，选择备份文件 C:\MyBackupsM\Northwind.Bak。

(8)　单击“确定”按钮，返回到“指定备份”对话框。

(9)　单击“确定”按钮，返回到“还原数据库”对话框。

(10)　选中“还原”复选框，如图 22.29 所示。

(11)　单击“确定”按钮。

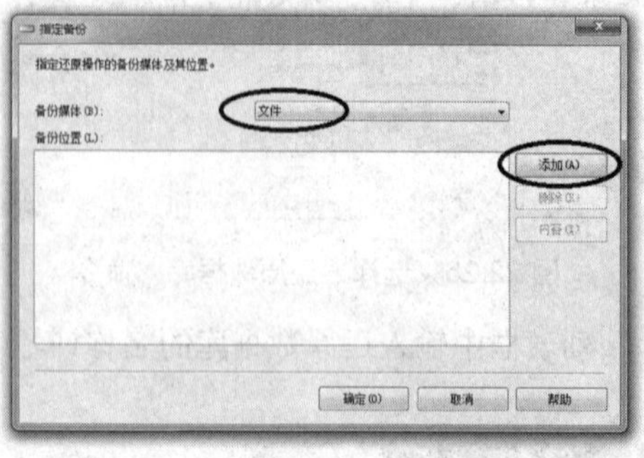

图 22.27 “指定备份”对话框

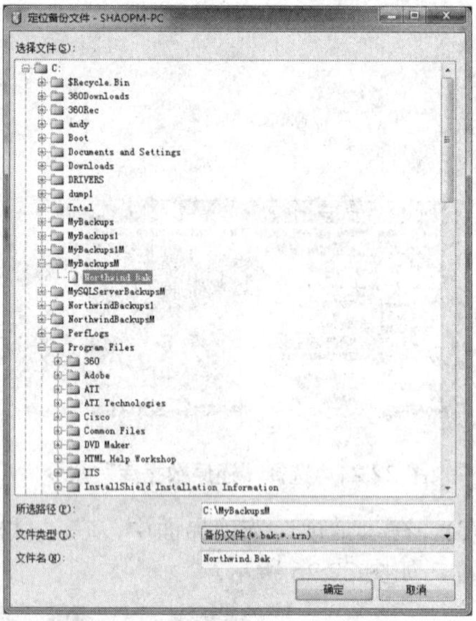

图 22.28 “定位备份文件”对话框

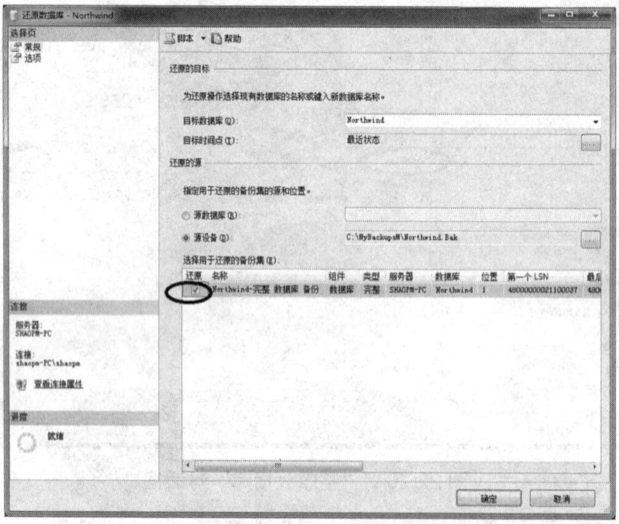

图 22.29 “还原数据库”对话框

22.5.2 还原差异数据库备份

要还原差异数据库备份，必须先还原上次完整数据库备份，然后再还原差异数据库备份。

任务 22.13 还原数据库和差异数据库备份

问题描述 由于人为原因，数据库 Northwind 不小心被删除，使用任务 22.8 创建媒体集中创建的数据库备份 C:\MyBackups1M\Northwind.bak，还原完整数据库 Northwind。

解决方案

(1) 右击“数据库”，再选择“还原数据库”命令，打开“还原数据库”对话框。

或者，展开“数据库”，右击 Northwind 数据库，依次选择“任务”→“还原”→“数据库”命令，打开“还原数据库”对话框。

(2) 在“常规”页上，在“目标数据库”列表框中输入还原数据库的名称 Northwind。

(3)　在“指定用于还原的备份集的源和位置”选项区选中“源设备”单选按钮。单击“浏览”按钮[...]，打开“指定备份”对话框。

(4)　在“备份媒体”列表框中，选择“文件”选项。

(5)　单击“添加”按钮，打开“定位备份文件”对话框。

(6)　在“定位备份文件”打开对话框中，选择备份文件 C:\MyBackups1M\Northwind.Bak。

(7)　单击“确定”按钮，返回到“指定备份”对话框。

(8)　单击“确定”按钮，返回到“还原数据库”对话框。

(9)　选中“还原”复选框。在“选择用于还原的备份集”网格中，选择用于还原的备份 NwindBackupSet1 和 NwindBackupSet3，如图 22.30 所示。

或者选择 NwindBackupSet1、NwindBackupSet2 和 NwindBackupSet3。

(10) 单击“确定”按钮。

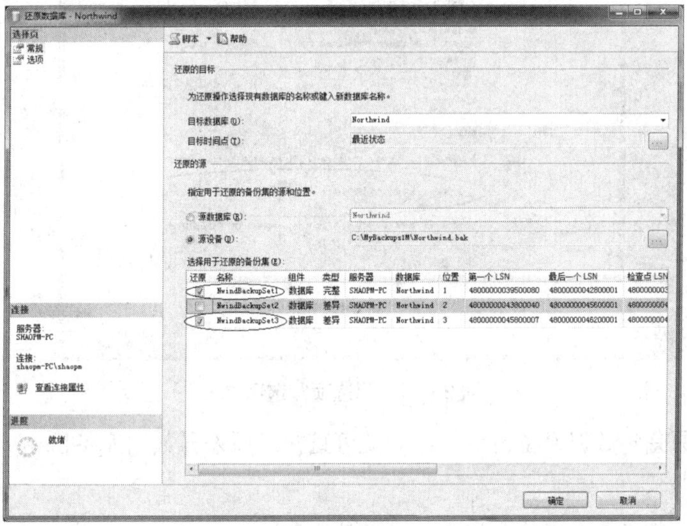

图 22.30　“还原数据库”对话框

分析与讨论

(1)　整个数据库还原后，如果打开 Region 表，则 Region 表的数据如图 22.31 所示。

如果只还原完整数据库备份并恢复数据库，则 Region 表的数据如图 22.32 所示。

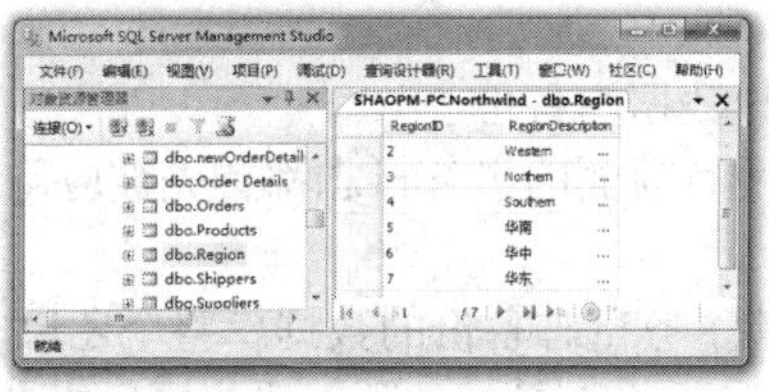

图 22.31　Region 表

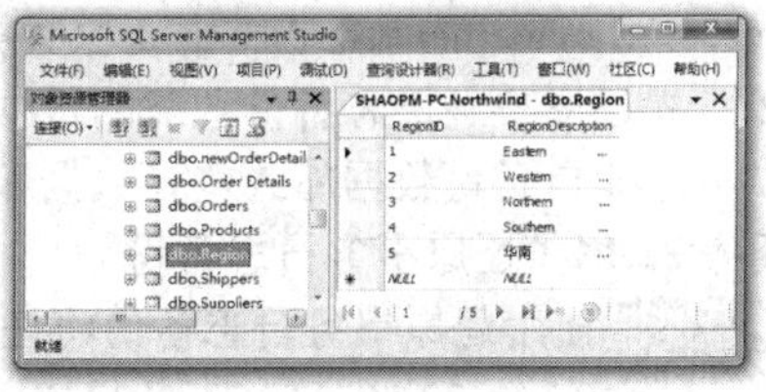

图 22.32　Region 表

(2)　如果要将数据库恢复至任务 22.8 中第二个备份操作时的状态，则在步骤(9)中，在“选择用于还原的备份集”网格中，选择用于还原的备份 NwindBackupSet1 和 NwindBackupSet2，还原数据库后，如果打开 Region 表，则 Region 表的数据如图 22.33 所示。

(3) 如果在解决方案步骤(9)中，在“选择用于还原的备份集”网格中，选择用于还原的备份 NwindBackupSet1，其他备份集不选择，先还原完整数据库备份时，以后再还原差异数据库备份来还原和恢复数据库，此时必须在“选择页”窗格中选择“选项”。在“恢复状态”选项区中，选中“不对数据库执行任何操作，不回滚未提交的事务。可以还原其他事务日志。(RESTORE WITH NORECOVERY)”单选按钮，如图 22.34 所示。

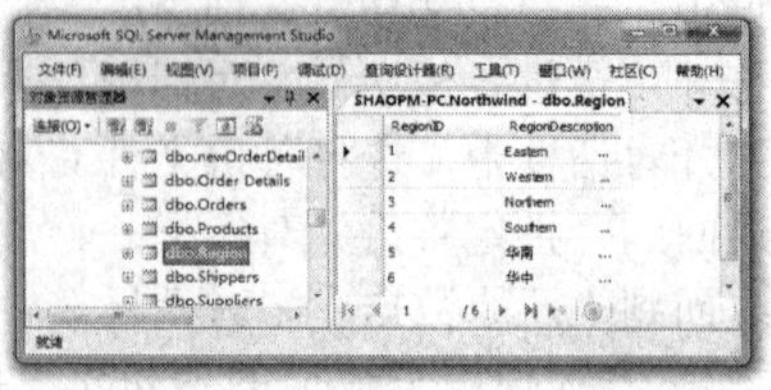

图 22.33　Region 表

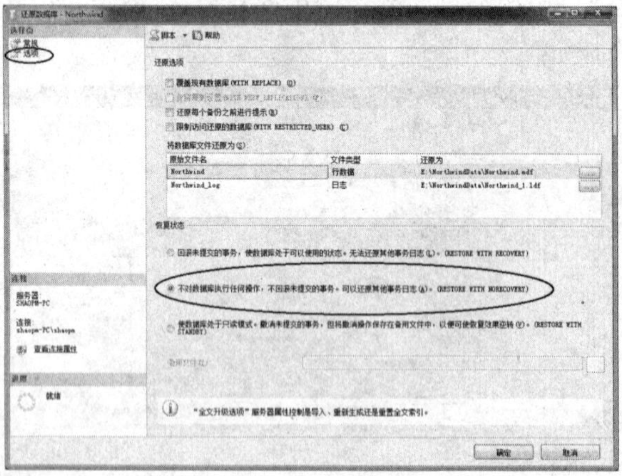

图 22.34　“选项”选项界面

通过这样还原完整数据库备份后，以后就可直接还原差异数据库备份 NwindBackupSet2 或 NwindBackupSet3。

注意： 还原数据库与还原和恢复数据库的区别。

22.5.3　还原事务日志备份

再次强调，必须满足以下条件才能还原事务日志备份。

(1)　在完整恢复模式或大容量日志恢复模式下，必须先创建结尾日志备份，然后才能在 SQL Server Management Studio 中还原数据库。

(2)　先还原事务日志备份之前的数据库备份或差异数据库备份。

(3)　除非自备份数据库或差异数据库以后创建的所有前面的事务日志都首先被应用。

任务 22.14　还原事务日志备份

问题描述 使用还原事务日志备份将任务 22.10 创建事务日志备份的数据库整个还原。

问题分析 任务 22.10 创建事务日志备份的数据库在任务 22.11 已经创建结尾日志备份。因此，可以直接使用 SQL Server Management Studio 还原数据库。

解决方案

(1)　还原完整数据库备份。

①　右击“数据库”，再选择“还原数据库”命令，打开“还原数据库”对话框。

或者，展开“数据库”，右击 Northwind 数据库，依次选择“任务”→“还原”→“数据库”命令，打开“还原数据库”对话框。

②　在“常规”选项界面中，进行如下操作。

- 在“目标数据库”列表框中输入还原数据库的名称 Northwind。
- 在“指定用于还原的备份集的源和位置”选项区，选中“源设备”单选按钮。单击浏览按钮[...]，打开“指定备份”对话框。

③　在“备份媒体”列表框中，从列出的设备类型选择“备份设备”选项，单击“添加”按钮，打开“选择备份设备”对话框，如图 22.35 所示。

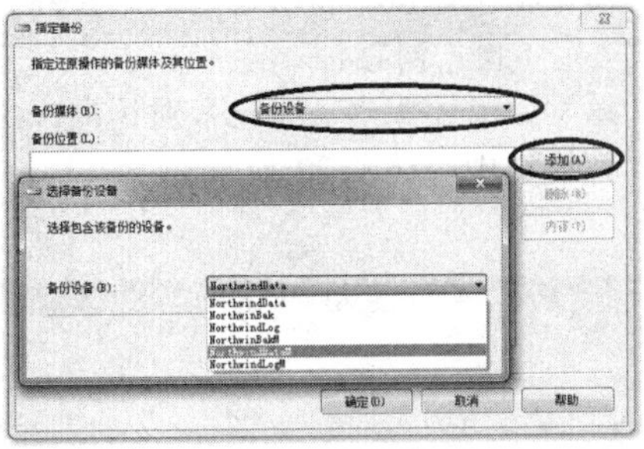

图 22.35　指定备份

④　从“备份设备”列表框中，选择备份设备 NorthwindDataM，单击“确定”按钮，返回到“指定备份”对话框。

⑤　单击“确定”按钮，返回到“还原数据库”对话框。

⑥　选择“还原”复选框。在“选择用于还原的备份集”网格中，选择用于还原的备份 Northwind-完整数据库备份。

⑦　在“选择页”选项窗格中选择“选项”。

⑧　在“恢复状态”选项区中，选中“不对数据库执行任何操作，不回滚未提交的事务。可以还原其他事务日志。(RESTORE WITH NORECOVERY)”单选按钮。

⑨　单击“确定”按钮。

(2)　还原事务日志备份。

①　右击数据库，选择“任务”→“还原”→“事务日志”命令，打开“还原事务日志”对话框。

②　在“还原事务日志”对话框的“常规”选项界面中进行如下操作，如图 22.36 所示。

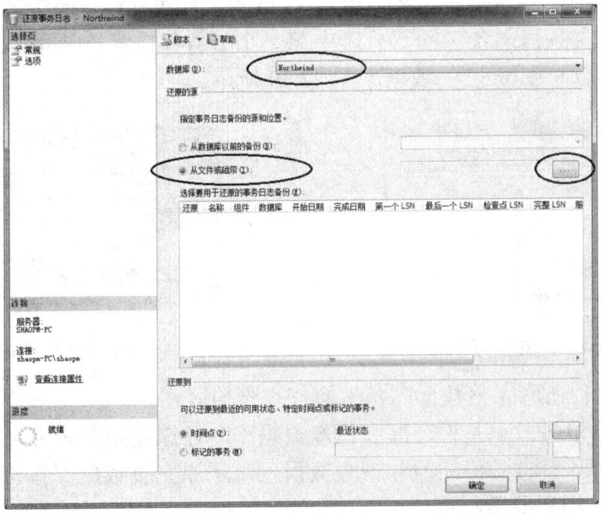

图 22.36　“还原事务日志”对话框

- 在“数据库”列表框中，选择或输入数据库名称。
- 在“指定事务日志备份的源和位置”选项区中，选中“从文件或磁带”单选按钮。单击“浏览”按钮[...]，打开“指定备份”对话框。

③ 在“指定备份”对话框的“备份媒体”下拉列表框中选择“备份设备”，单击“添加”按钮，打开“选择备份设备”对话框。

④ 在“选择备份设备”对话框中，从“备份设备”下拉列表框中选择 NorthwindLogM，单击“确定”按钮，返回到“指定备份”对话框。

⑤ 单击“确定”按钮，返回到“还原事务日志”对话框。

⑥ 确认“还原”复选框都被选中，如图 22.37 所示。

⑦ 单击“确定”按钮。

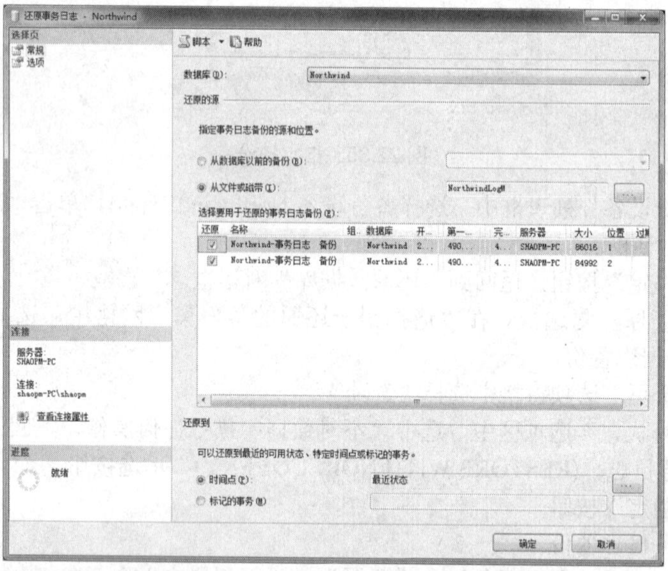

图 22.37 “还原事务日志”对话框

分析与讨论

(1) 还原整个数据库备份后，如果打开 Region 表，则 Region 表的数据如图 22.38 所示。

如果在步骤还原事务日志备份的⑥只选中第一个事务日志备份，而不选中结尾日志备份，则还原和恢复数据库后 Region 表的数据如图 22.39 所示。

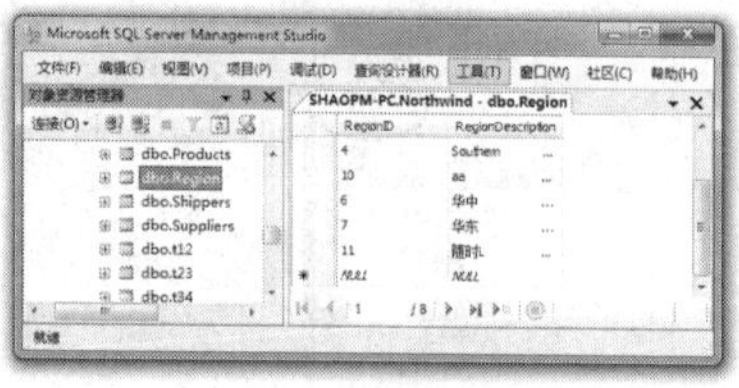

图 22.38 Region 表

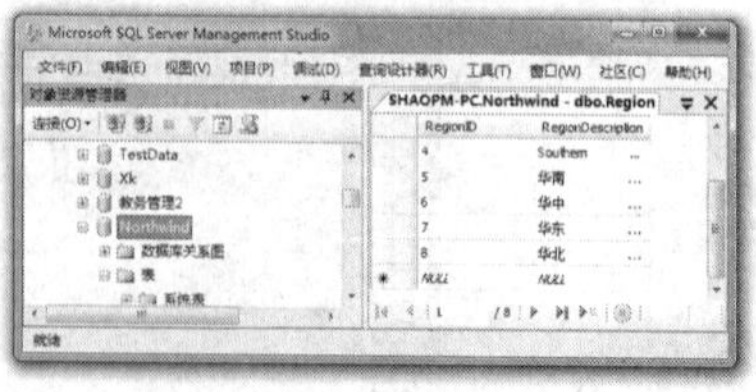

图 22.39 Region 表

(2) 注意以下两种还原完整数据库备份操作步骤的区别。

- 不使用还原事务日志备份还原和恢复数据库时还原完整数据库备份。
- 使用还原事务日志备份还原和恢复数据库时还原完整数据库备份。

任务 22.15 备份和还原数据库

问题描述 按图 18.12 所示的顺序进行数据备份，并按图 18.12 所示所设计还原方案还原数据库。具体要求如下。

(1)　使用 SSMS 完成如下任务。

t1 时备份 Northwind 数据库，首先将 Northwind 数据库改为使用完整恢复模式。接下来，创建一个逻辑备份设备以备份数据(NorthwindData)，并创建另一个逻辑备份设备以备份日志(NorthwindLog)。然后对 NorthwindData 创建完整数据库备份。

t1～t2 中间对数据库进行更新(如创建表 t12)。

t2 时将日志备份到 NorthwindLog。

t2～t3 中间对数据库进行更新(如创建表 t23)。

t3 时将日志备份到 NorthwindLog。

t3～t4 中间对数据库进行更新(如创建表 t34)。

t4 时对 NorthwindData 创建差异数据库备份。

t4～t5 中间对数据库进行更新(如创建表 t45)。

t5 时将日志备份到 NorthwindLog。

t5～t6 中间对数据库进行更新(如创建表 t45)。

t6 时将日志备份到 NorthwindLog。

t6～t7 中间对数据库进行更新(如创建表 t67)。

t7 时出现故障，创建结尾日志备份，将结尾日志备份到 NorthwindLog。

(2)　使用 SSMS 将 Northwind 数据库还原到故障点。

解决方案

(1)　创建数据备份。

①　将数据库恢复模式设置为完整恢复模式。

②　创建 NorthwindBackupsM 逻辑设备。NorthwindBackupsM 引用物理备份设备 C:\NorthwindBackups1M\NorthwindData.bak。

③　创建完整数据库备份 t1。

④　创建表 t12。

⑤　创建日志备份 t2。注意要完成如图 22.40 所示的操作。

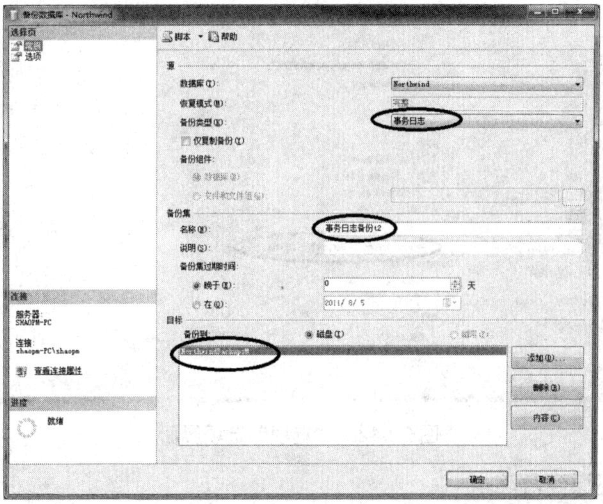

图 22.40　“备份数据库”对话框

⑥　创建表 t23。

⑦　创建日志备份 t3。

⑧ 创建表 t34。

⑨ 创建差异数据库备份 t4。注意要完成如图 22.41 所示的操作。

⑩ 创建表 t45。

⑪ 创建日志备份 t5。

⑫ 创建表 t56。

⑬ 创建日志备份 t6。

⑭ 创建表 t67。

⑮ 创建结尾日志备份 t7。注意要完成如图 22.42 所示的操作。

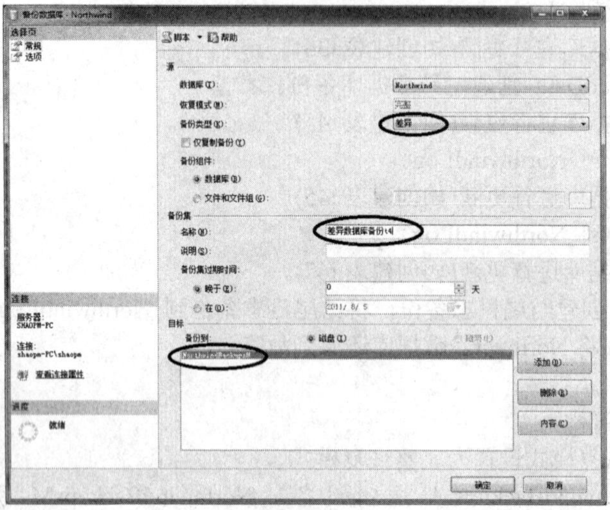

图 22.41 “备份数据库”对话框

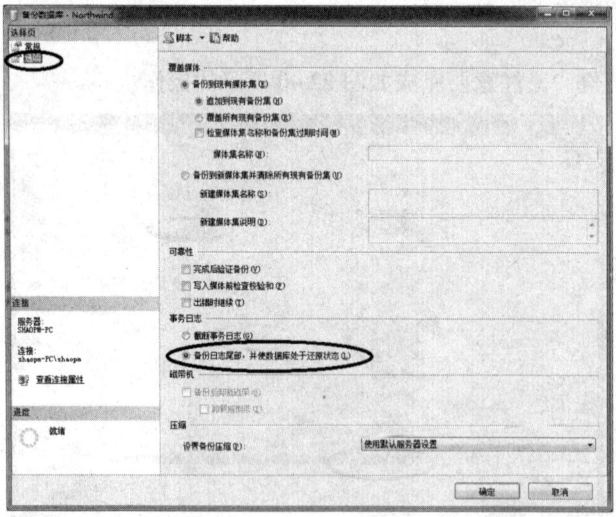

图 22.42 “选项”选项界面

(2) 将数据库还原到故障点

① 右击数据库，再选择“还原数据库”命令，打开“还原数据库”对话框。

② 在“常规”选项界面中，在“目标数据库”列表框中输入还原数据库的名称 Northwind。

③ 在“指定用于还原的备份集的源和位置”选项区选择“源设备”单选按钮。单击“浏览”按钮 ，打开“选择备份设备”对话框。

④ 在“选择备份设备”对话框上，从“备份设备”下拉列表框中选择 NorthwindBackupsM，单击“确定”按钮，返回到“指定备份”对话框。

⑤ 单击“确定”按钮，返回到“还原事务日志”对话框。

⑥ 选中“还原”复选框。在“选择用于还原的备份集”网格中，选择用于还原的备份，如图 22.43 所示。

或者，在“选择用于还原的备份集”网格中，选择用于还原的备份，如图 22.44 所示。

⑦ 单击“确定”按钮。

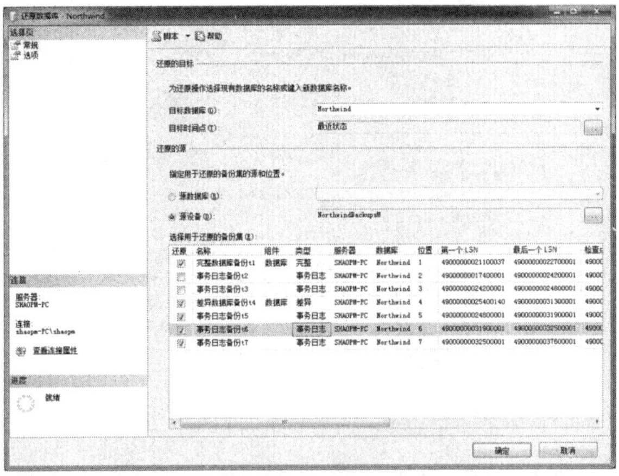

图 22.43 “还原数据库”对话框

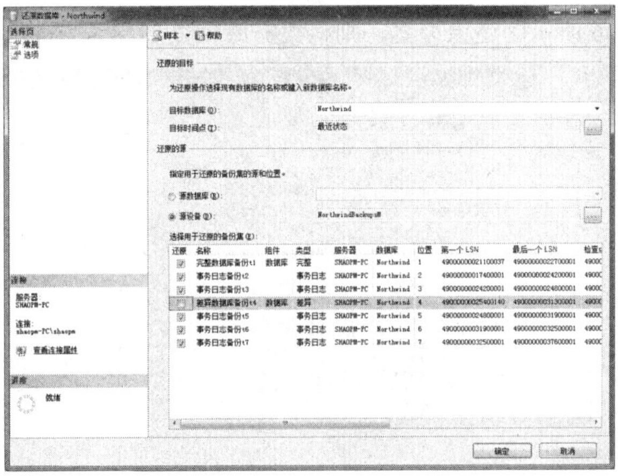

图 22.44 “还原数据库”对话框

分析与讨论

(1) 使用还原事务日志备份还原数据库的还原顺序：

① 还原最新完整数据库备份。

② 如果存在差异数据库备份，则还原最新的差异数据库备份。

③ 从还原备份后创建的第一个事务日志备份开始，依次还原日志。还原的日志链不能够有间断。

(2) 事务日志备份包括创建备份时处于活动状态的部分事务日志，以及先前日志备份中未备份的所有事务日志记录，因此，事务日志备份的序列与差异数据库备份无关(也与第一个完整数据库备份后创建的其他完整数据库备份无关)。可以创建事务日志备份的序列，然后定期创建用于启动还原操作的完整数据库备份。

在 t5 创建的事务日志备份包含 t3—t5 的事务日志记录，跨越了在 t4 创建差异数据库备份的时间。从 t1 创建的初始完整数据库备份一直到 t6 创建的最后事务日志备份，事务日志备份序列保持连续。

因此，任务 22.15 将 Northwind 数据库还原到故障点的还原方案还可以使用图示的方案。

(3) 可以在将数据库还原到故障点的步骤(7)中，采用如图 22.45 所示的还原方案，将数据库恢复到 t3 时的状态。

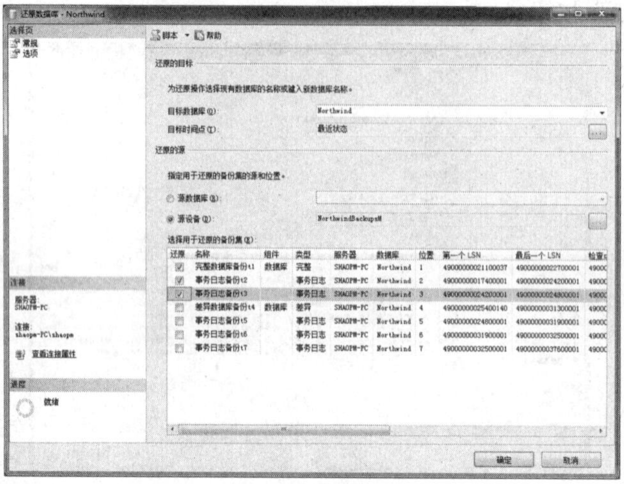

图 22.45 恢复到 t3 状态

如果采用如图 22.46 所示的还原方案，则将数据库恢复到 t4 时的状态。

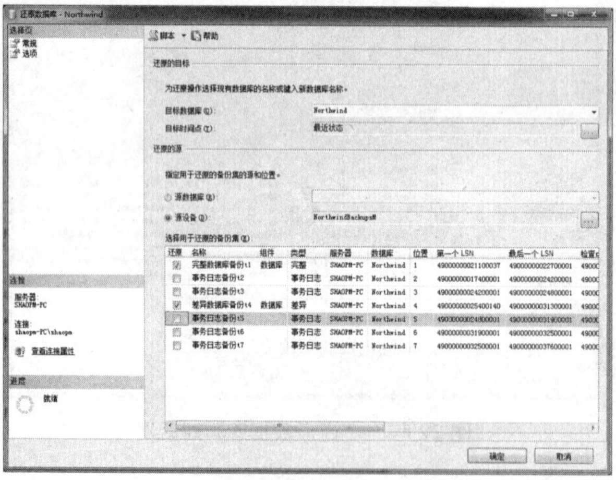

图 22.46 恢复到 t4 状态

如果采用如图 22.47 所示的还原方案，则将数据库恢复到 t5 时的状态。

注意： 使用事务日志备份来还原数据库时，要依次还原各个事务日志备份，其中不能间断、颠倒事务日志备份的还原顺序(这是与差异数据库备份的最大不同点)。事务日志备份是记录自最近一次事务日志备份(不是完整数据库备份)以来所进行的操作。而差异数据库备份记录的是最近一次完整数据库备份以来更改的数据。

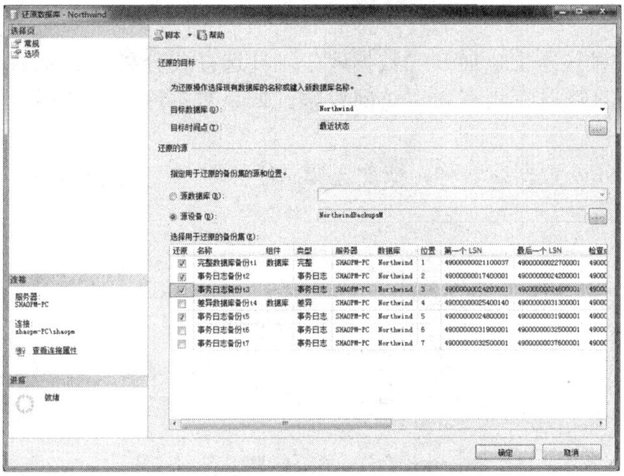

图 22.47 恢复到 t5 状态

22.5.4 独立实践

备份和还原数据库

按图 22.40 所示的顺序进行数据备份，并按图 18.12 所示所设计还原方案还原数据库。具体要求如下：

(1) 使用 SSMS 完成如下任务：

t1 时备份“教务管理”数据库，首先将“教务管理”数据库改为使用完整恢复模式。接下来，创建一个逻辑备份设备以备份数据 (JwglData1)，并创建另一个逻辑备份设备以备份日志 (JwglLog1)。然后，对 JwglData1 创建完整数据库备份。

t1～t2 中间对数据库进行更新(如创建表 t12)。

t2 时将日志备份到 JwglLog1。

t2～t3 中间对数据库进行更新(如创建表 t23)。

t3 时将日志备份到 JwglLog1。

t3～t4 中间对数据库进行更新(如创建表 t34)。

t4 时对 JwglData1 创建差异数据库备份。

t4～t5 中间对数据库进行更新(如创建表 t45)。

t5 时将日志备份到 JwglLog1。

t5～t6 中间对数据库进行更新(如创建表 t45)。

t6 时将日志备份到 JwglLog1。

t6～t7 中间对数据库进行更新(如创建表 t67)。

t7 时出现故障，创建结尾日志备份，将结尾日志备份到 JwglLog1。

(2) 使用 SSMS 将“教务管理”数据库还原到故障点。

22.6 附加和分离数据库

22.6.1 分离数据库

任务 22.16 分离 Northwind 数据库

问题描述从 SQL Server 分离 Northwind 数据库。

解决方案

(1) 在对象资源管理器中，展开“数据库”，并选择要分离的 Northwind 数据库。

分离数据库需要对数据库具有独占访问权限。如果数据库正在使用，则设置为只允许单个用户进行访问。

(2) 右击 Northwind 数据库名称，依次选择“任务”→“分离”命令，如图 22.48 所示。打开“分离数据库”对话框。

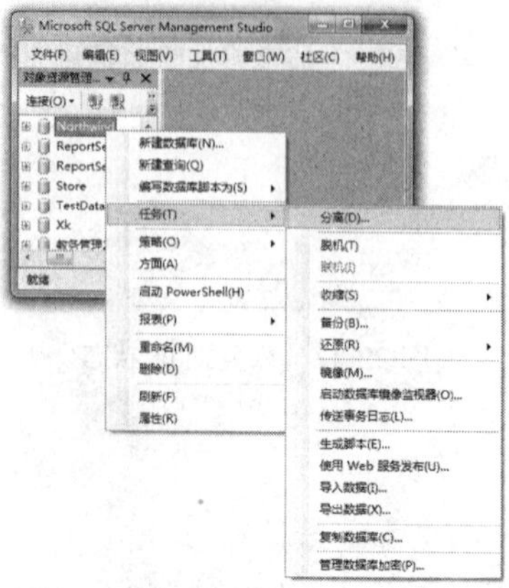

图 22.48　选择“分离”命令

(3) “要分离的数据库”网格在“数据库名称”列中显示所选数据库的名称，验证这是否为要分离的数据库，如图 22.49 所示。

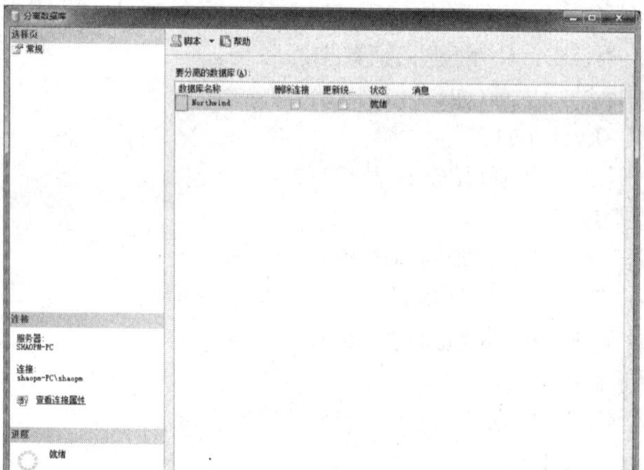

图 22.49　“分离数据库”对话框

“状态”列将显示当前数据库状态(“就绪”或者“未就绪”)。

如果状态是“未就绪”，则“消息”列将显示有关数据库的超链接信息。当数据库涉及复制时，“消息”列将显示 Database replicated。数据库有一个或多个活动连接时，“消息”列将显示“<活动连接数>个活动连接”；例如，1 个活动连接。在可以分离数据列之前，必须选中“删除连接”复选框来断开与所有活动连接的连接。

(4) 分离数据库准备就绪后，单击“确定”按钮。

22.6.2　附加数据库

任务 22.17　附加 Northwind 数据库

问题描述在另一物理磁盘 C 上创建目录 NorthwindData，将分离的 Northwind 数据库的数据文件和日志文件移到该目录。使用 SSMS 将 Northwind 数据库附加到 SQL Server。

解决方案

见 1.8.7 节附加数据库的解决方案。

22.6.3　独立实践

1. 分离“教务管理”数据库

从 SQL Server 分离“教务管理”数据库。

2. 附加“教务管理”数据库

在另一物理磁盘 D 上创建目录 JwglData1，将分离的“教务管理”数据库的数据文件和日志文件移到该目录。使用 SSMS 将“教务管理”数据库附加到 SQL Server。